普通高等教育“十一五”国家级规划教材

航空工程材料与成形工艺基础(第2版)

主　编　王立军　原梅妮
副主编　黄晓斌　郭拉凤　范学领

北京航空航天大学出版社

内容简介

本书主要是由中北大学飞行器制造工程专业与飞行器设计专业教学组结合多年的教学经验编写的。在编写过程中充分突出了航空工程材料的特点，在内容安排上尽量选择与航空宇航制造和设计相关的题材。围绕航空工程材料及成形工艺，将内容分解为两大模块：航空工程材料基本理论及常用航空工程材料；航空工程材料成形工艺基础。第一部分系统阐明了航空工程材料的基本理论，同时介绍了常用的航空工程材料：金属材料、非金属材料、复合材料、功能材料，并专门介绍了航空新材料（超塑性合金、快速凝固合金、非晶合金、纳米材料、空心微球）；第二部分介绍了常用航空工程材料的成形工艺理论，也加入了一些航空制造新技术与新工艺。

本书可作为航空航天类和机械类专业的教材，教学学时数为40～56（含实验），也可供其他材料、土木、船舶与海洋工程、核电、油气管道等专业的师生、工程技术人员和科学研究人员参考。

图书在版编目(CIP)数据

航空工程材料与成形工艺基础/王立军主编. --2版. --北京：北京航空航天大学出版社，2015.6

ISBN 978-7-5124-1734-2

Ⅰ.①航… Ⅱ.①王… Ⅲ.①航空材料 Ⅳ.①V25

中国版本图书馆CIP数据核字(2015)第054543号

航空工程材料与成形工艺基础（第2版）

主　编　王立军　原梅妮

副主编　黄晓斌　郭拉凤　范学领

责任编辑　罗晓莉　张艳学

*

北京航空航天大学出版社出版发行

北京市海淀区学院路37号（邮编100191）　http://www.buaapress.com.cn

发行部电话：(010)82317024　传真：(010)82328026

读者信箱：goodtextbook@126.com　邮购电话：(010)82316936

北京九州迅驰传媒文化有限公司印装　各地书店经销

*

开本：710×1 000　1/16　印张：22　字数：469千字

2015年6月第2版　2025年2月第8次印刷　印数：4 101～4 400册

ISBN 978-7-5124-1734-2　定价：68.00元

前 言

《航空工程材料与成形工艺基础》是普通高等教育“十一五”国家级规划教材，也系航空宇航特色教材。本书可作为航空宇航专业本科生和研究生的教材，也可作为机电等相关专业师生和工程技术人员的参考书，对科研和生产有一定的参考价值。

本书分为两大部分：航空工程材料基本理论及常用航空工程材料；航空工程材料成形工艺基础。第一部分系统地介绍了航空工程材料的结构、组织、性能、相图、塑性加工及热处理等基础知识，并介绍了常用的航空材料：金属材料、非金属材料、复合材料、功能材料，并专门介绍了超塑性合金、快速凝固合金、非晶合金、纳米材料、空心微球等航空新材料。第二部分介绍了铸造、锻造、冲压等成形工艺理论及航空制造技术和工艺。

本书由王立军、原梅妮担任主编。参加本书编写的有中北大学王立军（第1、2章）、黄晓斌（第3章）、原梅妮（第4、8章）、张春元（第5章）、郭拉凤（第6、11章）、范国勇（第7章）、庞俊忠（第9章）、刘彦臣（第12章）、吴耀金（第14章），太原工业学院的赵跃文（第13章），西安交通大学的范学领（第10章），由原梅妮统稿。本书在编写过程中参考了很多文献资料，主要文献列于书后，在此谨向所有参考文献作者表示感谢。另外，中北大学张国庆、张佳庆、王京、郎贤忠、王振兴、向丰华、张明等研究生承担了部分文稿的录入工作，在此表示深切的感谢。

本书的出版得到国家重点基础研究发展计划（2013CB035700）、国家自然科学基金（51201155、11272259、11472204、11321062）及山西省自然科学基金（2012011019－1，2012011007－1）的资助，在此表示感谢。

编 者

2015年3月

目　录

第1篇　材料学基础及常用航空工程材料

第 1 篇
材料学基础及常用航空工程材料

第 1 章　材料的种类与性能

1.1　材料的种类

人类早期的历史，是以当时人们使用的材料来划分的，如石器时代（陶器）、青铜器时代和铁器时代等，这说明材料的制作和应用对人类文明和发展有多么重要。当今社会，材料科学、电子信息、生命科学和能源科学并称为四大基础学科，带领着其他学科蓬勃发展。

社会上使用的材料种类很多，这里要介绍的材料是指工程材料。所谓工程是指机械工程和建筑工程，工程材料的极大部分并不是大自然直接提供使用的，而是经人工提炼、制造而成的，而且均指固体材料。工程材料有不同分类方法，这里按通常的以其组织成分进行分类，如图 1－1 所示。

航空航天工程材料是用来制造飞行器的，所以减轻质量尤为重要，在这一点上，不论是民航飞机还是宇航飞船，不论是近地卫星还是同步轨道卫星，轻质都是其首要问题。其次的要求是高强度、高刚度（弹性模量）、高韧性、耐冲击、耐高温和低温，抗氧化和抗腐蚀等，所以铝合金在民用飞机上的占用量为 70%～80%，军用飞机上的占用量为 40%～60%。钛合金密度比铝高 1.69 倍，强度比铝高 $\left(\frac{1\,100}{600}=1.83\right)$，故钛合金的比强度高于铝合金。随着时间的推移，航空航天材料正在由目前的铝合金占主要地位逐渐向以钛合金为主的方向转移。

传统工业是以金属材料为主，特别是铁合金材料，即钢和铸铁，占了主导地位。但在航空航天工程中铁合金的用量却不多，大概只占总量的 10%左右，而且主要指超高强度钢（$\sigma_s>1\,380$ MPa）的应用，一般强度的钢和铸铁基本不用。

- 工程材料
  - 金属材料
    - 铁合金材料：钢(碳钢、合金钢等)
      - 铁(白口铸铁、麻口铸铁、灰口铸铁等)
    - 非铁合金材料：铝及其合金(纯铝、形变铝合金、铸造铝合金)
      - 铜及其合金(纯铜、黄铜、青铜、白铜)
      - 钛及其合金(变形钛合金、铸造钛合金、粉末冶金钛合金)
      - 镁及其合金(变形镁合金、铸造镁合金、粉末冶金镁合金)
      - 镍及其合金(变形镍合金、铸造镍合金、粉末冶金镍合金等)
  - 非金属材料
    - 有机非金属材料(聚合物分子材料)
      - 纤维(天然纤维、合成纤维)
      - 橡胶(通用橡胶、特种橡胶)
      - 塑料(通用塑料、工程塑料、特种塑料、黏胶剂)
    - 无机非金属材料
      - 水泥
      - 玻璃
      - 耐火材料
      - 陶瓷(传统陶瓷、特种陶瓷)
  - 复合材料
    - 树脂基
      - 颗粒增强
      - 纤维增强
      - 晶须增强
      - 编织结构增强
    - 金属基
    - 陶瓷基

图1-1　工程材料分类

非金属材料包括有机非金属材料和无机非金属材料。有机非金属材料也称聚合物分子材料或高分子材料，主要指塑料、橡胶等；无机非金属材料主要指陶瓷、水泥等。在航空航天工程中，非金属材料大多是以复合材料中基体材料或增强材料或既是基体材料又是增强材料出现的，很少单独使用。

复合材料在航空航天工程中具有举足轻重的地位。在飞行器结构中，常用复合材料来减轻质量，例如在先进歼击机上，为减轻飞机的质量提高飞机的机动性，树脂基复合材料的使用占了整机质量的24%；卫星、远程导弹和固体火箭发动机上的关键零部件材料，大多也采用了复合材料。未来航空发动机关键结构材料将由高温树脂基复合材料、金属基复合材料、陶瓷基复合材料、碳/碳复合材料占主导地位。

材料的分类，除了按组织成分划分外，还常常按用途来划分——结构材料和功能材料两类。结构材料用于制造实现运动和传递动力的零件，它是以强度、硬度、刚性、塑性、韧性、疲劳强度和耐磨性等力学性能为主要的性能指标，主要有以上所述的金属材料、高分子材料、陶瓷材料和复合材料等；功能材料是以声、光、电、磁、热等物理性能为主要性能指标，利用物质的各种物理特性及其对外部环境的敏感反应，实现对各种信息的处理和能量的转换。例如，高分子基复合材料中有对电磁波具有特殊性能的材料，可用于透波雷达罩材料和吸波隐身材料。功能材料主要包括大规模集成电路材料、信息记录材料、光学材料、超导材料和形状记忆材料等，在通信、计算机、电子、航空航天工程等领域扮演着极其重要的角色。

1.2 材料的性能

材料的性能包括两大类：一是它的使用性能，二是它的工艺性能。使用性能主要是指它的力学性能，有时也要关注它的物理性能、化学性能。工艺性能是指材料的加工性，加工性包括：切割加工性、铸造、锻造、冲压、焊接和热处理的加工性等。作为工程用的材料，一般都要经过加工，在达到规定的形状、尺寸以及某些力学指标等后才能在工程上应用。

1.2.1 静载荷作用下材料的力学性能

材料表现的力学性能与材料的受力载荷形式有关。载荷有静态和动态两种形式，前者称静载，后者称动载。静载是指给材料缓慢的加载，动载又可分为冲击载荷、交变载荷和摩擦载荷。静载条件下材料的力学性能包括强度、硬度和塑性。

1. 强　度

强度是指材料在受载作用下，抵抗变形和断裂的能力。

强度通常由拉伸试验来测定。一般将材料先加工成试样，试样断面是圆形，按一定规则确定其直径和长度；然后将试样卡在拉伸机上，缓慢加载而拉伸。随着拉伸力 F 的加大，试样产生轴向伸长量 Δl，直到试样被拉断，记下拉伸过程中 F 和 Δl 的对应值。取平面坐标系：原点为 O，F 和 Δl 分别为纵坐标和横坐标，得 $F-\Delta l$ 拉伸曲线，如图 1-2(a)所示。将拉力 F 除以试样初始截面积 S_0，得单位面积上拉力，称拉应力，用 σ 表示(单位是 MPa)，即

$$\sigma = \frac{F}{S_0}$$

将轴向伸长量 Δl 除以试样原始长度 l_0，得单位长度上的伸长量，称应变，用 ε 表示(单位是无量纲)，即

$$\varepsilon = \frac{\Delta l}{l_0}$$

若以 σ 为纵坐标、ε 为横坐标、O 为坐标原点建立坐标系，将 σ 和 ε 值一一对应描绘出曲线来，则得拉伸曲线，如图 1-2(b)所示。图(a)为拉伸曲线受试样尺寸的影响，而图(b)中拉伸曲线不受试样尺寸的影响，所以常用图 1-2(b)所示的拉伸应力-应变曲线来表示材料力学性能。

(1) 弹性极限 σ_e 和弹性模量 E

在 $\sigma-\varepsilon$ 曲线上，oe 段是直线，即 σ 与 ε 成正比，这种应力下的应变称弹性变形，即应力逐渐消失时，ε 也相应退到 0。而 e 点是弹性变形阶段的最大应力和应变的对应点，习惯上称该点的纵坐标值为弹性极限，符号为 σ_e，单位是 MPa(1 MPa$=10^6$ Pa)，工程上一些弹性元件常以 σ_e 为主要力学指标。

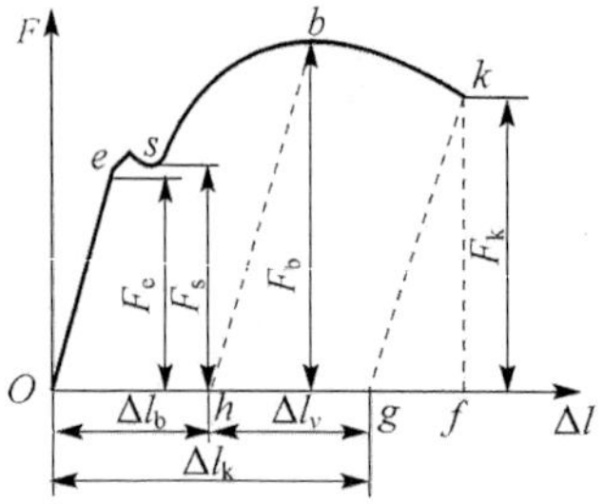

(a) 受试样尺寸影响

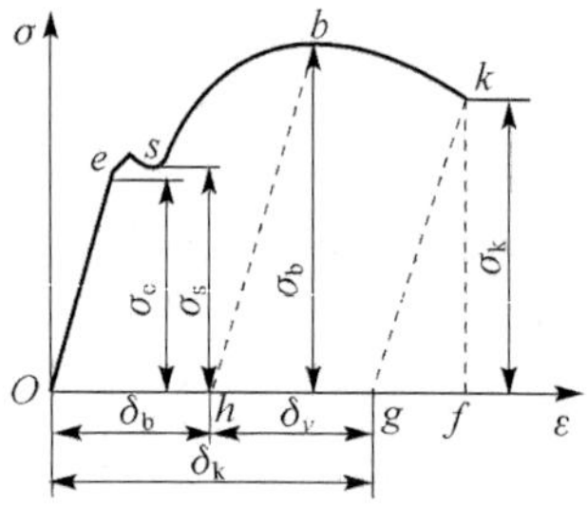

(b) 不受试样尺寸影响

图 1-2 退火低碳钢的拉伸曲线和应力-应变曲线

oe 直线上任意一点的应力和应变之比，称弹性模量，用 E 表示，即

$$E = \frac{\sigma}{\varepsilon} \tag{1-1}$$

E 的单位是 GPa(1 GPa$=10^9$ Pa)，弹性模量大，即 oe 线和水平坐标之夹角 α 大，则表示该材料产生一定量的弹性应变 ε 所用的应力要大，即弹性变形不易，在工程上常用刚度大来表示弹性变形不易；反之，刚度小，即易产生弹性变形。因此 E 也称为材料的刚度。

(2) 屈服强度 σ_s

在 $\sigma-\varepsilon$ 曲线上，在 s 点有一小段水平线，表明应力不再增加，但应变会不断加大，如果此时将外力撤去，试样应变虽然随之缩小，但不会变成 0，而有残余的应变存在。这种不可恢复的残余变形称为材料的塑性变形。s 点是开始塑变的最小应力值，工程上称为屈服极限或屈服强度，用符号 σ_s 表示，单位是 MPa。

图 1-2 所示是退火的低碳钢拉伸曲线，这种钢塑性好，所以在 s 点有明显的水平线段。但一些脆性材料，其 $\sigma-\varepsilon$ 曲线没有或没有明显的 s 点(屈服点)，最后部分存在很少非线性曲线，即塑性变形，如图 1-3 所示。

若试样拉断时，塑性应变为 100%=1(无量纲)，则规定在产生 0.2%的塑性应变时，其对应的纵坐标值即是材料的条件屈服极限值，符号为 $\sigma_{0.2}$，以便和 σ_s 有区别。

工程中很大一部分材料是塑性材料，但塑性材料制成的绝大部分机件只允许在弹性范围内工作，所以 σ_s 和 $\sigma_{0.2}$ 是材料强度设计时的主要依据，即实际材料允许的应力 σ 应小于 σ_s 是安全的。

(3) 抗拉强度 σ_b

在图 1-2(b)中的 $\sigma-\varepsilon$ 曲线上，有一个最大应力值点，即 b 点。而 σ_b 就是材料的抗拉强度，但拉断点在 k，且 $\sigma_k<\sigma_b$。有些材料属于脆性材料，塑性很低，刚过弹性变形稍有塑性变形就拉断，如图 1-4 所示，最大应力处 σ_b 也是拉断应力处 σ_k，两点合二为一，所以常用 σ_b 作为脆性材料的力学设计指标。

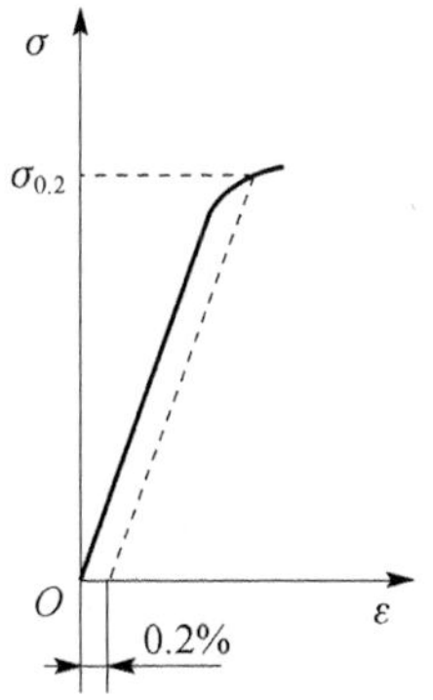

图 1-3　脆性材料的拉伸曲线($\sigma_{0.2}$)

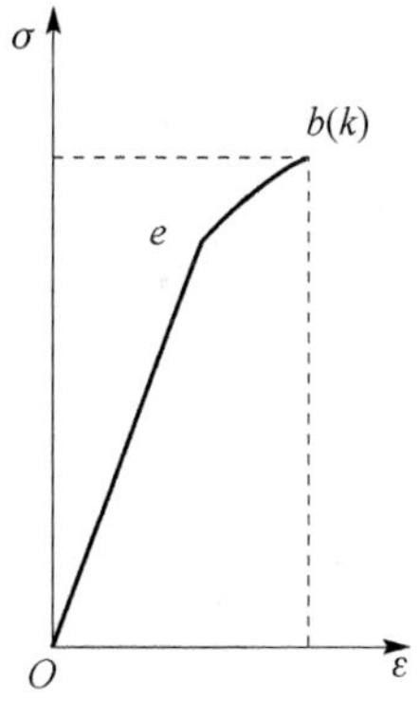

图 1-4　脆性材料的拉伸曲线(σ_b)

2. 塑　性

材料塑性变形的能力称塑性，塑性是可以度量的，通常以延伸率 δ 和断面收缩率 ψ 来表示。

设试样拉伸断裂的长度为 l_k，试样原始长度为 l_0，则延伸率(单位无量纲) 为

$$\delta = \frac{l_k - l_0}{l_0} \times 100\% \tag{1-2}$$

设试样拉断处横截面积为 S_k，试样原始截面积为 S_0，则断面收缩率(单位无量纲)为

$$\psi = \frac{S_k - S_0}{S_0} \times 100\% \tag{1-3}$$

应当注意，试样通常有两种尺寸：$l_0 = 5d_0$ 和 $l_0 = 10d_0$。两种试样测量延伸率 δ 时，数值不同。所以，用 δ_5 和 δ_{10} 分别表示两种试样的 δ 值。不言而喻，对不同材料延伸率的比较，要用同一种试样类型进行比较。

3. 硬　度

硬度是指材料的软硬程度。硬的物质可以刻画或压入比其软的物质，这是材料很重要的一种力学性质。

硬度可以在专门的硬度试验机上测量，不同的试验机以及不同的测头会得出不同的硬度值，所以要比较不同材料的硬度，应该用同一种指标体系测量值进行比较。按不同试验机及其测头将硬度指标体系分成：布氏硬度、洛氏硬度、维氏硬度和肖氏硬度等。

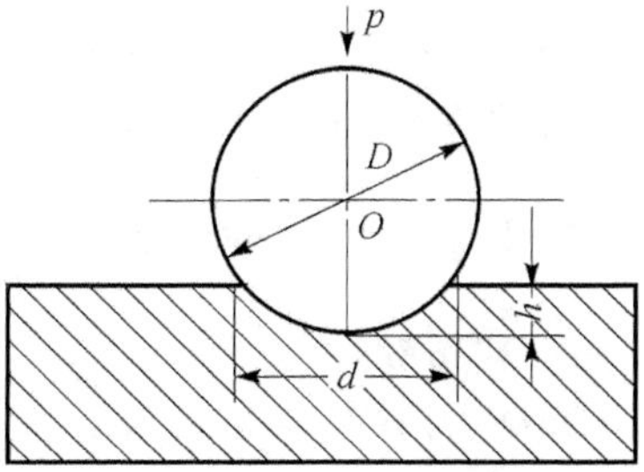

图 1-5　布氏硬度试验原理图

(1) 布氏硬度

将直径为 D 的淬火钢球压入被测材料的表面，压力为 F，持续一段时间后，会压出一个球面小坑，面积为 S，如图 1-5 所示，则硬度值 HB 为

$$HB = \frac{F}{S} = \frac{F}{\pi Dh} = 2F \cdot \frac{1}{\pi D[D - (D^2 - d^2)^{\frac{1}{2}}]} \quad (1-4)$$

布氏硬度虽有单位(N/mm^2),但使用时不用标出,只写其数值即可,而且数值越大,表示同一压坑面积下压力越大,所以硬度越高。

除了用淬火钢球外,也有用硬质合金球去压的,为了表示区别,布氏硬度符号用HBC表示前者,而用HBW表示后者。由于硬质合金比淬火钢硬,所以,HBC适用于布氏硬度450以下的材料,而HBW适用于布氏硬度450～650的材料。书写时先写数值后写符号,例如220 HBC,480 HBW。当符号后还有数字时,表示试验硬度时的参数,其顺序是:球体直径(mm),压力(N),压入的保持时间(s)。例如:160 HBC10/1 000/30。

(2) 洛氏硬度

如图1-6所示,将顶角为120°的金刚石圆锥压头或直径为1.588 mm(1/16 in)的淬火钢球先以初载 p_0 施压后再以载荷 p_1 两次施压,然后以压痕的深度来评判试样的硬度,其硬度值不用计算,直接由洛氏硬度试验机仪表盘读出。因压头和压力的不同,洛氏硬度分3个体系:HRA,HRB和HRC,最常用的是HRC。

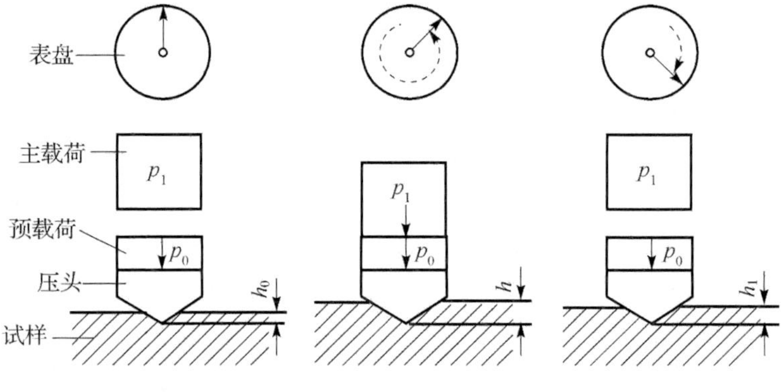

图1-6 洛氏硬度测量原理图

一般较硬的材料常用洛氏硬度HRC,如62 HRC。较软的材料用布氏硬度,如180HBC。洛氏硬度和布氏硬度不能用数字直接比较,只有查有关资料以同一个级别,列出表格,才能做出比较。工程上最常用的就是布氏和洛氏硬度。至于维氏和肖氏硬度,读者可参阅有关资料。

1.2.2 动载荷作用下材料的力学性质

1. 冲击韧性

锻锤、冲压机和枪炮等在工作时均受到冲击力的作用,组成这些机床和器械的材料在冲击力作用下所具有的抵抗变形和断裂的能力称冲击韧性,简称韧性。韧性好表示抵抗冲击变形和断裂的能力强,韧性常用符号 α_k 表示,其单位是 J/m^2。

α_k 值可以在摆锤冲击试验机上确定，见图 1－7。试验机支座上有一个摆锤，设摆锤质量为 G，将摆锤在已知高度 H 上自由转动下摆，试样置于摆锤的下摆路线最低处，试样上缺口处横截面设为 S(单位为 m^2)，且缺口方向对准摆锤下摆方向。当摆锤经过试样上缺口处时将其冲断，由于尚存余功，摆锤还沿着运动路线上升 h，略去摆锤传动时消耗的摩擦功，由于自由落体做功只与高度有关而于行进路线无关。所以，摆锤作用在试样上的冲击功为 A_k(单位为 J)，即

$$A_k = GH - Gh \tag{1-5}$$

则

$$\alpha_k = \frac{A_k}{S} \tag{1-6}$$

以上试验，显然是一次冲击下试样断裂。但工程中实际情况是试样在很多次冲击下冲断，冲断有个变化过程，先产生变形和小裂纹，然后变形和裂纹增大到一定程度才断裂的，这显然和上述试验机上一次冲击力下断裂有很大的区别，所以它只能作为一种参考。经仔细的研究和比较表明，材料在小能量反复冲击下抵抗变形和断裂的能力与材料在静载作用下的强度和塑性有关，即强度高、塑性好的材料冲击韧性才好。

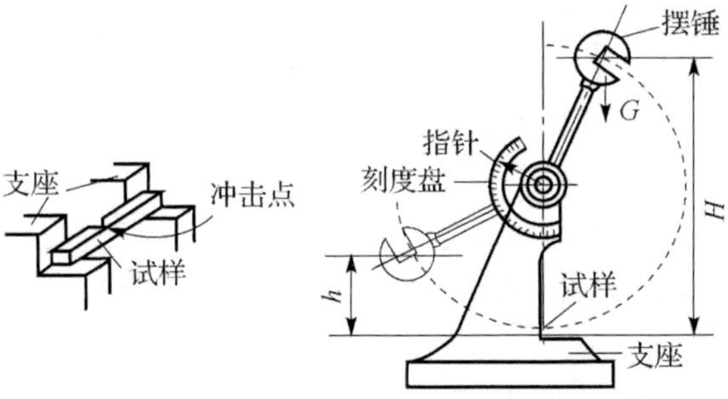

(a) 试样放置　　(b) 冲击试验机

图 1－7　摆锤冲击实验示意图

2．断裂韧性

有一些材料，对材料内部存在的小气孔、微裂纹等非常敏感。当应力还不到屈服极限时，按静载荷核算应该是安全的，但由于对这些敏感，即这些内部小裂纹等造成应力集中，致使裂纹尖端的应力已超过屈服强度，所以小裂纹扩展成较大裂纹，而使材料断裂。

经研究，这种裂纹扩展与裂纹形状、加载方式及材料敏感程度有关，用应力强度因子 K_I 表示，单位是 $MN/m^{3/2}$，即

$$K_I = Y\sigma a^{\frac{1}{2}} \tag{1-7}$$

式中：Y——与裂纹形状、加载方式及试样几何尺寸有关的量，单位是无量纲系数；

σ——外加的应力，MPa；

a——裂纹半长度,m。

通过试验,当某种材料 K_I 在动态加载中增大,达到某一数值时,突然快速脆断,这一临界值用 K_{IC} 表示。K_{IC} 是材料的常数,称材料的断裂韧性。K_{IC} 越小,表明该种材料对微裂纹等敏感性越大。

3. 疲劳强度

有一种动态载荷称交变载荷,即外力周期性地改变方向并反复进行,经过一段时间后,材料发生断裂。此时材料所受的应力 σ_{-1} 称为疲劳强度,σ_{-1} 一般均低于 σ_s。

疲劳强度通过测定钢在 $10^6 \sim 10^7$ 周期和非铁金属在 $10^7 \sim 10^8$ 周期加载而不断裂的最大应力而得到,单位是 MPa。据统计,大多数金属的 $\sigma_{-1} = (0.4 \sim 0.5)\sigma_b$。

4. 磨 损

相对运动中的相互接触而发生摩擦也是动载荷的一种形式。材料在这种动载的作用下损坏的形式不是塑性变形或断裂,而是使摩擦表面破损而失效。这种破碎的形式和机理又不太一致,它可以分为:

(1) *磨粒磨损*

材料甲比乙硬,磨损结果为乙很容易被磨损,且产生明显的磨痕,这种磨损是磨粒磨损;当两者材质硬度相当且混杂外界的硬粒子时,这种磨损也是磨粒磨损。

(2) *黏着磨损*

在压力作用下,两材料中的微观凸出部分相互挤压而严重塑变,使该处局部黏着(冷焊),随后可能被撕裂产生黏着磨损。

(3) *接触疲劳磨损*

有些机件,因受特殊长期反复疲劳应力作用,在机件表面产生疲劳剥落而损坏,可以见到光滑表面上有深浅不一细小凹坑。例如齿轮齿面的节圆附近和滚动轴承的表面上。

磨损对机件的损坏没有一定的量化标准,不同的零件精度和不同的工作情况有不同要求的磨损量化值。

1.2.3 材料高温和低温下的力学性能

前面讨论的材料的力学性能是在常温条件下测定的,而在高温或低温下,材料往往表现出不同的力学特性。而有些机件恰好是在高温或低温下工作的,所以必须研究材料高温和低温下的力学性能。

1. 高温性能

当材料在高温下长时间工作,应力小于 σ_s 时,会发生缓慢塑性变形现象,一般称为蠕变。温度值越高,蠕变也就越快。当塑性变形量达到一定数值时,材料就失效。有的塑变后还会产生断裂现象,所以应尽量避免蠕变现象发生。蠕变现象的另一种表现形式是应力松弛,例如不少螺栓是用来紧固机件的,它是靠螺栓拧紧时螺杆产生的弹性应变而生成的弹力紧固的。高温下,螺栓产生蠕变,螺帽仍固定于螺杆上,总变形量不变。但蠕变代替了部分弹性变形，所以弹力就逐渐降低，最后因紧固力不足使机器失效或者导致螺帽完全松开，这当然要尽量避免。

蠕变程度可以用蠕变强度和持久强度来表示。

蠕变强度：如 $\sigma_{0.1/1\,000}^{600}=88$ MPa，则表示材料在 600 ℃下保持 1 000 h 内引起 0.1%变形量所能承受最大应力是 88 MPa。

持久强度：如 $\sigma_{100}^{800}=186$ MPa，则表示材料在 800 ℃下保持 100 h 内所能承受的最大应力是 186 MPa。

2. 低温性能

多数材料在低温时出现脆性，一旦出现脆性，可以在不大的应力下发生断裂，叫做脆断。每种材料的脆化温度(低温)是不一样的，达到该温度 T_K 时，会明显产生脆断。T_K 称冷脆转化温度，T_K 越低，材料越不易脆断，表明其低温韧性好。

1.2.4　材料的物理性能

材料除了力学性能之外，它的物理性能和化学性能也十分重要。材料的物理性能指密度、导热性、导电性和熔点等。

1. 密　度

单位体积中材料的质量，称为密度，用 ρ 表示。同样大小的材料，密度大，材料就重；密度小，材料就轻。通常金属的密度 $\rho>5\times10^3$ kg/m^3，称为重金属；$\rho<5\times10^3$ kg/m^3，称为轻金属。

抗拉强度 σ_b/ρ，称为比强度。弹性模量 E/ρ，称为比弹性模量。σ_b/ρ 和 E/ρ 均高的材料，既轻又具有高的强度和高的刚度，这是航空工程中首选的材料。

2. 导电性

材料的导电性用电阻率 ρ 表示。金属纯度越高，ρ 越小，导电性越好。合金的导电性比纯金属差，非金属材料导电性比金属差。ρ 很大时，材料称为绝缘体。如陶瓷材料和高分子材料很多是良好的绝缘体，但有个别具有特殊成分的陶瓷是导电体材料，它们在电子工业中非常有用。

3. 磁　性

能导磁的材料称为磁性材料。它可分为软磁和硬磁材料。前者指既容易磁化，也容易退磁的材料，如硅钢片、电工纯铁；后者是指外磁场去后，仍能保持磁性的材料，如淬火钴钢、稀土钴等。铁、钴、镍是磁性材料，但铜、铝、铅等是无磁性材料。非金属材料一般也无磁性。

磁性材料也是电力工业中常用的材料。

4. 导热性

有的材料导热好，有的材料导热差。大多数金属导热均比较好，而非金属导热性均比较差。导热好的材料可以制造传热设备，如暖气片等；导热差的材料可以作保温材料或绝热材料。为了保存航天器中液态氮和液态氧，就应用了最好的绝热材料。

导热性可用导热率来表示。导热率用符号 λ 表示,一般来说,凡导电性好的材料,其导热性也好。

5. 熔　点

纯金属是有规律的晶体组织,有固定的熔点;而合金金属的晶体组织有较多缺陷,往往是在一段温度范围内熔化;高分子材料一般没有固定熔点。熔点是冶炼、铸造、焊接等制造工艺中的重要参数。高熔点金属(如 W,Mo,V 及其合金),其耐热性能好,是航空航天器上的重要材料,常用来制作高温工作条件下的机件。非金属材料中的陶瓷耐热性能极好,是冶炼工业的重要原料。低熔点金属(如 Pb,Sn)可用作保险丝,大量用于电工业。

6. 热膨胀性

热膨胀性通常用线膨胀系数来表示。线膨胀系数大的材料在温差条件大的情况下其膨胀值不能小看,往往使机件出事故。例如火车铁轨太窄,间隙不够而将火车顶起,使火车出轨;轴承会热胀而抱死等。陶瓷的线胀系数较小,金属的较大,高分子材料的最大。焊接中两种材料如果热胀系数相差过大就不好焊,反之则好焊。

航空航天工程所需的材料是在极其严酷的环境下工作的,以上这些材料的物理性能应予充分考虑,才能造出优质合格的产品或避免不必要的损失。

1.2.5　材料的耐蚀性能

材料的耐蚀性能十分重要,因为材料往往在有腐蚀介质的环境中工作,而各种材料耐蚀性相差甚大。一般来说,非金属材料的耐蚀性高于金属材料,而机械工程上,用得最多的材料是金属材料。所谓材料的耐蚀性是指在常温或高温时材料抵御腐蚀介质的侵害能力,应当指出材料抗腐蚀是属于材料化学性质的一部分。金属材料的腐蚀可分为两大类:化学腐蚀和电化学腐蚀。

1. 化学腐蚀

金属在干燥气体或不带电的流体中,由于化学作用而在金属表面上生成极易剥落的脆性化合物。例如与 O_2,H_2S,SO_2,Cl_2 等生成氧化物、硫化物和氯化物等。

2. 电化学腐蚀

例如两种金属在酸、碱、盐等具有离子的电解液中构成原电池,其中较活泼的金属(电位较低者)被不断地溶解,且产生了电流。又如金属管道在地下土壤中的腐蚀、船舶在海洋中的腐蚀、其他金属在酸碱盐等介质中的腐蚀等。这种腐蚀的速度比化学腐蚀快得多、量也大。大多数腐蚀属于这一类,所以主要注意这一类的化学腐蚀。

有人研究过,每年因腐蚀而损失掉的金属材料大致相当于当年生产的金属材料的 1/4～1/3。所以,金属防腐一直是人们关心的问题。通常可用以下措施尽量减少或消除腐蚀的发生。

① 金属表面覆盖镀层,使之和腐蚀介质隔开,例如镀铬、发蓝、刷漆和涂铝等。这里说明一点:氧气是腐蚀介质,但当氧和金属反应生成一层致密的氧化膜时,却能

起防腐作用。工业上常用的发蓝就是例子，铝和铬均能和氧生成这种致密氧化膜，起到了保护作用。

② 阳极保护法。将被保护金属作为原电池中阳极，使之不受腐蚀。

③ 如情况许可，改善材料工作环境。例如将周围气体干燥或将材料密封包装等。

④ 改善金属表面化学成分。以耐腐材料作为渗透剂，渗入工件表面，如渗铬、渗铝等。

1.2.6　材料的工艺性能

材料工艺性能很重要，因为工程材料几乎都要经过人为加工才能使用。材料加工难易性程度即是材料的工艺性能。

如果材料的力学性能和耐蚀性能均很好，但工艺性能很差，人们还是无法正常使用。工艺性能通常指铸造性能、锻造性能、冲压性能、焊接性能、热处理性能和切削加工性能。由于在本书后面将详细介绍这些性能（切削加工除外），所以这里不再多叙。

第 2 章　金属的组织与结构

2.1　金属的晶体和结晶

工程材料大部分是金属，而金属表现出来的力学性质、物理性质和抗蚀能力均与金属的内部组织有关。众所周知，以化学来研究物质内部结构是到分子和原子（包括原子外电子）的层次，而以核物理研究物质内部结构就必须研究原子核内的质子、中子和介子等更微小粒子。那么从材料学来研究物质内部结构是哪种微观粒子的层次呢？就金属这种物质而言，它的力学性质主要与金属内部组织——晶体有关。自1912 年应用伦琴射线研究金属内部，确立了金属晶体存在的事实，而且发现金属的力学性质是与金属晶体有关的。

2.1.1　金属晶体结构

工程中使用的金属，不管是常温还是高温都是固态物质。固态物质按凝固状态和内部物质结构可分为晶体和非晶体，常用的金属和合金都是晶体。有些非金属也是晶体，但也有些非金属不是晶体，如玻璃、沥青、松香、塑料和橡胶等。

晶体有 3 大特点：

① 有固定的熔点（合金熔点为一小段温度范围）；

② 有规则的几何外形；

③ 各向异性。

晶体是物质的原子（分子）按一定规则排列的结果，所以有一定的几何外形。若将原子放置一个点，并把各点连接起来，这种几何图形称为晶格，如图 2－1(b)所示。晶格中的基本单元如图 2－1(c)所示，称为晶胞，晶胞周而复始地排列就成为晶体。

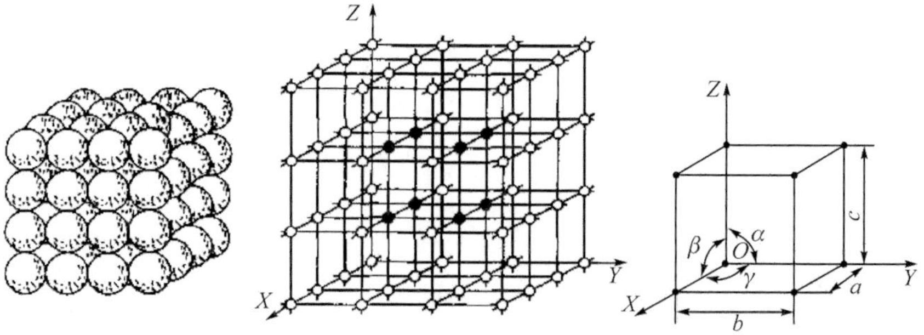

(a) 原子堆垛模型　　(b) 晶　格　　(c) 晶　胞

图 2－1　晶体中原子排列示意图

金属中常见的晶格有 3 种形状：体心立方结构(bcc)、面心立方结构(fcc)和密排六方结构(hcp)，如图 2-2 所示。

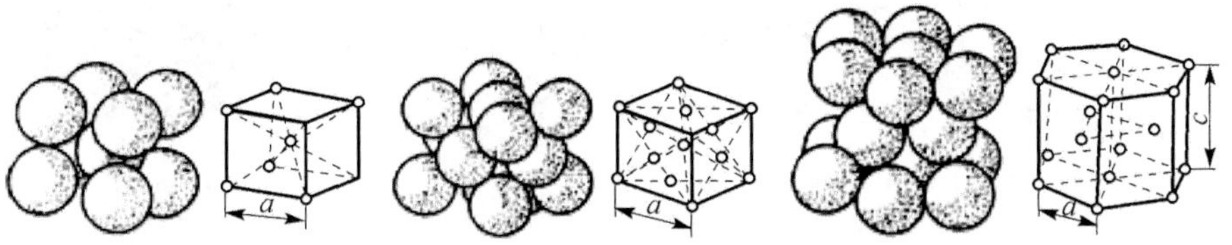

(a) 体心立方晶胞　(b) 面心立方晶胞　(c) 密排六方晶胞

图 2-2　典型晶胞

体心立方结构晶格之晶胞在立方体上面 4 个角和下面 4 个角上共有 8 个原子，此外立方体中央有 1 个原子，铬、钼、铌、钒等属于这种晶格；面心立方晶格之晶胞在外 8 个顶角有 8 个原子和 6 个面心各有 1 个原子，金、银、铜、铝等有这样的晶胞；密排六方晶格之晶胞在六棱柱上下 6 个顶角上共有 12 个原子，上下六角形中心各有 1 个原子，此外在六棱柱体中间还有 3 个原子，锌、镁、铍等有此晶格。

有的晶体由许多晶胞整齐排列而成，尺寸较大的称为单晶体。而金属中大尺寸的单晶体是没有的，它的晶体尺寸都很小。由若干个晶胞组成的小单晶体称为晶粒，特大的晶粒可用肉眼辨别，一般晶粒要用显微镜才能看出。许多晶粒组成多晶体，晶粒在多晶体中不仅大小不一，而且晶格线的位向也不同，所以多晶体就呈现出各向同性现象，如图 2-3 所示。

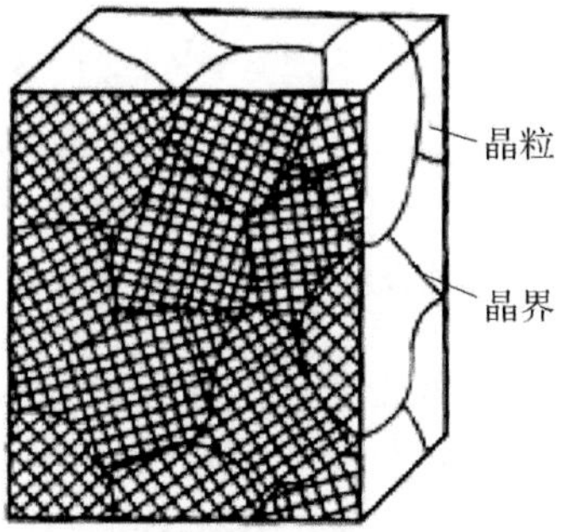

图 2-3　多晶体中不同位向晶粒示意图

2.1.2　金属的结晶

这里只介绍纯金属结晶。金属从液态变成固态的过程称为结晶。金属的冶炼和铸造都离不开金属的结晶。

1. 金属结晶过程

当温度降到某一数值时，液态金属中一些细小的原子集团首先形成小晶体，常称之为结晶核心。有的结晶核心由液体中杂质形成，随后晶核不断长大，与此同时新的核心在液体其他处形成、长大，最后就由大小不等、位向不同的多晶体全部代替了液体，宣告了结晶的结束。这一过程如图 2-4 所示。

2. 冷却曲线与结晶温度

将金属加热到熔化状态，然后使其缓慢冷却，在冷却过程中，每隔一定时间测量一次温度，直至冷却到室温，然后将测量数据画在温度-时间坐标图上，便得到一条金

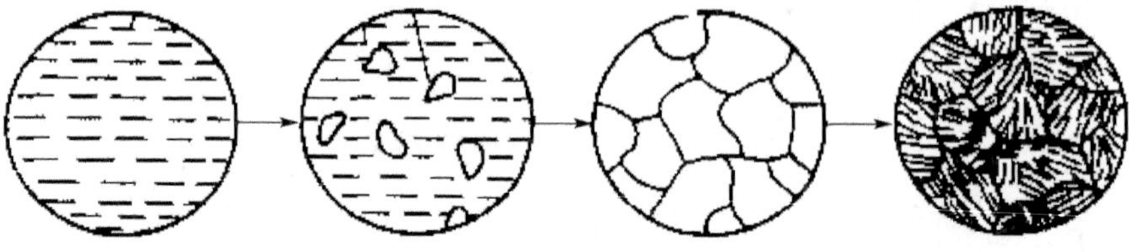

图 2-4 共析钢结晶过程示意图

属在冷却过程中温度与时间的关系曲线,即如图 2-5 所示的冷却曲线。

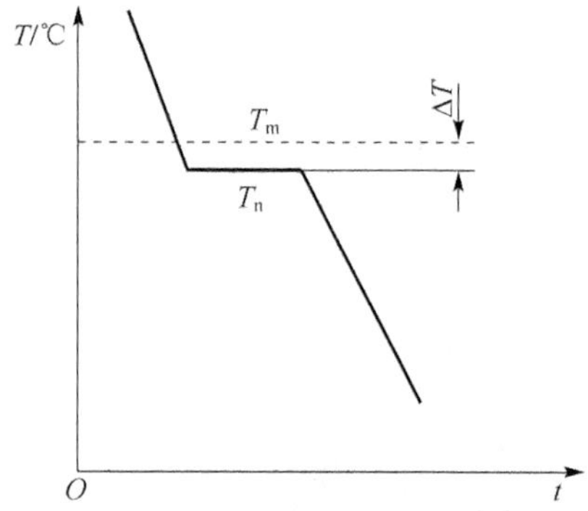

图 2-5 纯金属的冷却曲线示意图

理论上,纯金属在平衡条件下结晶时有一个结晶温度 T_m。但在实际生产中,液态金属结晶时,冷却速度都较大,金属总是在理论结晶温度以下某一温度开始进行结晶,这一温度称为实际结晶温度(T_n)。金属实际结晶温度低于理论结晶温度的现象称为过冷现象。理论结晶温度与实际结晶温度之差称为过冷度,用 ΔT 表示,即 $T_m - T_n = \Delta T$。过冷度和冷却速度有关,冷却速度越大,过冷度也越大,过冷度是金属结晶的必要条件。

为什么在结晶过程中的这段时间内,外界仍以原有的速度进行冷却而液态金属温度不继续下降却保持恒温呢?显然,金属结晶时从内部散发出某种热量,补偿了结晶时向外散出的热量,这种潜藏的热量称结晶潜热。在固态金属加热过程中,会观察到这样的现象:把金属加热到熔点(也是理论结晶温度 T_m)时不马上熔化,需要温度提高至 R_z 后才开始熔化,在熔化过程中,外界仍以原有的速度加热,但熔化过程的金属温度保持不变,只有待全部熔化结束后,液态金属温度才会上升,所以金属在熔化过程中吸收了这种潜热。结晶时才能放出这种潜热,这就是金属在结晶或熔化时为什么有固定的温度的原因。当冷却速度极其缓慢时,理论结晶温度和实际结晶温度才逐渐趋于一致。这里实际熔化温度与理论熔化温度的差值 $R_z - R_m = \Delta T_z$ 称过热度。过热度与加热速度有关。

3. 晶粒大小

结晶过程中,晶粒有大有小。金相研究中,晶粒按大小分成 8 类,晶粒最大的一类可用肉眼分辨出来,而一般的晶粒要用金相显微镜才能观察出来。首先应当注意,晶粒的大小对材料力学性能的影响很大,小晶粒比大晶粒的强度、塑性和韧性都有很大的提高。其次,晶粒的大小与材料本性以及结晶时的条件都有关系。所以在制造工艺中常采用以下方法来细化晶体的晶粒:

① 增加冷却速度(淬火中常用)　也增加了过冷度，使生成晶核之速率大于晶核长大之速率，晶粒数量多，晶粒细化。

② 变质处理　在液态系统中加少量变质剂(孕育剂)作为人工晶核，晶核多了，晶粒也就细化了。

③ 结晶时采用振动法　机械振动、超声波振动和电磁振动等，都有细化晶粒的功效。

2.2　实际金属组织及其缺陷

实际金属晶体除了是多晶体外，往往还或多或少地存在着晶体缺陷。晶体缺陷主要有点缺陷、线缺陷和面缺陷 3 种。

2.2.1　晶体缺陷类型

1. 点缺陷——空位和间隙原子

如图 2－6 所示，本来在晶格线条的交点(晶格结点)上应该有原子，而实际情况中却没有，成为空位；本来在晶格线条中间没有原子，而实际中却存在着原子，称间隙原子。所以空位和间隙原子就是晶格中的点缺陷。

空位和间隙原子是在结晶过程中，原子有规则排列时，因为某种原因破坏后造成的。例如在结晶中溶入外来原子或杂质；金属在固态下经过热压力加工或冷冲压加工；金属原子被氧化或进行其他化学作用等。因此破坏了金属原有的晶格形式，使晶格发生扭曲和畸变，使本来有序的原子排列失去平衡。

2. 线缺陷——位错

线缺陷是指晶体中，某一列或几列原子集体产生位错，如图 2－7 所示。这种一列(排)或几列(排)有规则的集体错位称刃型位错。

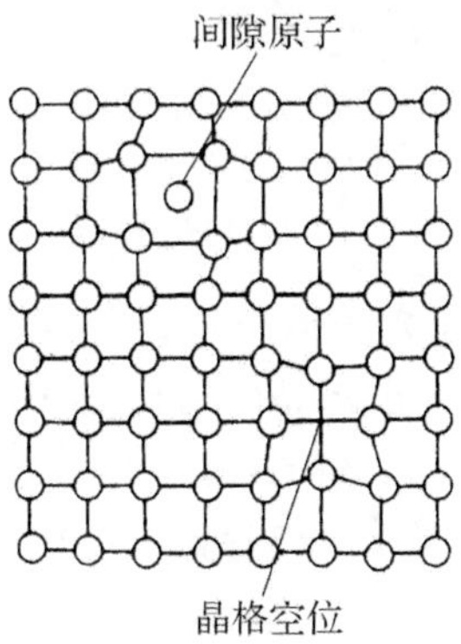

图 2－6　晶格空位和间隙原子示意图

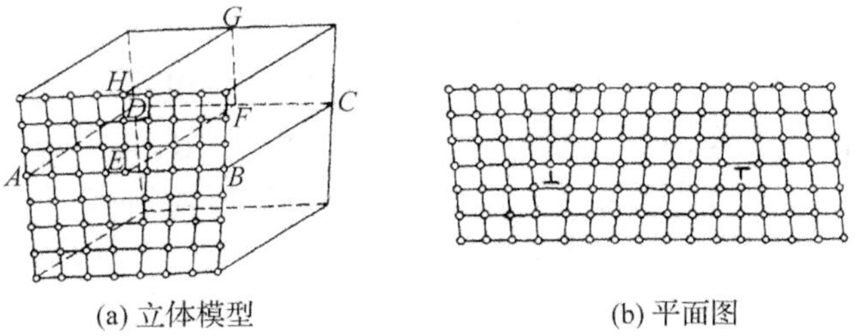

图 2－7　刃型位错示意图

3. 面缺陷——晶界

多晶体由晶粒组成,晶粒之间是晶界,晶界是过渡层,一方面是点线缺陷的晶格紊乱层,另一方面是杂质聚集的场所。晶界的结构如图2-8所示。

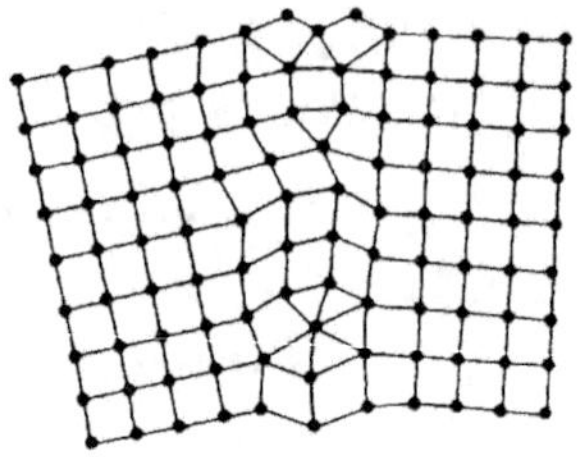

图2-8 晶界的结构示意图

2.2.2 晶体缺陷和材料性能的关系

晶体的缺陷并不一定是坏事,一般情况下,随着晶体缺陷的增加,常导致金属的强度和硬度也随之增加。例如加工硬化、某些热处理方式均是靠增加晶体缺陷来提高强度和硬度的。

但是晶体缺陷使晶格畸变,从而使组织内能增加,因此是一种不稳定组织,容易在外界温度和压力等条件变化下改变材料的某些性能。例如高速切削下产生的高温,使淬火的高速钢失去原有的硬度,而且使不稳定组织的抗腐蚀能力下降。晶体的缺陷也影响着金属的其他方面,如金属易变形和断裂、发生固态相变等。总之,晶体缺陷有利也有弊。

2.3 金属的合金、相和二元相图

2.3.1 基本概念

1. 合金的基本概念

机械工程中纯金属很少使用,一般所说的金属材料大都是合金。合金是指由两种或两种以上的金属元素或非金属元素组成的,其主要元素是金属元素,且总体上具有金属性质的物体。例如铁合金、铝合金、钛合金和铜合金等,其中铁、铝、钛和铜分别是各合金中主要元素。组成合金最基本的独立元素称组元,组元可以是金属元素或非金属元素,也可以是稳定的化合物。由2个组元构成的合金称二元合金,3个组元构成的合金称三元合金。由相同组元、不同成分(组元含量之百分比不同)组成的系列合金称合金系。

2. 相的基本概念

合金中的显微组织除了晶体这种结构外,还有一种称为相的组织。相也是一种晶体结构,存在于合金系列中。凡化学成分大致均一、具有相同晶体结构与相同的物理、化学性质,并有界面相互分隔开的均匀组成部分称为相。纯金属是单相组织,合金多数是两相或两相以上的组织。相虽然多种多样,但从形成原理而言,可以分成两大类:固溶体和金属化合物。

(1) 固溶体

大家知道溶液的概念,即有一种液体称溶剂,另一种被称为溶质(可以是固体或液体)的物质溶解在溶剂中形成的均匀液体。而固溶体的溶剂是固态的晶体,在溶剂中也溶入某种固态溶质原子。固溶体和溶液一样也有溶解度的概念，可分为有限固溶体和无限固溶体。溶质原子若有规则地分配在溶剂晶格中的称为有序固溶体，反之则称为无序固溶体。

当溶质原子取代溶剂晶格结点上的原子时称置换固溶体，当溶质原子嵌入溶剂晶格的间隙中时称为间隙固溶体，如图 2-9 所示。由于溶剂原子和溶质原子大小不一，性质不一，所以当形成固溶体时，晶格扭曲和畸变造成了固溶强化。一般来说，强化后合金的强度、硬度提高，而塑性和韧性有所下降。固溶体正因为具有溶解度，可以稠些也可以稀些，所以在二组元合金相的同一个固溶体相中，化学成分可以是不同的，但化学成分的分布是均匀的，即不因为化学成分不同而形成界面。

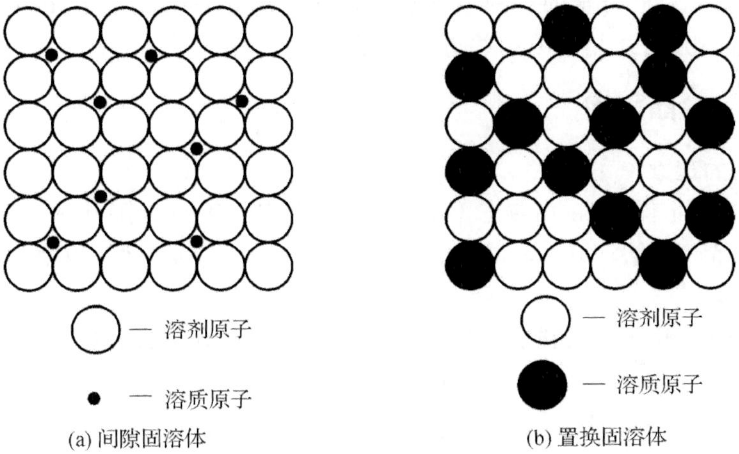

图 2-9　固溶体的两种类型

(2) 金属化合物

以两组元 $A-B$ 合金为例，A，B 可以均是金属，合金的次要成分也可以是非金属，它们相互发生化学作用，生成一种具有金属特性的新的化合物，以化学式 A_mB_n 表示。化合物的晶格类型和原两组元晶格类型完全不同，且力学性质、物理和化学性质也不同，是一种全新的相。一般新相化合物的力学性质具有高硬度、高熔点，呈脆性，塑性和韧性较差。

金属化合物组成的相虽然力学性能不太好，但它以微小的颗粒，适量分布于固溶体为基础的晶体中，称为弥散强化，可显著提高合金的强度、硬度及耐磨性，所以这是合金强化的又一重要手段。

金属化合物 A_mB_n 这种金相组织，不同于固溶体那样有溶解度稀稠的概念，它是严格按化合物的化学规律——原子间以严格比例化合而成，所以只要生成这种相，它的化学成分是不会变化的。

3. 二元合金相图

(1) 相图的基本概念

二元合金相图是最基本的合金相图,三元或更多元相图可在此基础上发展而成。合金中的相是由合金的温度、压力和化学成分等因素共同决定的。若在一个大气压且温度在非常缓慢变化的条件下,则合金的相称为平衡态相。平衡态相的组成及转变条件仅与温度和化学成分有关。所谓相图,就是说明上述关系的一种简明图解。一般以纵坐标表示温度缓慢变化,用横坐标表示合金化学成分的变化。相图的建立一般用热分析法,还可以采用膨胀法、电阻法和X射线分析法等。

(2) 相图的类别

由于两组元组成合金的过程中有不同的组成方式,所以形成的相图不一样,常见的相图有匀晶相图、共晶相图和共析相图等。

2.3.2 匀晶相图

1. 相图的建立

两组元铜Cu和镍Ni在液态下无限互溶,在固态下也无限互溶,它们组成合金系,就称为匀晶系,合金相称匀晶相。下面以Cu-Ni合金为例,说明用热分析法建立相图的过程。

由于Cu和Ni两组元在加热后液态下无限互溶,所以用加热方法可以配置不同成分的Cu-Ni合金液体。如:

合金I	100% Cu
合金II	80% Cu 和 20% Ni
合金III	60% Cu 和 40% Ni
合金IV	40% Cu 和 60% Ni
合金V	20% Cu 和 80% Ni
合金VI	100% Ni

配制样本越多,则Cu-Ni合金相图越精确。观察并测得各样本在缓慢冷却条件下结晶的温度,分别连在图2-10(a),再把图(a)中的时间水平坐标换成化学成分的水平坐标,而纵坐标不变,得出不同化学成分垂线上的点。由于纯金属是在恒温下结晶的,是一个点;其他合金则是在一个温度范围内结晶的,所以均有始末两个点。然后将各始点连成上面的一条曲线和各终点连成另一条稍下的曲线,这就是Cu-Ni相图(属匀晶相图)。

2. 相图的分析

由于Cu-Ni合金在液态下无限互溶,固态下也无限互溶,所以Cu-Ni合金相属于无限固溶体类型,形成单相α固溶体。

如图2-11所示,相图中上下两条线:$t_A m t_B$ 和 $t_A n t_B$ 将相图平面分成3个部分;在 $t_A m t_B$ 曲线上方是合金的液相区 L,所以 $t_A m t_B$ 称液相线;在 $t_A n t_B$ 下方是合金固

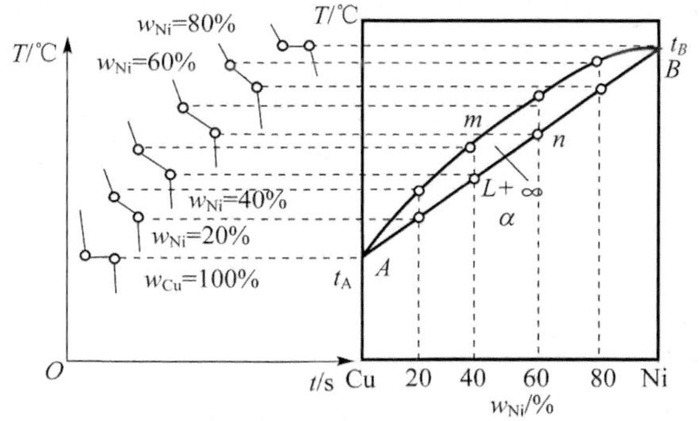

(a) Cu–Ni合金的冷却曲线　　(b) Cu–Ni合金相图

图 2-10　建立 Cu-Ni 相图的示意图

相区 α 固溶体（在这个固溶体单相中化学成分是变化的），所以 $t_A nt_B$ 是固相线。在 $t_A mt_B$ 和在 $t_A nt_B$ 之间是双相区，即液态和固态并存（$L+\alpha$）区，t_A 是 Cu 纯金属结晶点，也是熔点；t_B 是 Ni 纯金属的熔点也是结晶点；而 $t_A mt_B$ 是各成分合金的结晶起点和熔化终点，$t_A nt_B$ 是各成分合金的结晶终点和熔化起点。

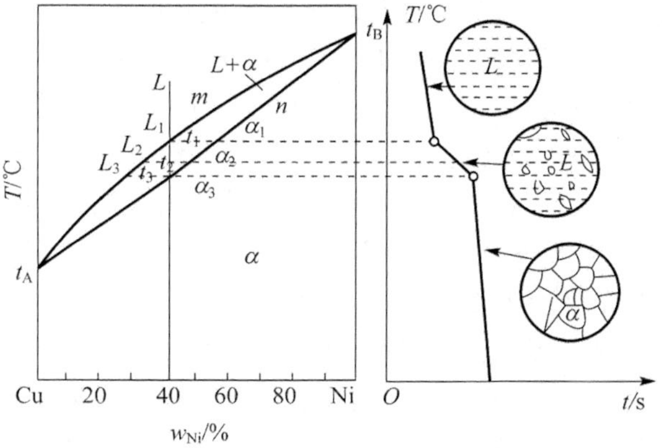

图 2-11　Cu-Ni 合金相图及结晶过程分析

在图 2-11 中，取 $w_{Ni}=40\%$的 Cu-Ni 合金（具有一定代表性）说明它的结晶过程。作 $w_{Ni}=40\%$的直线，该垂直线交液相线于 t_1，固相线于 t_3，t_1 和 t_3 线中间某一点是 t_2。过 t_1 作水平线，交液相线于 L_1（和 t_1 重合），交固相线于 α_1；过 t_2 作水平线分别交液相线和固相线于 L_2 和 α_2；过 t_3 作水平线，交固相线于 α_3（和 t_3 重合），交液相线于 L_3。由于在 t_1，$w_{Ni}=40\%$合金刚开始要结晶，所以两相区 100%是液体，即 $w_{Ni}=40\%$和 $w_{Cu}=60\%$互溶合金液，当时间从 t_1 到达 t_2 时，已结晶了一段时间 $t_1-t_2=\Delta t_{12}$，二相区应该既有液体又有已结晶的晶体，那么液体的成分和晶体的成分相同吗？在 t_2 瞬时液态和晶体固态的质量各多少呢？经研究发现：固溶体平衡结晶过程中随着温度下降,固态晶体质量越来越多,液态合金含量越来越少,这种固液质量比例关系符合杠杆定律。

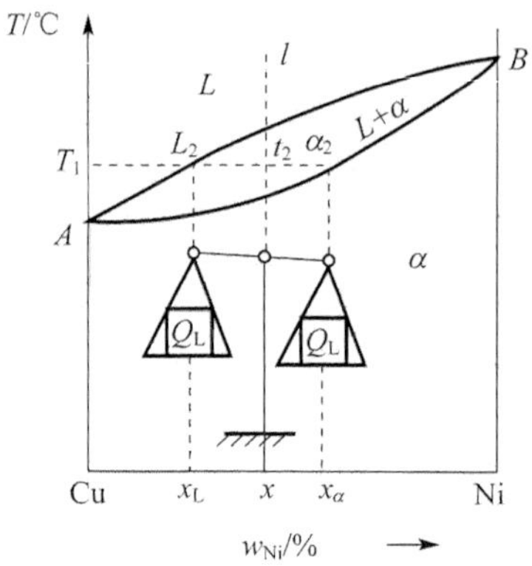

图 2-12　杠杆定律示意图

现以结晶过程中 t_2 瞬时的固态晶体质量 Q_α、液态晶体质量 Q_L 各自的比例关系为例说明(见图 2-12):

$$\text{因为}\frac{Q_L}{t_2\alpha_2}=\frac{Q_\alpha}{t_2l_2}\qquad\text{所以 } Q_L\cdot t_2l_2=Q_\alpha t_2\alpha_2$$

称为杠杆定律。

显然在 t_1 开始结晶瞬时,因为 $l_1t_1=0$,$Q_Lt_1l_1=Q_\alpha t_1\alpha_1$,所以 $Q_\alpha t_1\alpha_1=0$。又因为 $t_1\alpha_1\neq0$(参看图 2-11),所以 $Q_\alpha=0$,$Q_L=100\%$,即开始结晶时 100%是液态合金。

同理当 t_3 结晶结束时,因为 α_3 和 t_3 重合,所以 $t_3\alpha_3=0$,则 $Q_Ll_3t_3=0$。又因为 $l_3t_3\neq0$ 故 $Q_L=0$,所以 $Q_\alpha=100\%$。

另一个重要规律是不但结晶时,固态、液态两相质量不断变化,而且固态、液态两相的化学成分都在发生不断变化。经研究发现,固态化学成分沿着固相线 t_Ant_B 变化,液相化学成分沿液相线 t_Amt_B 变化。不难发现,在 t_1 刚要结晶时,结出的晶体化学成分在 α_1 点 $w_{Ni}\approx55\%$,而在 t_2 结晶时,晶体结晶时在 α_2 点 $w_{Ni}\approx50\%$;在 t_3 时,晶体结晶在 α_3 点 $w_{Ni}\approx40\%$。所以,当晶体结晶的时间不同时,其化学成分也是不同的,但是匀晶相条件中有平衡态条件。又因为 Cu 和 Ni 在固态下也能无限互溶,所以它有充分时间从高浓度向低浓度扩散,因此整个晶粒的化学成分还是均匀的,这种结晶过后还有一个匀晶过程,所以这种相图称匀晶相图。

在合金的实际生产中,一般冷却速度较快,不可能有平衡态条件出现,所以匀晶过程来不及进行。晶体先结晶部分,像 Cu 和 Ni 那样,则高熔点 Ni 的含量较高。很多合金结晶时出现树枝状晶体,先结晶的是树枝粗杆,高熔点组元含量较多;后结晶的是树枝细杆,高熔点组元含量少,通常称这种现象为枝晶偏析(也有称晶内偏析)。冷却速度越快,液相线、固相线之间距离越大,结晶温度范围越宽,枝晶偏析越严重。为了消除这种缺陷,常用扩散退火的热处理方法去解决,将合金重新加热至稍低于固相线温度,保温较长时间,让晶体原子充分扩散,消除枝晶偏析。

还有一种匀晶反应,在液态下两组元无限互溶,而在固态下有限溶解。在平衡态中,当温度慢慢下降时,固态溶解度也下降,这会使溶质组元从溶剂组元中分离出来。而当冷却速度较快时,溶质组元来不及从溶剂组元中析出,在常温下就获得高浓度溶质组元合金,这往往会引起溶剂晶格极大的扭曲和畸变,合金强度、硬度上升而塑性、韧性下降,此即固溶强化。

2.3.3　共晶相图

二组元铅 Pb 和锡 Sn 在液态下无限互溶，但在固态下只有限溶解，而且还发生了共晶反应，这种合金系形成之相图称共晶相图，如图 2－13 所示。除了 Pb－Sn 之外，还有 Pb－Sb，Cu－Al，Al－Si 和 Al－Sn 等，都能生成共晶相图。

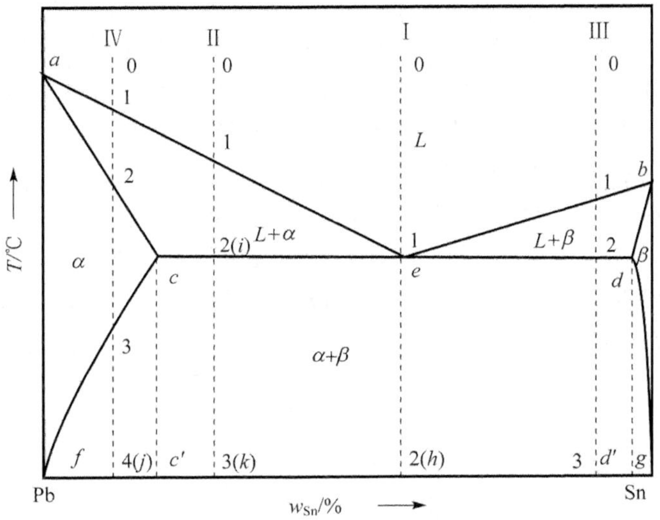

图 2－13　Pb－Sn 二元合金相图

1. 相图分析

(1) 相　线

① 液相线是 aeb，所以 aeb 之上是单相液相区 L（液态 Pb 和 Sn 无限互溶）。

② 固相线是 $acedb$，在 $acedb$ 之下是多相固相区，所以液相线和固相之间为液固相区，以 e 为分界点，左边 ace 区是 $L+\alpha$，右边 edb 是 $L+\beta$。其中，α 是以 Pb 为溶剂，Sn 为溶质的固溶体；β 是以 Sn 为溶剂，Pb 为溶质的固溶体。

③ cf 线是 Sn 在 α 固溶体中溶解度极限曲线。

④ dg 线是 Pb 在 β 固溶体中溶解度极限曲线。

⑤ ced 线是水平线，表示共晶恒温线，称共晶线。凡化学成分在 cd 之间的合金溶液均在共晶温度下发生共晶反应。e 是共晶点，设 e 点对应下的合金化学成分是 L_e，在共晶温度下发生下列反应

$$L_e \xrightarrow{\text{共晶温度}} (\alpha_c + \beta_d)$$

注意：反应得到的 α 固溶体化学成分不是 e 点对应的，而是 c 点对应的，记作 α_c；β 固溶体化学成分不是 e 点对应的，而是 d 点对应的，记作 β_d。

(2) 相　区

单相区：L，α，β；

双相区：$L+\alpha$，$L+\beta$，$\alpha+\beta$；

三相区：$L+\alpha+\beta$（e 点）。

共晶相图最大特点是有共晶点 e、水平共晶线 ced 和共晶体（$\alpha+\beta$）。共晶体（$\alpha+\beta$）从相的角度看，它是由两种相构成的。但从显微组织来看是一种组织，因为 α 和 β 两相交替分布，常呈层片状、针状和点状，很细小，是不可分离的一种显微组织。

共晶相图和匀晶相图有很大的不同，其主要原因是：共晶相图之两组元在固态下并不无限互溶，只是有限溶解。因此在固相线以下就不全是单相的固溶体，而是有两个不同的单相固溶体 α 和 β。随着温度的下降，Sn 在 α 中固溶体的溶解度在下降，所以 cf 是一条左下的斜线，这意味着随着温度的下降，不断地从 α 中析出多余的 Sn。

但要注意的是析出的不是纯锡，而是含锡量很高的锡的固溶体 β。为了将其与液态中结晶出的固溶体 β 区分，将 α 中析出的 β 写成 β_{II}。同理，在 β 固溶体中也有类似情况，所以 dg 也是斜线，向着右下方向，而且在 β 固溶体中析出的也不是纯 Pb，而是 α 固溶体，为了区别，写成 α_{II}。如果溶解度不随温度而变化，那么 cf 和 dg 是两根垂直于水平线的垂直线，当然也没有 β_{II} 和 α_{II} 析出。

(3) 点

a 是 Pb 的熔点，b 是 Sn 的熔点，c 是 Sn 在 α 固溶体中的最大溶解度点，d 是 Pb 在 β 固溶体中的最大溶解度点，e 是共晶点。

2. 合金的相变过程(包括结晶)

前面讲过纯金属的结晶，它是由液态金属冷却至结晶温度变成固态金属的过程，是原子由一种排列（无序）状态变化到另一种原子排列（有序）状态（成晶体）的过程。在合金中，将液态金属或合金称液相，所以结晶也可属相变的范畴。

在共晶相图中，不但存在液相向固相的转变（液-固相变），而且对某种成分固定的合金液，在一定恒温下会同时结晶出两种成分和结构不相同的固相。所有这些相和显微组织的转变对合金性质特别是力学性质影响很大。下面研究几种典型的相变过程。

(1) 合金Ⅰ(共晶合金)的相变过程

合金Ⅰ（共晶合金）的相变过程如图 2-14 所示。

0～1　温度下降区，液相冷却，且到达结晶温度。由于是共晶反应，在恒温下进行。

1～1′　在恒温下发生 $L_e \xrightarrow{\text{共晶温度}} (\alpha_c+\beta_d)$。先形成微小共晶晶核（$\alpha_c+\beta_d$），所以生成晶核时两相 α 和 β 就结合在一起。以后晶核长大和生成新的（$\alpha_c+\beta_d$），到 1′时，多晶粒的（$\alpha_c+\beta_d$）替代了全部的液相。

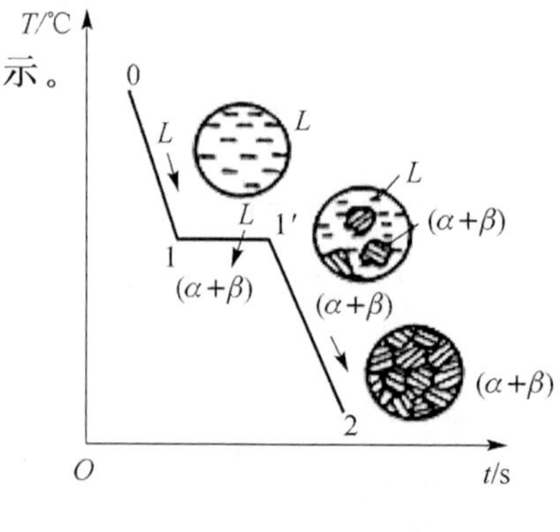

图 2-14　合金Ⅰ的冷却曲线

1′～2　是晶体（固态）冷却。由于开始时温度 1′，α 相成分是 α_c，β 相成分是 β_d，随着温度下降，α 中的 Sn 和 β 中的 Pb 溶解度下降，而且在平衡态条件下，冷却到常温时，$\alpha_c \xrightarrow{1'-2\text{冷却}} \alpha_f + \beta_{II}$，$\beta_d \xrightarrow{1'-2\text{冷却}} \beta_g + \alpha_{II}$。由于从 1′～2 是逐渐进行的，所以生成 α 成分也是在逐渐变化的，从 $\alpha_c \rightarrow \alpha_f$。$\beta$ 成分也是在逐渐变化的，从 $\beta_d \rightarrow \beta_g$，由此，$\beta_{II}$ 和 α_{II} 成分也逐渐变化。它们一边变化一边仍然和共晶体的 α 相、β 相生长在一起，而且量很少，结构和先析出的相同，不改变共晶体($\alpha+\beta$)的基本形态，所以最后常温下也不计 α_{II} 和 β_{II}，只有一种组织($\alpha+\beta$)，不写下标。

共晶体是 α 和 β 两相组成的一种机械混合物，只算一种组织，但从相的角度来看，其晶体是两个相。各相的相对质量(参看图 2-13，常温下杠杆总长 fg，支点是 h，分 fg 为两段，一段 hg，另一段 hf)为

$$Q_\alpha = \frac{hg}{fg} \times 100\% \qquad Q_\beta = \frac{hf}{fg} \times 100\%$$

共晶点越靠近 Sn，则 hf 相对更长些，所以 Q_β 多些是显然的。

(2) 合金Ⅱ的相变过程

合金Ⅱ位于共晶点左方，称亚共晶合金，其冷却曲线见图 2-15。

0～1　液相冷却。

1～2　1 点对应于此成分合金液相线上相应转变温度，2 点对应于固相线上相应转变温度。这是合金的结晶过程，它在一段温度范围内完成，平衡态下也是个匀晶过程。此间不断从液相中结晶出 α 相固溶体，L 变少，α 变多，L 的成分变化沿液相线 ae，α 成分变化沿固相线 ac，到达 2 时，$\alpha \rightarrow \alpha_c$，$L \rightarrow L_e$。

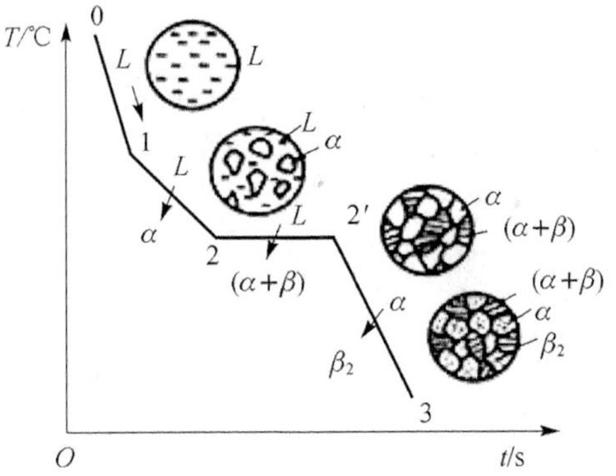

图 2-15　合金Ⅱ的冷却曲线

2～2′　发生共晶反应，$L_e \xrightarrow{\text{共晶温度}} (\alpha_c + \beta_d)$，到 2′时，有两种组织 $\alpha_c + (\alpha_c + \beta_d)$。

2′～3　随着温度的下降，固态组织($\alpha_c + \beta_d$)共晶体继续冷却，共晶体中初生 α 由于 Sn 溶解度的下降不断析出 β_{II}，但显微组织特征保持不变，最终组织为 $\alpha_f + (\alpha+\beta) + \beta_{II}$。

在共晶温度时，杠杆总长 ce，支点在 i，组织总量是 $Q_{(\alpha+\beta)+\alpha_c}$，组织分量是 $Q_{(\alpha+\beta)}$，Q_{α_c}，按照杠杆定律有：

$$Q_{(\alpha+\beta)} + Q_{\alpha_c} = Q_{(\alpha+\beta)+\alpha_c} = 1$$

$$Q_{(\alpha+\beta)} = \frac{ci}{ce} \times 100\%, \qquad Q_{\alpha_c} = \frac{ie}{ce} \times 100\%$$

再将 $\alpha_c \rightarrow \alpha_f + \beta_{II}$ 分离，杠杆总长 fg，支点在 c'，组织总量 Q_{α_c}，组织分量 Q_{α_f} 和 $Q_{\beta_{II}}$，按照杠杆定律，则

$$Q'_{\alpha_f}=\frac{c'g}{fg}\times100\%,\qquad Q'_{\beta_{II}}=\frac{fc'}{fg}\times100\%$$

所以

$$Q_{\alpha_f}=\frac{c'g}{fg}\times\frac{ie}{ce}\times100\%,\qquad Q_{\beta_{II}}=\frac{fc'}{fg}\times\frac{ie}{ce}\times100\%$$

可以证明

$$Q_{(\alpha+\beta)}+Q_{\alpha_f}+Q_{\beta_{II}}=1$$

所以各个组织分量的计算是正确的。

以上是3种组织的相对量，但从相的角度看，只有2种相：α 和 β，杠杆总长 fg，杠杆支点是 k，按照杠杆定律，两相分量占总量的比例为

$$Q_\alpha=\frac{kg}{fg}\times100\%,\qquad Q_\beta=\frac{fk}{fg}\times100\%$$

(3) 合金Ⅲ的相变过程

合金Ⅲ的相变过程如图2-16所示。合金Ⅲ位于共晶点 e 之右，称过共晶合金，它的相变过程与合金Ⅱ相近，它先析出 β 固溶体，而不是 α。它的相变过程用下列流程表示：

$$L\xrightarrow{\text{结晶过程}}L+\beta\xrightarrow{\text{共晶反应}}(\alpha_c+\beta_d)+\beta\xrightarrow{\text{固相冷却至室温}}(\alpha+\beta)+\beta_g+\alpha_{II}$$

室温下组织共3个：$(\alpha+\beta)$ 共晶体、β 和次生的 α 固溶体，见图2-16。

(4) 合金Ⅳ的相变过程

合金Ⅳ的相变过程如图2-17所示。相变流程为

$$L\xrightarrow{\text{结晶过程}}L+\alpha\xrightarrow{\text{结晶单相}\alpha\text{固溶体}}\alpha\xrightarrow{\text{Sn在}\alpha\text{中析出}\beta_{II}}\alpha_f+\beta_{II}$$

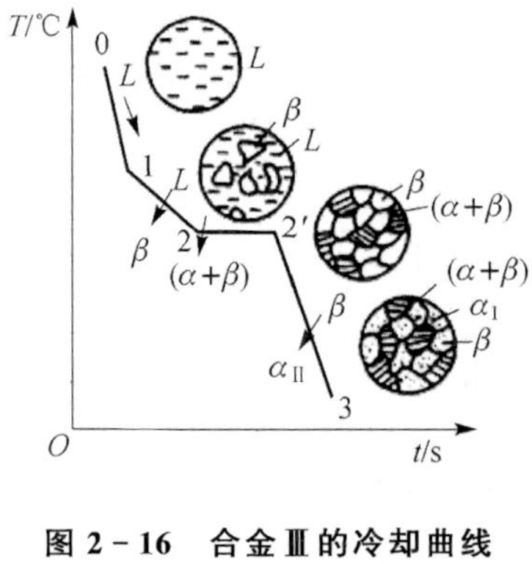

图2-16　合金Ⅲ的冷却曲线

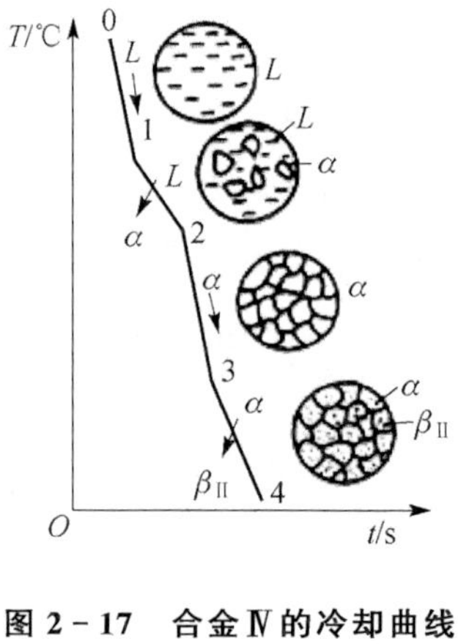

图2-17　合金Ⅳ的冷却曲线

室温下两种组织，这里注意两点：① 在2时刻结晶已完成，L 完全变成 α，液相线相应点在 e 上方，即不会有共晶反应，此时 α 成分不是 α_c，而是Ⅳ对应的化学成分。② 最后 Q_{α_f} 和 $Q_{\beta_{II}}$ 相对质量是：总长 fg，支点在 j

$$Q_{\alpha_{\mathrm{I}}} = \frac{jg}{fg} \times 100\%$$

$$Q_{\beta_{\mathrm{II}}} = \frac{jf}{fg} \times 100\%$$

2.3.4　其他相图

1. 共析相图

共析相图如图 2-18 所示，组元 A，B 在液态下无限互溶成单相 L，图之上层 L，$L+\gamma$，γ 三部分是匀晶相图。由液相 L 结晶成单相 γ 固溶体 $A-B$ 合金，图的下层 γ，$\gamma+\alpha$，$\gamma+\beta$，α，$\beta(\alpha+\beta)$ 等是共析相图，所以共析相图很像共晶相图。不过共晶相图是由液态 L 在共晶温度下共同析出 α 和 β 形成共晶体，而共析相图是由固态下 γ 在共析温度下共同析出 α 和 β 形成共析体，所以共析是纯粹固态下的相变。当 fm 和 gn 两条溶解度曲线斜置时也有溶解度随温度下降而变小问题，从而也有 α_{II}，β_{II} 次生相析出的情况。上面共晶相图之分析和相变的过程也完全类似于共析相图，故此不再叙述。

2. 形成稳定化合物相图

在某些合金系中，常有一个组元是稳定化合物 A_mB_n，但另一个主要组元是金属 A，因而合金具有金属的性质。例如图 2-19 所示，某些合金系中，组元 A 是金属，而组元 B 也是金属（也可是非金属），合金系中有时形成某种稳定化合物 A_mB_n。此图 A_mB_n 中可以看作一个独立的组元，将相图分成两个独立的相图，即 $A-A_mB_n$ 和 A_mB_n-B。不过当 B 是非金属时，A_mB_n-B 系列就不一定具有金属性质。

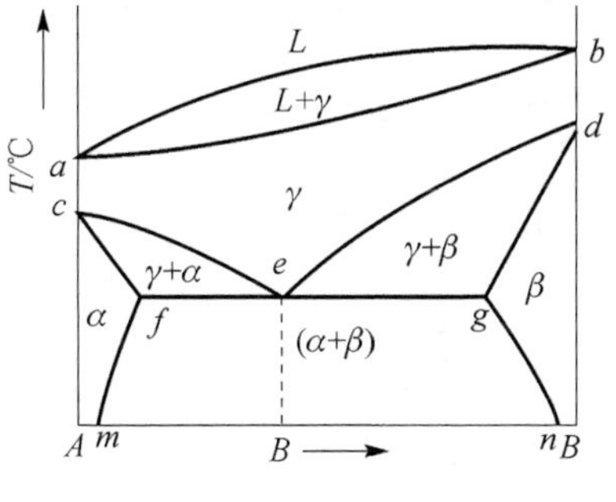

图 2-18　共析相图

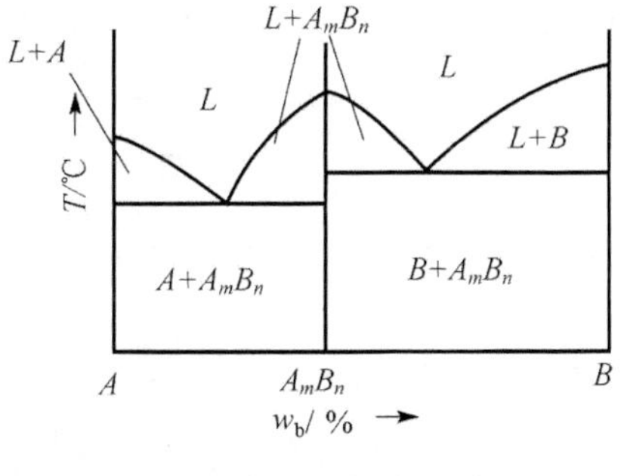

图 2-19　含稳定化合物的相图

2.3.5　合金相图与材料性能的关系

1. 合金相图与材料力学性能的关系

合金相图与材料力学性能的关系如图 2-20 所示。

从相图整体而言，形成匀晶相图、共晶相图和形成稳定化合物相图时，对应的材料力学性质和部分物理性质有一定的关系，分别见图 2-20(a)，(b)和(c)所示。

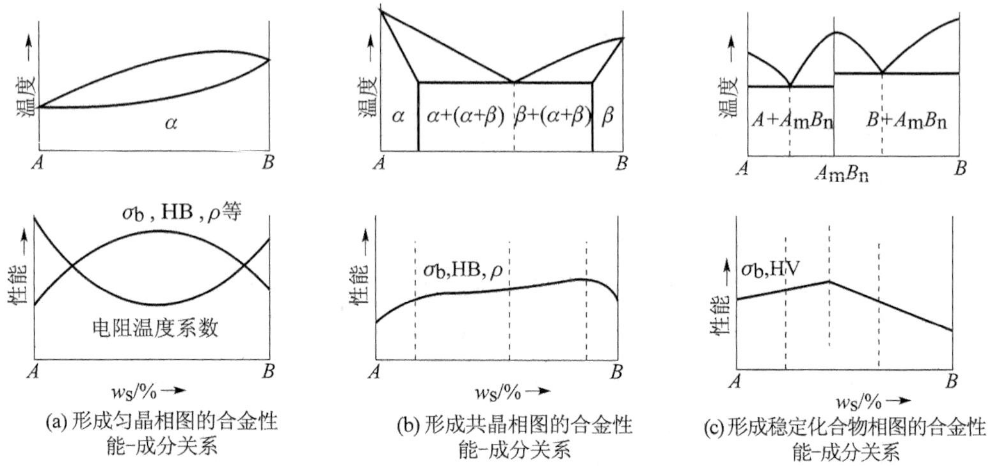

图 2-20 固溶体合金的物理及力学性能与其成分的关系

从相图中的相而言，当相是单相固溶体时，具有良好的综合力学性能(即强度、硬度、密度、塑性和韧性均不差)。当相是双相(或多相)形成共晶体或共析体时，其组织是机械混合物，则力学性质随合金化学成分呈线性关系变化，即合金力学指标是两相力学指标的算术平均值。另外，两相的几何形状(点、针、片等)、晶粒大小、分布形态也和合金显示的力学性质大有关系，如一相为金属化合物细小、均匀地分布在另一塑性好的固溶体中，会使合金强度大大提高，这就是弥散强化；但同样的金属化合物分布在晶粒的晶界上且成网状，使合金强度、塑性和韧性都下降。

2. 合金相图与材料工艺性能的关系

图 2-21 所示是匀晶相图和共晶相图及其对应的合金铸造工艺性能的关系。铸

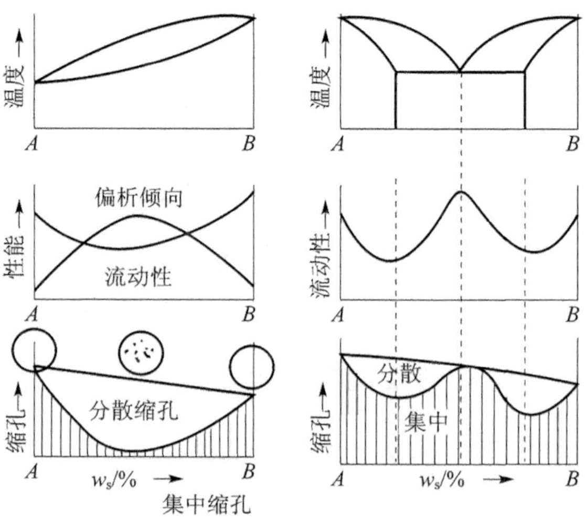

图 2-21 合金铸造性能与相图

造性包括液态合金的流动性和产生缩孔、缩松及偏析倾向等。铸造性好，就要求液态合金流动性好，容易产生集中缩孔，偏析倾向小。从相图上看，铸造性与液相线与固相线之间的间距有关，间距越小，铸造性能越好。因此，纯组元和共晶成分合金的流动性最好，缩孔集中，铸造性能好。所以铸造合金往往选择共晶或接近共晶成分的合金。

要使材料的锻造性和冲压性好，则要求材料的塑性好。所以，锻造时，一般选择单相固溶体比较合适。双相的共晶体塑性差，故不宜锻造。

固溶体的韧性也比较好，在切削加工时，切屑不容易断，特别是孔加工中排屑不方便，容易刮伤已加工好的机件表面。而双相合金容易断屑，其切削加工性相对要好得多。

2.4　铁碳合金相图

目前，机械工业用得最多的合金材料是铁碳合金。从名称上看，铁碳合金的合金组元是 Fe 和 C。

但实际上，工业上应用的铁碳合金只是整个合金系列靠近 Fe 很小的一部分，因为当含碳量超过 6.69%时，合金已经太脆了，此时合金是 Fe_3C，所以再高含碳量的铁碳合金就略去不研究。因此，这种铁碳合金相图也可看成是 Fe 和 Fe_3C 两种组元的相图。但化学成分仍然标出的是 w_C 而非 w_{Fe_3C}（w 指含量）。

铁碳合金中含碳量少的指 w_C=0.02%～2.11%，称碳钢。而含碳量较多的 w_C=2.11%～4.3%称铸铁，w_C=4.3%～6.69%很少应用。

2.4.1　铁碳合金相图中的基本相

相图中有 3 种基本相：铁素体、奥氏体和渗碳体。

1. 铁素体

碳在 α－Fe 中形成间隙固溶体，α－Fe 的晶格是体心立方晶格，溶碳能力较差，在共析温度 727℃时，最大溶碳量为 0.021 8%（*P* 点），温度下降，溶碳更差。

在室温时溶解量只有0.000 8%（*Q* 点），几乎和纯铁相同，强度、硬度均不高：σ_b = 250 MPa，σ_s = 120 MPa，80 HBW，但塑性、韧性很好，δ = 50%，ψ = 85%，α_k = 300 J/cm^2。通常 α－Fe 铁素体用 F 或 α 表示。

碳在高温时（1 394～1 538 ℃）也存在铁素体相，在 1 495 ℃碳最大的溶解度为 0.09%，为了与 α－Fe 铁素体区别，用 δ－Fe 符号表示高温铁素体。这种 δ－Fe 很少使用，常说的铁素体是指 α－Fe。

2. 奥氏体

碳在 γ－Fe 中形成间隙固溶体称奥氏体。用 A 或 γ 表示。γ－Fe 为面心立方晶格，溶碳作用较强。在 1 148 ℃时，w_C=2.11%（即 *E* 点），若温度下降，则碳在 γ－Fe

中溶解度降低,在727 ℃共析温度时,溶碳量是0.77%。

在铁碳平衡图中,奥氏体只存在于727 ℃以上。它单相,塑性好、硬度低,非常适合锻造工艺的实施。单相奥氏体存在的最高温度曲线也是铁碳合金相图的固相线,所以这条固相线是铸造工艺、热处理工艺的重要参考曲线。

3. 渗碳体

渗碳体 Fe_3C 是金属化合物,含碳量为6.69%,它的晶格比较特殊而复杂,熔点为1 227 ℃,硬度很高,大于800 HV,性脆,塑性极小,它适合于以微小颗粒弥散在塑性大的晶格中,形成强化相。它也可以看作是合金系的组元,它的相在铁碳合金相图中分布较广。渗碳体的化学成分是严格不变的,但在相图中不同部分有不同的形态、不同的分布和不同的数量成分,因此,对合金起着不同的作用。它不是非常稳定的化合物,而是一种亚稳定相,在含碳量较大的条件下,铁碳合金是铸铁时,渗碳体会分解成石墨和铁。

$$Fe_3C \rightleftharpoons 3Fe + C(\text{石墨})$$

2.4.2 铁碳合金相图分析

$Fe-Fe_3C$ 相图如图2-22(a)所示,图中左上角($\delta-Fe$)转变部分由于实用意义不大,为便于研究和学习,可予以省略简化。简化后的 $Fe-Fe_3C$ 相图如图2-22(b)所示。下面的内容都以图2-22(b)为准。

1. 相图特征点

表2-1所列为 $Fe-Fe_3C$ 相图中的特征点。

表2-1　$Fe-Fe_3C$ 相图中的特征点

特征点	温度/℃	碳含量/%	含　义
A	1 538	0	纯铁的熔点
C	1 148	4.3	共晶点
D	1 227	6.69	渗碳体的熔点
E	1 148	2.11	碳在奥氏体中的最大溶解度
F	1 148	6.69	渗碳体的成分
G	912	0	纯铁的异构转变点
K	727	6.69	渗碳体的成分
P	727	0.021 8	碳在铁素体中的最大溶解度
S	727	0.77	共析点
Q	常温	0.005 7	碳在铁素体中的溶解度

2. 相图特征线

表2-2所列为 $Fe-Fe_3C$ 合金的特征线。

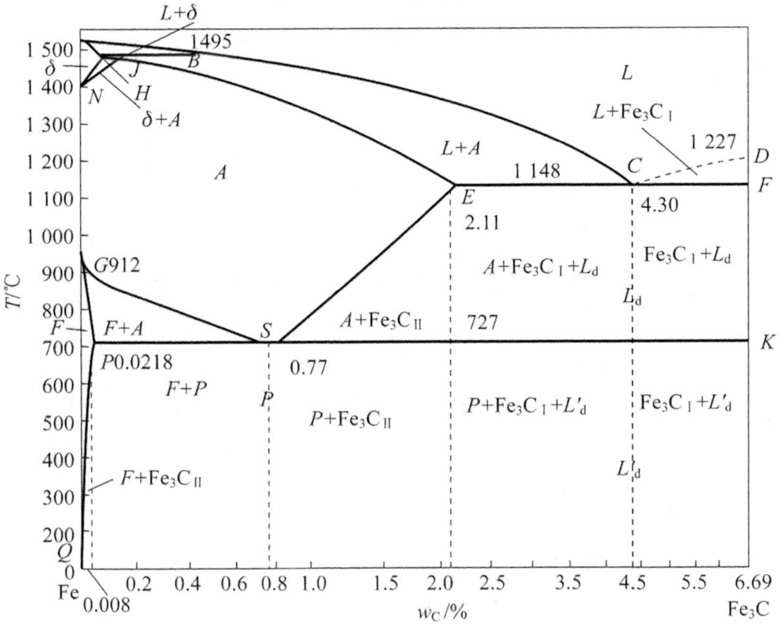

(a) Fe+Fe_3C相图

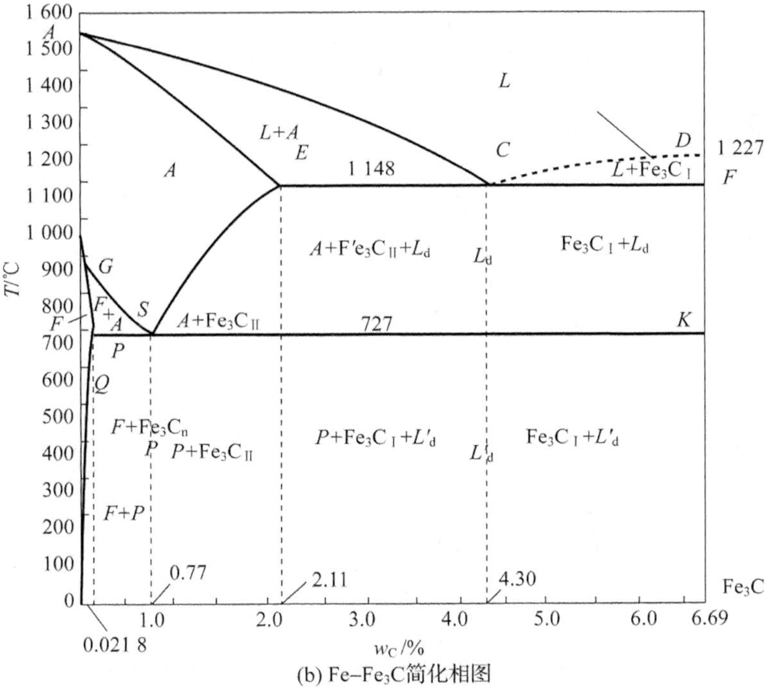

(b) Fe–Fe_3C简化相图

图 2－22　Fe－Fe_3C 完整相图和简化相图

表 2-2 Fe-Fe_3C 合金的特征线

特征线	含 义
ABCD	液相线
AECF	固相线
GS(热处理中称 A_3)	铁素体完全固溶于奥氏体中(或开始从奥氏体中析出)的温度;奥氏体转变为铁素体的开始线
ES(热处理中称 A_{cm})	二次渗碳体完全固溶于奥氏体中(或开始从奥氏体中析出)的温度;碳在奥氏体中的溶解度曲线
ECF	共晶转变线
GP	奥氏体转变为铁素体的终了线
PQ	碳在铁素体中溶解度线
PSK(热处理中称 A_1)	共析转变线

3. Fe-Fe_3C 相图中的相区

单相区:*ACD* 线以上的液相区 *L*,*AESG* 奥氏体区 *A*;

GPQ 线以左铁素体区 *F*,*DFK* 线渗碳体"区" Fe_3C。

双相区:$L+A$,$L+Fe_3C$,$F+A$,$A+Fe_3C$,$F+Fe_3C$。

三相区:$L+A+Fe_3C$(共晶点),$A+F+Fe_3C$(共析点)。

2.4.3 铁碳合金相变分析

现以Ⅰ,Ⅱ,Ⅲ,Ⅳ这4种合金为例,分析其结晶过程和在室温下的显微组织,所选取的合金成分如图2-23所示。

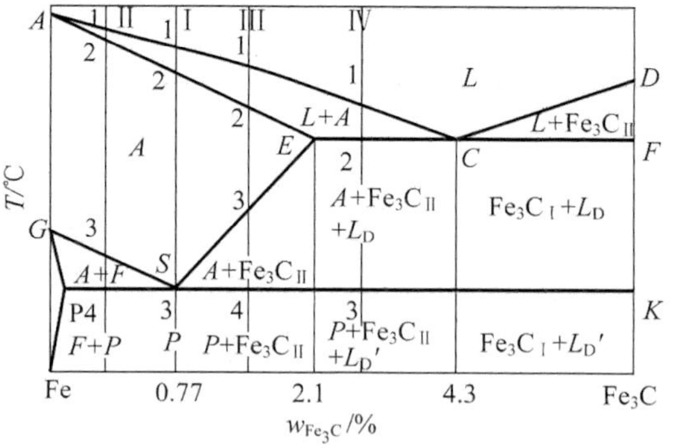

图 2-23 典型铁碳合金在 Fe-Fe_3C 相图中的位置

1. 共析钢(位置Ⅰ)

它的含碳量为0.77%,是共析点 *S* 的合金钢,它的相变过程是:

$$L \xrightarrow{\text{结晶}} L + A \xrightarrow{\text{进入单相区}A\text{，到达共析点}} A_S \xrightarrow{\text{共析反应}} F_P + Fe_3C$$

$$\xrightarrow{\text{冷却}} F + Fe_3C + Fe_3C_{\text{Ⅲ}}(\text{少}) + F \rightarrow P(F + Fe_3C)$$

最后生成珠光体，它是由铁素体 F 和渗碳体 Fe_3C 呈交替层状紧密结合在一起的机械混合物。

2. 亚共析钢(位置Ⅱ)

凡是含碳量 w_C =(0.021 8%～0.77%)的合金钢统称亚共析钢，它的相变过程为：

$$L \xrightarrow{\text{结晶}} L + A \xrightarrow{\text{进入单相区}A\text{，}} A \xrightarrow{\text{进入二相区}} A + F(F\text{按 GP 变化，}A\text{按 GS 变化且到达}$$

$$A_S) \xrightarrow{\text{冷却}} P_P + A_S \rightarrow F_Q Fe_3C_{\text{Ⅲ}}(\text{少不计}) + P \rightarrow P + F$$

最后组织是铁素体 F 和珠光体 P，含碳量高则 P 多。

3. 过共析钢(位置Ⅲ)

凡是含碳量 w_C =(0.77%～2.11%)的合金钢都称过共析钢，它的相变过程为：

$$L \xrightarrow{\text{结晶}} L + A \xrightarrow{\text{进入单相区}A} A_S \xrightarrow{\text{进入二相区}} A_S + Fe_3C_{\text{Ⅱ}} \rightarrow P + Fe_3C_{\text{Ⅱ}}$$

最后组织是珠光体和网状二次渗碳体。

4. 亚共晶白口铸铁(位置Ⅳ)

共晶点是 C，所以位置Ⅳ的铁碳合金位于 C 点左边，称亚共晶铸铁。凡 w_C = (2.11%～4.37%)之间的铁碳合金通称为亚共晶铸铁，它的相变过程：

$$L \xrightarrow{\text{结晶}} L + A \xrightarrow{\text{到达共晶温度}} L_C + A_E \longrightarrow L_D + A + Fe_3C_{\text{Ⅱ}}$$

$$\xrightarrow{\text{到达共析温度}} L_D + A_s + Fe_3C \rightarrow L_D + P + Fe_3C$$

由于共晶铸铁和过共晶铸铁用得很少，这里不再叙述。

2.4.4　铁碳合金相图中的相和组织与合金的力学性能、工艺性能的关系

铁碳合金的成分、缓冷后的相组成物、组织组成物的相对含量及性能变化如图 2-24所示。

1. 铁碳合金相的变化规律

室温下从相的角度看相图，只有两个相，一个是铁素体 F，另一个是渗碳体 Fe_3C，工业纯铁 w_C<0.021 8%的组织是铁素体，故 w_C<0.021 8%是 100%的铁素体相，随含碳量增加，铁素体 F 呈线性减少。与此同时，Fe_3C 呈线性增加，直至 w_C=6.69%时 Fe_3C 是 100%。

2. 铁碳合金组织变化规律

在 w_C<0.021 8%时，组织是 100%的 F 单相组织。当 w_C =(0.021 8%～0.77%)时，单相 F 由 100%降到 0，而珠光体 P 由 0 升到 100%，其间有两种组织；当 w_C =(0.77%～2.11%)时，珠光体由 100%线性降至某值，而 Fe_3C 从 0 线性增加至

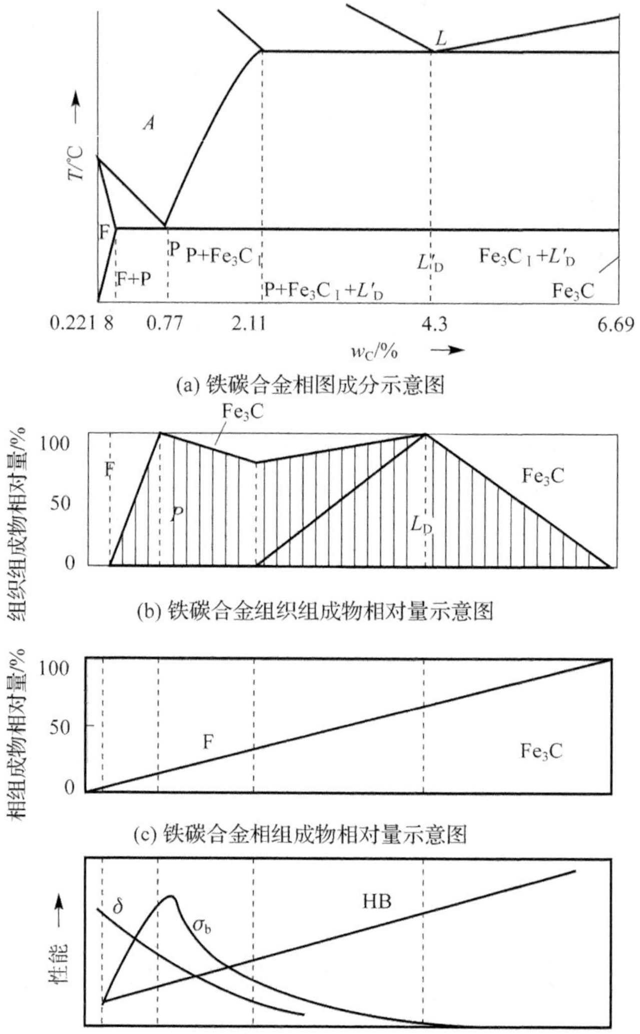

图 2-24 铁碳合金的成分-组织-性能的对应关系

某值,其间也是两种组织;当w_C=(2.11%~4.3%)时,有 3 种组织 L'_D+P+Fe_3C;在共晶点 w_C=4.3%是 100%L'_D,当 w_C=(4.3%~6.69%)时,是两种组织 L'_D+Fe_3C。

3. 相和组织在合金相图中的形态

铁碳合金相图中,不管是相还是组织,由于形成的境遇不同,即使是同一个相或组织,本质未变,但它的形态不同,从而对合金的力学性能和工艺性能产生不同影响,所以这一点应引起足够的重视。据金相观察结果发现:

(1) 铁素体

由固溶体相变产生的单相的铁素体,例如相图中的 *GPQ* 中的 F 外形呈块状(等轴晶粒状);而存在于珠光体中铁素体之外形和渗碳体交替呈片状。

(2) 渗碳体

从液体中结晶出来的一次渗碳体,外形呈长条状。

从奥氏体中因溶解度下降而析出的二次渗碳体,沿晶界呈网状;

从铁素体中因溶解度下降而析出的三次渗碳体,沿晶界呈小片或粒状。

在共晶体中的渗碳体作为莱氏体中的连续基体,在共析体中同铁素体交互成片状。

4. 铁碳合金相图中的相、组织与对应力学性能、工艺性能的关系

(1) 与力学性能的关系

1) 硬　度

合金硬度与组成相有关,铁素体硬度低,渗碳体硬度高。从相的角度只有铁素体 F 和渗碳体 Fe_3C 两种,故 F 多硬度低, Fe_3C 多硬度高。由于 F 减少和 Fe_3C 增加均呈线性关系,故合金硬度也随 Fe_3C 线性增加而相应增加,由 100 % F 的 80 HBS 线性加大到 100 % Fe_3C 的 800 HV。

2) 强　度

强度与合金内部组织关系密切,在工业纯铁中,组织是铁素体,强度低,少量析出 $Fe_3C_{Ⅲ}$ 量太少,强化作用甚微。在亚共析钢中,组织是铁素体 F 和珠光体 P, P 的强度比 F 高,所以随含碳量增加,亚共析钢强度越来越高。越过共析钢进入过共析钢,开始出现 $Fe_3C_{Ⅱ}$,由于 $Fe_3C_{Ⅱ}$ 不像珠光体中的 Fe_3C 呈片状和 F 交互紧密产生,它分布于晶界且呈网状,本身又很脆,所以刚开始由于珠光体很多、Fe_3C 很少,强度还略有上升。但 $Fe_3C_{Ⅱ}$ 积累到一定量时,如 $w_C=0.9\%$ 时强度停止上升,开始下降。由于晶界本身是晶体强度薄弱区,再加上 $Fe_3C_{Ⅱ}$ 呈网状分布于晶界,故合金强度迅速下降。

3) 塑　性

由于 F 塑性很好,而 Fe_3C 塑性很差,所以合金从 F 到 Fe_3C 过程中塑性不断降低,到 Fe_3C 时塑性接近于零值。

4) 韧　性

F 的韧性(α_k)很好而 Fe_3C 的韧性很差,所以韧性的变化大致相似于塑性的变化,不过韧性 α_k 变化更趋剧烈。

(2) 与工艺性能的关系

共晶成分在恒温下结晶,熔点最低,流动性好,收缩、偏析小,所以铸造生产常用接近共晶成分的合金。单相 *A* 区在较高温度下,易于锻造,所以一般锻造温度均选在 *A* 区,其次是两相区 *A*+F,虽然是两相区,但 F 塑性好,便于锻造变形。

第 3 章　铁合金材料的热处理及其改性

3.1　概　述

现代航空航天等领域的制造过程中，对各种工程材料的性能要求越来越高，常需要对各种材料进行改性处理来改善材料的性能，如力学性能、使用性能和工艺性能等。其中，铁合金（包括钢和铸铁）的热处理是最常见的一种改性处理办法。钢或铸铁通过适当的热处理可以改变其内部组织结构，提高力学性能，改善其使用性能和切削加工性等。另一种常用的改性处理办法是表面处理，用来提高零件的耐蚀性和耐磨性，并可装饰和美化外观，延长产品使用寿命等。

钢的热处理是将其在固态下通过加热、保温和冷却以获得所需组织结构和性能的工艺。钢之所以能进行热处理，是由于钢在固态下具有相变。而某些纯金属和合金不具有这一特性，所以不能用热处理的方法强化。

根据加热和冷却方法的不同，钢的热处理可分为普通热处理、表面热处理和特殊热处理。普通热处理是对工件整体进行穿透加热，如退火、正火、淬火和回火。表面热处理是仅对工件表层改变其化学成分、组织和性能的热处理工艺，如表面淬火和化学热处理（包括渗碳、渗氮和碳氮共渗等）。特殊热处理包括形变热处理和真空热处理等。

3.2　钢加热时的组织变化

3.2.1　加热温度

如图 3－1 所示为加热和冷却时 $Fe-Fe_3C$ 相图相变温度变化，由图可知，在平衡状态下，共析钢加热温度超过 A_1 线时，发生由珠光体向奥氏体的转变；亚共析钢加热温度超过 A_3 线（GS）时，铁素体变成奥氏体；过共析钢加热温度超过 A_{cm} 线（ES）时，渗碳体变成奥氏体。A_1，A_3，A_{cm} 称为铁碳合金相图中组织转变的临界温度。通常临界温度是在平衡状态下测得的，即在极其缓慢的条件下加热或冷却。而在实际热处理过程中，加热和冷却不都是在平衡状态下完成的，其组织的转变往往存在着滞后现象，也就是说在加热时相变温度比临界温度偏高，冷却时比临界温度偏低。为便于区别，把实际加热的临界温度用 A_{c1}，A_{c3}，A_{ccm} 表示，实际冷却时的临界温度用 A_{r1}，A_{r3}，A_{rcm} 来表示。需要注意的是上述实际临界温度并不是固定的。它们受含碳量、合金元素含量、奥氏体化温度、加热和冷却速度等多种因素的影响而变化。

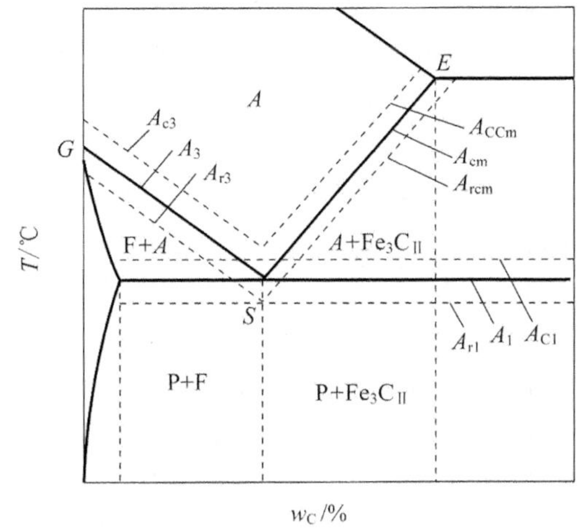

图3-1　加热或冷却时 $Fe-Fe_3C$ 相变温度变化

3.2.2　钢加热时的组织转变——奥氏体化

将共析钢、亚共析钢和过共析钢分别加热至 A_{c1},A_{c3},A_{ccm} 以上时,完全转变为单相奥氏体。这种将钢加热至临界相变温度 A_{c1} 以上,以获得全部或部分奥氏体组织的过程称为"奥氏体化"。加热的目的是获得奥氏体组织,并利用加热规范控制奥氏体晶粒大小。加热规范通常包括加热温度、加热速度和保温时间等。钢只有处在奥氏体状态下才能通过不同的冷却方式,转变为不同的组织,获得所需的性能。下面以共析钢为例来说明奥氏体化的过程。

1. 奥氏体的形成

将含碳量 0.77%的共析钢加热到 A_{c1} 以上时,珠光体将转变为奥氏体。奥氏体的形成过程是一个形核、晶核长大的过程,该过程符合结晶过程的普遍规律,其基本过程可分为下面4 个阶段,如图 3-2 所示。

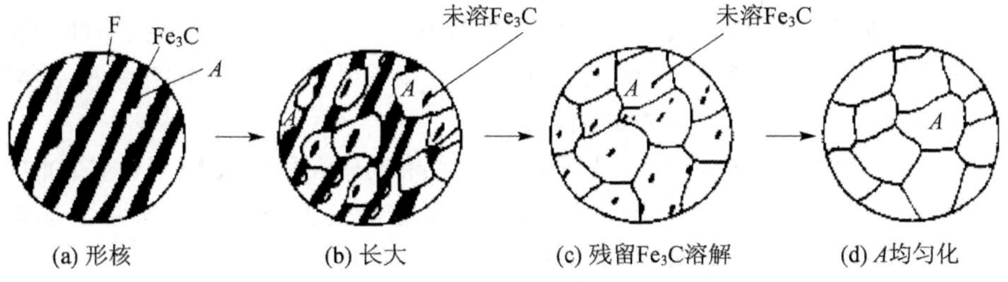

图 3-2　共析钢的奥氏体化过程示意图

(1) 奥氏体晶核的形成

珠光体是铁素体和渗碳体相间的混合物,奥氏体晶核总是在铁素体与渗碳体交界面上首先形成核,因为此处原子排列紊乱,位错、空位密度较高;此外奥氏体中含碳量介于铁素体和渗碳体之间,造成二者的碳浓度差很大,所以在两相的相界上为形核提供了良好条件。

(2) 奥氏体晶核的长大

奥氏体晶核形成后,依靠铁、碳原子的扩散,晶核不断长大,使渗碳体不断减少。随着加热温度的不断升高,铁素体和渗碳体向奥氏体的转变继续进行,奥氏体晶核逐渐长大。

(3) 残余渗碳体的溶解

铁素体晶格的改组由体心立方晶格变成面心立方晶格,而渗碳体晶格的改组相对比较复杂,所以铁素体晶格的改组比渗碳体晶格的改组快,故铁素体消失后,仍有部分残余渗碳体。随着保温时间的延长,奥氏体晶粒的增多,残余渗碳体继续向奥氏体转变,直到渗碳体全部溶解。

(4) 奥氏体的均匀化

当残余渗碳体完全溶解后,奥氏体中的碳浓度仍是不均匀的,原渗碳体处碳浓度高,原铁素体处碳浓度低,为此必须继续保温,通过原子扩散才能使奥氏体成分均匀。

上面是共析钢在加热时的转变过程。亚共析钢和过共析钢在加热时的转变过程与共析钢略有不同。

亚共析钢在室温下的平衡组织为珠光体和铁素体。当缓慢加热到 A_{c1} 时,出现部分奥氏体,若进一步提高加热温度,则剩余铁素体和珠光体转变为奥氏体。在温度超过 A_{c3} 时,全部组织为较细的奥氏体晶粒。若再继续提高加热温度,奥氏体晶粒将逐渐长大。

过共析钢在室温下的平衡组织为珠光体和渗碳体。当缓慢加热到 A_{c1} 时。出现部分奥氏体。若进一步提高加热温度,则剩余珠光体和渗碳体将逐渐变成奥氏体。当温度超过 A_{cm} 时,组织全部为奥氏体,此时奥氏体晶粒已经比较粗大。

2. 细化奥氏体晶粒的措施

奥氏体晶粒的大小对冷却后转变所得钢的组织和性能有很大影响。若奥氏体晶粒细小、均匀,那么冷却后的转变产物组织的晶粒也较细小,因而强度、塑性和韧性等综合力学性能就好。因此,奥氏体晶粒的大小直接关系到热处理后零件的力学性能。

通常采用的细化奥氏体晶粒的措施有:

① 控制加热温度。加热温度是影响奥氏体晶粒长大的主要因素,随着加热温度的升高,奥氏体晶粒聚集长大,温度越高,奥氏体晶粒长大越剧烈。通常加热温度略高于临界温度,使组织完全奥氏体化,同时防止过热过烧。

② 保温时间适当,不要太长。在一定温度下,保温时间越长,奥氏体的晶粒也越大。因此,为了得到细小而均匀的奥氏体晶粒,钢在加热时必须严格控制保温时间。

③ 加入合金元素,细化晶粒。奥氏体的含碳量越高,晶粒长大的倾向越大。但若以稳定碳化物的形式存在时,则能阻碍奥氏体晶粒的长大。因此在钢中加入 Ti,

Cr,Nb,V,Zr 和 W 等合金元素能细化奥氏体晶粒,而 P,Mn 则有加速奥氏体晶粒长大的倾向。

④ 控制加热速度。因为加热速度越快,奥氏体化实际转变的临界温度越高,奥氏体的形核速度大于长大速度,从而获得细小的晶粒。由于加热温度较高,所以保温时间不能太长,否则晶粒反而粗大。故生产中常用快速加热、短时保温的方法来细化晶粒,如高频淬火就是利用这一原理来获得细晶粒的。

3.3　钢冷却时的组织变化

钢在加热时所形成的奥氏体,通过不同的冷却方式,可获得不同的组织产物和不同的力学性能。研究奥氏体冷却过程中的组织变化对热处理工艺具有指导作用。

在钢的热处理工艺中有两种冷却方式:等温冷却和连续冷却。

等温冷却是指被加热之奥氏体先以较快速度冷却至 A_1 线以下某一温度,保温,完成其相变和组织变化。

连续冷却是被加热之奥氏体以温度连续下降方式完成相变和组织变化。

下面以共析钢为例说明。

3.3.1　共析钢过冷奥氏体的等温转变曲线

将含碳量为 0.77%的共析钢制成若干薄试样,加热到 A_1 线以上使其形成单相奥氏体,然后分别迅速冷却到 A_1 以下的不同温度(如投入温度不同的恒温盐溶液中),使过冷奥氏体发生等温冷却,测出奥氏体开始转变成其他组织的时间和转变终了的时间,填入温度-时间($T-t$)坐标平面,然后将各开始点连接起来成转变开始线;把各转变终点连接起来成转变终了线;从而得到共析钢的等温转变曲线,如图 3-3 所示。由于等温转变曲线形状像英文字母 C,故也称 C 曲线。根据英文名称字头,等温转变曲线又称为“TTT 曲线”(Time,Temperature,Transform)。

在共析钢等温转变曲线中,A_1 线为相变临界温度,M_s 和 M_f 分别为马氏体转变开始温度和终了温度。图 3-3 中 A_1 和 M_s 两条温度线划分出上中下 3 个区域:A_1 线以上为奥氏体稳定存在区;M_s 线以下是马氏体转变区;A_1 和 M_s 线之间的区域为过冷奥氏体等温转变区。图 3-3中两条 C 曲线又把过冷奥氏体等温转变区划分为 3 个区域:左边的 C 形曲线为转变开始线,其左侧为过冷奥氏体孕育期区;右边的 C 形曲线为转变终了线,其右侧为转变生成物区;两条 C 曲线之间为转变过渡区。

所谓过冷奥氏体是指钢在高温时所形成的奥氏体,冷却到 A_1 温度以下,就处于不稳定的状态,只能暂时存在于孕育期中,处于过冷状态,因而称为“过冷奥氏体”。过冷奥氏体必然要发生相变,但过冷到 A_1 以下的奥氏体并不是立即发生转变,而要经过一个孕育期后才开始转变。由图 3-3 可知,孕育期长短随等温温度不同而不同。共析钢在 550 ℃等温转变时孕育期最短,是由于过冷度较大(即相变驱动力大)

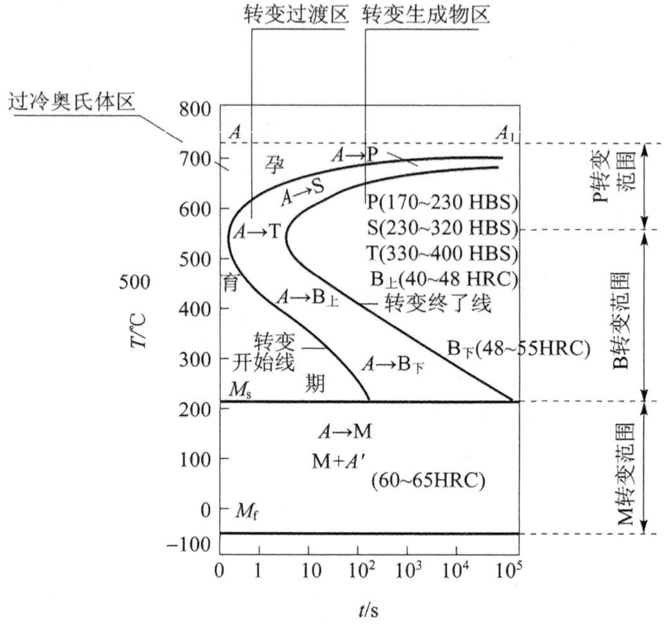

图3-3 共析钢奥氏体等温转变曲线

和原子扩散能力较强的综合作用造成的;550 ℃以上孕育期较长,是由于过冷度较小(即相变驱动力小)造成的;550 ℃以下孕育期较长,是由于原子扩散能力较弱所致。

由图3-3可以看出,在C曲线的拐弯处(约550 ℃时),孕育期最短,过冷奥氏体最不稳定,转变速度最快,被称为C曲线的"鼻尖"。

3.3.2 过冷奥氏体等温转变产物

1. 过冷奥氏体的高温转变(A_1~550 ℃)

高温转变发生在A_1~550 ℃之间,等温转变产物为珠光体(P)类型组织,所以也叫珠光体转变,如图3-3所示。

此时由于温度较高,原子的扩散能力较强,容易在奥氏体晶界上产生高碳的渗碳体晶核和低碳的铁素体晶核,易于实现晶格重构,属于扩散型转变。其转变产物——珠光体,是铁素体和渗碳体机械混合物,根据粗细不同,可分为珠光体(P)、索氏体(S)和屈氏体(T),其基本形态如图3-4所示,它们具有层片相间的特征,位向大体相同。三者差别仅在于粗细不同,层片间距不同,形成的温度也有所不同。

① 在A_1~650 ℃范围内,等温转变过冷度小,形成粗片状珠光体组织(P),平均层片间距大于0.3 μm,一般在普通的金相显微镜下即可分辨出层片状的组织特征(如图3-4(a)所示)。

② 在650~600 ℃范围内,等温转变过冷度稍大,形核多,奥氏体转变快,形成细片状珠光体组织,称为索氏体(S),其平均层片间距为0.1~0.3 μm,在高倍金相显微镜下

可分辨组织特征(如图 3-4(b)所示)。索氏体的强度、硬度及塑韧性均比珠光体高。

③ 在 600～550 ℃范围内,等温转变过冷度更大,奥氏体转变更快,形成极细片状珠光体组织,称为屈氏体(T)(也叫托氏体),其平均层片间距小于 0.1 μm,在高倍电子显微镜下放大2 000倍以上,才能分辨出其层片结构(如图 3-4(c)所示)。其强度、硬度及塑韧性均比珠光体和索氏体要高。

(a) 珠光体200×　(b) 索氏体2 500×　(c) 屈氏体15 000×

图 3-4　珠光体型组织

2. 过冷奥氏体的中温转变(550 ℃～M_s)

中温转变发生在 550 ℃～M_s(约 230 ℃)范围内,等温转变产物为贝氏体型组织(B),也称为贝氏体转变,如图 3-3 所示。

在此温度范围内,原子扩散能力减弱,但等温转变过冷度较大,过冷奥氏体转变速度逐渐下降,孕育期逐渐延长,主要通过相变驱动力来改变晶格结构,碳原子通过扩散形成碳化物,而铁原子则难以扩散,属于半扩散型转变。

贝氏体型组织基本形态如图 3-5 所示,过冷度不同,贝氏体的组织形态也不同。

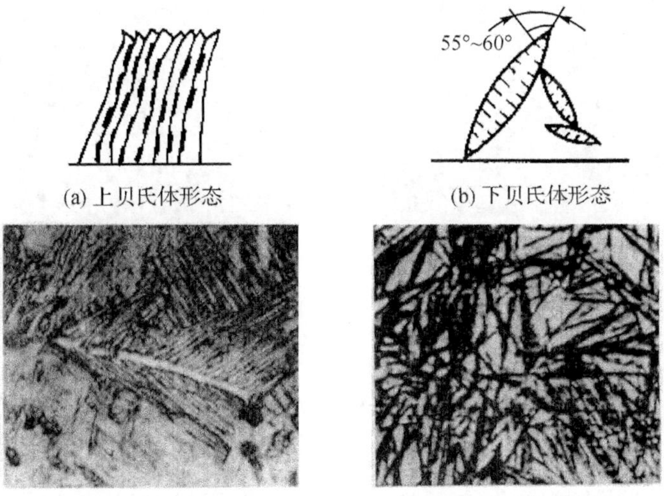

(a) 上贝氏体形态　(b) 下贝氏体形态

(c) 上贝氏体显微组织　(d) 下贝氏体显微组织

图 3-5　贝氏体形态示意图及显微组织

① 在 550～350 ℃范围内，碳原子有一定的扩散能力，在铁素体片的晶界上析出不连续短杆状的渗碳体，形似羽毛，这种组织称为上贝氏体($B_上$)，如图 3-5(a)和(c)所示。上贝氏体塑性较低，脆性较大，生产中很少采用。

② 在 350 ℃～M_s 范围内，碳原子的扩散能力更弱，难以扩散到片状铁素体的晶界上，只能沿与晶轴呈 55°～60°夹角的晶面上析出断续条状渗碳体(如图 3-5(b)和(d)所示)，其形态在光学显微镜下呈黑色针状，这种组织称为下贝氏体($B_下$)。下贝氏体具有高的强度和硬度，且有良好的塑性和韧性，综合力学性能好，生产中常采用等温转变获得下贝氏体组织。

由此可见，贝氏体的性能取决于贝氏体组织的形态。上贝氏体的铁素体呈较宽的条状，渗碳体分布在铁素体间，其强度低，塑性和韧性差；而下贝氏体的片状铁素体内渗碳体呈高度弥散分布，所以强度高，塑性和韧性好。

3. 过冷奥氏体的低温转变(M_s～M_f)

低温转变发生在 M_s～M_f 之间，转变产物为马氏体，也称为马氏体型转变，如图 3-6 所示。

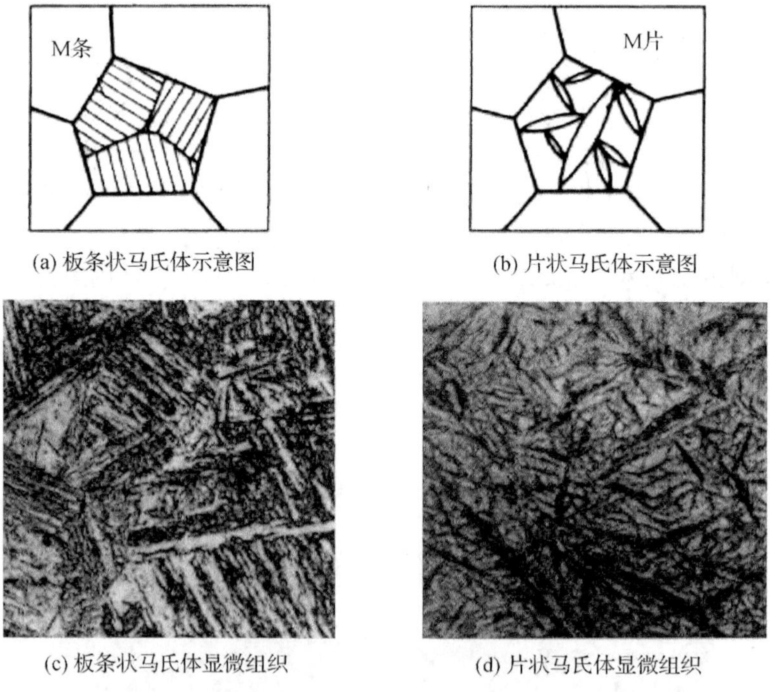

图 3-6　马氏体形态示意图及显微组织

当过冷奥氏体被迅速过冷到 M_s 温度以下时，由于温度较低，铁、碳原子都已失去扩散的能力，但过冷度很大，相变驱动力足以改变过冷奥氏体的晶格结构，并将碳全部过饱和固溶于 α-Fe 晶格内，这种转变属于非扩散型转变。马氏体的转变是在连续冷却的过程中进行的，冷却中断，转变随即停止，只有继续降温，马氏体转变才能继续进行，直至冷却到 M_f 温度，转变终止。由于 M_f 常低于室温，所以马氏体转变至室温下仍会保留一定数量的奥氏体，称为残留奥氏体，以 A_r 或 A_q 表示。残留奥氏体的存在，会引起工件硬度下降及尺寸不稳定。为了减少残留奥氏体，可将钢继续冷却至室温以下－50～－80 ℃。由于 M_s 和 M_f 点随奥氏体含碳量的增加而降低（如图 3－7(a)所示），因此残留奥氏体量随奥氏体中碳含量增加而增加（如图 3－7(b)所示）。

马氏体（M）的组织形态取决于奥氏体的含碳量，通常有片状和板条状两种，如图 3－6 所示。片状马氏体一般出现在高碳钢（含碳量高于 1.0％）中，故又叫高碳马氏体；板条状马氏体一般出现在低碳钢（含碳量小于 0.25％）中，故又叫低碳马氏体；含碳量介于二者之间的为板条状马氏体与片状马氏体的混合组织。马氏体硬度随马氏体中碳含量增加而增加，如片状马氏体硬度高达 60～65 HRC，但它的韧性低，脆性大；板条马氏体硬度在 50 HRC 左右，具有较高的强韧性。

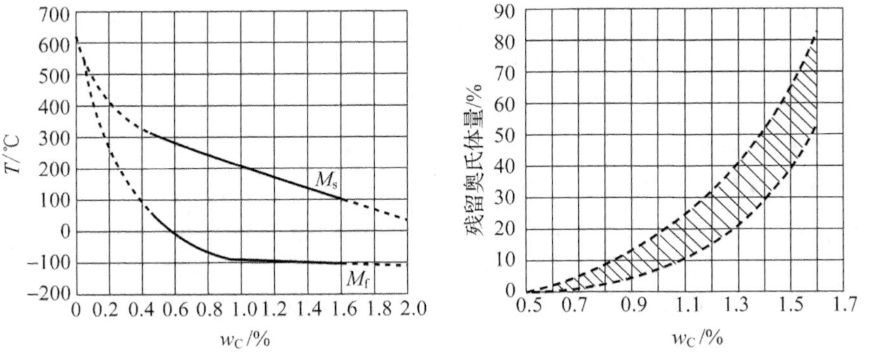

(a) 奥氏体含碳量对马氏体转变温度的影响 (b) 奥氏体含碳量对残留奥氏体量的影响

图 3－7 奥氏体含碳量对马氏体转变的影响

3.3.3 影响等温转变曲线的因素

1. 含碳量的影响

前面已详细分析了共析钢过冷奥氏体等温变化曲线。亚、过共析钢是由于含碳量的不同，其过冷奥氏体等温变化曲线也有所不同。通过分析亚、过共析钢的 C 曲线说明含碳量对 C 曲线的形状和位置的重要影响。

如图 3－8 所示，与共析钢 C 曲线相比，亚共析钢和过共析钢的 C 曲线在鼻尖上方多一条曲线，前者是先共析铁素体析出曲线，后者是先共析渗碳体析出曲线，故等温转变产物与共析钢相比也稍有变化。高温转变产物前者为 P＋F，后者为 $P+Fe_3C_{II}$；中温转变产物前者为 S＋少量 F，后者 S＋少量 Fe_3C_{II}。

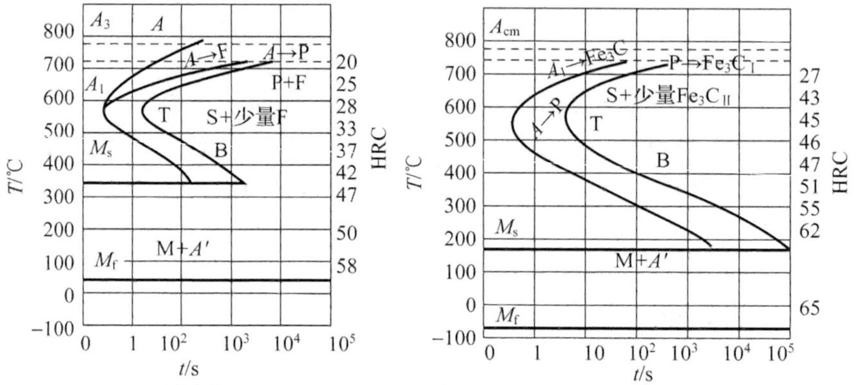

(a) 亚共析钢 (b) 过共析钢

图 3-8 亚共析钢和过共析钢的 C 曲线

另外,M_s,M_f 点随奥氏体中含碳量的增加而降低,故亚共析钢的 M_s,M_f 均比共析钢的温度高,转变产物中残留奥氏体较少;过共析钢的 M_s,M_f 均比共析钢的温度低,转变产物中残留奥氏体较多。在正常等温转变条件下,亚共析钢的 C 曲线随含碳量的增加向右移,过共析钢的 C 曲线则随含碳量的增加向左移。因此,共析碳钢的 C 曲线鼻尖位置最靠右,过冷奥氏体最稳定。

2. 合金元素影响

除 Co 外,所有溶入奥氏体的合金元素如 Ni,Mn,Si,W,Mo 均使 C 曲线右移,孕育期延长,钢的淬透性好。图 3-9 为 Ni 和 Cr 对 C 曲线的影响。

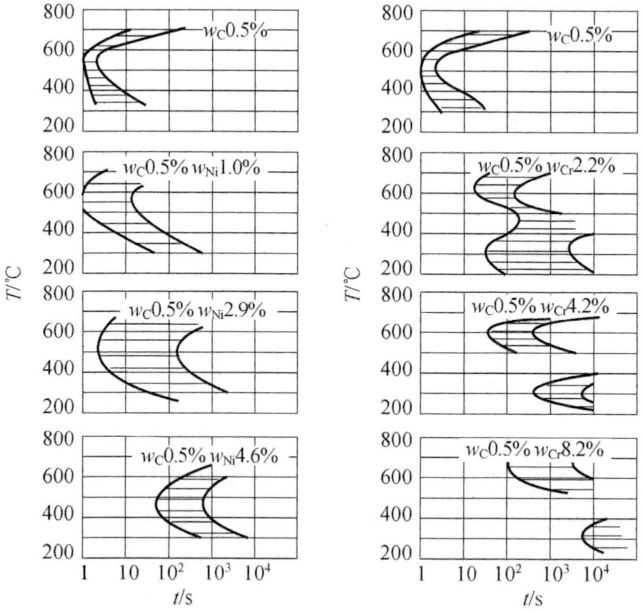

(a) Ni对C曲线的影响 (b) Cr对C曲线的影响

图 3-9 Ni 及 Cr 对 C 曲线的影响

3.3.4　过冷奥氏体的连续冷却转变曲线

过冷奥氏体的连续冷却转变曲线又叫 CCT 曲线。由于过冷奥氏体的 CCT 曲线很难测绘，但生产中大多使用连续冷却方式，如油冷、水冷和空冷，所以常以共析钢为例，了解连续冷却转变曲线，如图 3－10 所示。

CCT 曲线分析：

① CCT 曲线(实线)形态大不同于 TTT 曲线(虚线)，由 P_s 线、P_z 线和 K 线组成。其中，P_s 线是奥氏体向珠光体转变开始线，P_z 线是奥氏体向珠光体转变终了线，K 线是珠光体转变中止线(即珠光体转变中途停止，剩余奥氏体不能再转变为珠光体)，当过冷奥氏体冷却到 K 线时，不再发生珠光体型转变，而一直过冷到 M_s 线以下转变为马氏体。

② CCT 曲线位置在 TTT 曲线右下方，其转变温度较低，孕育期较长。且 K 线以下不发生奥氏体向贝氏体的转变。如图 3－10 所示，与 CCT 曲线相切的冷却曲线 v_k，是保证奥氏体在连续冷却过程中不发生分解而全部过冷到马氏体区的最小冷却速度，称为临界冷却速度。v'_k 是 C 曲线的切线，即为等温冷却转变时直接过冷到马氏体区的临界冷却速度，v_k 曲线在 v'_k 的右边，因此 $v'_k > v_k$，生产中可以用 C 曲线的切线 v'_k 代替 CCT 曲线的切线 v_k，这样具有一定的保险系数。

③ 连续冷却的转变产物分析：许多常用钢种连续冷却曲线未被测出，生产中常应用TTT曲线来分析估计CCT曲线，图3-11是在共析钢TTT曲线上估计连续

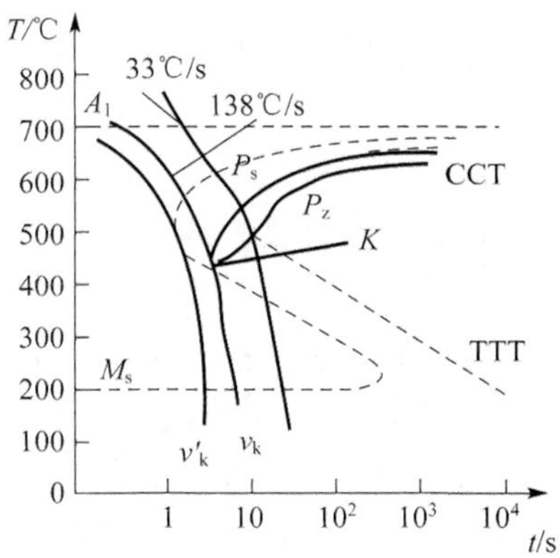

图 3－10　共析钢连续冷却转变曲线

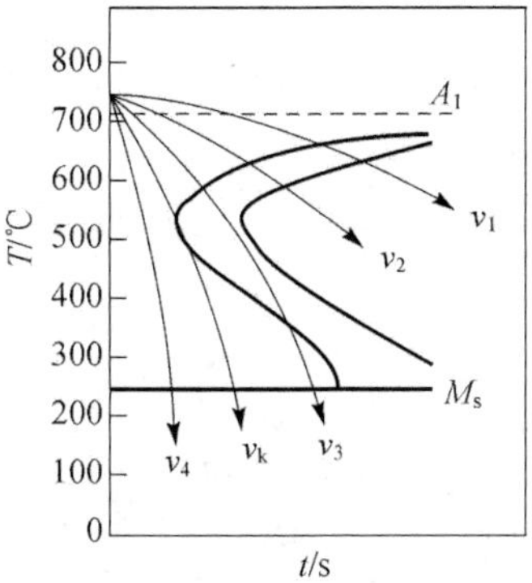

图 3－11　共析碳钢等温转变曲线与连续冷却曲线

冷却时的情况。v_1 相当于随炉缓冷，冷却速度小，与热处理时退火的冷却速度一致，与 CCT 曲线大致相交于 700～670 ℃，估计奥氏体转变为珠光体。冷却速度增大到 v_2 相当于在空气中的冷却，与热处理时正火的冷却速度一致，与 CCT 曲线大致相交于 650～600 ℃，估计转变产物为索氏体。v_3 相当于在油中淬火的冷却速度，与 TTT 曲线相割于 600～450 ℃后，又与 M_s 线相交，估计过冷奥氏体转变为屈氏体、马氏体

和残留奥氏体的混合物。尽管 v_3 也穿过了 TTT 曲线的贝氏体转变区,因为是连续冷却,CCT 曲线中是没有贝氏体转变区的,所以共析钢在连续冷却转变时不会得到贝氏体。v_4 冷却速度最大,相当于在水中淬火的冷却速度,和 C 曲线没有相交,连续过冷到在 M_s 以下,过冷奥氏体转变为马氏体和残留奥氏体。v_k 为临界冷却速度,是淬火的最小冷却速度,与 C 曲线相切于鼻尖,转变产物为马氏体和残留奥氏体。v_k 是选择淬火剂依据。上述方法对正确判定热处理工艺、分析钢的组织和性能、合理选材都有很大帮助。

3.4　钢的普通热处理

常见的普通热处理包括退火、正火、淬火和回火等。

3.4.1　钢的退火与正火

钢的退火与正火是毛坯热处理或预备热处理工艺,主要应用于铸造、锻造之后,切削加工之前,用于消除工件的内应力、调整硬度、改善组织和提高加工性能,为下一道工序作好组织与性能的准备。对于一些受力不大、性能要求不高的零件及一些普通铸件、焊件,退火或正火也可作为最终热处理。

1. 退　火

退火是将钢件加热到适当温度,保温一定时间,然后随炉或埋入导热性较差的介质中缓慢冷却,以获得接近平衡状态组织的热处理工艺。

钢的退火是热处理工艺中应用最广、种类最多的工艺。根据工件钢材的成分和退火目的不同,常用的退火工艺可分为以下几种。

(1) 完全退火

将亚共析钢加热到 A_{c3} 以上 30～50 ℃,保温一定时间后,随炉缓慢冷却或埋入石灰(或砂)中冷却至 500 ℃以下,再在空气中冷却的热处理工艺(如图 3-12 所示)。所谓"完全"是指退火时钢件被加热到奥氏体化温度以上获得完全的奥氏体组织,并在冷至室温时获得接近平衡状况的铁素体和片状珠光体组织。

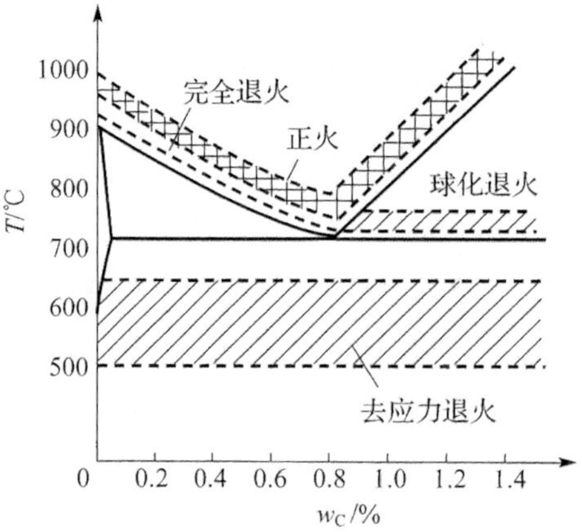

图 3-12　各种退火和正火的加热温度范围比较

完全退火的目的是降低硬度,消除内应力,细化晶粒,改善组织,为切削加工做最终热处理准备。

完全退火主要用于处理亚共析组织的中低碳钢(w_C=0.3%～0.6%)和

合金钢的铸件、锻件、热轧型材等，完全退火后的室温组织为 P +F。

(2) 等温退火

将亚共析钢加热至 A_{c3} 以上 30～50 ℃，共析钢、过共析钢加热至 A_{c1} 以上 30～50 ℃，保温后快冷到稍低于 A_{r1} 的温度，进行等温保温，使奥氏体转变成珠光体，转变结束后，取出钢件在空气中冷却，即为等温退火。等温退火与完全退火目的相同，但可将整个退火时间大大缩短，而且所获得的组织也比较均匀。

等温退火主要用于奥氏体比较稳定的合金工具钢和高合金钢等。能有效的缩短退火时间，提高生产率，适用范围较广。

(3) 球化退火

将共析或过共析钢加热至 A_{c1} 以上 20～30 ℃，保温一定时间，使二次渗碳体球化，再冷至 A_{r1} 以下 20 ℃左右保温一定时间，使珠光体中的渗碳体球化，然后炉冷至 500 ℃右右出炉空冷，即为球化退火。图 3-13 所示为 T10 钢球化退火工艺。

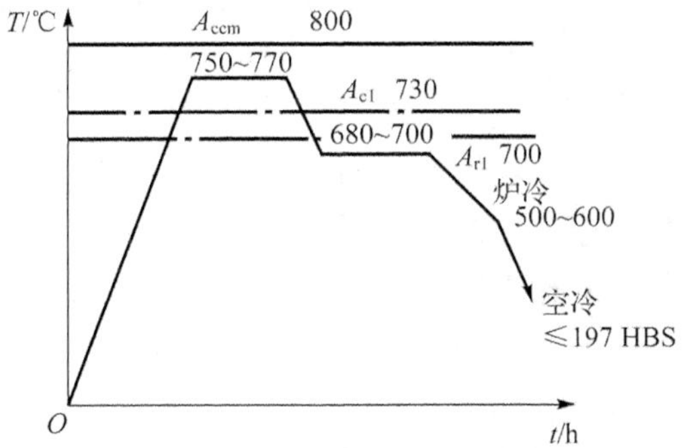

图 3-13　T10 钢球化退火工艺

球化退火主要使过共析钢及合金工具钢中的网状二次渗碳体及珠光体中的片状渗碳体变成球状渗碳体。在热加工之后安排一道球化退火工序，以降低硬度、改善切削加工性，并为淬火作组织准备。

(4) 去应力退火

将钢件随炉缓慢加热至 A_{c1} 以下某一温度(500～650 ℃)，保温一定时间后随炉缓慢冷却至 300～200 ℃以下再出炉空冷，称为去应力退火，如图 3-12 所示。去应力退火是一种低温退火，钢件在低温退火过程中无相变。主要用于消除铸件、锻件、焊接件、冷冲压件及机加工件中的残余应力，以稳定尺寸、减少变形。

(5) 再结晶退火

将钢件加热到再结晶温度($T_{再}=0.4\ T_{熔}$)以上 150～250 ℃，保温后随炉冷却，通过再结晶消除钢材因冷轧、冷拉和冷压等塑性变形而产生的加工硬化。

(6) 扩散退火

是将钢加热到略低于固相线的温度，保温较长时间，然后缓慢冷却的热处理工艺。用于消除成分偏析，组织不匀，枝晶偏析等。扩散退火中加热温度高，保温时间长，晶粒长大，为细化晶粒，还需进一步完全退火或正火。

2. 钢的正火

正火是将钢件加热至 A_{c3}(对于亚共析钢)或 A_{ccm}(对于过共析钢)以上 30～50 ℃，经保温后得到均匀的单相奥氏体，随后从炉中取出，在空气中冷却的热处理工艺。亚共析钢正火后得到的组织是 S+F，过共析钢是 $S+Fe_3C_{II}$。

正火与完全退火的作用相似,都可得到珠光体型组织,但二者的冷却速度不同,退火冷却速度慢,主要获得接近平衡状态的珠光体组织,而正火冷却速度稍快,过冷度较大,得到的主要是组织较细的珠光体类组织——索氏体。因此,同一钢件在正火后的强度与硬度较退火后高,并且随钢中碳含量的增加,用这两种方法处理的强度和硬度的差别更大。

正火的主要目的是细化珠光体晶粒,提高力学性能。对于低碳钢和低合金钢,正火可提高硬度,改善切削加工性;对于过共析钢,可消除网状二次渗碳体,利于球化退火的进行;对于中碳钢(含碳量为 $w_C=0.4\%\sim0.7\%$),以正火代替退火可节约时间和能源;铸件正火可改善铸件力学性能,使晶粒细化,组织均匀。

3.4.2 钢的淬火

淬火是将钢加热到 A_{c3}(亚共析钢)或 A_{c1}(共析或过共析钢)以上 30~50 ℃,保温后快速冷却的热处理工艺。淬火的主要目的是得到马氏体(个别情况下得到贝氏体组织),提高钢的硬度和耐磨性,例如各种工模具、量具、滚动轴承等都需要通过淬火来提高硬度和耐磨性。淬火是强化钢件的重要的热处理方法。

1. 淬火温度

淬火温度即钢的奥氏体化温度,是淬火的主要工艺参数。选择淬火温度的原则是获得均匀细小的奥氏体组织,防止奥氏体晶粒粗化。碳钢的淬火温度可利用 $Fe-Fe_3C$ 相图来选择,如图 3-14 所示。

对于亚共析钢,适宜的淬火温度为 $A_{c3}+30\sim50$ ℃,淬火后获得均匀细小的马氏体组织。如果加热温度过低($<A_{c3}$),则在淬火组织中将出现大块未熔铁素体,造成淬火硬度不足;但加热温度过高时,则因奥氏体晶粒粗大而导致马氏体晶粒粗大,使组织的性能降低。

对于共析钢和过共析钢,适宜的淬火温度为 $A_{c1}+30\sim50$℃,淬火后的组织为细马氏体和粒状二次渗碳体和少量残余奥氏体的混合组织。如果加热温度超过 A_{cm},不仅会得到粗片状马氏体组织,脆性极大,易变形,淬火开裂倾向增大,而且由于奥氏体碳含量过高,使淬火后钢中残留奥氏体量增加,会降低钢的硬度和耐磨性;淬火温度过低,则得不到马氏体组织,钢的硬度达不到要求。

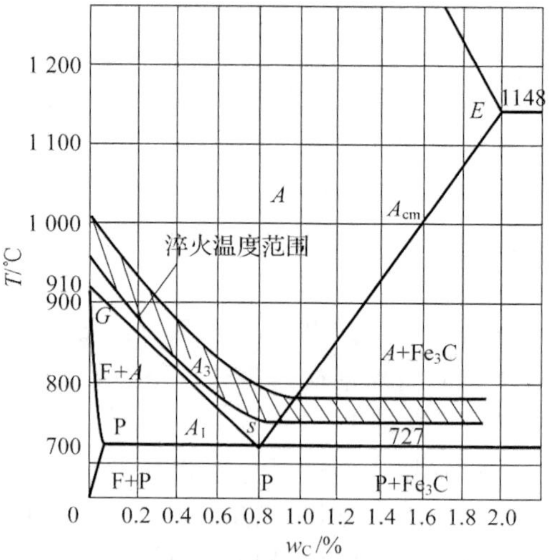

图 3-14 碳钢的淬火加热温度范围

合金钢中含有较多的合金元素,且大多数合金元素阻碍奥氏体晶粒长大,所以合金钢淬火温度可以比碳钢稍微高一些，这样有利于合金元素充分溶解和均匀化，以获得较好的淬火效果。

2. 淬火冷却介质和淬火方法

淬火时要得到马氏体，淬火的冷却速度必须大于临界冷却速度，所以快冷是不可避免的，但由此造成很大的内应力，往往会引起工件的变形和开裂。这是淬火工艺中的主要矛盾，要解决这一矛盾，通常可以从两个方面着手，其一是选择一种比较理想的淬火冷却介质，其二是改进淬火的冷却方法。

(1) 淬火冷却介质

根据碳钢的过冷奥氏体等温转变 C 曲线可知，要获得马氏体组织，并不需要在整个冷却过程中都进行快速冷却，主要是在过冷奥氏体不稳定的 C 曲线鼻尖附近，即在 650～400 ℃的温度范围内必须要尽快冷却，650 ℃以上及 400 ℃以下，并不需要快速冷却，在 M_s 点附近300～200 ℃以下发生马氏体转变时，应尽量减缓冷却速度，防止工件内应力过大使工件产生变形和开裂，因此，理想的淬火冷却速度应如图 3－15 所示。但是，到目前为止，还没有找到一种淬火冷却介质能符合这一理想淬火冷却速度的要求，也就是说至今还没有一种十分理想的淬火冷却介质。

淬火常用的冷却介质是水、盐水和油等。水的淬冷能力很强，盐水更强，而油的淬冷能力较弱。但它们都不是理想的淬火冷却介质。实际生产中，通过调整介质成分，尽量近似于理想的淬火冷却介质的要求。

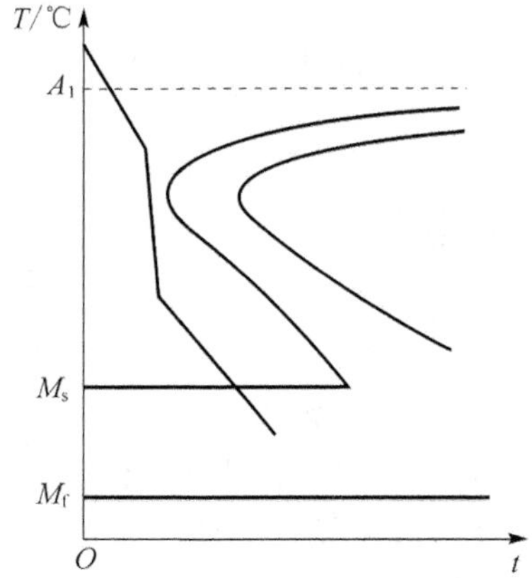

图 3－15　钢的理想淬火冷却曲线

水在 650～400 ℃范围内具有较大的冷却能力，但在 300～200 ℃的范围内因冷速仍然很大，不符合理想淬火冷却介质的要求，主要用于形状简单，截面尺寸较大的碳钢件的淬火。

通常在水中加入盐或碱，即得盐类或碱类的水溶液，能大大提高水的淬火能力。如盐或碱的水溶液能显著增加碳钢在 650～400 ℃范围内的淬火冷却能力。但盐水和清水一样，在 300～200 ℃的范围内因冷速仍然很大，会产生很大的组织应力而造成工件严重变形或开裂。盐水淬火适用于形状简单、硬度要求高而均匀、表面要求光洁、变形要求不严格的碳钢零件，如螺钉、销钉等。

目前普遍使用的淬火用油几乎全部为矿物油(如机油、变压器油和柴油等)，油在 300～200 ℃范围内冷却速度比较缓慢，这对防止淬火工件的变形和开裂有利，但在 650～400 ℃范围内冷却速度不够，因此多用于合金钢或小尺寸碳钢的工件淬火。

水溶性聚合物淬火介质由于无毒、无味和不燃烧，淬火时不产生烟气，冷却速度可以调节，冷却均匀，不易产生软点，可减小淬火变形和防止裂纹等优势，受到众多工厂的关注，应用日益广泛。

(2) 常用淬火方法

1) 单液淬火法

单液淬火法是将工件奥氏体化后直接放入一种淬火介质中连续冷却到室温的操作方法,如图3-16中的a曲线。例如碳钢在水中淬火,合金钢在油中淬火。此法操作简单,易于实现机械化与自动化,适用于形状简单的工件。

2) 双液淬火法

双液淬火法是将奥氏体化后的钢件先放入一种冷却能力较强的介质中,当钢件急冷到M_s温度左右时,再放到另外一种冷却能力较弱的介质中缓冷。例如先水冷后油冷、先水冷后空冷或先油冷后空冷等,均为双液淬火法,如图3-16中的b曲线。这种方法综合利用了两种介质的优点,马氏体转变是在冷却能力较低的介质中进行的,故产生的内应力小,减小了变形和开裂的可能性。但在第一种冷却介质中的停留时间不易掌握,对操作者要求有很强的实践经验。该方法适用于形状复杂、要求较高的工件。

3) 分级淬火法

分级淬火法是把奥氏体化的工件放入温度稍高于M_s点的冷却介质(如盐浴或碱浴)中,保温使工件内外的温度达到一致后取出空冷,以获得均匀的马氏体组织的淬火方法如图3-16中的c曲线。分级淬火的实质与双液淬火一样,也是为了在开始转变成马氏体的温度范围内减缓冷却速度,但分级淬火比双液淬火易控制。由于工件整个截面温度均匀,几乎同时发生马氏体转变,也降低了由工件内外温差造成的热应力,还降低了马氏体相变不均所造成的组织应力,所以能显著的减少变形和开裂,并提高了淬火钢的韧性。由于淬火介质条件的限制,分级淬火只适用于尺寸较小的碳钢和合金钢件。

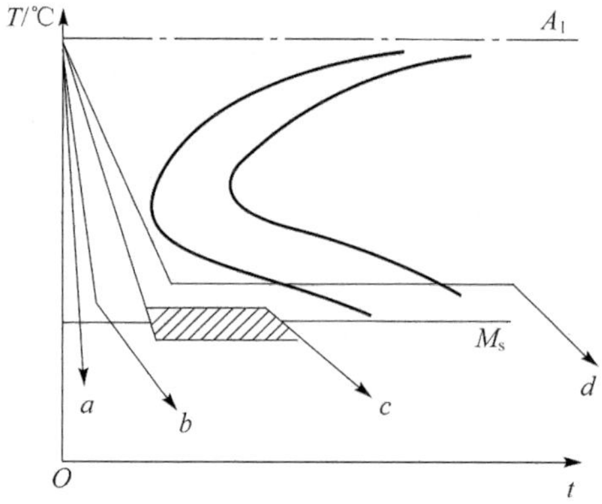

图3-16 各种淬火方法示意图

4) 等温淬火法

等温淬火法将奥氏体化的工件放入温度稍高于M_s点的盐浴中,等温一定的时间,使过冷奥氏体转变为下贝氏体,然后在空气中冷却的操作方法(图3-16曲线d)。连续冷却得不到下贝氏体,而等温淬火能得到下贝氏体组织,其强度高、韧性好,组织比较稳定,可不进行回火处理。这种方法只应用于尺寸要求较高、形状复杂、要求有较高的强韧性的小工件及工模具,如弹簧、小齿轮及丝锥等。

5) 深冷处理

深冷处理是将钢件淬火冷却到室温后,再放到接近M_f温度(或更低的温度)的介质中冷却处理。如−70~−80 ℃的干冰或−192 ℃的液氮中,这样可以得到尽量多的马氏体，减少钢中残留奥氏体的数量，有利于提高钢的硬度和耐磨性、稳定工件尺寸，多用于精密量具及滚动轴承等重要零件的处理。

3. 钢的淬透性

(1) 淬透性的概念

钢的淬透性是指钢在淬火时获得马氏体的能力。截面较大的钢件在淬火时，尽管钢件在最高加热温度时，炉中会保温一段时间，使内外温度一致，但工件在连续冷却时，自表面到心部冷却速度却逐渐降低（如图 3－17(a)所示），从而获得的马氏体含量逐渐减少（图 3－17(b)），导致工件的硬度也是逐渐降低。一般规定：自表面至 50％马氏体处的距离为淬透层深度（又称淬硬层深度）。因为在钢含 50％马氏体处，硬度值变化显著，容易测定，而且金相组织也容易鉴定（如图 3－18 所示）。钢的淬透性可定义为：在规定的淬火条件下，钢材获得马氏体或淬硬层深度的特性。淬透性又称可淬性。在规定的试验条件下淬火，淬硬层越深，说明钢的淬透性越好。

淬硬性是指钢淬火后所能达到的最高硬度的能力。它区别于淬透性，淬硬性取决于马氏体中的含碳量，而与淬成马氏体组织的深度无关，合金元素对淬硬性影响不大。

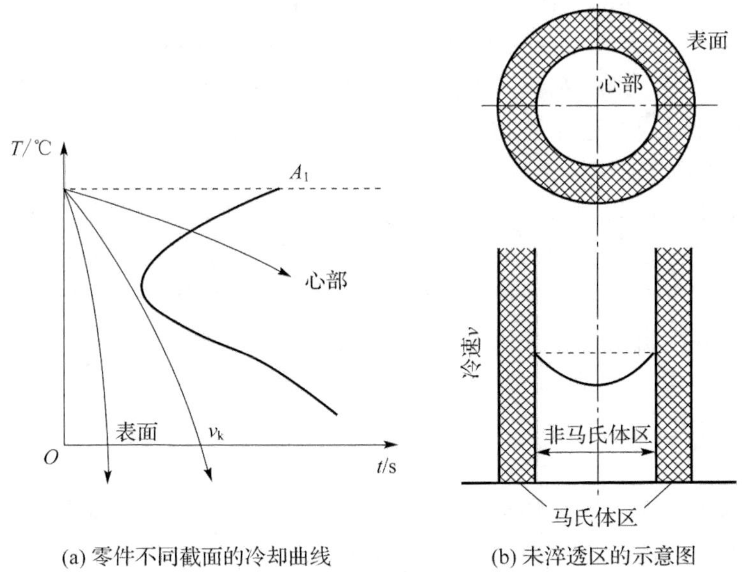

(a) 零件不同截面的冷却曲线　(b) 未淬透区的示意图

图 3－17　工件淬透层深度与冷速的关系示意图

(2) 影响淬透性的因素

钢的淬透性是由其淬火临界冷却速度决定的。淬火临界冷却速度越小，淬透性越好；反之则淬透性越差。临界冷却速度取决于 C 曲线的位置，所以影响 C 曲线的因素也就是影响淬透性的因素。因此，含碳量和合金元素含量也是影响淬透性的主要因素。不同成分的碳钢具有不同的淬透性；除 Co 以外，大多数合金元素如 Mn，

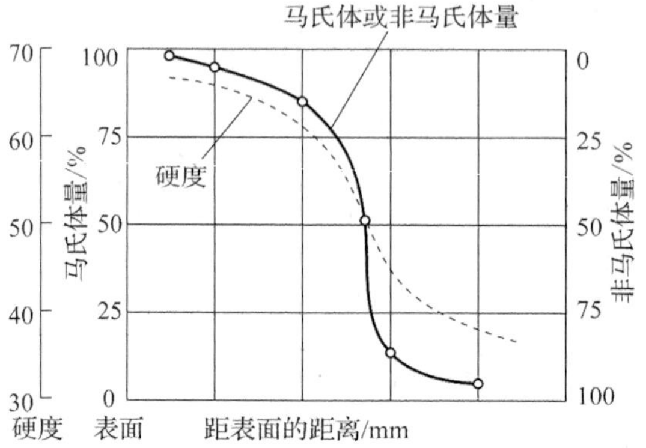

图 3-18　淬火工件截面上马氏体量与硬度的关系

Mo,Cr,Si 和 Ni 等溶入奥氏体使 C 曲线右移,降低临界冷却速度,因而能显著提高钢的淬透性。

(3) 钢的淬透性在零件设计中的意义

钢的淬透性在机械零件设计中具有重要的意义,因此必须对钢的淬透性有充分的了解,以便根据零件的工作条件和性能要求进行合理的选材。

机械制造中,许多大截面零件和在动载荷下工作的许多重要零件,以及承受拉力和压力的螺栓、拉杆、锻模和锤杆等重要件,常常要求零件的表面和心部力学性能一致,要求淬透,此时应当选用淬透性好的钢;当某些工件的心部性能对使用条件没什么影响时,则可考虑选用淬透性较低的钢。

对于承受交变弯曲、扭转、冲击载荷或局部磨损的轴类、齿轮类、活塞销和转向节等零件,若要求表面淬硬耐磨,而内部韧性好,就应选用淬透性稍低的材料。

有些零件不可以选用淬透性高的钢,例如焊接件,若选用淬透性高的钢,就容易在焊缝热影响区内出现淬火马氏体组织,易于变形和开裂;又如承受强力冲击和复杂应力的冷镦凸模,其工作部分常因全部淬硬而脆断。

3.4.3　钢的回火

钢的回火是将淬火后的钢加热到 A_{c1} 以下某一温度,保温一段时间,然后冷却下来的一种热处理工艺。

钢件淬火之后必须进行回火,其主要目的是:① 降低或消除淬火时产生的残余内应力,减小变形,防止开裂;② 调整钢的硬度,减小脆性,提高塑性和韧性;③ 使淬火组织稳定化,避免工件在使用过程中发生尺寸和形状变化。

1. 淬火钢的回火转变过程

未回火淬火钢在室温时组织主要是马氏体和残留奥氏体。随回火加热温度的升高,淬火钢的组织将发生以下 4 个阶段的变化。

(1) 马氏体的分解(100～200 ℃)

在 100 ℃以上回火时,马氏体就开始分解。马氏体中的碳以 ε 碳化物的形式析出,使马氏体中碳的过饱和度略有降低,这种组织称为回火马氏体,因易腐蚀,所以颜色较暗,如图 3-19 所示。

(2) 残留奥氏体的分解(200～300 ℃)

当淬火钢加热到 200 ℃时残留奥氏体开始分解,至 300 ℃分解基本完成,一般转变为下贝氏体,钢的硬度有所下降。

(3) 碳化物的转变(250～400 ℃)

当回火温度继续升高,过饱和的碳从固溶体内继续析出,同时 ε 碳化物也逐渐转变为 Fe_3C,与母相不再有晶格联系,内应力大量消除。此阶段延续到 400 ℃结束。此时,形成由铁素体和渗碳体所组成的混合物组织,称为回火屈氏体。此时硬度继续下降。

(4) 渗碳体的聚集长大和铁素体的再结晶(400 ℃以上)

渗碳体在 400 ℃以上逐渐聚集长大,形成较大的粒状渗碳体,到 600 ℃以上时,渗碳体迅速粗化。同时,在 450 ℃以上开始再结晶,失去针状形态,而成为多边形铁素体。这种由多边形铁素体和粒状渗碳体组成的混合物,称为回火索氏体。此时钢的强度、硬度不断降低,但韧性提高。

淬火钢回火时的组织变化是在不同温度范围内发生且又交叉重叠进行的,这些变化的综合结果使钢在回火后表现出来的性能随着回火温度的升高,硬度和强度下降,而塑性、韧性提高,如图 3-20 所示。

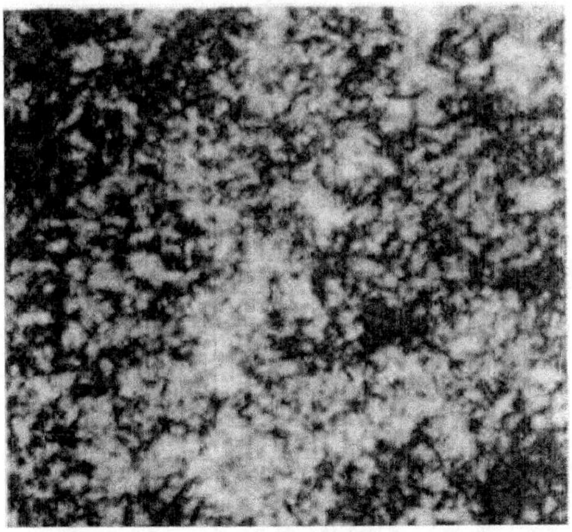

图 3-19　回火马氏体

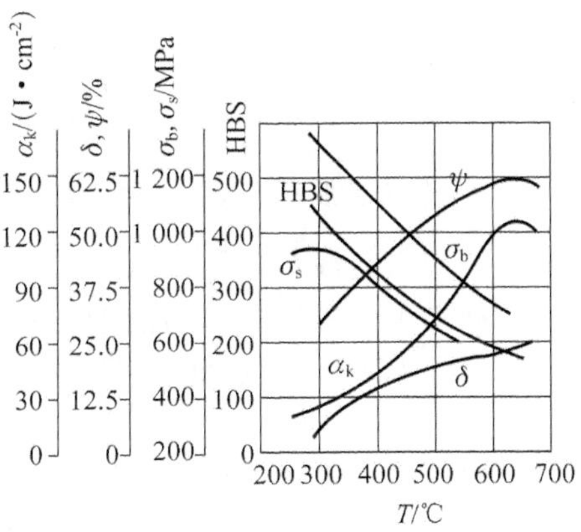

图 3-20　40 钢的力学性能与回火温度的关系

2. 回火的分类及应用

根据回火温度的不同,可将碳钢回火分为以下 3 类:

(1) 低温回火(150～250 ℃)

回火组织主要为回火马氏体,其组织与马氏体组织相近,基本上保持了淬火后的高硬度,一般为58～64 HRC。其主要目的是降低淬火应力和脆性,多用于处理高碳钢及各种工模具和表面淬火工件,如齿轮、活塞销、曲轴和齿轮轴等。

(2) 中温回火(350～500 ℃)

回火组织为回火屈氏体,硬度比回火马氏体低,一般为35～45 HRC,具有较高的弹性极限和屈服强度,并有一定的韧性。中温回火适用于处理各种弹簧等弹性构件。

(3) 高温回火(500～650 ℃)

回火组织为回火索氏体,强度高、韧性好,具有良好的综合力学性能,硬度一般为25～35HRC。淬火加高温回火的热处理方法又称为调质处理,适用于要求综合力学性能高的重要零件,如曲轴、连杆、轴类和齿轮等。

3. 回火脆性

随着回火温度(加热到的最高温度)的提高,钢的冲击韧性不是连续提高,而是在250～400 ℃和500～600 ℃两个温度区间出现明显的下降,如图3-21所示。这种随回火温度提高而冲击韧性下降的现象称为钢的回火脆性。

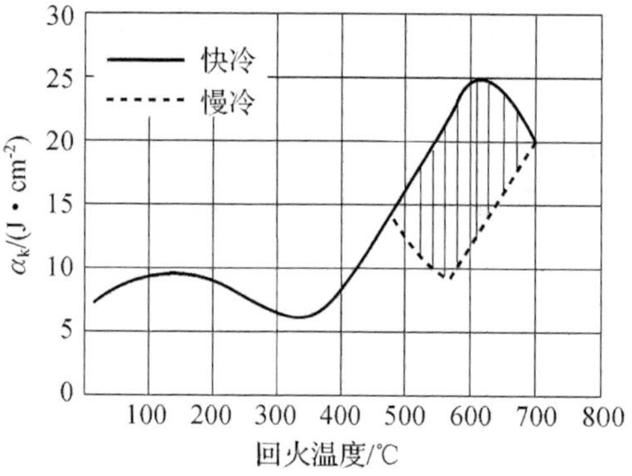

图3-21 冲击韧度与回火温度的关系曲线

(1) 低温回火脆性

这类回火脆性发生在250～400 ℃之间,也称第一类回火脆性。其产生的原因是ε碳化物转变为薄片状渗碳体,沿马氏体晶界析出,破坏了马氏体之间的连续性,使韧性下降。无论碳钢还是合金钢都产生低温回火脆性。且不论回火冷却速度快慢,都不可避免。通常不在该回火温度区间回火(弹簧钢除外),或使用含Si的钢将脆化温度推向高温,可防止低温回火脆性的产生。

第一类回火脆性是一种不可逆回火脆性,这种回火脆性一旦产生,消除后再也不会发生。如发生低温回火脆性的钢在较高温度下进行回火,消除了低温回火脆性,即使再次在300 ℃左右回火,也不会出现脆性。

(2) 高温回火脆性

这类回火脆性发生在500～600 ℃之间,也称第二类回火脆性,是由于杂质和合金元素在晶界处偏聚而造成的,主要在含Cr,Mn,Si和Ni等的钢中产生。第二类回火脆性是一种可逆回火脆性,回火脆性消除后,还会再次发生。生产中可通过回火后快冷(水冷或油冷)或选用含Mo,W等元素的钢、抑制杂质元素的扩散、减弱杂质元素在晶界处的偏聚等措施予以消除。

3.5　钢的表面热处理

所谓表面热处理就是仅改变工件表层的组织或化学成分的一种热处理方法。很多零件表层要求硬度高、强度大、耐磨性好，而心部要求足够的塑韧性(曲轴、凸轮和齿轮等)，可用韧性材料进行表面热处理，如中低碳钢、中碳低合金钢等。

常用的钢的表面热处理有两类：表面淬火和化学热处理。

3.5.1　钢的表面淬火

钢的表面淬火是将钢件表层快速加热至淬火温度，当热量还未传至工件内层时，就立即予以快速冷却，使表层获得硬而耐磨的马氏体组织，而心部仍保持原来组织的一种局部淬火工艺。其目的在于获得高硬度的表面层和有利的残余应力分布，以提高工件的耐磨性和疲劳强度。

按其加热方式不同，可分为感应加热表面淬火、火焰加热表面淬火和激光加热表面淬火等。

1. 感应加热表面淬火

(1) 感应加热表面淬火原理

如图 3－22 所示，将工件放入感应圈内，通入交流电产生交变磁场，同时在工件中感应产生同频率的感应电流，这种感应电流具有集肤效应，即在工件截面上感应电流分布不均匀，表面电流密度极大，而心部电流几乎为零。由于钢本身具有电阻，因而集中于工件表面的感应电流可使表层迅速被加热，在几秒钟内即可使温度上升至 800～1 000 ℃，而心部温度仍接近室温。图 3－22 表示工件与感应器的工作位置及工件截面上电流密度的分布。一旦表层温度上升至淬火温度，便立即快速冷却(如喷水、浸油淬火)，使工件表层淬硬。

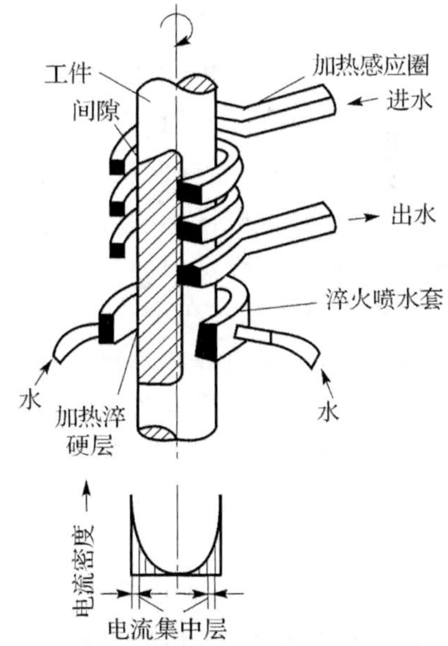

图 3－22　电感应加热表面淬火示意图

(2) 感应加热方式分类

淬硬层的深度(淬透层的深度)随通入电流频率的不同而不同。电流频率越高，淬硬层越薄。根据频率的不同，可分为高频加热、中频(1～10 kHz)加热及工频(50 Hz) 加热 3 种。

1) 高频加热

电流频率在 100～500 kHz，一般最常用为 200～300 kHz，电源设备为电子管式高频加热装置。淬硬层深度为 0.5～2.5 mm，适用于中小型零件加热，如中小尺寸的轴类零件。

2) 中频加热

电流频率在0.5～10 kHz,一般最常用为2.5～8 kHz,电源设备为中频加热装置。淬硬层深度为2～10 mm,适用于大中模数齿轮和较大直径的轴类零件。

3) 工频加热

电流频率为一般工业用电频率50 Hz,电源设备为工频加热装置。淬硬层深度为10～20 mm,适用于较大直径零件的透热及大直径零件的表面淬火,应用工频表面淬火时零件直径一般要大于300 mm。

(3) *感应加热表面淬火的特点*

与普通淬火相比,感应加热表面淬火具有以下主要特点:

① 感应加热表面淬火的加热速度快,加热温度高,过热度大,相变温度范围大,转变所需时间短。

② 工件表层易得到细小的隐晶马氏体,因而硬度比普通淬火提高2～3 HRC,且脆性较低。

③ 工件表层存在残余压应力,因而疲劳强度较高。

④ 工件表面质量好。这是由于表面加热速度快,不保温,冷却速度快不易氧化和脱碳,且工件变形小。

⑤ 生产效率高,操作易于控制,便于实现机械化和自动化。

上述特点使感应加热表面淬火在工业上得到了广泛的应用。它的缺点是设备昂贵,不易维修调整,处理形状复杂的零件比较困难。

感应加热后,根据钢的导热情况,采用水、乳化液或聚乙烯醇水溶液喷射淬火。淬火后,一般只进行低温回火,回火温度不高于200 ℃,其目的是降低淬火应力,保持高硬度和高耐磨性。在生产中也常常采用自回火,即当工件冷却到200 ℃左右时停止喷水,利用工件内部的余热达到回火的目的。

2. 火焰加热表面淬火

火焰加热淬火是用乙炔-氧或煤气-氧等火焰直接经烧嘴加热工件表面,然后迅速喷水冷却的淬火方法,如图3-23所示。火焰加热温度很高,能将工件迅速加热到淬火温度,通过调节烧嘴的位置和移动速度,可以获得不同厚度的淬硬层,一般为2～6 mm。若淬硬层过深,往往会引起零件表面严重的过热,且容易产生淬火裂纹。

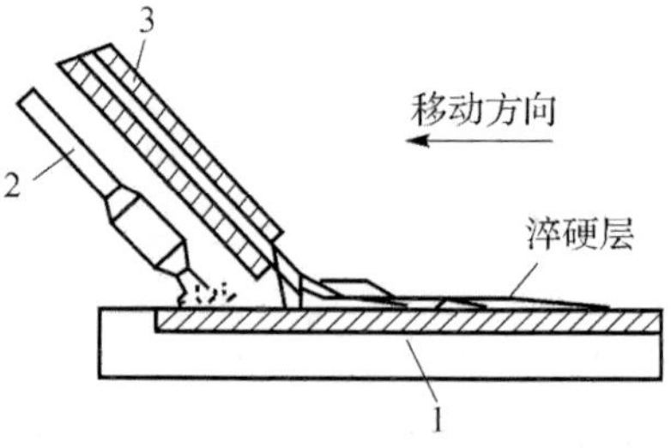

1—工件;2—烧嘴;3—喷水管

图3-23 火焰加热表面淬火示意图

与感应加热表面淬火相比,火焰加热表面淬火具有设备简单、成本低、灵活性大等优点,但它容易使工件表面过热,淬火质量不够稳定,因此,目前主要用于单件、小批量生产件以及大型零件的表面淬火。

3. 激光加热表面淬火

激光加热表面淬火是一种高能量密集的新型强化方法。它用高能量的激光束快速扫描工件表面,使工件表面迅速加热到临界温度以上。当激光束离开工件表面时,由于基体金属的大量吸热使表面迅速冷却,无须冷却介质,即可快速实现工件表面的相变硬化。激光加热表面淬火后零件变形极小,表面质量很高,能显著提高钢的耐磨性和疲劳强度。激光加热可使工件拐角、沟槽、盲孔底部和深孔内壁等一般热处理工艺难以解决的强化问题得到解决。另外,激光加热速度极快,表面无须保护,且工艺操作简单,便于实现自动化。

3.5.2　化学热处理

化学热处理是将钢件放入一定的介质中加热和保温,使介质中的活性原子渗入工件表面,以改变工件表面化学成分和组织,获得某些机械或物理化学性能的工艺过程。与表面淬火工艺相比,化学热处理的主要特点是:表面层不仅有组织的变化,而且有化学成分的变化。

根据渗入的元素不同,化学热处理分为渗碳、渗氮、碳氮共渗、渗硼和渗硫等。

1. 渗　碳

渗碳是向钢的表面渗入碳原子,使其表面达到高的含碳量。渗碳过程包括 3 个过程:分解、吸收和扩散。渗碳主要有固体渗碳、液体渗碳和气体渗碳 3 种方法。常用的是气体渗碳法,其生产效率高,劳动条件好,渗碳质量容易控制,并易于实现自动化,应用广泛。

(1) 气体渗碳法

气体渗碳法是将工件放入密封的加热炉中(如图 3－24 所示),通入气体渗碳剂,加热到 900～950 ℃,保温,使渗碳剂在炉膛内分解出碳原子,被工件表面吸收,并向内扩散形成渗碳层。常用的渗碳剂有煤油、苯、醋酸乙酯、甲醇＋丙酮复合渗碳剂等,渗碳剂在高温下分解生成碳原子,其反应式为:

$$CH_4 \rightarrow [C] + 2H_2;\ 2CO \rightarrow [C] + CO_2;\ CO + H_2 \rightarrow [C] + H_2O。$$

碳原子溶入高温奥氏体中,并由表至内扩散,形成一定浓度的渗碳层。渗碳层的厚度取决于渗碳时间。形成 0.5 mm 的渗碳层大约需要 1 h,形成 1 mm 的渗碳层大约需要 4 h。一般渗碳层的厚度在 0.5～2 mm 之间,所以渗碳需要在几个小时才能完成。渗碳以后工件表面含碳量约为 0.8%～1.0%,由表面至内部,含碳量逐渐降低。

零件渗碳后采用淬火加低温回火的热处理工艺。根据工件钢材和性能要求的不同,淬火方法主要有两种:一种为直接预冷淬火,即零件渗碳后从渗碳温度降至820～850 ℃直接淬火。这种方法适用于 20CrMnTi,20CrMnMo 等低合金渗碳钢,性能要求不高的工件。另一种淬火加低温回火的热处理方法为:渗碳后先在空气中冷却,然后重新加热淬火,而后再低温回火(回火温度为 150～200 ℃)。其目的是保持钢件表面硬度,并细化晶粒、消除淬火残余应力,提高心部韧性。适用于表层和心部使用性能要求较高的钢,或Ni、Cr含量较高的合金渗碳钢。

渗碳后经淬火低温回火后,表层组织为高碳回火马氏体、渗碳体和残余奥氏体;其硬度达58～64 HRC,耐磨性好,疲劳强度高。心部为低碳回火马氏体,或是铁素体和屈氏体,具有良好的塑性和韧性。

渗碳工艺主要用于低碳钢或低碳合金钢制成的齿轮、活塞销和轴类等重要零件,能够满足表面硬而耐磨,心部强而韧,具有较高的疲劳极限的性能要求。渗碳时,工件上不允许渗碳的部位(如装配孔或螺纹)应采用镀铜保护,或者采取多留余量的办法,待零件渗碳后淬火前再去掉该部位的渗碳层。

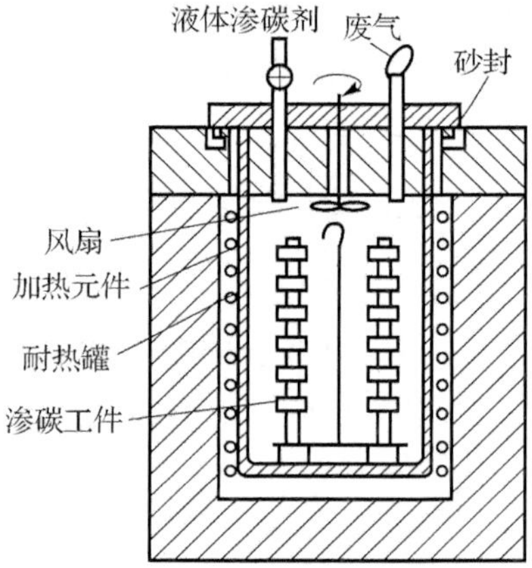

图3-24 气体渗碳法示意图

(2) 固体渗碳法

固体渗碳法是将工件放入装满固体渗碳剂的渗碳箱中,用盖和耐火泥密封后加热至900～950 ℃,保温足够长时间,得到一定厚度的渗碳层。固体渗碳剂通常是有碳粒与碳酸盐($BaCO_3$或Na_2CO_3)的混合物。在加热保温时,发生如下反应:

$BaCO_3$(或Na_2CO_3)$\rightarrow BaO+CO_2$;CO_2+C(碳粒)$\rightarrow 2CO$;$2CO\rightarrow[C]+CO_2$。

固体渗碳过程同气体渗碳法,也是分解、吸收和扩散,下面介绍的其他化学热处理也都包括这3个基本过程。固体渗碳完毕,也需进行淬火和回火。

与气体渗碳法相比,固体渗碳法的设备简单,投资少,但渗碳速度慢,生产率低,劳动条件差,质量不易控制。在大批量生产时大多采用气体渗碳法。

2. 渗　氮

渗氮又称氮化,是向钢的表面渗入氮原子。其目的是提高渗氮层的硬度、耐磨性、抗腐蚀性和疲劳强度等。渗氮的种类有气体渗氮法、盐浴氮化法、软氮化和离子氮化等。其中气体渗氮法的工业应用最广泛。

气体渗氮法利用氨气在加热时分解出活性氮原子,其分解反应为:

$$2NH_3\rightarrow 3H_2+2[N]$$

活性氮原子被钢件表面吸收后形成氮化层,同时向心部扩散。氮化需用专门设备或井式渗碳炉来进行。调质后的零件在氮化前须除油净化。零件入炉后先用氨气排出炉内空气。

氮化温度一般在500～570 ℃,既能使氨气充分分解,又不超过钢的A_1温度,加热温度不高,因此,氮化后工件变形小。与渗碳层相比,氮化层的化学稳定性高,硬度高、耐磨性和耐疲劳性能好,抗腐蚀能力强,且具有很高的热硬性。氮化层在600～

650 ℃仍有较高的硬度，而渗碳层硬度在 200 ℃以上就明显下降。

渗氮以后不需要再进行热处理，为保证零件内部的力学性能，在氮化前需要进行调质处理。

渗氮的缺点：一是时间太长，要得到 0.2～0.5 mm 的氮化层，氮化时间约需要 30～50 h。其二，氮化层较脆，较薄，所以不能承受太大的接触压力。其三，所用的钢材也受到限制，必须使用 Al，Cr，Mo，Ti，V 等元素的合金钢。有些钢种是专门为氮化设计的，如 38CrMoAl。

氮化常用于在交变载荷下工作的各种结构零件，尤其是要求耐磨性和高精密度以及在高温下工作的零件，如内燃机的曲轴、镗床主轴、精密齿轮、量规、铸模和阀门等。

3. 碳氮共渗

碳氮共渗（又称氰化）是在钢件表面同时渗入碳和氮原子的过程。目前应用较广的有：中温气体碳氮共渗和低温气体碳氮共渗。前者以渗碳为主，主要目的是提高钢的硬度、耐磨性和疲劳强度；后者以渗氮为主，主要目的是提高钢的耐磨性和抗咬合性。碳氮共渗时，碳的渗入速度比相同温度下单独渗碳的速度高，相同时间下，碳氮共渗层厚度要大于单独的渗碳层。

（1）中温气体碳氮共渗

中温气体碳氮共渗常用的介质有煤油＋氨气、煤气＋氨气、甲醇＋丙烷＋氨、三乙醇胺或三乙醇胺＋20％尿素等。生产中常用的共渗温度一般在 820～880 ℃范围内，共渗温度对深层碳、氮含量和渗层厚度的影响很大。温度越高，则渗速越快，渗层的碳/氮比越高，渗层也越厚。但温度过高，组织晶粒易变粗大；温度过低则渗速慢，渗层薄，在渗层表面还易于形成脆性高氮化合物。

中温气体碳氮共渗后需要进行淬火＋低温回火，共渗层表面组织得到细片状回火马氏体、适量的粒状碳氮化合物和少量的残留奥氏体。碳氮共渗层兼有渗碳层和渗氮层二者的优点：表面硬度高，渗层较深，硬度变化较缓，具有良好的耐磨性和较小的表面脆性。适用材料为低碳钢或低碳合金钢，如 20 钢、20Cr，20CrMnTi 等。

（2）低温气体碳氮共渗（气体软氮化）

低温碳氮共渗以渗氮为主，常用的共渗介质为尿素，处理温度为 520～570 ℃。与一般气体氮化相比，处理时间大大缩短，仅需 1～3 h。气体软氮化处理的表层硬而韧，不易发生剥落现象。选材不受钢种限制，适用于碳素钢、合金钢、铸铁以及粉末冶金材料等，普遍用于对刃具、量具、模具以及各种耐磨件进行处理，效果良好。

4. 渗　硼

渗硼是将钢件置于渗硼介质中，渗硼处理温度为 900～950 ℃，保温 1～6 h，使活性硼原子渗入表层，获得高硬度，高耐磨性和良好的耐热性的表层。一般渗层厚度为 0.05～0.15 mm为好，过厚脆性大，易剥落。目前已有用结构钢渗硼代替工具钢制造刃具、模具，还可用一般碳钢渗硼代替高合金耐热钢、不锈钢制造耐热和耐蚀零件。

为提高工件心部的性能,渗硼后应进行调质处理。

5. 渗 硫

渗硫是向工件表层渗入硫。低温(150～250 ℃)电解渗硫可降低摩擦系数,提高抗咬合性能,但不提高硬度。适用于碳素工具钢和渗碳钢、低合金工具钢和轴承钢等制造的工件。中温硫氮(硫氰)共渗(520～620 ℃)可获得减摩、耐磨与抗疲劳性能。对刀具和模具具有良好的强化效果、特别是能使钻头、铰刀、铣刀和拉刀等刀具的使用寿命显著提高。

另外,渗铬使工件表面特别硬,显著提高耐磨性和耐蚀性;渗硅可提高耐酸性;渗铝可提高耐热抗氧化性等。

3.5.3 表面复合热处理

表面复合热处理是将两种以上的热处理工艺用于同一工件的处理,避免单一的表面热处理技术的局限性,这样不仅可以发挥各种表面热处理技术的特点,而且更能体现组合使用的突出效果。因此,在实际生产中发展了多种复合热处理工艺,并得到了广泛的应用。

1. 渗钛与离子渗氮复合处理

渗钛与离子渗氮复合处理可在工件表面形成硬度极高、耐磨性很好且具有较好耐蚀性的金黄色 TiN 化合物层,其性能明显高于单一渗钛和单一渗氮层的性能。在航空航天产品中应用较多。

2. 碳氮共渗与渗硫复合处理

碳氮共渗对提高零件表面的强度和硬度有十分显著的效果。如若在共渗层上再进行渗硫处理,可以降低摩擦系数,提高抗粘着磨损的能力,从而显著提高耐磨性能。

3. 液体碳氮共渗与高频感应加热表面淬火的复合强化

液体碳氮共渗可提高工件的表面强度、耐磨性和抗疲劳性性能,但渗层浅。若再进行表面高频感应加热淬火,则硬化层深度能显著提高,可达 1.2～2.0 mm,此外零件的表面硬度和抗疲劳强度也有明显的提高。

4. 激光与离子渗氮复合处理

若将钛质量分数为 1%的钛合金经激光处理后再进行离子渗氮,硬化层硬度从单纯渗氮处理的 645 HV 提高到 790 HV。

3.6 铸铁的热处理

前面讨论了钢的热处理,接下来简述铸铁的热处理。大家知道铸造出来的工件,通常又硬又脆,强度很低,直接使用往往不能符合要求。如铸件硬度太高,对后续的切削加工不利,需要经过适当的热处理降低其硬度;还有一些铸件要在振动或冲击甚至要在交变负荷状态下工作,必须进行热处理来提高韧性和强度。

铸铁的组织为石墨分布在基体上，热处理对石墨的改变很有限，只能通过改变其基体组织和性能来提高铸铁的性能，因而其热处理原理与普通钢热处理类似。由于石墨的存在，铸铁的热处理加热速度应比钢的热处理加热速度慢，保温时间要长，冷却速度稍慢。同时由于铸铁组织的特殊性，只有少数几种热处理能够应用。

下面主要介绍灰口铸铁和球墨铸铁的热处理。

3.6.1　灰口铸铁的热处理

1. 灰口铸铁的退火

(1) 消除内应力的退火

在铸造过程中，铸件常常会产生很大的内应力，严重时会引起铸件的变形和开裂。因此，开箱后铸件应立即进行一次消除应力的退火，也称人工时效。特别是对于形状复杂、壁薄且截面变化较大的铸件或精度要求较高的铸件，在铸造之后，切削加工之前，通常都要进行一次去应力退火。有时甚至在粗加工之后，因内应力重新分布引起工件变形，还要进行一次去应力退火。退火工艺为：在铸件开箱之后立即转入 100～200 ℃的炉中，缓慢加热至 500～600 ℃，保温 4～8 h，然后缓慢冷却。采用这种工艺可消除铸件内应力的 90%以上，且铸铁组织不发生变化。

另外，可以进行自然时效来减少内应力，自然时效是在常温下放置 6～12 个月以上，如：大型床身的时效。但是这种方法生产周期长，增加生产成本。

(2) 软化退火

铸件的表层及一些薄壁处，由于冷却速度较快时，往往会产生白口，白口组织硬度很高、致使切削加工难以进行。因此必须采用高温退火的方法消除白口组织，降低硬度。退火工艺为：加热到共析温度以上至 850～950 ℃，保温 2～5 h 后，随炉冷却到 400～500 ℃，再出炉空冷。

2. 表面淬火

一些大型铸件的工作表面如机床导轨的表面、发动机气缸套的内壁等，需要有较高的硬度和耐磨性，这些铸件常在机械加工以后进行表面淬火。表面淬火方法与钢的表面淬火方法相同，如高频表面淬火、火焰表面淬火及接触表面淬火等。淬火组织为极细的马氏体+片状石墨，硬度约 60 HRC。

3.6.2　球墨铸铁的热处理

球墨铸铁热处理有退火、正火、调质、等温淬火及化学热处理等。

1. 球墨铸铁石墨化退火

球墨铸铁通过石墨化退火使铸态组织中的自由渗碳体和珠光体的共析渗碳体分解，从而得到高塑性的铁素体球墨铸铁。石墨化退火工艺有高温石墨化退火和低温石墨化退火。

高温石墨化退火：当铸态组织中为珠光体和自由渗碳体时，应进行高温退火，方法是将铸件加热到共析温度范围以上,即900~950 ℃,保温2~5 h,再随炉缓冷至约600 ℃,出炉空冷。

低温石墨化退火:当铸态组织中没有自由渗碳体,仅有珠光体+铁素体+石墨时,应进行低温退火。方法是将铸件加热到共析温度附近,即720~760 ℃,保温3~6 h,再随炉缓冷至约600 ℃,出炉空冷。

2. 球墨铸铁的正火

正火的目的是为了获得珠光体基体组织,并细化晶粒,均匀组织,以提高铸件的力学性能。正火分高温正火和低温正火。

低温正火为部分奥氏体化正火,加热温度为共析温度区间840~880 ℃,保温后在空气中冷却。得到少量铁素体+珠光体+球墨的铸铁,韧性较好,但强度较低。

高温正火为完全奥氏体化正火,加热温度为共析温度以上50~70 ℃,一般不超过950~980 ℃,保温1~3 h,出炉后空冷或风冷或喷雾冷却。铸件通过高温正火得到高强度的珠光体球墨铸铁,组织形态为细珠光体+石墨+少量铁素体。其中铁素体会降低铸铁的强度,为了减少铁素体,采取加大冷却速度的办法,致使内应力较大。因此,高温正火之后一般还需进行回火处理,以消除正火时产生的内应力。

3. 球墨铸铁的调质

与正火相比,调质能够进一步提高球铁的强度和韧性,提高综合机械性能。适用于一些受力复杂、综合机械性能要求较高的零件,如承受拉压交变应力的连杆,承受交变弯曲应力的曲轴等。

调质处理的淬火温度应为共析温度范围以上30~50 ℃,即860~900 ℃,保温后油冷,而后在550~620 ℃高温回火,得到回火索氏体与石墨组织。

4. 球墨铸铁等温淬火

对于一些力学性能要求较高、外形复杂、热处理易变形或开裂的球墨铸铁零件,如齿轮、滚动轴承和凸轮轴等,可采用等温淬火。

等温淬火加热温度与普通淬火相同,即860~900 ℃,保温后在250~350 ℃的盐浴中等温处理30~90 min,而后取出空冷,一般不用回火处理。球墨铸铁经等温淬火后获得下贝氏体组织+石墨,具有较高强度和硬度、较好的耐磨性及冲击韧性。

5. 球墨铸铁化学热处理

对于要求表面耐磨或抗氧化、耐腐蚀的铸件,可以采用类似于钢的化学热处理工艺,如气体软氮化、氮化、渗硼和渗硫等处理。

第 4 章　铁合金材料

铁合金材料是指以铁为主要成分，碳或其他化学元素为辅助添加元素的多元的合金。工业上按照含碳量的不同将其分为钢和铸铁两大类。钢又按照化学成分的差异可分为碳（素）钢和合金钢两大类，碳钢冶炼简便，价格低廉，在工程制造中占有很大的比例；合金钢性能优良，能够满足更高强度和刚度以及某些特殊性能的需要。铸铁的含碳量一般为 2.5%～4.0%，具有优良的铸造性能和良好的耐磨性、减振性，广泛应用于机床和汽车等制造行业。

本章主要介绍上述铁合金材料的分类、用途和性能特点，以便能够对它们进行正确选择，合理利用。

4.1　碳　钢

在铁合金材料中，含碳量小于 2.11%的合金称为钢，而其他元素含量极微的铁合金材料为碳钢。

4.1.1　钢的分类

钢的种类繁多，工业上常用下面几种方法分类。

1. 按化学成分分类

按钢材的化学成分可分为碳素钢和合金钢两大类。

碳素钢按含碳量多少可分为低碳钢（$w_C \leqslant 0.25\%$）、中碳钢（$w_C = 0.25\% \sim 0.60\%$）和高碳钢（$w_C > 0.6\%$）三类。

合金钢按合金元素的含量可分为低合金钢（合金元素总量＜5%）、中合金钢（合金元素总量为 5%～10%）和高合金钢（合金元素总量＞10%）三类。

合金钢按合金元素的种类可分为锰钢、铬钢、硼钢、铬镍钢和硅锰钢等。

2. 按冶金质量分类

按钢中所含有害杂质硫、磷的多少，可将钢分为普通钢（$w_S \leqslant 0.055\%$，$w_P \leqslant 0.045\%$）、优质钢（w_S，$w_P \leqslant 0.040\%$）和高级优质钢（$w_S \leqslant 0.030\%$，$w_P \leqslant 0.035\%$）三类。

此外，按冶炼时脱氧程度，可将钢分为沸腾钢（脱氧不完全）、镇静钢（脱氧较完全）和半镇静钢三类。

3. 按用途分类

按用途可将钢分为结构钢、工具钢和特殊钢 3 大类。

结构钢又分为工程构件用钢和机器零件用钢两部分。工程构件用钢包括建筑工程用钢、桥梁工程用钢、船舶工程用钢和车辆工程用钢等,它们主要是指低碳钢和低合金高强度钢。机器用钢包括调质钢、弹簧钢、滚动轴承钢、渗碳和渗氮钢、耐磨钢、超高强度钢等,一般属于低、中碳钢和低、中合金钢。

工具钢分为刃具钢、量具钢和模具钢。主要用于制造各种刃具、模具和量具,这类钢一般属于高碳、高合金钢。

特殊性能钢分为不锈钢、耐热钢和低温钢等。这类钢主要用于各种特殊要求的场合,如化学工业用的不锈耐酸钢、核电站用的耐热钢等。

4. 按金相组织分类

按退火态的金相组织钢可分为亚共析钢、共析钢和过共析钢3种。按正火态的金相组织钢可分为珠光体钢、贝氏体钢、马氏体钢和奥氏体钢4种。

在给钢的产品命名时,往往把成分、质量和用途几种分类方法结合起来。如碳素结构钢、优质碳素结构钢、碳素工具钢、高级优质碳素工具钢、合金结构钢、合金工具钢、高速工具钢等。

4.1.2 碳钢中杂质元素的影响

实际使用的碳钢,除铁和碳两个主要元素之外,还含有少量的锰、硅、硫、磷、氧、氢和非金属夹杂物(如氧化物、硫化物)。它们对钢的性能有一定的影响。

锰和硅是炼钢时作为脱氧剂加入而最终残留在钢中的少量元素,它们能够将FeO还原成Fe,改善钢的品质,剩余大部分溶于铁素体中,具有固溶强化效果,可提高钢的强度和硬度,又不降低钢的塑性和韧性。Mn还能和S中结合成MnS,减轻硫的有害作用,故锰和硅在一定含量范围内是有益元素。

硫不溶于Fe,在钢中以FeS的形式存在,使钢变脆。尤为严重的是,FeS和Fe能形成低熔点(985 ℃)的共晶体(FeS+Fe),分布于奥氏体的晶界上,当钢在1 000~1 200 ℃进行热锻时,共晶体的熔化将使钢材沿着奥氏体晶界开裂,这种现象就是“热脆”。

磷能全部固溶于铁素体中,使铁素体的强度、硬度有所提高,却使室温下钢的塑性、韧性急剧降低,使钢变脆,这种现象在低温时更为严重,故称为“冷脆”。冷脆使钢的冷加工性能和焊接性能变坏,提高钢的脆化温度,使钢材在低温下使用存有潜在的危险。当钢中溶有氮、氧和氢等元素时,也会产生不同程度的危害:氧在炼钢过程中形成各种氧化物,使钢的性能变坏。钢在的液态下如果吸入氢,冷却时又来不及析出,氢就会聚集在晶体的缺陷处,造成很大的应力,使钢材的韧性下降,产生“氢脆”。

所以,硫、磷、氢、氮和氧都是有害元素,在炼钢时应严格控制其含量。

4.1.3 碳钢的编号和用途

1. 碳素结构钢

碳素结构钢简称普碳钢,大部分用作工程构件(如桥梁、船舶和建筑等的构件),

少量用作机器零件(如齿轮、轴、螺钉、曲轴和连杆等),这类钢一般为低碳和中碳钢。大多以热轧钢材形式供应,主要保证力学性能,使用时通常不再进行热处理,所以在这种钢的编号中标示出力学性能。

普碳钢的编号形式为"Q+数字+字母 1+字母 2"。其中,"Q"是钢材的屈服强度"屈"字的汉语拼音字首,数字表示的是屈服强度值,单位为 MPa。字母 1,2 分别是质量等级符号和脱氧方法。编号中规定了 A,B,C,D 四种质量等级,A 级质量最差,D 级质量最好。脱氧方式有 F,b,Z,TZ,分别表示沸腾钢、半镇静钢、镇静钢和特殊镇静钢。其中,镇静钢和特殊镇静钢在牌号中可以省略。例如:Q235 - A. F 即表示屈服强度值为 235 MPa 的 A 级沸腾钢。

这种钢共有五大牌号,是以钢材厚度(或直径)不大于 16 mm 的钢的屈服极限(σ_s)来划分的,又以质量等级和脱氧方式把每一类划分为更细的钢种,详见表 4 - 1。

表 4 - 1　碳素结构钢的牌号和化学成分

牌　号	等　级	化学成分×100					脱氧方法
		w_C/%	w_{Mn}/%	w_{Si}/%	w_S/%	w_P/%	
				不大于			
Q195	—	0.06～0.12	0.25～0.50	0.30	0.050	0.045	F,b,Z
Q215	A	0.09～0.15	0.25～0.55	0.30	0.050	0.045	F,b,Z
	B	0.09～0.15	0.25～0.55	0.30	0.045	0.045	F,b,Z
Q235	A	0.14～0.22	0.30～0.65	0.30	0.050	0.045	F,b,Z
	B	0.12～0.20	0.30～0.70	0.30	0.045	0.045	F,b,Z
	C	≤0.18	0.35～0.80	0.30	0.040	0.040	Z
	D	≤0.17	0.35～0.80	0.30	0.035	0.035	TZ
Q255	A	0.18～0.28	0.40～0.70	0.30	0.050	0.045	Z
	B	0.18～0.28	0.40～0.70	0.30	0.045	0.045	Z
Q275	—	0.28～0.38	0.50～0.80	0.35	0.050	0.045	Z

注:1. 摘自 GB/T 700—1998。

2. Q235A,B 级沸腾钢锰含量上限为 0.60%。

3. "F"为沸腾钢,"b"为半镇静钢,"Z"为镇静钢,"TZ"为特殊镇静钢。

牌号 Q195,Q215 碳含量低,强度不高、塑性好、焊接性能优良。要合理控制其化学成分,保证良好的工艺性能。主要用于生产薄板、线材和钢丝等。也可用于制造冲压件、焊接结构件。

牌号 Q235 是最通用的工程结构用钢之一,属于低碳钢[w_C≤0.22%],具有一定的强度,塑性和焊接性能良好。适用于受力不大,且要求韧性很高的焊接结构。钢材的品种有棒材、型钢、钢板、钢带、线材、焊管和钢丝等。

上述牌号也可用于受力不大,不需进行热处理的一般机械结构和零件。

牌号 Q255 主要用于铆接和螺接工程结构,但用量较少。牌号 Q275 的强度和硬度较高,耐磨性较好,韧性稍低,一般用于承受中等应力的机械结构,这两个牌号钢的主要品种有棒材、型钢、钢板和钢带。具体各牌号碳素结构钢力学性能见表 4-2。

表 4-2 碳素结构钢的力学性能

牌号	等级	拉伸试验														冲击试验	
		屈服点 σ_s/MPa						抗拉强度 σ_b/MPa	伸长率 δ/%						温度/℃	V型冲击功(纵向)/J
		钢材厚度(直径)/mm							钢材厚度(直径)/mm							
		≤16	>16—40	>40—60	>60—100	>100—150	>150		≤16	>16—40	>40—60	>60—100	>100—150	>150		
		不小于							不小于							不小于
Q195	—	(195)	(185)	—	—	—	—	315～390	33	32	—	—	—	—	—	—
Q255	A	215	205	195	185	175	165	335～410	31	30	29	28	27	26	—	—
	B	215	205	195	185	175	165	335～410	31	30	29	28	27	26	20	27
Q235	A	235	225	215	205	195	185	375～460	26	25	24	23	22	21		—
	B	235	225	215	205	195	185	375～460	26	25	24	23	22	21	20	27
	C	235	225	215	205	195	185	375～460	26	25	24	23	22	21	0	
	D	235	225	215	205	195	185	375～460	26	25	24	23	22	21	−20	
Q255	A	255	245	235	225	215	205	410～510	24	23	22	21	20	19	—	—
	B	255	245	235	225	215	205	410～510	24	23	22	21	20	19	20	27
Q275	—	275	265	255	245	235	225	490～610	20	19	18	17	16	15	—	—

注:摘自 GB/T 700—1998。

2. 优质碳素结构钢

这种钢必须同时保证钢的化学成分和力学性能。由于硫、磷和其他有害杂质含量较低,纯洁度和化学成分均匀性较高,塑性和韧性也较高,多用于制造重要零件。根据化学成分的不同,优质碳素结构钢可以分为以下两类:

① 正常含锰量的优质碳素结构钢。所谓正常含锰量,是指对于含碳量小于 0.25% 的优质碳素结构钢,其含锰量为 0.35%～0.65%;而对于含碳量大于 0.25% 的优质碳素结构钢,其含锰量为 0.50%～0.80%,如表 4-3 所列 20 种。

这类钢的编号是用两位数字表示其平均含碳量,单位是 0.01%。例如 20 钢表示平均含碳量为 0.20%(万分之二十)的优质碳素结构钢。

② 较高含锰量的优质碳素结构钢。所谓较高含锰量,是指对于含碳量为 0.15%～0.60% 的碳素结构钢,其含锰量为 0.7%～1.0%;对于含碳量大于 0.60% 的碳素结构钢,其含锰量为 0.9%～1.4%。

这类钢的表示方法是在含碳量的两位数字后附以化学元素符号“Mn”。例如

65Mn 表示平均含碳量为 0.65%，含锰量为 0.9%～1.4%的钢(见表 4－3 所列)。

表 4－3　优质碳素结构钢的化学成分

序　号	牌　号	化学成分/%					
		C	Si	Mn	Cr	Ni	Cu
					不大于		
1	08F	0.05～0.11	≤0.03	0.25～0.50	0.10	0.30	0.25
2	10F	0.07～0.13	≤0.07	0.25～0.50	0.15	0.30	0.25
3	15F	0.12～0.18	≤0.07	0.25～0.50	0.25	0.30	0.25
4	08	0.05～0.11	0.17～0.37	0.35～0.65	0.10	0.30	0.25
5	10	0.07～0.13	0.17～0.37	0.35～0.65	0.15	0.30	0.25
6	15	0.12～0.18	0.17～0.37	0.35～0.65	0.25	0.30	0.25
7	20	0.17～0.23	0.17～0.37	0.35～0.65	0.25	0.30	0.25
8	25	0.22～0.29	0.17～0.37	0.50～0.80	0.25	0.30	0.25
9	30	0.27～0.34	0.17～0.37	0.50～0.80	0.25	0.30	0.25
10	35	0.32～0.39	0.17～0.37	0.50～0.80	0.25	0.30	0.25
11	40	0.37～0.44	0.17～0.37	0.50～0.80	0.25	0.30	0.25
12	45	0.42～0.50	0.17～0.37	0.50～0.80	0.25	0.30	0.25
13	50	0.47～0.55	0.17～0.37	0.50～0.80	0.25	0.30	0.25
14	55	0.52～0.60	0.17～0.37	0.50～0.80	0.25	0.30	0.25
15	60	0.57～0.65	0.17～0.37	0.50～0.80	0.25	0.30	0.25
16	65	0.62～0.70	0.17～0.37	0.50～0.80	0.25	0.30	0.25
17	70	0.67～0.75	0.17～0.37	0.50～0.80	0.25	0.30	0.25
18	75	0.72～0.80	0.17～0.37	0.50～0.80	0.25	0.30	0.25
19	80	0.77～0.85	0.17～0.37	0.50～0.80	0.25	0.30	0.25
20	85	0.82～0.90	0.17～0.37	0.50～0.80	0.25	0.30	0.25
21	15Mn	0.12～0.18	0.17～0.37	0.70～1.00	0.25	0.30	0.25
22	20Mn	0.17～0.23	0.17～0.37	0.70～I.00	0.25	0.30	0.25
23	25Mn	0.22～0.29	0.17～0.37	0.70～1.00	0.25	0.30	0.25
24	30Mn	0.27～0.34	0.17～0.37	0.70～1.00	0.25	0.30	0.25
25	35M13	0.32～0.39	0.17～0.37	0.70～1.00	0.25	0.30	0.25
26	40M13	0.37～0.44	0.17～0.37	0.70～1.00	0.25	0.30	0.25
27	45Mn	0.42～0.50	0.17～0.37	0.70～1.00	0.25	0.30	0.25
28	50Mn	0.48～0.56	0.17～0.37	0.70～1.00	0.25	0.30	0.25
29	60Mn	0.57～0.65	0.17～0.37	0.70～1.00	0.25	0.30	0.25
30	65Mn	0.62～0.70	0.17～0.37	0.90～1.20	0.25	0.30	0.25
31	70Mn	0.67～0.75	0.17～0.37	0.90～1.20	0.25	0.30	0.25

注：摘自 GB 699—88，表中所列牌号为优质钢。如果是高级优质钢，在牌号后面加“A”；如果是特级优质钢，在牌号后面加“E”；对于沸腾钢，牌号后面为“F”；对于半镇静钢，牌号后面为“b”。

在国家标准 GB699—88 中,共列有 31 种优质碳素结构钢,其基本性能和应用范围主要取决于钢的含碳量和 Mn 含量的不同。由于锰能改善钢的淬透性、强化固溶体及抑制硫的热脆作用,因此较高锰含量钢的强度、硬度、耐磨性及淬透性较优,而其塑性、韧性几乎不受影响。表 4-4 列举了优质碳素结构钢的牌号、力学性能和应用举例。

表 4-4 优质碳素结构钢的牌号、力学性能和应用举例

序号	牌号	力学性能(不小于)					应用举例
		σ_b/MPa	σ_s/MPa	δ_5/%	ψ/%	A_k/J	
1	08F	295	175	35	60	—	低碳钢强度、硬度低,塑性、韧性高,冷塑性加工性和焊接性能优良,切削加工性欠佳,热处理强化效果不够显著。其中碳含量较低的钢常轧制成薄钢板,广泛用于深冲压和深拉延制品;碳含量较高的钢(15~25)可用作渗碳钢,用于制造表硬心韧的中、小尺寸的耐磨零件
2	10F	315	185	33	00	—	
3	15F	355	205	29	55	—	
4	08	325	195	33	60	—	
5	10	335	205	31	00	—	
6	15	375	225	27	55	—	
7	20	410	245	25	55	—	
8	25	450	275	23	50	71	
9	30	490	295	21	50	63	中碳钢的综合力学性能较好,热塑性加工性和切削加工性较佳,冷变形能力和焊接性中等。多在调质或正火状态下使用,还可用于表面淬火处理以提高零件的疲劳性能和表面耐磨性。其中 45 钢应用最广泛
10	35	530	315	20	45	55	
11	40	570	335	19	45	47	
12	45	600	355	16	40	39	
13	50	630	375	14	40	31	
14	55	645	380	13	35	—	
15	60	675	400	12	35	—	高碳钢具有较高的强度、硬度、耐磨性和良好的弹性,切削加工性中等,焊接性能不佳,淬火开裂倾向性较大。主要用于制造弹簧、轧辊和凸轮等耐磨件与钢丝绳等。其中 65 是一种常用的弹簧钢
16	65	695	410	10	30	—	
17	70	715	420	9	30	—	
18	75	1 080	880	7	30	—	
19	80	1 080	930	6	30	—	
20	85	1 130	980	6	30	—	
21	15Mn	410	245	26	55	—	应用范围基本同于相对应的普通锰含量钢,但因淬透性和强度较高,可用于制作截面尺寸较大或强度要求较高的零件,其中以 65Mn 最常用
22	20Mn	450	275	24	50	—	
23	25Mn	490	295	22	50	71	
24	30Mn	540	315	20	45	63	
25	35Mn	560	335	18	45	55	
26	40Mn	590	355	17	45	47	
27	45Mn	620	375	15	40	39	
28	50Mn	64S	390	13	40	31	
29	60Mn	695	410	11	35	—	
30	65Mn	735	430	9	30	—	
31	70Mn	785	450	8	30	—	

3. 碳素工具钢

碳素工具钢的含碳量在 0.65%～1.35%之间，牌号用 T(“碳”字的汉语拼音字首)加两位数字表示，数字表示钢中的平均碳含量的千分数。碳素工具钢分为优质钢(w_S≤0.030%，w_P≤0.035%)和高级优质钢(w_S≤0.020%，w_P≤0.030%)两类，高级优质钢需在牌号后注以“A”字。例如，T8 表示平均含碳量为 0.8%(即千分之八)的碳素工具钢，T8A 表示平均含碳量为 0.8%的高级优质碳素工具钢。表 4-5 列举了优质碳素工具钢的牌号、成分、硬度和用途。

高级优质碳素工具钢(T7A～T13A)，由于淬火时产生裂纹的倾向较小，因此多用于制造形状较为复杂的工具。

碳素工具钢在机加工之前进行预备热处理，采用球化退火(T7 钢可采用完全退火)，组织为铁素体基体＋细小均布的粒状渗碳体，硬度 HB≤217。

经最终热处理后，碳素工具钢硬度可达 60～65 HRC，其耐磨性和加工性都较好，价格又便宜，生产上得到了广泛应用。

表 4-5　碳素工具钢的牌号、成分、硬度和用途

牌号	化学成分/%			硬度		用途
	C	Mn	Si	退火后 HBS	淬火后 HRC 不小于	
T7	0.65～0.74	0.40	0.35	187	62	用于制造承受冲击负荷的工具，如凿子、锤子和冲头等
T8	0.75～0.84	0.40	0.35	187	62	用于制造有韧性又有硬度的工具，如冲模冲头、木工工具等。T8M 有较高的淬透性，能获得较深的淬硬层，可做截面较大的工具
T8Mn	0.80～0.90	0.40～0.60	0.35	187	62	
T9	0.85～0.94	0.40	0.35	192	62	用于制造要求中等韧性的工具，如形状简单的小冲模、手工锯条等
T10	0.95～1.04	0.40	0.35	197	62	
T11	1.05～1.14	0.40	0.35	207	62	
T12	1.15～1.24	0.40	0.35	207	62	耐磨性最高，但韧性最低，所以多用于制造不受冲击负荷的量具、锉刀和刮刀等
T13	1.25～1.35	0.40	0.35	217	62	

注：参照 GB 1298—86。

4. 碳素铸钢

对工业上形状复杂且要求塑性较好的零件，不便用锻造的方法获得，而铸铁件又难以满足塑性要求，这时可以采用铸钢件。

铸钢分为碳素铸钢、工程用铸钢和铸造合金钢 3 类。按国家标准 GB 5613—85，铸钢的牌号用“ZG＋两位数字” 表示，“ZG”是铸钢的拼音首字母，数字表示平均含碳量的万分数。例如:ZG35表示平均含碳量为0.35%的碳素铸钢。表4-6列举了碳素铸钢的成分、机械性能及应用。

一般工程用铸钢,牌号中“ZG”的后面有两组数字,分别表示铸钢室温下屈服强度和抗拉强度的最低值(MPa),中间用短线隔开。例如ZG200—400表示屈服强度不低于200 MPa,抗拉强度不低于400 MPa的工程铸钢。

一般工程用铸钢的成分、性能和用途见表4-7。

铸造合金钢的牌号和用途与其他合金钢相同,详见后面的章节。

表4-6　碳素铸钢的成分、机械性能及应用

钢　号	化学成分/%			机械性能					应用举例
				σ_s/MPa	σ_b/MPa	δ_5/%	ψ/%	a_k/(kJ·m^{-2})	
	C	Mn	Si	不小于					
ZG15	0.12～0.22	0.35～0.65	0.20～0.45	200	400	25	40	600	机座、变速箱壳
ZG25	0.22～0.32	0.50～0.80	0.20～0.45	240	450	20	32	450	机座、锤轮、箱体
ZG35	0.32～0.42	0.50～0.80	0.20～0.45	280	500	16	25	350	飞轮、机架、蒸汽锤、水压机、工作缸、横梁
ZG45	0.42～0.52	0.50～0.80	0.20～0.45	320	580	12	20	300	联轴器、气缸、齿轮、齿轮圈
ZG55	0.52～0.62	0.50～0.80	0.20～0.45	350	650	10	18	200	起重运输机中齿轮、联轴器及重要的机件

注:摘自GB679—67。

表4-7　一般工程用铸造碳钢的成分、性能和用途

牌　号	主要化学成分/%					室温力学性能					用　途
	C	Si	Mn	P	S	σ_s或$\sigma_{0.2}$/MPa	σ_b/MPa	δ/%	φ/%	A_k/J或α_k/(J·cm^{-2})	
	不大于					不小于					
ZG200—400	0.20	0.5	0.80	0.04		200	400	25	40	30(60)	有良好的塑性、韧性和焊接性,用于各种形状的机件,如机座、变速箱壳等
ZG230—450	0.30		0.90			230	450	22	32	25(45)	有一定的强度和较好的塑性、韧性,焊接性能良好,切削性能尚好。适用于受力不大、要求韧性的各种机械零件,如钻座、轴承盖、外壳和阀体等

续表 4-7

<table>
<tr><th rowspan="3">牌　号</th><th colspan="5">主要化学成分/%</th><th colspan="5">室温力学性能</th><th rowspan="3">用　途</th></tr>
<tr><th>C</th><th>Si</th><th>Mn</th><th>P</th><th>S</th><th>σ_s 或 $\sigma_{0.2}$ /MPa</th><th>σ_b/MPa</th><th>δ/%</th><th>φ/%</th><th>A_k/J 或 α_k/ $(J \cdot cm^{-2})$</th></tr>
<tr><th colspan="5">不大于</th><th colspan="5">不小于</th></tr>
<tr><td>ZG270—500</td><td>0.40</td><td>0.50</td><td rowspan="3">0.90</td><td rowspan="3" colspan="2">0.04</td><td>270</td><td>500</td><td>18</td><td>25</td><td>22(35)</td><td>有较高的强度和较好的塑性、铸造性好,焊接性尚可,可切削性好,用于各种形状的机件,如飞轮、机架、蒸汽锤、联轴器、水压机工作缸和横梁等</td></tr>
<tr><td>ZG310—570</td><td>0.50</td><td rowspan="2">0.60</td><td>310</td><td>570</td><td>15</td><td>21</td><td>15(30)</td><td>强度和切削性良好,塑性、韧性低,用于负荷较大的零件,各种形状的机件,如联轴器、轮、汽缸和齿轮等</td></tr>
<tr><td>ZG340—640</td><td>0.60</td><td>340</td><td>640</td><td>10</td><td>18</td><td>10(20)</td><td>有较高的强度、硬度和耐磨性,切削性一般,焊接性差,流动性好,裂纹敏感性较大,用于起重机中齿轮、联轴器及重要的机件等</td></tr>
</table>

注:摘自 GB 11352—1989。

4.2　合金结构钢

碳钢价格低廉,工艺性能好,但其综合机械性能不高,淬透性很小,回火稳定性差,不具备某些特殊性能(如抗蚀、耐热等)。合金钢正是为了弥补碳钢的缺点发展起来的。所谓合金钢,是在碳钢的基础上,有意识地加入一些合金元素的钢。常加入元素有锰(Mn)、硅(Si)、铬(Cr)、镍(Ni)、钼(Mo)、钨(W)、钒(V)、钛(Ti)、铌(Nb)、锆(Zr)、稀土(Xt)等元素,目前世界上已有数千种合金钢。

4.2.1　合金元素在钢中的作用

1. 合金元素在钢中的存在形式

合金元素加入钢中,除个别元素如 Pb,Be,Cu 等的含量超过其溶解度以后,以游离态存在以外,一般在钢中都要形成固溶体或中间相。它们在钢中的存在有两种形式:溶于合金基体形成合金铁素体或合金奥氏体,形成碳化物包括合金渗碳体和合金碳化物。

按与碳亲和力的大小,可将常用合金元素分为碳化物形成元素与非碳化物形成元素两大类。如非碳化物形成元素有 Ni,Co,Cu,Si,Al,N 和 B;碳化物形成元素有 Mn,Cr,Mo,W,V,Ti,Nb 和 Zr 等。所有非碳化物形成元素,除了极少数高合金钢中可形成金属间化合物外,几乎都溶解在铁素体或奥氏体中。

碳化物形成元素中与碳的亲和力较弱的元素(如 Mn),大部分溶于基体中,少部分溶于渗碳体中形成合金渗碳体;而与碳亲和力较强的一些碳化物形成元素(如 Cr,Mo 和 W 等),当其含量较少时,可与碳形成合金渗碳体;当含量较高时,则可能形成新的特殊的合金碳化物。与碳亲和力很强的碳化物形成元素(如 Nb,Ti 和 Zr 等),几乎总是与碳形成更为稳定的碳化物。与碳的亲和力越高,形成的碳化物越稳定,熔点和硬度越高。

2. 合金元素对钢力学性能的影响

合金元素对钢的力学性能的影响主要通过以下几种方式:

① 固溶强化　溶于铁素体的合金元素,原子半径很小的(如氮、硼等)与铁形成间隙固溶体;原子半径较大的(如锰、镍、钴等)与铁形成置换固溶体。这些固溶体引起铁素体晶格畸变,产生固溶强化,使铁素体的强度和硬度提高,但塑性和韧性有下降趋势。

② 细晶强化　强碳化物形成元素与碳形成高熔点的碳化物,可以阻碍晶粒的长大,所以具有细化晶粒的作用。

③ 弥散强化　钢中细小、分散的第二相粒子可以有效地阻碍位错的运动。合金钢中的强碳化物形成元素的碳化物在高温回火时,呈细小、均匀和弥散分布,起到弥散强化的作用。

应当指出的是,除了细晶强化能同时提高强度和塑韧性外,所有的强化方式都是以降低塑性和韧性为代价的,所以用合金化的方法改变钢的力学性能时,要进行综合考虑。

3. 合金元素对铁碳相图的影响

按照合金元素对 $\alpha-Fe$ 或 $\gamma-Fe$ 的作用,可将合金元素分为两大类。

(1) *扩大奥氏体区的元素*

扩大奥氏体区域的元素有镍、锰、碳和氮等。其中镍、锰和钴等元素,能与 $\gamma-Fe$ 形成无限固溶体,与 $\alpha-Fe$ 形成有限固溶体,使 γ 相区开启,当合金元素的量足够多时,可使 α 相区从相图上完全消失。C,N,Cu,Zn 和 Au 等元素与 $\gamma-Fe$,$\alpha-Fe$ 均形成有限固溶体,使 γ 相区扩展,但不能完全开启。这些元素都使 A_1 和 A_3 温度降低,S 点、E 点向左下方移动,从而使奥氏体区域扩大。图 4-1 表示锰对奥氏体区域位置的影响。

(2) *缩小奥氏体区的元素*

铬、钼、硅、钨、磷、矾、铝、铍等合金元素限制 $\gamma-Fe$ 的形成,使 γ 相区缩小到一个很小的面积。这类元素使 A_1 和 A_3 温度升高,使 S 点、E 点向左上方移动,从而使奥氏体区域缩小。当这些元素含量达到一定量时，则奥氏体可能完全消失，此时，钢在包括室温在内的广大温度范围内获得单相铁素体，通常称之为铁素体钢。

图 4－2 表示铬对奥氏体区域位置的影响。当加入的元素超过一定含量后，如含 17%～28%Cr 的 Cr17，Cr25，Cr28 不锈钢就是铁素体不锈钢。

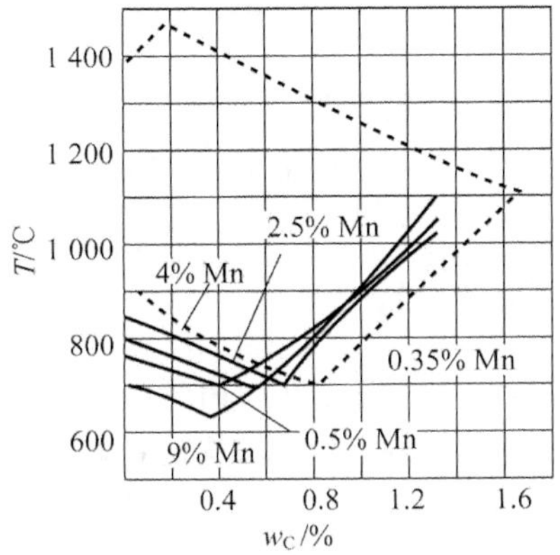

图 4－1　锰对奥氏体区的影响

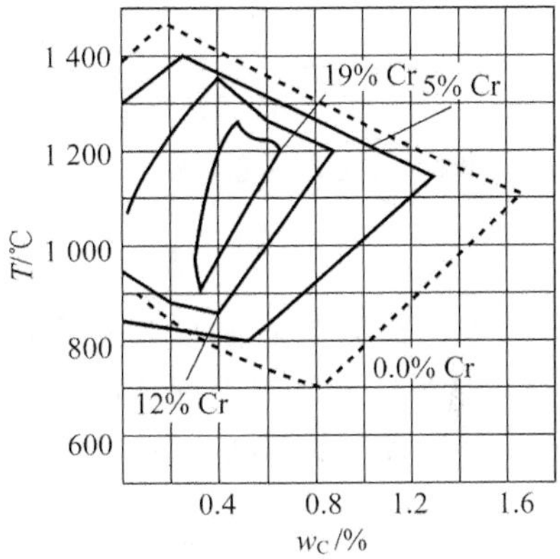

图 4－2　铬对奥氏体区的影响

4. 合金元素对钢的热处理的影响

(1) 对奥氏体形成速度的影响

Cr，Mo，V，W 等强碳化物形成元素，与碳的亲和力大，形成的碳化物不易分解，阻碍碳的扩散，使奥氏体化过程大大减缓。镍、钴等部分非碳化物形成元素，因增大碳的扩散速度，使奥氏体的形成速度加快，但作用较小。铝、硅和锰等合金元素对奥氏体形成速度影响不大。

(2) 对奥氏体晶粒大小的影响

几乎所有的合金元素(除锰以外)都能阻止奥氏体晶粒的长大，细化晶粒。尤其是碳化物形成元素钛、钒、钼、钨、铌和锆等，易形成比铁的碳化物更稳定的碳化物，如 TiC，VC，MoC 等，这些碳化物在加热时很难溶解，能强烈地阻碍奥氏体晶粒的长大。

此外，一些晶粒细化剂如 AlN 等在钢中可形成弥散质点分布于奥氏体晶界上，阻止奥氏体晶粒的长大，细化晶粒。

(3) 提高淬透性

除钴以外，大多数合金元素，都能提高过冷奥氏体的稳定性，使 C 曲线位置右移，临界冷却速度减小，从而提高钢的淬透性。图 4－3 给出了部分合金元素对 C 曲线的影响。

合金元素对钢的淬透性的影响，由强到弱可以排列成下列次序：钼、锰、钨、铬、镍、硅和钒。通过复合元素，采用多元少量的合金化原则，对提高钢的淬透性会更有效。

除钴、铝外，多数合金元素溶入奥氏体后，使马氏体转变温度 M_s 和 M_f 点下降，钢的 M_s 点越低，在相同冷却条件下转变成马氏体的量越少，使淬火后钢中残余奥氏体含量增加。

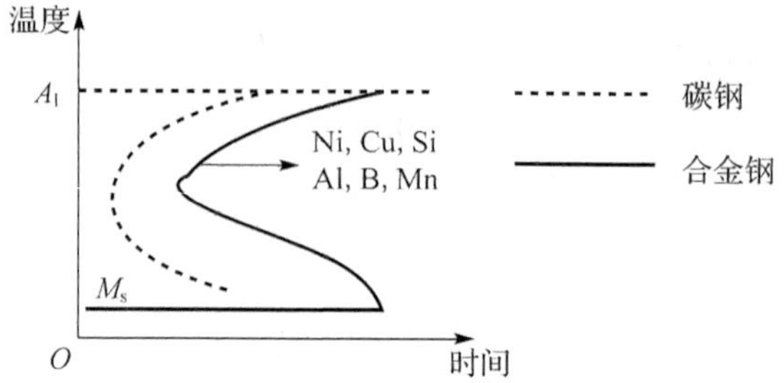

(a) 非碳化物形成元素及弱碳化物形成元素

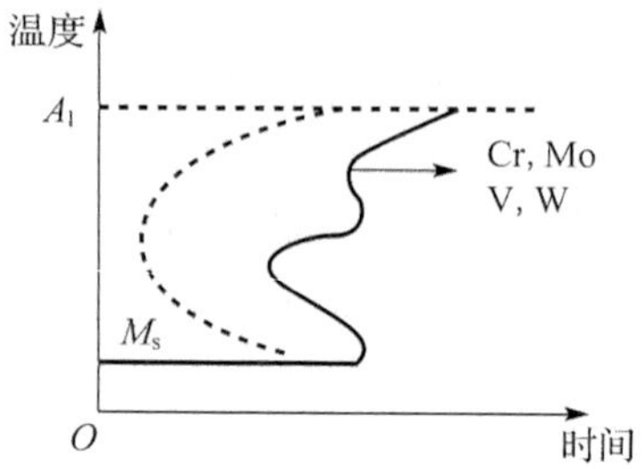

(b) 强碳化物形成元素

图 4-3　合金元素对C曲线的影响

(4) 提高回火稳定性和产生二次硬化

淬火钢在回火过程中抵抗硬度下降的能力称为回火稳定性。由于合金元素阻碍马氏体分解和碳化物聚集长大过程,使回火的硬度降低过程变缓,从而提高钢的回火稳定性。

一些碳化物形成元素如铬、钨、钼和钒等,在回火过程中有二次硬化作用。例如高速钢在560 ℃回火时,又析出了新的更细的特殊碳化物,发挥了第二相的弥散强化作用,使硬度进一步提高。

4.2.2　合金钢的编号

我国合金钢的编号采用"字母1+数字1(或没有数字)+元素+数字2+字母2"的形式。

字母1用于表示某些专门用途钢的类型,例如,滚动轴承钢前加"G"是"滚"字的汉语拼音字首,表示滚动轴承钢。

数字1表示平均含碳量。合金结构钢一般用二位数字表示,以万分之一为单位;合金工具钢和特殊钢等,一般用一位数字表示,以千分之一为单位,当含碳量超过1%时,数字1可省略,但也有例外,如高速钢 w_C<1.0%也不标出。

不锈钢和耐热钢的含碳量的单位同合金结构钢,表示方法为:当平均含碳量≥1%时,用两位数字表示,如"11Cr17"(平均含碳量为1.10%);当1%>平均含碳量≥0.1%时,用一位数字表示,如"2Cr13"(平均含碳量为0.20%);当含碳量上限<0.1%时,以"0"表示,如"0Cr18Ni9"(含碳量上限为0.08%);当0.03%≥含碳量上限>0.01%时(超低碳),以"03"表示,如"03Cr19Ni10"(含碳量上限为0.03%);当含碳量上限≤0.01%时(极低碳),以"01"表示,如"01Cr19Ni11"(含碳量上限为0.01%)。

第三、四项是化学元素符号和数字2,表示钢中主要合金元素的种类和平均百分含量,当含量小于1.5%时,可省略。如果平均含量等于或大于1.5%,2.5%,3.5%……则相应的以2,3,4,…表示。对于滚动轴承钢,它的铬含量以千分之几计,其他元素仍按百分之几计。例如,平均含铬量为0.9%的轴承钢,其牌号表示为"GCr9"。

最后一项字母2表示钢的冶金质量。高级优质钢在编号后加字母“A”，特级优质钢加字母“E”。例如：Y40Mn表示含碳量约0.4%，含锰量小于1.5%的易切钢。

低合金高强度钢的编号方法与普通碳素钢相同。

4.2.3　合金结构钢

1. 工程构件用钢

工程构件之间一般不做相对运动，但经常受到过载冲击和交变载荷，因此要求工程构件用钢有足够的抗塑性变形及抗断裂能力。许多构件在室外使用，要求好的抗大气腐蚀性和低温性能，此外，还要求好的冷加工性能和焊接性能。

用作工程的钢种有普通碳素钢、低合金高强度结构钢和微合金高强度的结构钢。

(1) 低合金高强度结构钢

低合金高强度结构钢是在碳素结构钢的基础上加入少量合金元素制成的，其含碳量<0.2%，合金元素总量<3%。主要是靠加入的Mn，Si等元素起到强化铁素体，提高强度的作用的。表4-8列出了低合金高强度结构钢的牌号及力学性能。

表4-8　低合金高强度结构钢的力学性能

牌号	等级	屈服点 σ_s/≥MPa				抗拉强度 σ_b/MPa	伸长率 δ_5/%≥	冲击吸收功(纵向)A_k/J ≥			
		厚度(直径、边长)/mm									
		≤16	>16～35	>35～50	>50～100			+20 ℃	0 ℃	-20 ℃	-40 ℃
Q295	A	295	275	255	235	390～570	23				
	B						23	34			
Q345	A	345	325	295	275	470～630	21				
	B						21	34			
	C						22		34		
	D						22			34	
	E						22				27
Q390	A	390	370	350	330	490～650	19				
	B						19	34			
	C						20		34		
	D						20			34	
	E						20				27
Q420	A	420	400	380	360	520～680	18				
	B						18	34			
	C						19		34		
	D						19			34	
	E						19				27

续表 4-8

牌号	等级	屈服点 σ_s/≥MPa 厚度(直径、边长)/mm				抗拉强度 σ_b/MPa	伸长率 δ_5/%≥	冲击吸收功(纵向)A_k/J ≥			
		≤16	>16~35	>35~50	>50~100			+20 ℃	0 ℃	−20 ℃	−40 ℃
Q460	C	460	440	420	400	550~720	17		34		
	D						17			34	
	E						17				

表4-8中Q295钢只含有极少量的合金元素,强度不高,但有良好的塑性、冷弯、焊接及耐蚀性能。主要用于建筑结构,工业厂房,低压锅炉,低、中压化工容器,油罐,管道,起重机,拖拉机,车辆及对强度要求不高的一般工程结构。

Q345,Q390钢,综合力学性能好,焊接性能、冷热加工性能和耐蚀性能均好,C,D和E级钢具有良好的低温韧性。主要用于船舶,锅炉,压力容器,石油储罐,桥梁,电站设备,起重运输机械及其他较高载荷的焊接结构件。

Q420钢,强度高,特别是在正火或正火加回火状态有较高的综合力学性能。主要用于大型船舶,桥梁,电站设备,中、高压锅炉,高压容器,机车车辆,起重机械,矿山机械及其他大型焊接结构件。

Q460钢,强度最高,在正火,正火+回火或淬火+回火态有很高的综合力学性能,可保证钢的良好韧性。用于各种大型工程结构及强度要求高,载荷大的轻型结构。

(2) 微合金结构钢

微合金高强度结构钢是低合金结构钢中的一个新的分支,与传统低合金钢不同的是:在铁素体—珠光体钢的基础上加入微量(0.1 %~0.001 %)的Ti,V,Nb和Zr等元素,通过微合金化与控制轧制相结合的方式,获得细化晶粒和第二相弥散析出而达到强韧化的目的。

微合金钢的成分特点是低C高Mn,即高的锰碳比。降低C量,目的是提高焊接性和韧性,并充分发挥微合金元素的沉淀强化作用。常用的微合金钢的含C量为0.12%~0.14%,甚至降至0.03%~0.05%,可形成少珠光体或无珠光体的针状铁素体钢。加入的微合金元素在钢中的溶解度一般都很小,不改变钢的基体,也不能与C,N等结合析出如TiN,VN,NbC,TiC和VC等的第二相。

因此,微合金元素的主要作用是:阻止奥氏体晶粒粗化、阻止奥氏体的再结晶和沉淀强化。Nb,Ti和V延缓或阻止轧制时奥氏体再结晶的能力,Nb可显著提高再结晶温度,Ti次之,V只有含量相当时才有效。

微合金化必须与控制轧制、控制冷却相结合,才能发挥强韧化的作用。所谓控制轧制是指在轧制时控制加热温度、轧制道次、压下量和轧制温度和停留时间,以获得细小均匀的奥氏晶粒和再结晶晶粒及多边化亚结构。而控制冷却是指轧制道次之间和终轧后控制冷却速度，一般冷却速度较快可使相变点 A_{r3} 降低，铁素体晶粒更细小，同时快冷可使在铁素体中析出的强化相来不及长大，从而获得最佳沉淀效果。例如加 V 的微合金钢冷速控制在 5～100 ℃/min 范围，可获得较好的强韧化效果。

目前国内研制和生产的含 Nb，V 和 Ti 的微合金钢已达 30 种，如 15MnVN，18MnMoNb，14CrMnMoVB 和 14MnVTiRe 等，这些钢经控制轧制和控制冷却可使屈服强度提高 50%～100%（与普通钢相比），普通低合金高强度钢 σ_s = 450～500 MPa，微合金控轧钢可使 σ_s 提高到 700 MPa 以上。

微合金结构钢由于屈服强度高、韧性好、焊接性和耐大气腐蚀性好，可用于大型桥梁建筑，制造各类车辆的冲压构件、安全构件、抗疲劳零件及焊接件，它也是锅炉、高压容器、输油和输气管线，以及工业和民用建筑的理想材料。目前微合金钢板、钢带、钢棒、钢轨及型钢等已投入生产。

2. 机器零件用钢

机器零件用钢是机械制造业中用量最大的钢种，主要用来制作各种机器零部件。按用途和热处理工艺可分为：调质钢、渗碳钢、弹簧钢、轴承钢、超高强度钢和耐磨钢等。

钢种的选用原则如下：

① 对不太重要的零件，综合力学性能要求不高，可以选用中碳钢，经正火即可。

② 对综合力学性能要求较高的零件，可以选用调质钢，调质处理即可。

③ 表面要求耐磨、心部要求较韧的零件，可以选用低碳或低碳合金，采用渗碳处理，淬火后低温回火的热处理工艺。

④ 对要求较高的屈强比和疲劳强度的弹性零件，可以选用较高含碳量的碳钢或合金钢，采用淬火和中温回火的热处理工艺。

(1) 调质钢

调质钢通常是指经调质后使用的钢，一般为中碳钢或中碳合金钢，主要用于承受较大变动载荷或各种复合应力的零件。如制造汽车、拖拉机、机床和其他机器上各种重要零件：齿轮、轴类件、连杆和高强度螺栓等。

1) 成分特点

含碳量中等，碳的质量分数 w_C = 0.25%～0.50%，以保证调质处理后具有良好的综合力学性能。钢中合金元素有 Cr，Ni，Mn，Si 和 B 等，能提高淬透性和强化钢材，而加入少量的 W，Mo，V 和 Ti 等元素可形成稳定的合金碳化物，阻止奥氏体晶粒长大，起细化晶粒及防止回火脆性的作用。

2) 热处理特点

这类钢的最终热处理为调质处理，以获得回火索氏体组织；对于某些受冲击的表面耐磨零件，也可在调质后进行表面淬火并低温回火，或调质后氮化处理。

常用合金调质钢的牌号、化学成分、热处理、力学性能及用途如表 4-9 所列。

表 4-9 常用合金调质钢的牌号、化学成分、热处理、力学性能及用途

牌号	化学成分/%					热处理		力学性能			应用范围
	C	Si	Mn	Cr	其他	淬火温度/℃	回火温度/℃	σ_b/MPa	σ_s/MPa	δ_5/%	
								不小于			
40Cr	0.37~0.44	0.17~0.37	0.50~0.80	0.80~1.10		850 油	520 水油	785	980	9	制造承受中等载荷和中等速度工作下的零件,如汽车后半轴及机床上齿轮、轴、花键轴、顶尖套等
40MnB	0.37~0.44	0.17~0.37	1.10~1.40		B: 0.0005~0.0035	850 油	500 水油	785	980	10	代替 40Cr 制造中、小截面重要调质件,如汽车半轴、转向轴、蜗杆及机床主轴、齿轮等
35CrMo	0.32~0.40	0.17~0.37	0.40~0.70	0.80~1.10	Mo :0.15~0.25	850 油	550 水油	835	980	12	通常用作调质件,也可在中、高频表面淬火或淬火、低温回火后用于高载荷下工作的重要结构件,特别是受冲击、振动、弯曲、扭转载荷的机件,如主轴、大电机轴、曲轴、锤杆等
40CrNi	0.37~0.44	0.17~0.37	0.50~0.80	0.45~0.75	Ni: 1.00~1.40	820 油	500 水油	785	980	10	制造截面较大、载荷较重的零件,如轴、连杆、齿轮轴等
38CrMoAl	0.35~0.42	0.20~0.45	0.30~0.60	1.35~1.65	Mo:0.15~0.25 Al :0.70~1.10	940 水油	640 水油	835	980	14	高级氮化钢,常用于制造磨床主轴、自动车床主轴、精密丝杠、精密齿轮、高压阀门,压缩机活塞杆、橡胶及塑料挤压机上的各种耐磨件
40CrNiMoA	0.37~0.44	0.17~0.37	0.50~0.80	0.60~0.90	Mo :0.15~0.25 Ni :1.25~1.65	850 油	600 水油	835	980	12	要求韧性好、强度高及大尺寸的重要调质件,如重型机械中高载荷的轴类、直径大于 25 mm 的汽轮机轴、叶片和曲轴等
0Cr2NiWA	0.21~0.28	0.17~0.37	0.30~0.60	1.35~1.65	W:0.80~1.20 Ni:4.00~4.50	850 油	550 水油	930	1080	11	200 mm 以下要求淬透的大截面重要零件

注:摘自 GB/T 3077—1999。表中 38CrMoAl 钢试样毛坯尺寸为 $\phi30$,其余牌号合金调质钢试样毛坯尺寸均为 $\phi25$。

(2) 渗碳钢

渗碳钢常用在受冲击和磨损条件下工作的一些机械零件，如汽车、内燃机上的凸轮、活塞销等，要求表面硬、耐磨，而零件心部则要求有较高的韧性和强度以承受冲击。通常尺寸小的、受力小的，采用低碳钢，而尺寸大的、受力大的则采用低碳合金钢。

1) 成分特点

这类钢含碳量很低，一般为 0.1%～0.25%，以满足渗碳工艺要求；同时在钢中加入一定数量的合金元素，如 Cr，Ni，Mn，Mo，W，Ti，B 等，以保证钢的力学性能和工艺性能。

2) 热处理特点

渗碳钢的主要热处理工序一般是在渗碳之后再进行淬火和低温回火。碳素渗碳钢和低合金渗碳钢，经常采用直接淬火或一次淬火，而后低温回火；高合金渗碳钢则采用二次淬火和低温回火处理。处理后零件的心部为具有足够强度和韧性的低碳马氏体组织，表层为硬而耐磨的回火马氏体和一定量的细小碳化物组织，硬度达 58～62 HRC。对于大尺寸的零件，由于淬透性不足，零件的心部淬不透，仍保持原来的珠光体＋铁素体组织，由于是低碳的，组织中铁素体占比例很大，因而韧性指标比较高，能满足“外硬内韧”的要求。

渗碳钢的热处理规范一般是渗碳后进行直接淬火（一次淬火或二次淬火），而后低温回火。

3) 钢种分类

按照渗碳钢的淬透性大小，可分为 3 类：低淬透性渗碳钢、中淬透性渗碳钢和高淬透性渗碳钢。常用的渗碳钢钢号、热处理工艺、力学性能及用途见表 4－10。

表 4－10　常用渗碳钢钢号、热处理工艺、力学性能及用途

类别	钢　号	热处理/℃			机械性能(不小于)			用　途
		渗　碳	淬　火	回　火	σ_b/MPa	σ_s/MPa	δ/%	
低淬透性	15	930	770～800 水	200	≥500	≥300	15	活塞销等
	20Mn2	930	770～800 油	200	820	600	10	小齿轮、小轴、活塞销等
	20Cr	930	800 水，油	200	850	550	10	齿轮、小轴、活塞销等
	20MnV	930	880 水，油	200	800	600	10	同上，也用作锅炉、高压容器管道等
	20CrV	930	800 水，油	200	850	600	12	齿轮、小轴、顶杆、活塞销、耐热垫圈
中淬透性	20CrMn	930	850 油	200	950	750	10	齿轮、轴、蜗杆、活塞销、摩擦轮、汽车、拖拉机上的变速箱齿轮
	20CrMnTi	930	860 油	200	1 100	850	10	
	20Mn2TiB	930	860 油	200	1 150	950	10	代 20CrMnTi
	20SiMnVB	930	780～800 油	200	≥1 200	≥100	310	代 20CrMnTi

续表 4-10

类别	钢号	热处理/℃			机械性能(不小于)			用途
		渗碳	淬火	回火	σ_b/MPa	σ_s/MPa	δ/%	
高淬透性	18Cr2Ni4WA	930	850 空	200	1 200	850	10	大型渗碳齿轮和轴类件
	20Cr2Ni4A	930	780 油	200	1 200	1 100	10	同上
	15CrMn2SiMo	930	860 油	200	1 200	900	10	大型渗碳齿轮、飞机齿轮

(3) 弹簧钢

弹簧是利用弹性变形吸收能量以缓和振动和冲击,或依靠弹性储存能量来起驱动作用。因此,要求制造弹簧的材料具有高的弹性极限(即具有高的屈服点或屈强比),高的疲劳极限与足够的塑性和韧性。

1) 成分特点

碳素弹簧钢的含碳量为0.60%~0.90%,合金弹簧钢含碳量一般为0.45%~0.70%。含碳量过高,塑性和韧性降低,疲劳极限也会下降。可加入的合金元素有锰、硅、铬、钒和钨等。硅、锰的作用是提高淬透性和屈强比,其中硅的作用更为突出。但硅会促使钢材在加热时表面脱碳,锰易使钢过热。因此,用于重要零件的弹簧钢必须加入铬、钒和钨等,它们不仅使钢材有更高的淬透性,不易脱碳和过热,而且有更高的高温强度和韧性。

2) 热处理方法

根据加工成型状态不同,弹簧分为热成型弹簧与冷成型弹簧。热成型弹簧,一般在高温状态下(约高出淬火温度50~80 ℃)成形,然后淬火+中温回火,获得回火屈氏体组织,具有很高的屈服强度和弹性极限,并有一定的塑性和韧性。

冷成型弹簧钢通常经铅浴处理后多次冷拉,使总变形量达到80%~90%,得到成品弹簧。这种弹簧成型后,只需进行低温去应力退火和稳定尺寸的定型处理,即加热到250~300 ℃,保温一段时间,从炉内取出空冷即可使用。

弹簧经热处理后,一般须进行喷丸处理,使表面强化并在表面产生残余压应力,以提高疲劳强度。常用的弹簧钢钢号、热处理工艺、力学性能及用途见表4-11。

表 4-11 常用主要弹簧钢的牌号、性能特点与用途

种类		钢号	性能特点	主要用途
碳素弹簧钢	普通Mn量	65	硬度、强度、屈强比高,但淬透性差,耐热性不好,承受动载和疲劳载荷的能力低	价格低廉,多应用于工作温度不高的小型弹簧(<12 mm)或不重要的较大弹簧
		70		
		85		
	较高Mn量	65Mn	淬透性、综合力学性能优于碳钢,但对过热比较敏感	价格较低,用量很大,制造各种小截面(<15 mm)的扁簧、发条、减震器与离合器簧片,刹车轴等

续表 4－11

种　类		钢　号	性能特点	主要用途
合金弹簧钢	Si－Mn 系	55Si2Mn	强度高、弹性好，抗回火稳定性佳；但易脱碳和石墨化。含 B 钢淬透性明显提高	主要的弹簧钢类，用途很广，可制造各种中等截面（＜25 mm）的重要弹簧，如汽车、拖拉机板簧、螺旋弹簧等
		60Si2Mn		
		55Si2MnB		
		55SiMnVB		
	Cr 系	50CrVA	淬透性优良、回火稳定性高、脱碳与石墨化倾向低；综合力学性能佳，有一定的耐蚀性，含 V，Mo，W 等元素的弹簧具有一定的耐高温性；由于均为高级优质钢，故疲劳性能进一步改善	用于制造载荷大的重型大型尺寸（50～60 mm）的重要弹簧，如发动机阀门弹簧、常规武器

（4）滚动轴承钢

滚动轴承钢主要用来制造滚动轴承的滚动体、内外套圈等，也可用于制造精密量具、冷冲模和机床丝杠等耐磨件。

轴承钢在工作时承受很高的交变接触压力，同时滚动体与内外套筒之间还产生强烈的摩擦，并受到冲击载荷的作用以及大气和润滑介质的腐蚀作用。这就要求轴承钢必须具有高而均匀的硬度和耐磨性，高的抗压强度和接触疲劳强度，足够的韧性和对大气、润滑油的耐蚀能力。

1）成分特点

一般滚动轴承钢 $w_{C}=0.95\%\sim1.15\%$，$w_{Cr}=0.4\%\sim1.65\%$。高碳是为了获得高的强度和硬度、耐磨性，含 Cr 是为了提高淬透性，增加回火稳定性。为使淬透性进一步提高，还可加入 Si 和 Mn 等元素，以适于制造大型轴承。轴承钢的纯度要求极高，P 和 S 含量限制极严（$w_{S}<0.020\%$，$w_{P}<0.027\%$）。

2）热处理方法

轴承钢的热处理包括预备热处理、球化退火和最终热处理（淬火与低温回火）。

球化退火的目的是获得球状珠光体组织，以降低钢的硬度，有利于切削加工，并为淬火作好组织准备。淬火＋低温回火可获得极细的回火马氏体和均匀、细小的粒状合金碳化物及少量残余奥氏体组织，硬度为 61～65 HRC。对于精密轴承，为了稳定组织，可在淬火后进行冷处理（－60～－80 ℃），以减少残余奥氏体量，然后再进行低温回火和磨削加工，最后再进行一次稳定尺寸的时效处理（在 120～130 ℃保温 10～20 h），以彻底消除内应力。

常用轴承钢的编号、化学成分、热处理和应用见表 4－12 所列。最有代表性的是 GCr15，用于制造中、小型轴承，也常用来制造冷冲模、量具和丝锥等。

表 4-12　常用滚动轴承钢的编号、化学成分、热处理和应用

牌　号	化学成分				热处理		回火后硬度/HRC	用途举例
	w_{C}/%	w_{Cr}/%	w_{Si}/%	w_{Mn}/%	淬火温度/℃	回火温度/℃		
GCr9	1.00～1.10	0.90～1.20	0.15～0.35	0.25～0.45	810～830 水、油	150～170	62～64	直径＜20 mm 的滚珠、滚柱及滚针
GCr9SiMn	1.00～1.10	0.90～1.20	0.45～0.75	0.95～1.25	810～830 水、油	150～160	62～64	壁厚＜12 mm、外径＜250 mm 的套圈。直径为 25～50 mm 的钢球。直径＜22 mm 的滚子
GCr15	0.95～1.05	1.40～1.65	0.15～0.35	0.25～0.45	820～840 水、油	150～160	62～64	与 GCr9SiMn 同
GCr15SiMn	0.95～1.05	1.40～1.60	0.45～0.75	0.95～1.25	820～840 水、油	150～170	62～64	壁厚≥12 mm、外径大于 250 mm 的套圈。直径＞50 mm 的钢球。直径＞22 mm 的滚子

从化学成分看，滚动轴承钢已属工具钢范畴，所以这类钢也经常用于制造各种精密量具、冷冲模具、丝杠、冷轧辊和高精度的轴类等耐磨零件。

(5) *超高强度钢*

超高强度钢的定义是随时代的技术程度而变化的。一般认为屈服强度在 1 380 MPa 以上，抗拉强度在 1 500 MPa 以上的合金钢是超高强度钢。这类钢的原始强度和硬度并不高，但是经过调质处理后可获得较高的强度，硬度在 30～50 HRC 之间。主要用于制造飞机起落架，机翼大梁，火箭及发动机壳体与武器的炮筒，防弹板等。

超高强度钢在性能上要求抗拉强度很高，具有足够的耐热性，以适应在气动力的条件下工作；有一定的塑性和韧性(包括冲击韧性和断裂韧性)和尽可能低的缺口敏感性；高的疲劳强度和有一定的抗蚀性；良好的工艺性(切削加工性、焊接性、成形性、热处理工艺性等)；符合我国资源国情，不用或少用贵重元素等。

超高强度钢按其合金元素含量可分 3 类：低合金超高强度钢、中合金超高强度钢和高合金超高强度钢。高合金超高强度钢可分为马氏体时效钢和沉淀硬化不锈钢和基体钢 3 类。下面分别予以阐述。

1) 低合金超高强度钢

含碳量一般在 0.3%～0.5%，合金元素总含量小于 5%，其作用是保证钢的淬透性，提高马氏体的抗回火稳定性和抑制奥氏体晶粒长大，细化钢的显微组织。常用元素有镍、铬、硅、锰、钼和钒等。

这类钢通常在淬火和低温回火状态下使用，使用状态下的显微组织为回火板条马氏体或下贝氏体，其强度主要取决于钢中含碳量或者说取决于马氏体固溶的碳浓度。低合金超高强度钢的抗拉强度与含碳量成直线关系。随着含碳量的提高，钢的强度虽然大大提高，但其塑性和韧性明显下降，使工艺性能变坏，故低合金超高强度钢的含碳量一般不超过 0.5%。

低合金超高强度钢主要有：30CrMnSiNi2A，40CrNi2MoA，45CrNiMo1VA，40Si2Ni2CrMoVA(300M)，37SiMnCrNiMoV，40Cr3MoV，G60，GC－40，25CrNiWV 和 30CrNiWV。低合金超高强度钢的主要力学性能见表 4－13。

表 4－13　低合金超高强度钢的主要力学性能

名　称	σ_b/MPa≥	$\sigma_{0.2}$/MPa≥	δ_5/%≥	ψ/%≥	A_k/J≥	K_{IC}/MPa·$m^{1/2}$≥
30CrMnSiNi2A	1 620	1 375	9	45	47	—
40CrNi2MoA	1 800	1 500	8	35	—	—
45CrNiMo1VA	1 520	1 420	9	35	35	80
40Si2Ni2CrMoVA(300M)	1 860	1 515	8	30	47	—
406	1 710	1 420	8.5	35	40	74
D406A、D406B	1 620	1 325	9	40	40	87
28Cr3SiNiWMoV	1 720	1 420	8	35	35	80
37SiMnCrNiMoV	1 670	1 400	8	35	35	—
40Cr3MoV	1 320～1 470	1 130	8	35	—	—
G50	1 750	1 400	12	55	75	—
GC－4	1 800	—	8	35	47	—
25CrNiWV	1 420	1 175	9	40	35	—
30CrNiWV	1 650	1 390	8	35	35	—

这类钢生产成本低廉，生产工艺简单，在超高强度钢中发展最早，目前它的用量占超高强度钢总产量的大部分。但随着抗拉强度的不断提高，钢对表面缺陷如裂纹、夹杂、焊缝及表面加工所造成的缺陷显得十分敏感。因此，如何降低超高强度钢的缺口敏感性、提高钢的韧性成了此类钢设计的主要问题。

2）中合金超高强度钢

这类钢是热作模具钢改进后发展起来的中碳超高强度钢，含碳量 0.25%～0.55%，合金元素总含量 5%～10%，主要合金元素有铬、钼、钨和钒等碳化物形成元素，具有较高的淬透性，一般零件经高温奥氏体化后，空冷即可获得马氏体组织，500～550 ℃回火时，由于碳化物沉淀产生二次硬化效应，而达到较高的强度。

中合金超高强度钢的特点是使用温度可提高到 500 ℃左右，在这个温度下使用的所有超高强度钢中，它的比强度是最高的。但是如果在室温下使用并不比低合金超高强度钢优越。此类钢一般用于制造飞机发动机零件，其成分与性能见表 4－14 和表 4－15。

表4-14 中合金超高强度钢的牌号及化学成分 $w_t/\%$

钢号	C	Si	Mn	Cr	Mo	V
4Cr5MoSiV(美H11)	0.32~0.42	0.8~1.2	≤0.4	4.5~5.5	1~1.5	0.3~0.5
4Cr5MoSiV1(美H13)	0.32~0.42	0.8~1.2	≤0.4	4.5~5.5	1~1.5	0.8~1.1
HST140(英)	0.4	0.35	0.6	5.0	2.0	0.5

表4-15 中合金超高强度钢的热处理工艺及机械性能(室温)

钢号	热处理工艺	σ_b/MPa	$\sigma_{0.2}$/MPa	δ/%	ψ/%	α_k/(J·cm^{-2})	HRC
4Cr5MoSiV	1 000℃淬火,580℃二次回火	1 745	—	13.5	45	55	51
4Cr5MoSiV1	1 000℃淬火,580℃二次回火	1 830	1 670	9	28	19	51
HST140	1 050℃淬火,600℃回火	2 150	1 630	13	45	60	—

3) 高合金超高强度钢

高合金超高强度钢具有超高强度、超高韧性和超高纯度的特点,主要包括二次硬化型马氏体时效钢、沉淀硬化超高强度不锈钢和基体钢等。这类钢的开发是针对某些特殊性能的,例如在高温、腐蚀介质中使用的材料,既要求较高的机械强度,又要求良好的耐蚀性和抗氧化性,超高强度不锈钢就是为了适应这种要求而发展起来的。高合金超高强度钢名称和力学性能见表4-16。

表4-16 常用高合金系列超高强度钢的主要力学性能

名称	σ_b/MPa≥	$\sigma_{0.2}$/MPa≥	δ_5/%≥	ψ/%≥	A_k/J≥	K_{IC}/(MPa·m$^{1/2}$)≥
16Co14Ni10Cr2Mo(AF1410)	1 620	1 480	12	60	—	143
23Co13Ni11Cr3Mo(Aermet100)	1 930	1 620	10	55	—	110
CM-1	2 255	2 155	7	40	20	37.2
CM-2	1 860	1 715	7.5	45	31	77.5
TM210A	2 040	1 940	7.5	45	30	62
C200	—	1 380	8	—	35	110
C250	—	1 655	6	—	20	82
C300	—	1 920	5	—	16	66
C350	—	2 275	2.8	—	8	27
T250	1 725	1 655	6	—	—	—
G99	1 800	1 600	14	65	75	140
9Ni-4Co-20	1 280	1 150	12	40	45	—
9Ni-4Co-25	1 300	1 180	12	40	40	—
9Ni-4Co-30	1 500	1 300	8	25	20	—
9Ni-4Co-35	1 850	1 550	5	20	20	—

9Ni-4Co钢是改善含9%Ni低温用钢强韧性配合的超高强度钢。钢中较高的

含 Ni 量能使韧—脆转变温度向低温移动，故 9Ni－4Co 钢具有较好的低温韧性。

马氏体时效钢是具有很高的屈服强度、良好的抗裂纹扩展能力以及优良的工艺性能的一类超高强度钢。这些钢具有极低的含碳量，很高的镍、钴和钼的含量和某些能产生时效强化的元素如 Ti，Nb，Mo 和 A1 等，合金元素总量大于 10％。钢的强化不是靠碳化物或含碳马氏体组织，而是靠某些金属间化合物在低碳高镍马氏体基体上时效时的沉淀强化作用。这类钢具有良好的成形性能、焊接性能和尺寸稳定性，热处理工艺也比较简单，用于航空、航天器构件和冷挤、冷冲压模具等。典型的马氏体时效钢成分如表 4－17 所列。

表 4－17　典型的马氏体时效钢的化学成分　w_t/％

钢　号	C	Si	Mn	Ni	Mo	Ti	Al	其他
Ni18Co9Mo5TiAl(18Ni)	≤0.03	≤0.1	≤0.1	17～19	4.7～5.2	0.5～0.7	0.05～0.15	Co8.5～9.5
Ni20Ti2AlNb(20Ni)	≤0.03	≤0.1	≤0.1	19～20	—	1.3～1.6	0.15～0.30	Nb0.3～0.5
Ni25Ti2AlNb(25Ni)	≤0.03	≤0.1	≤0.1	25～26	—	1.3～1.6	0.15～0.30	Nb0.3～0.5

所谓基体钢是指具有相当于高速钢淬火状态时基体化学成分的钢种。也就是说，它是在高速钢成分基础上，降低含碳量，适当增减某些合金元素而构成的。其目的在于利用高速钢的基体，通过减少过剩碳化物来改善钢的塑性和韧性。因此，它既有高速钢那样的高硬度和高强度，又具有结构钢特有的塑性、韧性和疲劳强度。故它既可作为超高强度钢用于制造飞机上的高强度紧固件，又可作为冷、热变形模具钢，用于制造冷挤压模和压铸模等。

4）超高强度钢的生产工艺特点

超高强度钢对冶金质量要求高，通常采用电弧炉和电渣重熔冶炼。要求纯度高的钢种，多采用真空感应炉或真空自耗电弧炉冶炼。中、低合金超高强度钢在热处理时应防止脱碳；马氏体时效钢和沉淀硬化不锈钢，可以用普通加热炉固溶处理。焊接时须采用保护气体焊接或采用钨极氩弧焊接。某些含碳较高的(0.4％左右)低合金超高强度钢，焊接后应立即进行去应力退火。

4.2.4　工具钢

工具钢是用来制造刀具、模具和量具的钢。按化学成分分为碳素工具钢、低合金工具钢和高合金工具钢等。按用途分为刃具钢、模具钢和量具钢。

1. 合金刃具钢

刃具钢主要指制造车刀、铣刀和钻头等切削刀具的钢种。根据刀具工作条件，一般刃具钢应满足几方面要求：高硬度，一般都在 60HRC 以上；高耐磨性，也要求较高的硬度；高红硬性等。所谓红硬性是指刃部受热升温时，刃具钢仍能维持高硬度(大于 60HRC)的能力。此外，刃具钢还要求具有一定的强度、韧性和塑性，以免刃部在冲击、振动载荷作用下，突然发生折断或剥落。

刃具钢有碳素刃具钢和合金刃具钢两种，后者包括低合金工具钢、高速钢和硬质合金等。碳素钢前面已经学习，这里只介绍低合金工具钢和高速钢。

(1) 低合金工具钢

低合金工具钢是在碳素工具钢的基础上加入少量合金元素(≤3%～5%)形成的。在保持高的含碳量(0.75%～1.50%)同时，加入了Cr,Mn,Si,W和V等合金元素，Cr,Mn和Si的主要作用是提高淬透性，提高回火稳定性；W和V的作用是提高耐磨性，并细化晶粒。

低合金工具钢的预备热处理通常是锻造后进行球化退火，最终热处理为淬火+低温回火，其组织为回火马氏体+未溶碳化物+残余奥氏体。虽然淬火后的硬度与碳素工具钢相差不多，但淬火变形、开裂倾向小。切削温度可达250 ℃，仍属于低速切削刃具钢。

低合金工具钢的牌号、成分、热处理及用途如表4-18所列。典型钢种是9SiCr，由于加Si和Cr提高了淬透性，其油中临界直径可达40～50 mm。此外，由于Si的作用，使钢在250～300 ℃下仍保持60 HRC以上的硬度；Cr有细化碳化物，均匀组织，提高耐磨性的作用，且不易崩刀。因此，9SiCr广泛用于制造形状复杂、要求变形小的低速切削刃具，如丝锥、板牙等，也常用作冷冲模。

表4-18 低合金工具钢的牌号、成分、热处理与用途

钢组	牌号	化学成分/%					淬火		交货状态硬度/HB	用途举例
		C	Si	Mn	Cr	其他	温度/℃	硬度/HRC		
量具刃具用钢	9SiCr	0.85～0.95	1.20～1.60	0.30～0.60	0.95～1.25	—	820～860油	≥62	241～197	丝锥、板牙、钻头、铰刀、齿轮铣刀、冷冲模、轧辊
	8MnSi	0.75～0.85	0.30～0.60	0.80～1.10		—	800～820油	≥60	≤229	一般多用作木工凿子、锯条或其他刀具
	Cr06	1.30～1.45	≤0.40	≤0.40	0.50～0.70	—	780～810水	≥64	241～187	用作剃刀、刀片、刮刀、刻刀和外科医疗刀具
	Cr2	0.95～1.10	≤0.40	≤0.40	1.30～1.65	—	830～860油	≥62	229～179	低速、材料硬度不高的切削刀具，量规、冷轧辊等
	9Cr2	0.80～0.95	≤0.40	≤0.40	1.30～1.70	—	820～850油	≥62	217～179	主要用作冷轧辊、冷冲头及冲头、木工工具等
	W	1.05～1.25	≤0.40	≤0.40	0.10～0.30	W 0.80～1.20	800～830水	≥62	229～187	低速切削硬金属的刀具，如麻花钻、车刀等

续表 4-18

钢组	牌号	化学成分/%					淬火		交货状态硬度/HB	用途举例
		C	Si	Mn	Cr	其他	温度/℃	硬度/HRC		
冷作模具钢	9Mn2V	0.85～0.95	≤0.40	1.70～2.00	—	V 0.10～0.25	780～810 油	≥62	≤229	丝锥、板牙、铰刀、小冲模、冷压模、料模、剪刀等
	CrWMn	0.90～1.05	≤0.40	0.80～1.10	0.90～1.20	W 1.20～1.60	800～830 油	≥62	255～207	拉刀、长丝锥、量规及形状复杂精度高的冲模、丝杠等

注：摘自 GB/T 1299—2000。各钢种 S,P 含量均不大于 0.030%。

(2) 高速钢

高速钢是一种含有钨、钼、铬和钒等合金元素较多的工具钢，具有良好的热稳定性，当切削温度达到 600 ℃时，硬度仍能保持在 55～60 HRC 以上。和碳素工具钢、合金工具钢相比较，切削速度提高 1～3 倍，刀具耐用度提高 10～40 倍。高速钢具有较高强度和韧性，如抗弯强度为一般硬质合金的 2～3 倍，陶瓷的 5～6 倍，且具有一定的硬度(63～70 HRC)和耐磨性。

1) 成分特点

高速钢含碳量为 0.70%～1.6%，以保证形成足够量的碳化物。主要合金元素有 Cr，W，Mo 和 V 等。加入 Cr 主要是为了提高淬透性、回火稳定性和抗氧化性，其含量大多在 4%左右。W 的含量一般比较多，它是提高钢的红硬性的主要元素。由于世界范围 W 资源的缺少，使人们找到了以 Mo 和 Co 元素代替 W 元素而保持高的红硬性的方法。V 的主要作用是细化晶粒，同时由于 VC 硬度极高，可显著提高钢的硬度和耐磨性。

2) 热处理特点

高速钢的加工工艺路线为：下料→锻造→退火→机加工→淬火＋回火→喷砂→磨削加工。

高速钢铸态组织中含有大量粗大共晶碳化物，并呈鱼骨状分布，大大降低钢的性能。这些碳化物不能用热处理来消除，因此高速钢的锻造具有成形和改善碳化物形态和分布的双重作用。

锻造后进行球化退火，以便于机械加工，并为淬火作组织准备。球化退火后的基体为索氏体基体和均匀分布的细小粒状碳化物。高速钢的导热性较差，故淬火加热时应在 600～650 ℃和 800～850 ℃预热二次，以防止变形与开裂。高速钢的淬火温度高达 1 280 ℃，以使更多的合金元素溶入奥氏体中，达到淬火后获得高合金元素含量马氏体的目的。高速钢淬火后的组织为隐晶马氏体、残余合金碳化物和大量残余奥氏体。

高速钢通常在二次硬化峰值温度或稍高一些的温度(550～570 ℃)下,回火三次。其主要目的是减少残余奥氏体量,稳定组织,并产生二次硬化。在回火过程中,随温度升高,大量细小弥散的钨、钼和钒碳化物从马氏体中析出,使钢的硬度不仅不降,反而明显提高;同时由于残余奥氏体中的碳和合金元素含量下降,M_S 点上升,在回火冷却时转变为马氏体,也使硬度提高,产生二次硬化。采用多次回火是为了逐步减少残余奥氏体量,同时每次回火加热都使前一次回火冷却时产生的淬火马氏体回火。经淬火和三次回火后,高速钢的组织为回火马氏体、细颗粒状碳化物加少量残余奥氏体(<3%)。

图4-4为W18Cr4V钢热处理工艺示意图。

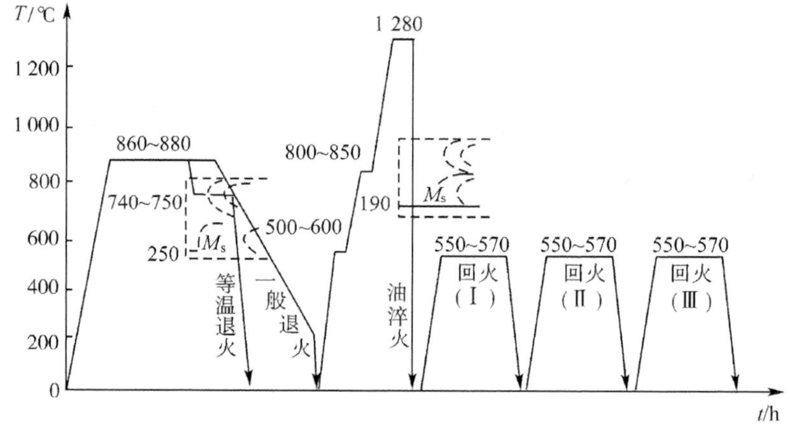

图4-4 W18Cr4V钢热处理工艺示意图

在我国最常用的高速钢是W18Cr4V和W6Mo5Cr4V2,通常简称18-4-1和6-5-4-2。前者的过热敏感性小,磨削性好,但由于热塑性差,通常适于制造一般高速切削刀具,如车刀、铣刀和绞刀等;由于后者的耐磨性、韧性和热塑性较好些,适于制造耐磨性和韧性很好配合的高速刀具,如丝锥、齿轮铣刀和插齿刀等。常用高速钢的成分、钢号、热处理、机械性能及用途见表4-19。

表4-19 常用高速钢的牌号、成分、热处理及硬度

牌号	化学成分/%								热处理温度/℃		退火硬度/HB	淬火回火/HRC
	C	Mn	Si	Cr	W	Mo	V	其他	淬火	回火		
W18Cr4V (T51841)	0.70～0.80	0.10～0.40	0.20～0.40	3.80～4.40	17.50～19.00	≤0.30	1.00～1.40	—	1 270～1 285	550～570	≤255	≥63
W18Cr4V2Co5	0.85～0.95	0.10～0.40	0.20～0.40	3.75～4.50	17.50～19.00	0.40～1.00	0.80～1.20	4.25～5.75Co	1 280～1 300	540～560	≤269	≥63
W6Mo5Cr4V2 (T66541)	0.80～0.90	0.15～0.45	0.20～0.45	3.80～4.40	5.50～6.75	4.50～5.50	1.75～2.20	—	1 210～1 230	550～570	≤255	≥63

续表 4-19

牌　号	化学成分/%								热处理温度/℃		退火硬度/HB	淬火回火/HRC
	C	Mn	Si	Cr	W	Mo	V	其他	淬火	回火		
W6Mo5Cr4V3	1.00～1.10	0.15～0.40	0.20～0.45	3.75～4.50	6.00～7.00	4.50～5.50	2.25～2.75	—	1 200～1 230	540～560	≤255	≥64
W9Mo3Cr4V (T69341)	0.77～0.87	0.20～0.45	0.20～0.40	3.80～4.40	8.50～9.50	2.70～3.30	1.30～1.70	—	1 220～1 240	540～560	≤255	≥63
W6Mo5Cr4V2A1	1.05～1.20	0.15～0.40	0.20～0.60	3.80～4.40	5.50～6.75	4.50～5.50	1.75～2.20	0.80～1.20 A1	1 220～1 250	540～560	≤269	≥65

2. 合金模具钢

模具钢是用于制造各种冷热模具的钢种，分为冷作模具钢和热作模具钢。

(1) 冷作模具钢

冷作模具钢是用来制造在冷态下使金属变形的模具钢种，如冷冲模、冷镦模。为了保证模具经过热处理后获得高硬度和高耐磨性，冷作模具钢含有比较高的碳量，此外，还加入一定量的合金元素如 Cr，Mn，Si，W，Mo 和 V 等。热处理工艺为球化退火、淬火后回火。

冷作模具钢按成分特点可以分为：

1) 碳素工具钢和低合金工具钢

对于尺寸小、形状简单、工作负荷不大的模具采用这类钢，钢种有 T8A，T10A；T12A，Cr2，9Mn2V，9SiCr，CrWMn 和 Cr6WV 等。这类钢前面已有说明，这里不再赘述。

2) 高碳高铬模具钢

这类钢主要是指 Cr12 型冷作模具钢。这类钢淬透性好，淬火变形小，耐磨性好，广泛地用于制造负荷大、尺寸大、形状复杂的模具。钢号有 Cr12，Cr12MoV 等。

这类钢的含碳量为 1.4%～2.3%，含铬量为 11%～12%。在淬火加热时，其中一部分碳溶于奥氏体中，保证马氏体有足够的硬度，而未溶的碳化物，则起到细化晶粒的作用，在使用状态下起到提高耐磨性的作用。含铬量高，可以提高淬透性和细化晶粒，提高钢的耐磨性。钼和钒的加入，可适当降低钢的含碳量，以减少碳化物的不均匀性。所以 Cr12MoV 钢比 Cr12 钢的碳化物分布均匀，强度和韧性高、淬透性高，用于制作截面大、负荷大的冷冲模、挤压模、滚丝模和冷剪刀等。

Cr12 型钢的预备热处理是球化退火。球化退火的目的是消除应力、降低硬度、便于切削加工，退火后硬度为 207～255 HB。退火组织为球状珠光体＋均匀分布的碳化物。

Cr12 型钢的最终热处理一般是淬火＋低温回火，经淬火、低温回火后的组织为回火马氏体＋碳化物＋少量残余奥氏体。有时也对 Cr12 型冷作模具钢进行高温回火,以产生二次硬化,适用于在400～450 ℃温度下工作受强烈磨损的模具。

(2) 热作模具钢

热作模具是在受热状态下对金属进行变形加工的一种模具,如热锻模和热挤压模等。热作模具钢是在受热和冷却的条件下工作的,同时受热应力和机械应力的作用。因此,热作模具钢要具备较高的强度、韧性、高温耐磨性及热稳定性,并应具有良好的抗热疲劳性能。

对于中小尺寸(截面尺寸≤300 mm)的热作模具,一般采用5CrMnMo,对于大尺寸(截面尺寸 400 mm)的热作模具,一般采用5CrNiMo。对于压铸模,常采用3Cr2W8。

一般热模钢含碳量为0.50%～0.60%,压铸模为0.30%。这一含碳量可保证淬火后的硬度,同时还有较好的韧性指标。铬、镍、锰和钼的作用是提高淬透性,使模具表里硬度趋于一致。铬、钼还有提高回火稳定性、耐磨性的作用;铬、钨和钼还通过提高共析温度,使模具在反复加热和冷却过程中不发生相变,以提高抗热疲劳性。

对热模钢,要反复锻造,其目的是使碳化物均匀分布。锻造后的预备热处理一般是完全退火,目的是消除锻造应力、降低硬度(197～241 HB),以利于切削加工。最终热处理为淬火,高温回火。常用模具钢的牌号、成分、热处理、性能及用途见表4-20。

3. 合金量具钢

量具钢是用于制造量具的钢,如卡尺、千分尺、块规和塞尺等。

量具在使用过程中主要是受到磨损,因此要求工作部分有高的硬度和耐磨性,以防止在使用过程中因磨损而失效;组织稳定性高,在使用过程中尺寸不变,以保证高的尺寸精度;还应有良好的磨削加工性。

为了满足上述高硬度、高耐磨性的要求,一般都采用含碳量高的钢,通过淬火得到马氏体。最常用的量具用钢为碳素工具钢和低合金工具钢。

碳素工具钢由于采用水淬火,淬透性低,变形大,因此常用于制作尺寸小,形状简单,精度要求低的量具。低合金工具钢淬透性好,淬火后变形小。另外,合金元素在钢中形成的合金碳化物,也可以提高钢的耐磨性。在这类钢中,GCr15用得最多,这是由于滚动轴承钢成分也比较纯净,钢的耐磨性和尺寸稳定性都较好。

量具钢还可采用低变形钢,如铬锰钢、铬钨锰钢等。这种钢由于含锰,可使M_s点降低,因此淬火后的残余奥氏体增加,因而造成钢的淬火变形减少,所以有低变形钢之称。

作为精密量具,要使其在热处理和使用过程中变形小是一个很复杂的问题,可以从选材方面考虑。在淬火后,一般尺寸是膨胀的,解决的办法是:

① 淬火前进行调质处理,得回火索氏体。由于马氏体与回火索氏体之间的体积差小,而马氏体与珠光体之间的体积差大,则淬火后的变形就小。

表 4-20 常用模具钢的牌号、成分、热处理及用途

类别	钢号	化学成分							热处理					应用举例
									淬火			回火		
		w_C/%	w_{Mn}/%	w_{Si}/%	w_{Cr}/%	w_W/%	w_V/%	w_{Mo}/%	淬火加热温度/℃	冷却介质	硬度/HRC	回火温度/℃	硬度/HRC	
冷模具钢	Cr12	2.00～2.30	≤0.35	≤0.40	11.5～13.0	—	—	—	980	油	62～65	180～220	60～62	冷冲模冲头、冷切剪刀、钻套、量规冶金粉模、落料模、拉丝模、木工工具
									1 080	油	45～50	500～520（3 次）	59～60	
	Cr12MoV	1.45～1.70	≤0.35	≤0.40	11.0～12.5	—	0.15～0.30	0.40～0.60	1 030	油	62～63	160～180	61～62	冷切剪刀、圆锯、切边模、滚边模、缝口模、标准工具与量规、拉丝模等
									1 120	油	41～50	510（3 次）	60～61	
热模具钢	5CrNiMo	0.50～0.60	0.50～0.80	≤0.35	0.50～0.80	镍 1.40～1.80	—	0.15～0.30	830～860	油	≥47	530～550	364～402HB	料压模、大型锻模等
	5CrMnMo	0.50～0.60	1.20～1.60	0.25～0.60	0.60～0.90	—	—	0.15～0.30	820～850	油	≥50	560～580	324～364HB	中型锻模等
	6SiMnV	0.55～0.65	0.90～1.20	0.80～1.10	—	—	0.15～0.30	—	820～860	油	≥56	490～510	374～444HB	中、小型锻模等
	3Cr2W8V	0.30～0.40	0.20～0.40	≤0.35	2.20～2.70	7.50～9.00	0.20～0.50	—	1 050～1 100	油	>50	560～580（3 次）	44～48	高应力压模、螺钉或铆钉热压模、热剪切刀、压铸模等

② 回火后进行冷处理。在使用过程中尺寸变化的重要因素是:残余奥氏体转变为马氏体,则尺寸增加;马氏体的正方度(c/a)降低;残余内应力的重新分布和降低,也使尺寸发生变化。所以淬火后要进行冷处理,降低奥氏体含量。

③ 长时间的低温回火(低温时效),使马氏体趋于稳定,进一步降低内应力,稳定尺寸。

对于精度不高、耐冲击的量具,还可以选用渗碳钢,渗碳淬火或氮化处理;对精密量具,可选用冷作模具钢来制作;在腐蚀介质中使用的量具则用不锈钢制作。表4-21所列为量具用钢的选用举例。

表4-21 量具用钢的选用举例

用　途	选用的钢号举例	
	钢的类别	钢　号
尺寸小、精度不高、形状简单的量规、塞规、样板等	碳素工具钢	T10A,T11A,T12A
精度不高、耐冲击的卡板、样板和直尺等	渗碳钢	15,20,15Cr
块规、螺纹塞规、环规、样柱和样套等	低合金工具钢	CrMn,9CrWMn,CrWMnG
块规、塞规和样柱等	滚珠轴承钢	GCr15
各种要求精度的量具	冷作模具钢	9Mn2V,Cr2Mn2SiWMoV
要求精度和耐腐蚀的量具	不锈钢	4Cr13,9Cr18

4.2.5 特殊性能钢

所谓特殊性能钢是指具有特殊物理和化学性能的钢。常用特殊性能钢包括不锈钢、耐热钢、耐磨钢和低温用钢等。

1. 不锈钢

不锈钢是指在腐蚀性介质中具有高度化学稳定性的合金钢。不锈钢在大气中要有良好的抗氧化性,在酸、碱、盐等腐蚀性较强的介质中,要有一定的耐蚀性。

(1) 金属腐蚀的概念

腐蚀是由外部介质引起金属破坏的过程。腐蚀分两类:一类是化学腐蚀,指金属与介质发生纯化学反应而破坏,例如钢的高温氧化、脱碳、在燃气中腐蚀等;另一类是电化学腐蚀,指金属在酸碱盐等溶液中,由于原电池的作用而引起的腐蚀。

对于金属材料,电化学腐蚀是出现最多、破坏性最大的腐蚀形式。电化学腐蚀实际是电池作用。当两种互相接触的金属放入电解质溶液时,由于两种金属的电极电位不同,彼此之间就形成一个微电池,并有电流产生。电极电位低的金属为阳极,电极电位高的金属为阴极,阳极的金属将不断被溶解,而阴极金属就不被腐蚀。对于同一种合金,由于组成合金的相或组织不同,也会形成微电池,造成电化学腐蚀。为此,要提高金属的抗电化学腐蚀能力,通常采取以下措施:

① 使金属尽量获得均匀的单相组织,不能形成微电池。

② 加入合金元素提高金属基体的电极电位,使金属的抗腐蚀性能提高。通常在钢中加入Cr,Ni和Si等元素,提高金属的电极电位。

③ 加入合金元素，在金属表面形成一层致密的氧化膜，又称钝化膜，把金属与介质分隔开，从而防止进一步的腐蚀。

铬是不锈钢合金化的主要元素。当基体中铬含量大于 11.6％时，会使基体的电极电位突然增高而变为正值，其耐腐蚀性显著提高；同时，铬又是促进铁素体形成的元素，当基体中铬含量超过 12.7％时，可使钢呈单一的铁素体组织，防止不锈钢内部组织之间形成微电池；再者，铬元素本身在氧化性介质中，能生成致密的氧化膜，对金属有很好的保护作用。

铬在非氧化性酸（如盐酸、稀硫酸和碱溶液等）中的钝化能力差，加入 Mo，Cu 等元素，可提高钢的耐蚀能力。加入钛、铌等元素，能优先同碳形成稳定的碳化物，使 Cr 保留在基体中，从而减轻钢的晶间腐蚀倾向。加入镍、锰、氮等获得奥氏体组织，在改善力学性能的同时，能提高不锈钢在有机酸中的耐蚀性。

对不锈钢的性能要求最主要的是耐蚀性。由于钢中的碳会和铬形成铬的碳化物，降低基体中的含铬量，又增加了原电池的数量，因此不锈钢的碳含量越低越好，高级不锈钢的碳含量一般小于 0.1％。

(2) 常用不锈钢

按组织不同，不锈钢可分为马氏体型不锈钢、铁素体型不锈钢、奥氏体型不锈钢和双相不锈钢。常用不锈钢的牌号、成分、性能及主要用途见表 4－22。

1) 马氏体型不锈钢

这类钢含铬量为 12％～14％，含碳量为 0.1％～0.45％，属于铬不锈钢，通常称为 Cr13 型不锈钢。典型钢号有 1Cr13，2Cr13，3Cr13，4Cr13 和 9Cr18 等。为了提高耐蚀性，马氏体不锈钢的含碳量都控制在很低的范围内，一般不超过 0.4％。含碳量越低，钢的耐蚀性就越好，而含碳量越高，钢的强度和硬度就越高；形成铬的碳化物量也就越多，其耐蚀性就变得越差一些。由此不难看出，4Cr13 的强度、硬度指标优于 1Cr13，但其耐蚀性却不如 1Cr13。

1Cr13 和 2Cr13 具有抗大气和蒸气等介质腐蚀的能力，常作为耐蚀的结构钢使用。为了获得良好的综合性能，常采用淬火＋高温回火（600～700 ℃），得到回火索氏体，来制造汽轮机叶片、锅炉管附件等。而 3Cr13 和 4Cr13 钢，由于含碳量高一些，耐蚀性就相对差一些，通过淬火＋低温回火（200～300 ℃），得到回火马氏体，具有较高的强度和硬度（达 50 HRC），因此常作为工具钢使用，制造医疗器械、刃具和热油泵轴等。

2) 铁素体型不锈钢

这类钢含碳量低于 0.15％，含铬量为 12％～30％，也属于铬不锈钢，典型钢号有 0Cr13，1Cr17，1Cr17Ti 和 1Cr28 等。由于含碳量低，含铬量高，钢从室温加热到高温（960～1 100 ℃），其显微组织始终是单相铁素体组织。其耐蚀性、塑性和焊接性均优于马氏体不锈钢。高铬铁素体不锈钢，其抗氧化能力强，随含铬量增加，耐蚀性还会进一步提高。钢中的钛，能细化晶粒，稳定碳和氮，改善钢的韧性和焊接性。

表 4-22 不锈钢的牌号、成分、热处理、性能及用途

类别	钢号	化学成分				热处理温度℃ A:油或水淬 B:油淬 C:回火	力学性能				特性及用途
		w_C/%	w_{Cr}/%	w_{Ni}/%	w_{Ti}/%		σ_b/MPa	σ_s/MPa	δ_5/%	硬度	
马氏体型	1Cr13	0.08~0.15	12~14			A:1 000~1 050 C:700~790	≥600	≥420	≥20	185HB	制作能抗弱腐蚀性介质、能受冲击载荷的零件,如汽轮机叶片、水压机阀、结构架、螺栓和螺帽等
	2Cr13	0.16~0.24	12~14			A:1 000~1 050 C:700~790	≥660	≥450	≥16	230HB	
	3Cr13	0.25~0.34	12~14			B:1 000~1 050 C:200~300 回火				50HRC	制作较高硬度和耐磨性的医疗工具、量具和滚珠轴承等
	4Cr13	0.35~0.45	12~14			B:1 000~1 050 C:200~300				56HRC	
	9Cr18	0.90~1.00	17~19			B:950~1 050 C:200~300				55HRC	不锈切片机械刃具、剪切刃具、手术刀、高耐磨和耐蚀件
铁素体型	1Cr17	≤0.12	16~18			750~800 空冷	≥400	≥250	≥20		制作硝酸工厂设备,如吸收塔,热交换器、酸槽、输送管道以及食器工厂设备等
奥氏体型	0Cr18Ni9	≤0.08	17~19	8~12		固溶处理 1 050~1 100 水淬	≥500	≥180	≥40		具有良好的耐蚀及耐晶间腐蚀性能,化工用良好耐蚀材料
	1Cr18Ni9	≤0.14	17~19	8~12		固溶处理 1 100~1 150 水淬	≥560	≥200	≥45		制作耐硝酸、冷磷酸、有机酸及盐、碱溶液腐蚀的设备零件
	0Cr18Ni9Ti 1Cr18Ni9Ti	≤0.08 ≤0.12	17~19	8~11	0.4~0.8	固溶处理 1 100~1 150 水淬	≥560	≥200	≥40		耐酸容器及衬里,输送管道等设备和零件,抗磁仪表,医疗器械
奥氏体铁素体型	1Cr21Ni5Ti	0.09~0.14	20~22	4.8~5.8	0.4~0.8	950~1 100 水或空淬	≥600	≥350	≥20		硝酸及硝铵工业设备及管道,尿素液蒸发部分设备及管道
	1Cr18Mn10Ni5Mo3N	≤0.10	17~19	4~6	Mo2.8~3.5	1 100~1 150 水淬	≥700	≥350	≥45		尿素及尼龙生产的设备及零件,其他化工、化肥等部门的设备及零件

这类钢不发生相变，故不能用热处理方法使钢强化。只能采用冷塑性变形及再结晶来改善组织和性能。若在 450～550 ℃停留，会引起钢的脆化，称为“475 ℃脆性”。可以加热到约 600 ℃再快冷，消除脆化。另外在 600～800 ℃长期加热会产生硬而脆的 σ 相，使材料产生 σ 相脆性。在 925 ℃以上急冷时，会产生晶间腐蚀倾向和晶粒显著粗化带来的脆性。这些现象对焊接部位都是严重的问题，不过 σ 相脆性可经过 650～815 ℃短时回火消除。

这类钢的强度显然比马氏体不锈钢低，主要用于制造耐蚀零件，广泛用于硝酸和氮肥工业中。

3）奥氏体型不锈钢

在含 18%Cr 的钢中加入 8%～11%Ni，就是奥氏体不锈钢，又称 18－8 型不锈钢。如 1Cr18Ni9 是最典型的钢号。由于镍的加入，扩大了奥氏体区域，从而在室温下就能得到亚稳的单相奥氏体组织。由于含有较高的铬和镍，并呈单相的奥氏体组织，因而奥氏体型不锈钢具有比铬不锈钢更高的化学稳定性，更好的耐腐蚀性，是目前应用最多的一类不锈钢。

18－8 型不锈钢在退火状态下呈现奥氏体＋碳化物的组织，碳化物的存在，对钢的耐腐蚀性有很大损害，通常采用固溶处理方法，即把钢加热到 1 100 ℃后水冷，使碳化物溶解在高温下所得到的奥氏体中，再通过快冷，就在室温下获得单相的奥氏体组织。

这类不锈钢中含碳量大多在 0.1%左右，具有单一的奥氏体组织，很好的耐蚀性，优良的抗氧化性和高的机械性能。其耐蚀性远比铬不锈钢好，室温及低温韧性、塑性及焊接性也是铁素体不锈钢不能比拟的。应该指出，尽管奥氏体不锈钢是一种优良的耐蚀钢，但在有应力的情况下，在某些介质中，特别是在含有氯化物的介质中，常产生应力腐蚀破裂，而且介质温度越高越敏感。

4）奥氏体—铁素体双相不锈钢

这类钢是在 18－8 型钢的基础上，降低碳含量，提高铬含量，或加入其他铁素体形成元素而形成的，具有奥氏体和铁素体双相组织。双相钢不仅有抗应力腐蚀的作用，而且还有抗晶间腐蚀和焊缝热裂的作用。0Cr21Ni5Ti，1Cr21Ni5Ti，1Cr18Mn10Ni5Mo3N，0Cr17Mn13Mo2N 和 00Cr18Ni5Mo3Si2 等都属于复相不锈钢。

5）沉淀硬化不锈钢

奥氏体不锈钢的强化途径是加工硬化，但对要求高强度的大截面零件，很难达到目的；对形状复杂的冲压件，由于各处变形度不同，会造成强化不均匀。为了解决这一问题，可采用沉淀硬化不锈钢，现在常用的这类钢有：0Cr17Ni4Cu4Nb(17－4PH)，0Cr17Ni7Al(17－7PH)和 0Cr15Ni7Mo2Al(PH15－7Mo)等。

这类钢的合金元素总含量为 22%～25%。由于含镍量较低，经热处理可形成不稳定的奥氏体甚至马氏体，再经时效处理，便可沉淀析出金属间化合物（如 Ni_3Al）使金属强化。强化后的抗拉强度可达 1 250～1 600 MPa,有良好的耐蚀性和抗氧化性。

按高温固溶处理后冷至室温时显微组织的不同,可分为奥氏体型、半奥氏体型和马氏体型3类。典型钢种有 0Cr17Ni7Al 和 0Cr15Ni7Mo2Al。

这类钢主要用于制造高应力耐腐蚀的化工设备零件、航空器结构件和高压容器等。

2. 耐热钢和高温合金

这是一类满足高温下使用性能的金属材料,以 Fe－C 系为基时称耐热钢;以 Fe 或 Fe－Ni,Ni 和 Co 等为基时称耐热合金,又称为高温合金。镍基和钴基高温合金可参阅相关资料,这里只介绍铁基耐热材料。

(1) 耐热钢

钢的耐热性包括高温抗氧化性和高温强度两方面的含义。金属的高温抗氧化性是指金属在高温下对氧化作用的抗力;而高温强度是指钢在高温下承受机械负荷的能力。所以,耐热钢既要求高温抗氧化性能好,又要求高温强度高。

为了提高钢的抗氧化性,加入 Cr,Si 和 Al 合金元素,在钢的表面形成完整稳定的氧化物保护膜。但 Si 和 Al 含量较多时钢材变脆,所以一般都以加 Cr 为主。

为了提高钢的高温强度,通常采用以下几种措施:

① 固溶强化。即向钢中加入合金元素,形成单相固溶体,提高原子结合力,减缓元素的扩散,提高再结晶温度,能进一步提高热强性。

② 析出强化。在固溶体中沉淀析出稳定的碳化物、氮化物和金属间化合物,如加入铌、钒和钛等,形成碳化物,在晶内弥散析出,阻碍位错的滑移,提高塑变抗力,从而提高热强性。

③ 强化晶界。材料在高温下的晶界强度低于晶内强度,晶界成为薄弱环节。通过加入钼、锆、钒和硼等晶界吸附元素,降低晶界表面能,使晶界碳化物趋于稳定,使晶界强化,从而提高钢的热强性。

耐热钢按组织不同可分为:珠光体型耐热钢、马氏体型耐热钢和奥氏体型耐热钢。

珠光体型耐热钢工作温度在 450～600 ℃范围内,按含碳量及应用特点可分为:低碳耐热钢和中碳耐热钢。前者主要用于制造锅炉、钢管等。

常用珠光体型耐热钢的牌号有 12CrMo,15CrMo 和 12CrMoV 等。中碳耐热钢,如 30CrMo,35CrMoV 以及 25Cr2MoVA 等,则用来制造耐热紧固件、汽轮机转子、叶轮等承受载荷较大的耐热零件。

马氏体型耐热钢的工作温度在 550～750 ℃范围内,是含铬量为 10%～13%的铬钢或铬硅钢。向 Cr13 型不锈钢中加入 Mo,W 和 V 等合金元素,形成马氏体耐热钢,常用牌号有 1Cr13Mo,1Cr13,Cr11MoV 和 4Cr9Si2 等。因常用于制作汽车发动机、柴油机的排气阀,故称为气阀用钢。

奥氏体耐热钢的耐热性能优于珠光体耐热钢和马氏体耐热钢，这类钢的冷塑性变形性能和焊接性能都很好，一般工作温度在 600～700 ℃，广泛用于航空、舰艇和石油化工等工业部门，制造汽轮机叶片，发动机气阀等。

最典型的牌号是 1Cr18Ni9Ti，其中 Cr 的主要作用是提高抗氧化性和高温强度，Ni 的主要作用是形成稳定的奥氏体固溶体，并与铬配合提高高温强度，Ti 是通过形成弥散的碳化物来提高钢的高温强度。这类钢使用前一般需要进行固溶处理和时效处理。表 4-23 列出了常用耐热钢的钢号、成分、热处理及使用温度。

表 4-23　常用耐热钢的钢号、成分、热处理及使用温度

类别	钢　号	化学成分/%						热处理		最高使用温度	
		C	Cr	Mo	Si	W	其他	淬火	回火	抗氧化	热强性
珠光体钢	15CrMo	0.12～0.18	0.80～1.10	0.40～0.55	—	—	—	930～960（正火）	680～730	—	—
	12Cr1MoV	0.08～0.15	0.90～1.20	0.25～0.35	—	—	V0.15～0.3	980～1 020（正火）	720～760	—	—
马氏体钢	1Cr13	0.08～0.15	12.00～14.00	—	—	—	—	1 000～1 050 水、油	700～790 油、水、空	750	500
	2Cr13	0.16～0.24	12.00～14.00	—	—	—	—	1 000～1 050 水、油	660～770 油、水、空	750	500
	1Cr11MoV	0.11～0.18	10.00～11.50	0.50～0.70	—	—	V0.25～0.40	1 050 油	720～740 空、油	750	550
	1Cr12WMoV	0.12～0.18	11.00～13.00	0.50～0.70	—	0.70～1.1	V0.15～0.30	1 000 油	680～700 空、油	750	580
	4Cr9Si2	0.35～0.50	8.00～10.00	—	2.00～3.0	—	—	1 050 油	700，油	850	650
	4Cr10Si2Mo	0.35～0.45	9.00～10.50	0.70～0.90	1.9～2.6	—	—	1 000～1 100 油、空	700～800 空	850	650
奥氏体钢	1Cr18Ni9Ti (18-8)	≤0.12	17.00～19.00	—	≤1.00	—	Ni:8.0～10.5	1 000～1 100 水	—	850	650
	4Cr14Ni14W2Mo(14-14-2)	0.40～0.50	130.0～15.00	0.25～0.4	≤0.80	2.0～2.75	Ni13～15	1 000～1 100 固溶处理	750 时效	850	750

注：摘自 GB1221—84。

(2) 铁基高温合金

铁基高温合金广义地来讲是指那些用于 600～850 ℃的以铁为基的奥氏体型耐热钢和高温合金。

奥氏体耐热合金钢是由碳化物强化的。由于碳化物强化受到一定的限制，即强化相的数量不多且颗粒较大，稳定性差，容易在高温下聚集长大或向其他相转变，所以合金的强化效果也差,使用温度不高,一般使用在 600～700 ℃,最高不过 750 ℃。

铁镍基高温合金是从奥氏体不锈耐热钢发展起来的,使用温度超过 750 ℃。其作用机理是金属间化合物 Ni_3(Al,Ti) 强化合金性能。目前已开发的品种有 Fe-Ni-Cr 系,Fe-Ni-Co-Cr 系高温合金,都属于沉淀硬化型的高温合金。

铁基(包括铁镍基)高温合金与耐热钢在合金化上主要的区别是:

① 铁基高温合金中含 C 量低于 0.08%,即 C 不是主要合金元素,与 Fe-C 基的耐热钢不同。

② 铁基高温合金中的主要强化相是 r′-Ni_3(A1,T1)金属间化合物。要求含有较高 Ni(25%～40%)的同时,还应加入形成 r′相的 Al,Ti 及 Mo,V,B 等强化元素。少量碳化物仅起次要的作用。其典型工业合金的化学成分如表 4-24 所列。

表 4-24　以金属间化合物为强化相的铁基高温合金

牌　号	化学成分 w/%						
	C	Cr	Ni	Mn	Mo	W	备　注
GH132	0.08	13.5～16.0	24.0～27.0	1.0～2.0	1.0～1.5	—	A-286
	Ti	Al	V	B	Si	Co	
	1.75～2.20	≤0.4	0.1～0.5	0.005～0.01	0.4～1.0	—	
GH135	C	Cr	Ni	Mn	Mo	W	808
	<0.08	14.0～16.0	33.0～36.0	0.5	1.7～2.2	1.7～2.2	
	Ti	Al	V	B	Si	Co	
	2.1～2.5	2.4～2.8	—	≤0.015	≤0.40	≤0.03	

典型的铁-镍基高温合金的成分和持久强度分别列于表 4-25 和表 4-26。

其中 GH132 高温合金相当于美国的 A-286 合金。它是一种以金属间化合物强化为主的铁一镍基变形高温合金,化学成分如表 4-25 所列。该合金是以 Fe-15%Cr-25%Ni 为基组成稳定的奥氏体基体,钛是主要强化元素。钼主要溶解于奥氏体的固溶体基体中,可以增强基体及消除持久缺口敏感性;微量硼是为了强化晶界;添加少量钒和硼,在合金钛含量高时,可以避免引起持久缺口敏感性;硫、磷控制在最低限,以限制其有害作用;过量的硅会造成室温脆化,过多的碳会降低钛的有效强化作用,故硅和碳也都不能太多。

表 4-25　铁-镍基高温合金的化学成分

合金牌号	成　分/%											
	C	Mn	Si	Cr	Ni	Fe	Ti	Al	B	Mo	W	Nb+Ta	其　他
Tinidur	0.10	0.8	0.8	14.0	30.0	基	1.8	—	—	—	—	—	—
A-286 (G-68)	0.15	1.3	0.6	15.0	25.0	基	2.15	0.15	—	1.0	—	—	0.2V

续表 4-25

合金牌号	成　分/%												
	C	Mn	Si	Cr	Ni	Fe	Ti	Al	B	Mo	W	Nb+Ta	其　他
Discaloy	0.03	0.8	0.8	13.5	26.0	基	1.6	0.10	—	3.0	—	—	—
W-545	0.05	1.3	0.3	13.0	26.0	基	2.85	0.20	0.08	1.5	—	—	—
V-57	0.08	0.25	0.55	14.8	26.0	基	3.0	0.25	0.008	1.25	—	—	—
Unitemp 212	0.08	0.05	0.15	16.0	25.0	基	4.0	0.15	0.06	—	—	0.5	0.05 Zr
M-303	0.08	0.03	0.7	14.0	33.0	基	2.0	0.25	0.005	4.0	6.5	—	0.25 Zr
CG-27	0.05	—	—	13.0	38.0	基	2.5	1.60	0.01	5.75	—	0.60	0.7 Co
HNW	0.30	3.50	0.50	18.5	9.5	基	—	—	—	—	—	—	0.23 P
G-188	0.40	0.80	1.0	13.0	13.0	基	—	—	—	2.0	2.5	3.0	10.0 Co
AF71	0.30	18.0	0.30	12.5	—	基	—	—	0.20	3.0	—	—	0.2N, 0.9V
HTX	0.45	8.50	0.45	21.0	8.0	基	—	—	—	1.5	—	—	0.2N, 0.23P
CRM-18D	0.75	5.0	0.50	23.0	5.0	基	—	—	0.003	1.0	1.0	2.0	0.25N
эИ787	0.08	—	—	15.0	35	基	3.0	1.5	—	—	3.0	—	—
эИ481	0.38	8.5	0.70	12.5	8	基	—	—	—	1.3	—	0.35 Nb	1.3V ≤0.3S ≤0.035F
GH36	0.35	8.0	—	12.5	8	基	≤0.12	—	—	1.3	—	0.4Nb	1.4V
CH132	≤0.08	1.5	—	15.0	26	基	2.0	≤0.4	0.005	1.2	—	—	0.1-0.5V

表 4-26　一些铁镍基高温合金 1 000 h 的持久强度

合金牌号	1 000 h 的持久强度/MPa		
	650 ℃	760 ℃	815 ℃
A286	320	110	50.4
W545	460	—	—
CG-27	54	—	150
Pyromet	570	—	120
Incone1718	600	180	—
CRM-18D(铸)	380	—	130
HastelloyX₁	220	110	70

该合金主要适用于650～700 ℃的高温部件。它具有良好的综合性能，现已在航

空工业上广泛用来制作涡轮盘、环形件和其他锻件,也有用热轧或冷拔的线材来制作紧固件。此外,也可用做板材、管材、丝材、挤压件,甚至可以作为铸件。

GH139合金是以固溶强化为主的铁基高温合金,该合金广泛应用于700~900 ℃,甚至950 ℃而取代镍基高温合金。属于这类的合金还有GH13,GH14,GH140和GH131等。其化学成分见表4-27。

表4-27 国产铁-镍基高温合金的化学成分

合金牌号	化学成分/%											
	C	Mn	Si	Cr	Ni	Fe	Ti	Al	B	Mo	W	Nb	其他
GH136	≤0.06	≤0.35	≤0.75	13.0~16.0	24.5~28.5	余	2.4~3.2	≤0.35	0.005~0.025	1.0~1.75	—	—	0.01~0.1V
GH78	≤0.08	≤0.6	≤0.6	12.0~16.0	33.0~37.0	余	2.4~3.2	0.7~1.7	≤0.03	—	2.0~4.0	—	≤0.02Ce
GH135	≤0.06	≤0.4	≤0.5	14.0~16.0	33.0~36.0	余	2.1~2.5	2.4~2.8	≤0.015	1.7~2.2	1.7~2.2	—	≤0.03Ce
GH130	≤0.08	≤0.5	≤0.6	12.0~16.0	35.0~40.0	余	2.4~3.2	1.4~2.2	≤0.02	—	5.0~6.5	—	≤0.03Ce
GH302	≤0.08	≤0.6	≤0.6	12.0~16.0	38.0~42.0	余	2.3~2.8	1.8~2.3	≤0.01	1.5~2.5	3.5~4.5	—	≤0.02Ce ≤0.05Zr
GH137	≤0.08	—	—	13	27	余	3.5	0.4	—	1.8	—	0.5	—
GH901	≤0.10	≤2.0	≤0.6	11.0~14.0	40.0~45.0	余	2.35~3.0	≤0.35	0.01~0.02	5.0~7.0	—	—	—
GH761	≤0.08	≤0.5	≤0.5	13	40	余	3.8	2.0	0.02	2.2	2.8	—	0.02Ce 0.05Zr
GH915	≤0.08	≤0.5	≤0.5	10.0~14.0	40.0~45.0	余	3.8~4.8	1.8~2.8	0.025	1.0~2.0	3.5~4.5	—	0.03Ce 0.03Zr
K13	<0.1	—	—	14.0~16.0	34.0~38.0	余	3.0~4.0	1.5~2.0	0.005~0.10	—	4.0~7.0	—	—
K14	<0.1	≤0.5	≤0.5	11.0~13.0	40.0~45.0	余	4.2~5.0	1.8~2.4	0.05~0.15	—	6.5~8.0	—	—
GH140	0.06~0.12	≤0.7	≤0.8	20~23	35~40	余	0.7~1.05	0.2~0.5	—	2.0~2.5	1.4~1.8	—	—
GH131	≤0.1	≤1.2	≤0.8	19.0~22.0	25~30	余	—	—	0.005	2.8~3.5	4.8~6.0	0.7~1.3	0.15~0.30N
GH138	≤0.1	1.0~2.0	≤0.8	18.0~22.0	35.0~40.0	余	—	≤0.5	0.008	2.0~2.6	4.0~5.2	1.0~1.7	0.01~0.25N, 0.05Zr, 0.05Ce
CH16	≤0.08	≤1.8	≤0.6	19.0~22.0	32.0~36.0	余	—	—	0.01	2.6~3.3	5.0~6.0	0.9~1.4	≤0.25N, 0.1~0.3V, 0.05Ce

续表 4-27

合金牌号	化学成分/%											
	C	Mn	Si	Cr	Ni	Fe	Ti	Al	B	Mo	W	Nb	其　他
CH14	≤0.08	≤1.5	≤0.6	19.0～22.0	28.0～34.0	余	—	—	0.01	1.5～2.5	7.5～9.5	0.8～1.3	0.05Ce, 0.15～0.25N
CH167	≤0.08	≤0.5	0.5	13.0～16.0	36～40	余	2.6～3.4	1.4～2.0	0.01	1.5～2.5	5.0～6.5	—	0.03Zr, 0.02Ce

3. 耐磨钢

耐磨钢主要用于承受严重磨损和强烈冲击的零件，如车辆履带板、挖掘机铲斗、破碎机颚板和铁轨分道叉、防弹板等，因此对耐磨钢的要求是具有很高的耐磨性和韧性。

高锰钢能很好地满足这些要求，它是重要的耐磨钢。高锰钢一般含有较高的碳和锰，含碳 1.0%～1.3%，并含有 11%～14%的锰，还含有一定量的硅以改善钢的流动性。其主要牌号有 ZGMn13-1 到 ZGMn13-5。

高锰钢室温为奥氏体组织，加热冷却并无相变。其处理工艺一般都采用水韧处理，即将钢加热 1 000～1 100 ℃，保温一段时间，使碳化物全部溶解，然后迅速水淬，在室温下获得均匀单一的奥氏体组织。此时钢的硬度很低而韧性很高，当在工作中受到强烈冲击或强大压力而变形时，表面层产生强烈的形变硬化，并且还发生马氏体转变，使硬度显著提高，心部则仍保持为原来的高韧性状态。

除高锰钢外，其他种类的马氏体中低合金钢也是耐磨钢。

4.3　铸　铁

4.3.1　铸铁的成分及性能

铸铁是 w_C>2.11%的铁碳合金。它是以铁、碳和硅为主要组成元素，并比碳钢含有较多的锰、硫和磷等杂质元素的多元合金。工业上常用铸铁的成分为：含碳量 2.5%～4.0%、含硅量 1.0%～3.0%、含锰量 0.5%～1.4%、含磷量 0.01%～0.5%、含硫量 0.02%～0.2%。有的特种铸铁还含有一定量的合金元素如 Cr，Ni，Cu 和 Mo 等，以提高其性能。

铸铁中的碳主要是以石墨(G)形式存在的，所以铸铁的组织特点，可以看作是在钢的基体上分布着不同形态的石墨。石墨的硬度仅为 3～5 HBS，抗拉强度约为 20 MPa，伸长率接近于零。因此，铸铁的抗拉强度、塑性和韧性都较差，但有良好的耐磨性、消振性、低的缺口敏感性以及优良的切削加工性能。

此外,铸铁的成分接近共晶成分,因此铸铁的熔点低,约为1 200 ℃左右,液态铸铁流动性好,收缩率低,其铸造性能优于钢。正因如此,铸铁目前仍是重要的机器结构材料之一。

4.3.2　铸铁的石墨化及影响因素

1. 铁碳合金双重相图

碳在铸件中存在的形式有渗碳体(Fe_3C)和游离状态的石墨(G)两种。若将渗碳体加热到高温,则可分解为铁素体或奥氏体与石墨,这表明石墨是稳定相,而渗碳体是亚稳定相。铁合金在结晶过程中,通常析出的是渗碳体而不是石墨,这是因为渗碳体的含碳量(6.69%)比石墨(100%)更接近合金的含碳量(2.5%~4.0%),析出渗碳体的原子扩散力能小,较易进行。但在极其缓慢的冷却条件或加入促进石墨形成的化学元素,铁合金在结晶过程中也会析出石墨。

因此,描述铁碳合金结晶过程的相图应有两个,一个是Fe-Fe_3C相图,另一个是Fe-G相图。如图4-5所示,图中的实线表示Fe-Fe_3C相图,虚线表示Fe-G相图。通常把两者迭合在一起的相图称为铁碳合金双重相图。铁合金自液态冷却到固态时,依具体成分和结晶条件的不同,可以全部或部分地按照其中一种相图进行结晶。

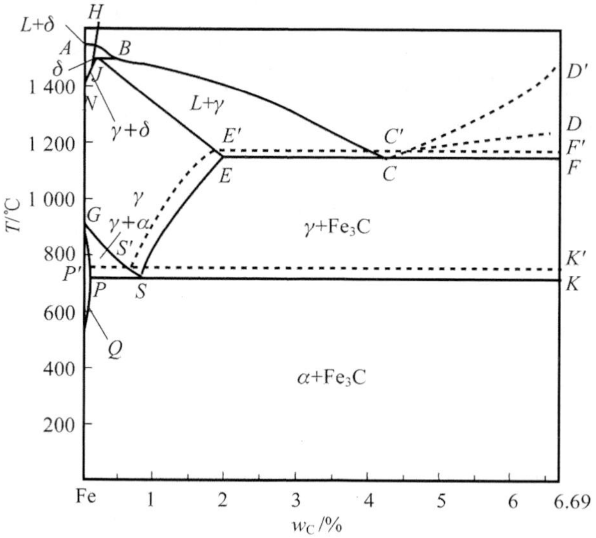

图4-5　Fe-Fe_3C和Fe-G双重相图

2. 石墨化过程

铸铁组织中石墨的形成过程称为石墨化过程。如果铁液在冷却过程中全部按照并全部按Fe-G相图进行结晶时,则铸铁的石墨化过程可分为3个阶段:

第一阶段,(液相—共晶阶段):从液体中直接析出石墨,包括过共晶液相沿着液相线 $C'D'$冷却时析出的一次石墨 G_{I},以及共晶转变时形成的共晶石墨 $G_{共晶}$,其反应式可写成:

$$L \rightarrow L_C' + G_{\mathrm{I}}$$

$$L_C' \rightarrow A_E' + G_{共晶}$$

第二阶段,(共晶—共析阶段):即在 1 154～738 ℃的冷却过程中,过饱和奥氏体沿着 $E'S'$线析出的二次石墨 G_{II},其反应式为:

$$A_E' \rightarrow A_S' + G_{\mathrm{II}}$$

第三阶段,(共析阶段):即在 738℃共析转变阶段,由奥氏体转变为铁素体和共析石墨 $G_{共析}$,其反应式可写成:

$$A_S' \rightarrow F_P' + G_{共析}$$

石墨化过程是原子扩散过程,温度愈低,原子扩散愈难,因而愈不易进行。所以,上述的石墨化过程,第一阶段和第二阶段较易进行,通常都能按 Fe－G 相图进行结晶,凝固后得到(A+G)组织;而较低温度下的第三阶段往往因原子扩散能力低及冷却速度快,被全部或部分地抑制。从而得到 3 种不同的组织:F＋G,F＋P＋G 和P ＋G。

3. 影响铸铁石墨化的因素

影响铸铁石墨化的主要因素是化学成分和结晶过程中的冷却速度。

(1) 化学成分的影响

对铸铁石墨化过程影响较大的主要有碳、硅、锰、硫和磷五种元素。其中碳和硅是强烈促进石墨化的元素,碳和硅的含量愈高,石墨化越容易。实践表明,铸铁中硅的质量分数每增加 1%,共晶点碳的质量分数相应降低 0.33%。为了综合考虑碳和硅的影响,通常把含硅量折合成相当的含碳量,并把这个碳的总量称为碳当量 C_E,即

$$C_E = w_C + 1/3 w_{Si}$$

以碳当量代替含碳量,可以近似地估算出铸铁在 Fe－G 相图上的实际位置。

锰和硫是阻止石墨化的元素,其中硫还会降低铁液的流动性和促使高温铸件开裂。锰能减弱硫的有害作用,又间接地起着促进石墨化的作用。因此,铸铁中应控制锰含量,限制硫含量。磷对石墨化过程影响不显著,但能提高铁液的流动性,改善其铸造性能。另一方面却增加铸铁的脆性,所以一般铸铁中磷含量应严格控制。

(2) 冷却速度的影响

结晶过程中的冷却速度对石墨化的影响也很大。冷却速度越慢,越有利于石墨的析出;冷却速度越快,越有利于渗碳体的析出。冷却速度受造型材料、铸造方法和铸件壁厚等因素的影响:薄壁铸件冷却速度快,容易形成白口铸铁组织;厚壁铸件冷却速度慢,容易形成灰口铸铁组织。图 4－6 表示在一般砂型铸造条件下,化学成分

(碳硅含量)和冷却速度(铸件壁厚)对铸件组织的综合影响。

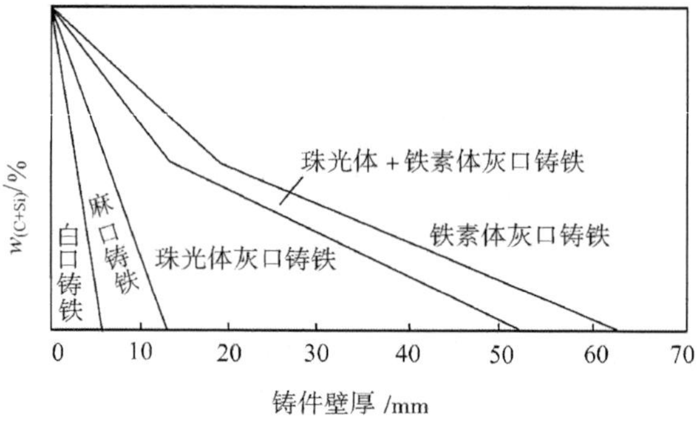

图 4-6 铸件壁厚和碳硅含量对铸铁组织的影响

4.3.3 铸铁的分类

1. 按照碳的存在形式分类

根据碳的存在形式,铸铁可分为三类,即灰口铸铁、麻口铸铁和白口铸铁。

① 灰口铸铁　碳全部或大部分以游离状态的形式存在于铸铁中,断口呈暗灰色,故称灰口铸铁,是工业上应用最多、最广的铸铁。

② 麻口铸铁　一部分碳以石墨形式存在,另一部分碳以 Fe_3C 形式存在,其组织介于白口铸铁和灰口铸铁之间,断口黑白相间,构成麻点,故称为麻口铸铁。该铸铁性能硬而脆,切削加工困难,故工业上很少使用。

③ 白口铸铁　碳以 Fe_3C 形式存在,断口呈银白色,故称为白口铸铁。此类铸铁组织中存在大量莱氏体,性能硬而脆,切削加工较困难,主要用作炼钢原料。

2. 按照石墨形态分类

根据石墨的形态不同铸铁可分为:灰铸铁、可锻铸铁、球墨铸铁和特殊性能铸铁等。

(1) 灰铸铁

灰铸铁的显微组织特征是片状石墨分布在金属基体组织上,根据不同阶段石墨化程度的不同,灰铸铁有三种不同的基体组织:铁素体、珠光体、铁素体+珠光体,具体的显微组织见图 4-7。

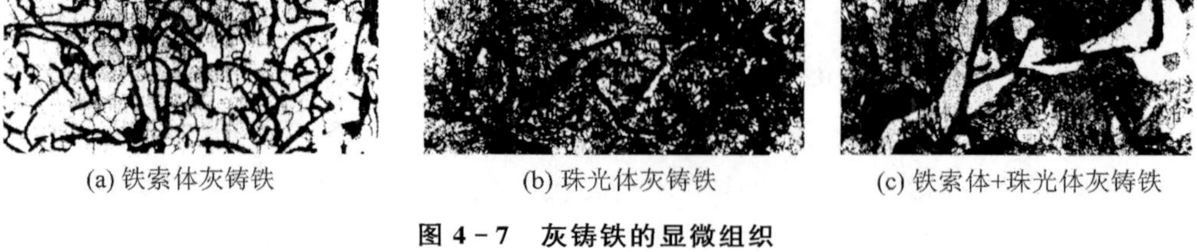

(a) 铁索体灰铸铁　(b) 珠光体灰铸铁　(c) 铁索体+珠光体灰铸铁

图 4-7 灰铸铁的显微组织

由于粗大片状石墨的存在，且数量大，分布不均匀，对基体的割裂作用很大，所以铸铁的强度、塑性与韧性极低，几乎为零。石墨的存在对铸铁受压状态影响不大，故灰铸铁的抗压强度一般是其抗拉强度的 3～4 倍。但正是由于石墨的存在，使铸铁具有一系列优良的性能，如良好的铸造、切削、减摩性能；很强的减振性；小的缺口敏感性。灰铸铁常用来制造机床床身、底座等耐压零部件。

(2) 球磨铸铁

铸铁中石墨形态的改善是提高铸铁机械性能的主要途径，而球状是石墨存在的最理想状态。如在浇注前向铁水中加入球化剂和孕育剂进行球化处理和孕育处理，则可获得石墨呈球状分布的铸铁，称为球墨铸铁，简称球铁。

由于镁和稀土元素都是阻止石墨化的作用元素，使共晶点右移，所以与灰铸铁相比，球墨铸铁的碳当量较高，一般 w_c＝3.6%～4.0%，w_{Si}＝2.0%～3.2%。含锰、硫和磷量较低，并含有一定量的球化剂，即稀土元素与镁。

球墨铸铁的显微组织由球形石墨和金属基体两部分组成。随着成分和冷速的不同，球墨铸铁在铸态下的金属基体可分为铁素体、铁素体＋珠光体、珠光体三种。图 4-8 所示为球墨铸铁石墨形态和分布情况。

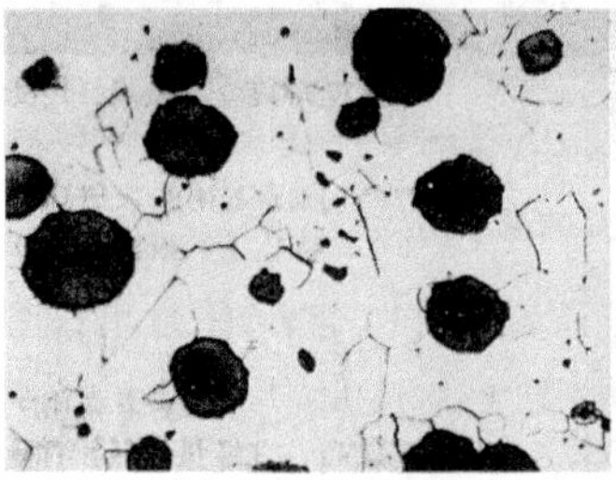

(a) 铁素体球墨铸铁

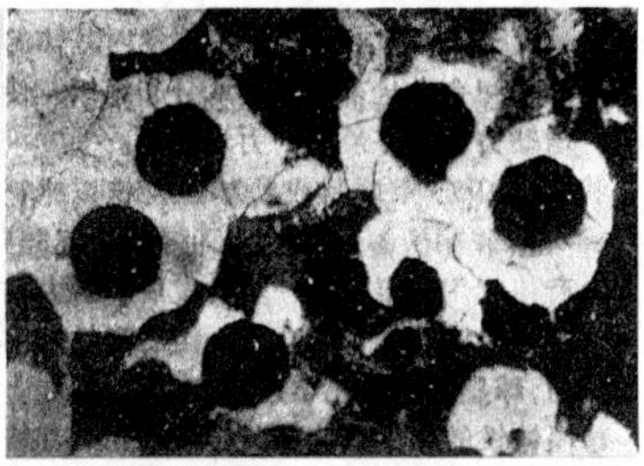

(b) 铁素体+珠光体球墨铸铁

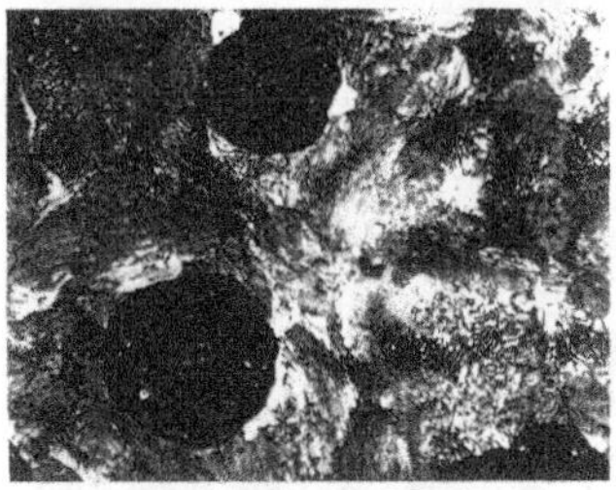

(c) 珠光体球墨铸铁

图 4-8　球墨铸铁的显微组织

与灰铸铁相比，球墨铸铁具有较高的抗拉强度、弯曲疲劳极限和相当好的塑性及韧性。在一定条件下球墨铸铁可以代替铸钢、锻钢等钢材来制造受力复杂、负荷较大和要求耐磨的铸件。球墨铸铁也具有良好的铸造性能、减摩性、切削加工性等优良性能，但也有过冷倾向大，易产生白口现象和缩松等缺陷。

(3)可锻铸铁

可锻铸铁是由白口铸铁经长时间石墨化退火而获得的一种高强度铸铁,又叫玛钢。其制作过程是先铸造成白口铸铁,再进行"可锻化"退火将渗碳体分解为团絮状石墨。因此碳硅含量不能太高,以促使铸铁完全白口化;但也不能太低,否则使石墨化退火困难,退火周期增长。可锻铸铁的化学成分大致为:$w_C=2.5\%\sim3.2\%$,$w_{Si}=0.6\%\sim1.3\%$,$w_{Mn}=0.4\%\sim0.6\%$,$w_P=0.1\%\sim0.26\%$,$w_S=0.05\%\sim1.0\%$。

可锻铸铁的显微组织由团絮状石墨+金属基体组成。基体组织有铁素体、珠光体和珠光体+少量铁素体三种,相应的断口分别呈黑灰色、白色和心部亮白色,故依次称黑心可锻铸铁、珠光体可锻铸铁和白心可锻铸铁,其中黑心可锻铸铁应用最多,白心可锻铸铁应用很少。可锻铸铁的组织特征见图4-9。

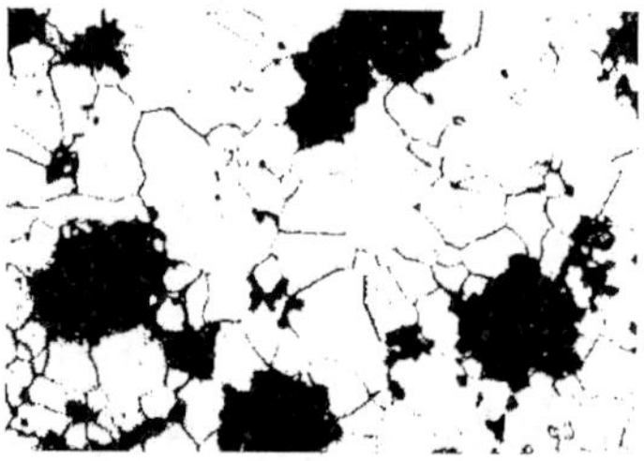

(a) 铁素体可锻铸铁

(b) 珠光体可锻铸铁

图4-9 可锻铸铁的显微组织

可锻铸铁的机械性能介于灰铸铁与球墨铸铁之间,有较好的耐蚀性,但由于退火时间长,生产效率极低,使用受到限制,故一般用于制造形状复杂,工作时受振动而对强度、韧性要求较高的零件。

(4)蠕墨铸铁

蠕墨铸铁是20世纪60年代发展起来的一种新型铸铁,是液态铁水经蠕化处理和孕育处理得到的。蠕墨铸铁的石墨短而厚,端部较圆,形同蠕虫。对基体的破坏作用比片状石墨小,基体组织与球墨铸铁类似,如图4-10所示。

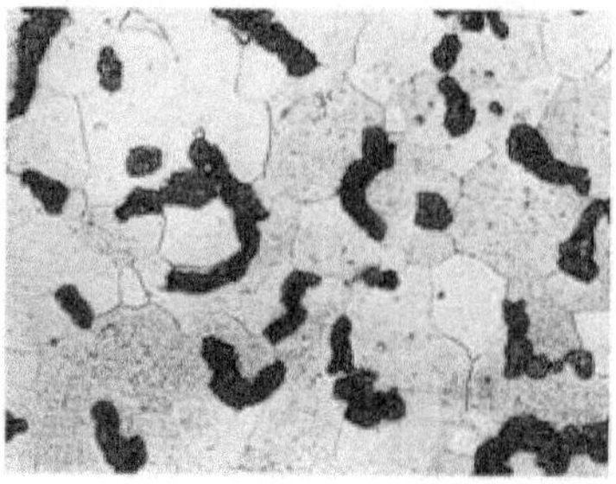

图4-10 蠕墨铸铁的显微组织(铁素体基体)×400

蠕墨铸铁的力学性能介于灰铸铁与球墨铸铁之间，有良好的导热性和耐热性，并且耐磨性、减振能力和铸造性能优良，铸造工艺简单，成品率高。适用于制造重型机床床身、机座、活塞环、液压件等。

4.4 铁合金材料在航空航天中的应用

铁合金材料在航空航天器上用途广泛，这里限于篇幅，仅介绍一些主要设备使用的材料，这些材料都具有特殊的优点，比如高比强度，或很好的高温性能，如热强性、抗氧化性和耐蚀性等。

4.4.1 中碳调质钢在航空航天中的应用

中碳调质钢是重要的航空航天材料。其特点是高的比强度和高硬度。当要求 $\delta_{0.2}$ 高达 880～1 176 MPa 以上时，必须提高碳质量分数到 0.25%～0.45%，所以淬透性很好，焊接性较差。这类钢属于超高强度钢的范畴，其纯度对焊接性影响很大，当钢材热处理到很高强度水平时(如作为火箭发动机外壳，强度约 1 380 MPa)，钢材与焊丝都必须采用真空熔炼，以提高纯度。中碳调质钢中可以作为航空航天材料的有如下 3 个系列钢种。

1. Cr－Mn－Si 钢系列

30CrMnSiA，CrMnSiNi2A，40CrMnSiMoVA 钢都属于 Cr－Mn－Si 钢系列。30CrMnsiA 是 Cr－Mn－Si 钢中最典型的钢种，调质状态下的组织是回火索氏体，在 300～450 ℃内出现第一类回火脆性，回火时必须避开该温度范围，还具有第二类回火脆性，高温回火时必须快冷，否则冲击韧度会显著下降。

这类钢除了在调质状态下应用外，有时还采用 200～250 ℃的低温回火，在损失一定韧性的情况下得到具有很高强度的低温回火马氏体组织(δ_b 为 1 666～1 715 MPa)。当截面直径小于 25 mm 时可采用等温淬火来处理，以便得到下贝氏体，此时强度与塑性、韧性得到了良好的配合。

由于不含贵重的镍，这种钢在我国飞机制造中得到广泛应用。30CrMnSiNi2A 由于增加了镍，大大提高了钢的淬透性，因此与 30CrMnSiA 相比，调质后的强度有了较大的提高。并保持了良好的韧性，但焊接性变差。

40CrMnSiMovA 是属于一种较新的低 Cr 无 Ni 中碳调质高强钢，其中加入了淬透性强的 Mo，与 30CrMnSiNi2A 相比，因含碳量高且不含镍，焊接性要差一些，可用来代替 30CrMnSiNi2A 制造飞机上的一些构件。

2. Cr－Ni－Mo 钢系列

40CrNiMoA，D6AC(0.45C－5Cr－0.55Ni－1.0Mo－0.075V)及 34CrNi3MoA 都属于Cr－Ni－Mo 系列的调质钢，由于加入了 Ni 和 Mo，显著提高了淬透性和回火抗力，对改善钢的韧性也有益处，使钢具有良好的综合性能，如强度高、韧性好、淬透性大等优点。

此类钢主要用于高负荷、大截面的轴类以及承受冲击载荷的构件,如喷气涡轮机轴、喷气式客机的起落架及火箭发动机外壳等。

3. 超高强度钢

低合金超高强度钢合金元素含量低,成本低,生产工艺简单,广泛用于制造飞机大梁、起落架构件、发动机轴、高强度螺栓、固体火箭发动机壳体和化工高压容器等。

马氏体时效钢在获得超高强度水平下,仍能保持较好的塑性和韧性,高的断裂韧性和低的缺口敏感性。在不同类型的超高强度钢中,若处理成同一强度水平,则马氏体时效钢具有最高的冲击韧性和断裂韧性,同时又具有较高的氢脆抗力和应力腐蚀抗力,还可以进行焊接而不需预热,因此在许多场合获得应用。

马氏体时效钢主要用于航空航天上要求强度高、热处理变形小、可焊性好的零件和构件,如高压容器、氧气瓶和火箭发动机机匣等。但马氏体时效钢中 Ni 和 Co 含量高,不符合我国资源情况,因此发展少 Ni,Co 或少 Ni、无 Co 的马氏体时效钢,仍是一个重要方向。

4.4.2 其他钢种在航空航天中的应用

耐热钢主要的特性是 600 ℃以上具有较高的力学性能和抗氧化性。典型钢种有 1Cr13(马氏体型)、2Cr25N(铁素体型)、0Cr25Ni20(奥氏体型)和 0Cr12Ni20Ti3A1B(弥散硬化型)等,用于制造涡轮泵及火箭发动机、航空发动机转子和其他零件。

铁基高温合金的使用温度超过 750℃,可用于各种热机的涡轮盘等耐热部件上。

由上可知,由于特殊的工作环境,铁基合金在航空航天中的应用都是与比强度高、高温性能好、工艺性能好或者所含元素资源丰富有关。目前,我国的航空航天材料品种相对来说还比较少,性能还不能满足工作要求,故开发新品种的航空航天的材料或改善现有材料的工艺性,有着重要的意义。

第 5 章　非铁合金材料

金属材料分为铁合金材料和非铁合金材料。钢铁材料通常称为铁合金材料，铁合金材料以外的所有金属材料统称为非铁合金材料，通常也称为有色金属。非铁合金材料的种类很多，由于它们具有某些独特的性能，而使其成为现代工业技术中不可缺少的重要材料，尤其在航空航天工业中得到广泛的应用。本章主要介绍铝、铜、钛、镁、镍及其合金等非铁合金材料。

5.1　铝及其合金

5.1.1　纯　铝

纯铝呈银白色，在工业上得到广泛使用，具有以下特点：

① 密度小。铝的密度为 2.7 g/cm^3，大约是铜的 1/3。

② 塑性好($\psi=80\%$)。铝具有面心立方晶格结构，所以具有良好的塑性，能通过压力加工制成各种型材。

③ 导电导热性好，仅次于银、铜和金。室温时，铝的导电能力约为铜的 62%；按单位质量材料的导电能力计算，铝的导电能力约为铜的 200%。

④ 抗腐蚀性能好。在铝的表面能生成极致密的氧化铝薄膜，从而有效地防止铝表面的进一步氧化。

⑤ 强度低($\sigma_b=80\sim100$ MPa)。可经过冷塑性变形加工硬化使其强度提高到 $\sigma_b=150\sim250$ MPa，但其塑性却下降到 $\psi=50\%\sim60\%$。

这些特点决定了工业纯铝的用途，铝经常作为轻质结构材料的基本组元，用于制作要求导电的电线电缆，以及要求具有导热和抗大气腐蚀性能而对强度要求不高的用具或器皿。

纯铝中含有 Fe，Si 等杂质。随着杂质含量的增加，铝的性能如导电性、导热性、抗腐蚀性以及塑性将下降。

根据杂质限量的不同，纯铝分工业纯铝和高纯铝两类。$w_{Al}\leqslant99.93\%$的纯铝为工业纯铝，工业纯铝牌号为 1080，1070，1060 等，四位数字中的第一位数 1 表示纯铝，第二位数 0 表示其杂质极限含量无特殊控制，最后两位数表示最低铝百分含量中小数点后面两位数字，如 1080 表示 w_{Al}为 99.8%的工业纯铝；而 $w_{Al}>99.93\%$的纯铝为高纯铝，高纯铝牌号为 1A99，1A97 等，其中 A 表示原始铝，如 1A99 表示 w_{Al}为 99.99%的原始高纯铝。

5.1.2 铝合金及其分类

根据铝合金的成分及工艺特点,通常将铝合金分为形变铝合金和铸造铝合金两类。下面结合图5-1铝合金状态图来说明。

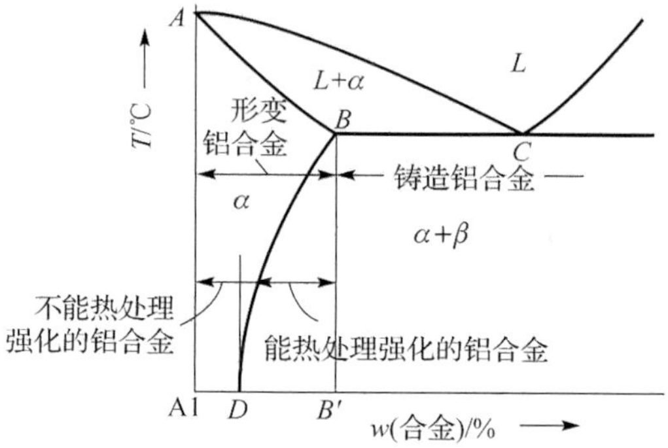

图5-1 铝合金状态图的一般类型

由图5-1可知,成分位于B'点左边的合金在加热时能形成单相固溶体组织。这种合金塑性高,适于压力加工,故称为形变铝合金,也称熟铝合金。成分位于B'点右边的合金,具有低熔点共晶组织,适于铸造而不适于压力加工,故称为铸造铝合金。

形变铝合金又分为两种,成分位于D点左边的合金,固态加热时没有相变,所以不能用热处理强化,故称为热处理不能强化的形变铝合金;成分在D与B'点之间的合金,固态加热时具有相变,因而可以用热处理强化,故称为热处理能强化的形变铝合金。

铝合金中常加入的主要合金元素有Cu,Mn,Si,Mg和Zn等。形变铝合金的表示方法按国际四位数字体系命名方法制定,见表5-1所列。第1,3和4位为数字,其中,第1位数字表示合金类型,第3,4位数字表示合金元素或杂质极限含量的控制情况;第2位英文字母大写,表示合金的改型情况(A表示未改型,B或其他字母则表示已改型)。如3A21表示未改型的Al-Mn合金。

表5-1 国际变形铝及铝合金的命名

合金系	四位数字体系	合金系	四位数字体系
>99.00%	1×××	铝镁硅	6×××
铝铜	2×××	铝锌	7×××
铝锰	3×××	其他	8×××
铝硅	4×××	备用	9×××
铝镁	5×××		

形变铝合金也可以按性能特点分为防锈铝合金、硬铝合金、超硬铝合金和锻造铝合金。

铸造铝合金按照主要合金元素的不同，分为 Al－Si，Al－Cu，Al－Mg，Al－Zn 等。其代号用“铸铝”的汉语拼音字首“ZL”再加 3 位数字表示。第一位数字表示合金的类别（1 为 Al－Si 系，2 为 Al－Cu 系，3 为 Al－Mg 系、4 为 Al－Zn 系），后面两位数字为合金顺序号，以区别不同的化学成分。

而其牌号用“Z”和基本元素的化学符号＋主要合金化学元素符号＋数字（合金元素的含量，用％表示）。如代号 ZL101 表示 Al－Si 系合金，其对应的合金牌号为 ZAlSi7Mg 表示 Si 含量为 7％左右，Mg 含量则小于 1％。

5.1.3　形变铝合金

常用的形变铝合金的成分、性能与用途见表 5－2。

下面分别介绍各种形变铝合金。

表 5－2　常用的形变铝合金成分、性能与用途

类别	牌　号	化学成分 w/%						热处理	力学性能			用　途
		Cu	Mg	Mn	Zn	其　他	Al		σ_b/MPa	δ/%	硬度/HBS	
防锈铝合金	5A05 (LF5)	—	4.0～5.5	0.3～0.6	—	—		退火	280	20	70	焊接油箱、油管、焊条、铆钉及中载零件
	3A21 (LF21)	—	—	1.0～1.6	—	—			130	20	30	焊接油箱、油管、焊条、铆钉及中载零件
硬铝合金	2AO1 (LYI)	2.2～3.0	0.2～0.8	—	—	—	余量		300	24	70	中等强度，温度不超过 100℃以下工作的零件
	2A11 (LY11)	3.8～4.8	0.4～0.8	0.4～0.8	—	—		淬火自然时效	420	18	100	中等工作强度构件，如骨架、叶片、铆钉等
	2A12 (LY12)	3.8～4.8	1.2～1.8	0.3～0.9	—	—			470	17	105	高强度结构件及 150℃以下工作零件

续表 5-2

类别	牌号	化学成分 w/%						热处理	力学性能			用途
		Cu	Mg	Mn	Zn	其他	Al		σ_b/MPa	δ/%	硬度/HBS	
超硬铝合金	7A04 (LC4)	1.4～2.0	1.4～2.8	—	5.0～7.0	Cr0.1～0.25	余量	淬火人工时效	600	12	150	主要受力构件，如飞机大梁、桁架等
	7A06 (LC6)	2.2～2.8	2.5～3.2	—	7.6～8.6	Cr0.1～0.25			680	7	190	主要受力构件，如飞机大梁、桁架等
	2A50 (LD5)	1.8～2.0	0.4～0.8	—	—	Si0.7～1.2			420	13	105	形状复杂、中等强度的锻件
	2A70 (LD7)	1.9～2.5	1.4～1.8	—	—	Ti0.02～0.1 Ni1.0～1.5 Fe1.0～1.5			415	13	120	高温下工作的复杂锻件及构件
	2A14 (LD10)	3.9～4.8	0.4～0.8	0.4～1.0	—	Si0.5～1.2		—	—	—	135	承受重载荷的锻件

1. 防锈铝合金

防锈铝合金主要合金元素是锰和镁，属 Al-Mn 系合金(3000 系列)和 Al-Mg 系合金(5000 系列)，原代号“LF”是“铝防”的汉语拼音字首。属于热处理不能强化的铝合金，常采用冷变形方法提高其强度。这类合金锻造退火后是单相固溶体，故抗腐蚀性能高，塑性好。锰在铝中除能通过固溶强化提高合金的强度外，主要作用是能提高铝合金的抗蚀能力。镁不但具有较好的固溶强化效果，而且能使合金的比重降低，使零件的质量减轻。

常用的 Al-Mn 合金 3A21(LF21)主要特点是：具有较高的强度并兼有较高的塑性、焊接性以及良好的抗蚀性。常用的 Al-Mg 合金 5A05(LF5)主要特点是：比重小，强度高，抗蚀性能好。

该类合金在航空航天工业中应用甚广，主要用于焊接零件、构件、容器、管道、蒙皮以及可拉伸、弯曲的零件和制品。

2. 硬铝合金

硬铝合金主要合金元素是铜和镁，还含有少量的锰，属 2000 系列，原代号“LY”是“铝硬”的汉语拼音字首。硬铝合金经时效强化后，有很高的强度和硬度，其用途很广。

硬铝合金按其所含合金元素的质量分数以及热处理强化效果的不同，可分为以下 3 类：

(1) 标准硬铝

如 2A11(LY11),这是应用最早的一种硬铝,含有中等数量的合金元素,主要的时效强化相是 θ 相($CuAl_2$)和 S 相($CuMgAl_2$),强化效果较高,退火后工艺性能良好,可以进行冷弯、轧压等加工,时效后切削加工性也较好。这类合金主要用于制作轧材、锻材和冲压件等各种半成品,也可制作螺旋桨的叶片及大型铆钉等重要部件。

(2) 高合金硬铝

也叫高强度硬铝,如 2A12(LY12),高合金硬铝含 Cu,Mg 的量较多,强化相也是 θ 相和 S 相,故强化效果更好,具有更高的强度和硬度,但塑性较差。主要用于航空模锻件和重要的销轴等。

(3) 低合金硬铝

如 2A01(LY1),2A12(LY12)等。低合金硬铝中含 Cu,Mg 量较少,强化相也是 θ 相和 S 相,强度低、塑性好。这类合金的时效速度慢,这为合金淬火后进行铆接创造了良好条件,使铆钉不致在铆接中开裂。故这类合金主要常用作铆钉,又称“铆钉硬铝”。

但是硬铝合金有两个重要特性必须注意:

① 硬铝的固溶温度范围很窄,例如 2A12(LY12)是在 490～503 ℃范围内,低于此温度范围,合金元素溶入量少,降低时效效果;超过此温度范围,则容易产生过烧现象。

② 硬铝抗蚀性差,在海水中尤甚。因为 w_{Cu} 较多,这种固溶体或化合物的电极电位比晶界高,易发生晶间腐蚀。常采用包铝的办法提高其抗蚀性,但包铝后的硬铝强度要低些。

3. 超硬铝合金

超硬铝属 Al－Cu－Mg－Zn 系(7000 系列)合金,是目前室温强度最高的铝合金,原代号“LC”是“铝超”的汉语拼音字首。常用的有 7A04(LC4),7A06(LC6)等。其时效强化相除θ 相、S 相外,还有强化效果大的 η 相 ($MgZn_2$)及 T 相($Al_2Mg_3Zn_3$)。超硬铝合金经固溶处理和人工时效后可以获得很高的机械性能,但耐蚀性很差。为了提高抗蚀性,可采用提高时效温度和包铝的方法解决。超硬铝合金主要用作受力大的重要结构件和承受高载荷的零件,如飞机大梁、起落架和加强框等。

4. 锻造铝合金

Al－Mg－Si－Cu 系合金是良好的锻造铝合金。原代号“LD”是“铝锻”的汉语拼音字首。它虽加入的合金元素种类多,但含量较少,有良好的热塑性,可通过铸锭锻造出复杂的大型锻件,并有较高的力学性能。常用的锻造铝合金有 2A50(LD5),2A70(LD7)和 2A14(LD10)等。主要用做航空和仪表行业中要求比强度较高的锻件或模锻件。如叶轮、框架和支杆等;也可做耐热铝合金零件(工作温度不超过 200～300 ℃),如内燃机活塞等。

5.1.4　铸造铝合金

铸造铝合金常用来制作铸件,因此,铸造铝合金的成分应接近共晶点,其合金元素的含量也比形变铝合金多些。铸造铝合金的塑性差,常采用变质处理和热处理的办法提高其力学性能。

常见的铸造铝合金牌号(代号)、成分、热处理、性能及用途见表5-3,其中应用最广的是Al-Si系合金。

1. Al-Si系合金

Al-Si系铸造铝合金一般称为硅铝明,图5-2为Al-Si合金相图。最简单硅铝明是ZL102,含Si量为11%~13%,经铸造后几乎全部是由粗大针状硅晶体和α固溶体组成的共晶组织(α+Si),如图5-3所示。这种合金流动性好,熔点低,热裂倾向小,但粗大针状的硅晶体的存在会严重降低合金的塑性。因此,在生产中常采用"变质处理"提高合金的力学性能,即在浇注前往合金液中加入合金质量2%~3%的钠盐$\left(\frac{2}{3}\text{NaF}+\frac{1}{3}\text{NaCl}\right)$混合物的变质剂。经变质处理后,能细化合金的组织,提高合金的强度和塑性。如图5-4所示,ZL102经变质处理,合金的金相组织显著细化,力学性能显著提高。其力学性能由$\sigma_b=140$ MPa,$\delta=3\%$提高到$\sigma_b=180$ MPa,$\delta=8\%$。

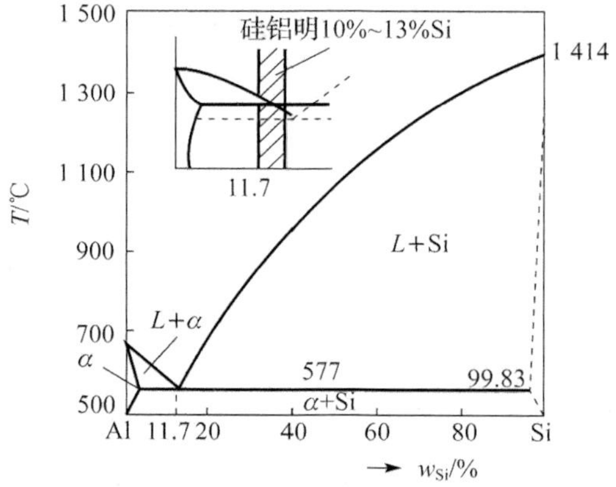

图5-2 Al-Si系合金相图

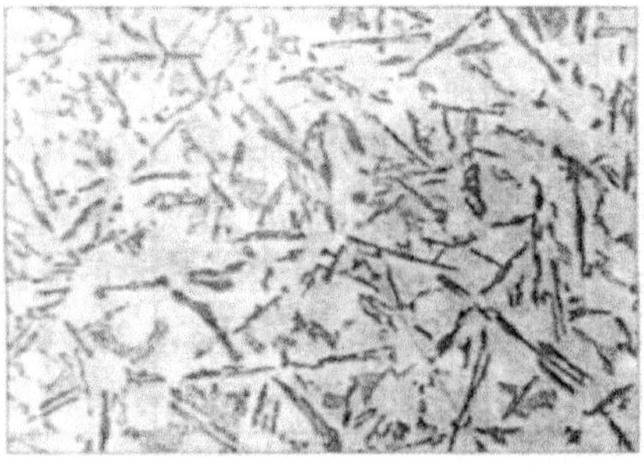

图5-3 ZL102合金变质前的铸态组织

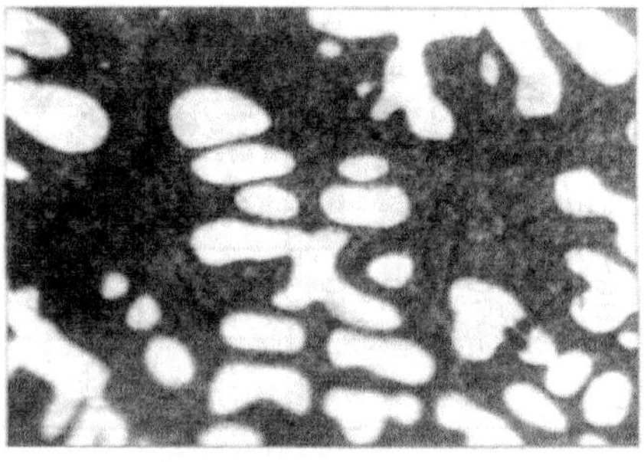

图5-4 ZL102合金变质后的铸态组织

表 5-3　常见的铸造铝合金牌号(代号)、成分、热处理、性能及用途

类别	牌　号	代　号	化学成分 w/%							制造方法	热处理	力学性能			用　途
			Si	Cu	Mg	Mn	Ti	Al	其　他			σ_b/MPa	δ/%	硬度/HBS	
铝硅合金	ZAlSi7Mg	ZL101	6.5～7.5	—	0.25～0.45	—	0.08～0.20	余量		金属型 砂型变质	淬火＋自然时效 淬火＋人工时效	190 230	4 1	50 70	飞机、仪器零件
	ZAlSi12	ZL102	10.0～13.0	—	—	—	—			金属型	—	143 153	4 2	50 50	仪表、抽水机壳等外形复杂体
	ZAlSi9Mg	ZL104	8.0～10.50	—	0.17～0.30	—	—			金属型 金属型	人工时效 淬火＋自然时效	200 240	1.5 2	70 70	电动机壳体、气缸壳体等
	ZAlSi5Cu1Mg	ZL105	4.5～5.5	1.00～1.50	0.40～0.60	—	—			金属型 金属型	淬火＋稳定回火 淬火＋不完全时效	240 180	0.5 1	70 65	风冷发动机缸头、油泵壳体
	ZA1Si12Cr1Mg1Ni1	ZL109	11.0～13.0	0.50～1.50	0.80～1.30	—	—		Ni:0.80～1.50	金属型 金属型	人工时效 淬火＋不完全时效	200 250	0.5 —	90 100	活塞及高温下工作的零件
铝铜合金	ZAlCu10	ZL201	—	4.50～5.30	—	0.60～1.00	0.15～0.35			砂型 砂型	淬火＋自然时效 淬火＋不完全时效	300 340	8 4	70 90	内燃机气缸头、活塞等
	ZAlCu5Mn	ZL202	—	9.0～11.0	—	—	—			砂型 金属型	淬火＋人工时效	170 170	— —	100 100	高温不受冲击的零件
铝镁合金	ZAlMg10	ZL301	—	—	9.5～11.00	—	—			砂型	淬火＋自然时效	280	9	60	舰船配件
	ZAlMg5Si1	ZL303	0.8～1.30	—	4.50～5.50	0.1～0.4	—			砂型 金属型	—	150 —	1 —	55 —	氨用泵体
铝锌合金	ZAlZn11Si7	ZL401	6.0～8.0	—	0.1～0.3	—	—			金属型	人工时效	250	1.5	90	结构、形状复杂的汽车、飞机仪器零件
	ZAlZn6Mg	ZL402	—	—	0.5～0.6	—	0.15～0.25			金属型	人工时效	240	4	70	

简单硅铝明不能满足大负荷零件的要求，为了提高其强度，常向合金中加入能产生时效强化的Cu，Mg等合金元素，这种合金为特殊硅铝明。它们形成的强化相有θ相、β相和S相等。这类合金除变质处理外，还可淬火时效，进一步提高硅铝明的强度。其σ_b可达200～270 MPa，δ达1%～6%。

2. Al-Cu系合金

Al-Cu系合金含Cu量一般在4%～14%之间。由于Cu在Al中有较大的固溶度，且随温度变化而改变，因此，可进行时效强化，其强化相为$CuAl_2$。这种合金耐热性好，但抗蚀性差。随着w_{Cu}的增加，其高温强度提高，但脆性也增加，因此必须控制其含量。主要用于要求在较高强度和较高温度下工作的零件。

3. Al-Mg系合金

Al-Mg系合金有ZL301和ZL302等，其特点是密度最小(为2.55 g/cm^3)，强度高，耐蚀性好，但流动性不好，铸造性能差，耐热性低。这类合金时效强化效果甚微，常在淬火状态使用。主要用于制造能承受冲击载荷、可在腐蚀介质中工作的、外形便于铸造的零件。

4. Al-Zn系合金

Al-Zn系合金有ZL401，其主要化学成分为：9%～13%Zn，5%～7%Si，由于其成分类似于加入大量Zn的Al-Si等合金，故有“含Zn硅铝明”之称。这种合金的铸造性能好，且铸造冷却时即可自行淬火，经自然时效后有较高的强度，因此，铸态下可直接使用，生产成本低。其缺点是抗蚀性不好，热裂倾向大，需变质处理或压力铸造。

5.1.5　铝合金的热处理

纯铝的强度很低，不能制造承受载荷的结构零件。为了提高其强度，工业上通常加入一定量的其他元素制成铝合金。铝合金不仅可以通过冷变形加工硬化提高其强度，还可以通过热处理进一步提高其强度。下面以Al-Cu系合金为例说明铝合金的热处理。

如图5-5所示，将含4 %Cu的铝合金加热到α相区的某一温度，经过一段时间保温，获得单一的α固溶体组织，随后投入水中快冷淬火，使第二相($CuAl_2$)来不及从α固溶体中析出，在室温下形成过饱和的α固溶体组织，这种处理方法称为固溶处理。其强度为σ_b=250 MPa(处理前σ_b=200 MPa)。此时强度比淬火前虽有提高，但不明显。将该合金在室温下放置4～5天后，σ_b升高到400 MPa，比淬火后提高很多。这种淬火后的铝合金随时间延长而发生的强化现象称为铝合金的“时效强化”或“时效硬化”。在室温下进行的时效为自然时效，在加热条件下进行的时效为人工时效。

图5-6为含4%Cu的Al-Cu合金的自然时效曲线。由图可见，在时效开始阶段，强度不大，这段时间称为“孕育期”。“孕育期”的合金塑性好，易于进行铆接、变形等工艺操作。度过“孕育期”后，强化速度显著提高，在5～15 h内强化速度最快，经4～5天后，强度和硬度就达到最高值。

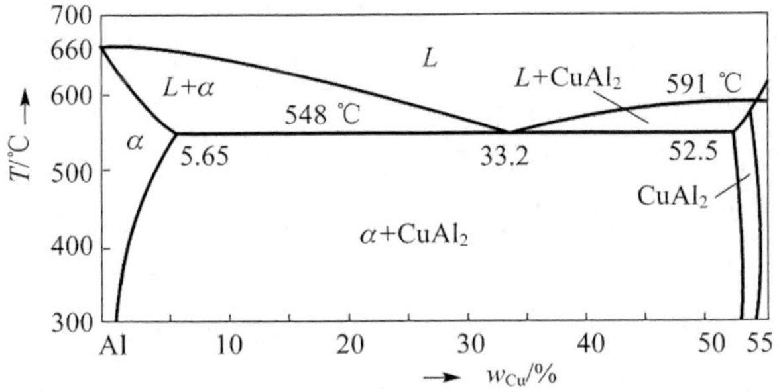

图 5-5　铝铜合金相图

固溶处理后的铝合金，在不同的温度下进行时效时，其效果也不同。由图 5-7 可见，时效温度愈高，时效速度愈快，但其强化效果愈低。

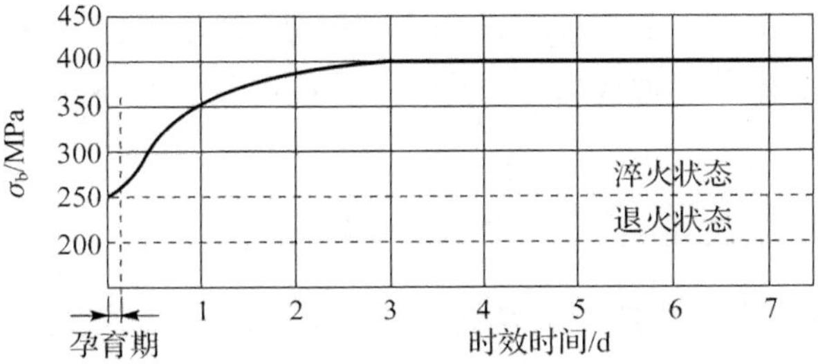

图 5-6　含 4%铜的 Al-Cu 合金的自然时效曲线

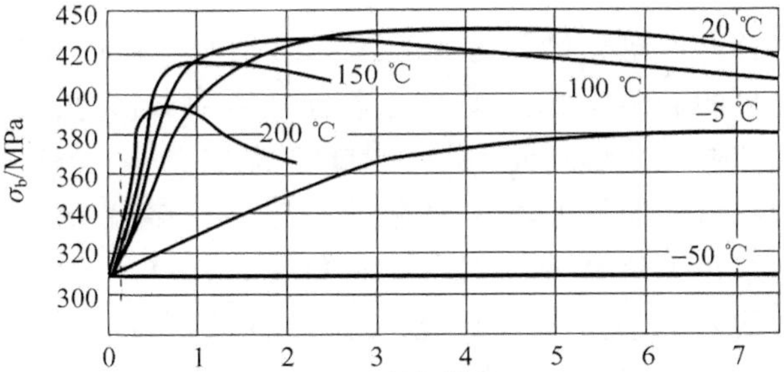

图 5-7　含 4%铜的 Al-Cu 合金在不同温度下的时效曲线

铝合金产生时效强化，是由于铝合金在固溶时抑制了过饱和固溶体的分解过程。这种过饱和固溶体极不稳定，必然要分解。在室温与加热条件下都可以分解。用 X 射线分析法研究发现，时效过程基本上是过饱和固溶体的分解过程。其过程分为 4 个阶段：

第一阶段，形成溶质原子（铜）的富集区——GP[Ⅰ]区。这个区的形成，引起以铝为基的 α 固溶体的畸变，使位错运动受到阻碍，从而提高合金的强度。

第二阶段,GP区有序化——GP[Ⅱ]区,随着时间的推移,溶质原子(铜)继续向GP[Ⅰ]区扩散富集并有序化,形成GP[Ⅱ]区,其化学成分接近于$CuAl_2$,具有正方晶格,以θ''表示,θ''相与母相α共格相连,引起以铝为基的α固溶体更严重的畸变,位错运动受到很大阻碍,从而使合金的强度进一步提高。

第三阶段,溶质原子(铜)继续富集,形成过渡相θ'。随着时间的延续,铜原子继续富集,使成分逐渐达到$CuAl_2$,形成过渡相θ'。此时θ'部分地与母相α固溶体晶格脱离,因而使α固溶体的晶格畸变减轻,位错阻碍减少,合金趋向于软化。

第四阶段,稳定的θ相形成与长大。时效过程的最后阶段是θ'相与母相完全脱离共格联系,形成稳定的θ相——$CuAl_2$。α固溶体的晶格畸变大大减轻,合金强化效果明显下降,合金软化,进入所谓"过时效"状态。

上述4个阶段,适合于可以热处理强化的铝合金,但其时效过程并不一定全部包括以上4个阶段。如自然时效就只出现第一、第二两个阶段,因为室温下原子扩散能力弱,后两阶段不会出现。而温度较高的人工时效,则主要出现第三、第四阶段,因为在较高温度下,原子扩散能力较强,前两个阶段可以很快完成,或来不及出现便转入后两个阶段。

5.1.6 铝合金在航空航天中的应用

铝合金是航空航天飞行器的主要结构材料。航空上主要用于飞机的蒙皮、隔框和长梁等,一架波音747客机需要消耗约18.6吨纯铝。航天上主要用于气动加热温度不超过150℃的运载火箭和宇宙飞行器,也用在卫星、航天飞机等其他航天器的机构中。

目前国内外铝合金的研究热点之一是Al-Li合金。铝锂合金具有低密度、高比强度、高比刚度、优良的低温性能、良好的耐腐蚀性能和卓越的超塑成型性能,用其取代常规的铝合金可使构件质量减轻15%,刚度提高15%～20%,被认为是航空航天工业中的理想结构材料。在航天领域,铝锂合金已在许多航天构件上取代了常规高强铝合金。铝锂合金作为储箱、仪器舱等结构材料具有较大优势。另外,为了满足先进飞机发展对材料的要求,美国海军研究中心提出研制高温铝合金代替部分钛和钢。当用于超声速飞机机身结构的中央大梁时,使用温度为150～350 ℃,与钛合金相比其成本和重量分别降低46.5%和12.8%。

国外预测,含钪铝-镁合金及其他系列的铝合金有可能成为下一代飞机的重要结构材料。TiAl基合金的板材除了有望直接用作结构材料外,还可以用作超塑性成型的预成型材料,并用于制作近净成型航空、航天发动机的零部件及超高速飞行器的翼、壳体等。

近20年来采用快速凝固粉末法研制的高温铝合金,依靠弥散的金属间化合物、氧化物、碳化物增加铝合金的强度和热稳定性,有的铝合金工作温度可达400 ℃。总之,先进的铝合金在未来的航天航空事业中有着广阔的应用前景。

5.2　钛及其合金

钛及钛合金具有质量轻、比强度高、耐高温、耐腐蚀以及良好低温韧性等优点，同时资源丰富，所以应用前景广阔。但目前钛及钛合金的加工条件复杂，成本较昂贵，在很大程度上限制了它们的应用。

5.2.1　纯　钛

纯钛是灰白色轻金属，钛的密度小，为 4.54 g/cm^3，熔点高，约为 1 668 ℃，热膨胀系数小，导热性差。纯钛塑性好、强度低，容易加工成形，可制成细丝和薄片。Ti 在大气和海水中有优良的耐蚀性，在硫酸、盐酸、硝酸和氢氧化钠等介质中都很稳定。Ti 的抗氧化能力优于大多数奥氏体不锈钢。

工业纯钛中含有 H，C，O，Fe 和 Mg 等杂质元素，少量杂质可使钛的强度和硬度显著升高，塑性和韧性明显降低(见表 5－4)。工业纯钛按杂质含量不同分为 TA1，TA2 和 TA3 等 3 种(见表 5－5)，编号越大杂质越多，可制作在 350 ℃以下工作的、强度要求不高的零件。

钛在固态下有同素异构转变：882.5 ℃以下为密排六方晶格，称 α－Ti；882.5 ℃以上直到熔点为体心立方晶格，称 β－Ti。在 882.5 ℃时发生同素异构转变 α－Ti$\rightleftharpoons$$\beta$－Ti，它对强化有很重要的意义。

表 5－4　杂质含量对纯钛性能的影响

类　别	含杂质量 w/%					力学性能				
	N	O	C	H	Fe	σ_b/MPa	σ_s/MPa	δ/%	硬度/HBS	σ_{-1}(10^7 循环)/MPa
高纯度钛	0.007	0.03	0.01	0.005	0.02	343	216	40	110	196
普通纯度钛	0.02	0.12	0.02	0.007	—	490	363	30	160	284

5.2.2　钛合金

合金元素溶入 α－Ti 中，形成 α 固溶体，溶入 β－Ti 中形成 β 固溶体。Al，C，N，O 和 B 等使 α－Ti$\rightleftharpoons$$\beta$－Ti 转变温度升高，称为 α 稳定化元素。Fe，Mo，Mg，Cr，Mn 和 V 等使同素异构转变温度下降，称为 β 稳定化元素。Sn 和 Zr 等对转变温度的影响不明显，称为中性元素。

根据使用状态的组织，钛合金可分为 3 类：α 钛合金、β 钛合金和(α＋β)钛合金。牌号分别以 TA，TB 和 TC 加上编号来表示。

部分钛合金的牌号及用途见表 5－5。

表5-5 工业纯钛及部分钛合金的牌号及用途

类别	牌号	化学成分	室温机械性能			高温机械性能		
			热处理	σ_b/MPa	δ/%	试验温度/℃	σ_b/MPa	δ_{100}/MPa
工业纯钛	TA1	Ti(杂质极微)	退火	300～500	30～40	—	—	—
	TA2	Ti(杂质微)	退火	450～600	25～30	—	—	—
	TA3	Ti(杂质微)	退火	550～700	20～25	—	—	—
α钛合金	TA4	Ti-3Al	退火	700	12	—	—	—
	TA5	Ti-4Al-0.005B	退火	700	15	—	—	—
	TA6	Ti-5Al	退火	700	12～20	350	430	400
β钛合金	TB1	Ti-3Al-8Mo-11Cr	淬火	1 100	16	—	—	—
			淬火＋时效	1 300	5	—	—	—
	TB2	Ti-5Mo-5V-8Cr-3Al	淬火	1 000	20	—	—	—
		淬火＋时效	1 350	8	—	—	—	—
(α＋β)钛合金	TC1	Ti-2Al-1.5Mn	退火	600～800	20～25	350	350	350
	TC2	Ti-3Al-1.5Mn	退火	700	12～15	350	430	400
	TC3	Ti-5Al-4V	退火	900	8～10	500	450	200
	TC4	Ti-6Al-4V	退火	950	10	400	630	580
			淬火＋时效	1 200	8	—	—	—

1. α钛合金

钛中加入Al,B等α稳定化元素获得α钛合金。α钛合金的室温强度低于β钛合金和(α+β)钛合金,但高温(500～600 ℃)强度比它们的高,并且组织稳定,抗氧化性和抗蠕变性好,焊接性能也很好。α钛合金不能淬火强化,主要依靠固溶强化,热处理只进行退火(变形后的消除应力退火或消除加工硬化的再结晶退火)。

α钛合金的典型的牌号是TA7,成分为Ti-5Al-2.5Sn。其使用温度不超过500 ℃,主要用于制造导弹的燃料罐、超声速飞机的涡轮机匣等。

2. β钛合金

钛中加入Mo,Cr和V等β稳定化元素得到β钛合金。β钛合金有较高的强度、优良的冲压性能,并可通过淬火和时效进行强化。

β钛合金的典型牌号为TB1,成分为Ti-3Al-13V-11Cr,一般在350 ℃以下使用,适于制造压气机叶片、轴和轮盘等重载的回转件,以及飞机构件等。

3. (α+β)钛合金

钛中通常加入β稳定化元素,大多数还加入α稳定化元素所得到的(α+β)钛合金,塑性很好,容易锻造和冲压,并可通过淬火和时效进行强化。热处理后强度可提高 50%～100%。

TC4 是典型的($\alpha+\beta$)钛合金，成分为 Ti－6Al－4V，经淬火及时效处理后，显微组织为块状 $\alpha+\beta+$针状 α。其中针状 α 是时效过程中从 β 相中析出的。由于强度高，塑性好，在 400 ℃时组织稳定，蠕变强度较高，低温时有良好的韧性，并有良好的抗海水应力腐蚀及抗热盐应力腐蚀的能力，所以适于制造在 400 ℃以下长期工作的零件，要求一定高温强度的发动机零件，以及在低温下使用的火箭、导弹的液氢燃料箱部件等。

5.2.3　钛及其合金的热处理

1. 退　火

钛合金可进行消除应力退火和再结晶退火。消除应力退火目的是消除工业纯钛和钛合金零件机加工或焊接后的内应力。退火温度一般为 450～650 ℃，保温 1～4 h，空冷。再结晶退火目的是消除加工硬化。纯钛一般采用 550～690 ℃温度，钛合金用 750～800 ℃温度，保温 1～3 h，空冷。

2. 淬火和时效

淬火和时效目的是提高钛合金的强度和硬度。

α 钛合金和含 β 稳定化元素较少的($\alpha+\beta$)钛合金，自 β 相区淬火时，发生无扩散型的马氏体转变 $\beta \rightarrow \alpha'$，$\alpha'$ 为马氏体，是 β 稳定化元素在 α－Ti 中的过饱和固溶体，具有密排六方晶格，硬度较低，塑性好，是一种不平衡组织，加热时效时分解成 α 相和 β 相的混合物，强度和硬度有所提高。

β 钛合金和含 β 稳定化元素较多的($\alpha+\beta$)钛合金淬火时，β 相转变成介稳定的 β 相，加热时效后，介稳定 β 相析出弥散的 α 相，使合金的强度和硬度提高。

α 钛合金一般不进行淬火和时效处理，β 钛合金和($\alpha+\beta$)钛合金可进行淬火时效处理，提高强度和硬度。

钛合金的淬火温度一般选在 $\alpha+\beta$ 两相区的上部范围，淬火后部分 α 保留下来，细小的 β 相转变成介稳定 β 相或 α' 相或两种均有(决定于 β 稳定化元素的含量)，经时效后获得优良的综合机械性能。假若加热到 β 单相区，β 晶粒极易长大，则热处理后的韧性很低。一般淬火温度为 760～950 ℃，保温 5～60 min，水中冷却。

钛合金的时效温度一般在 450～550 ℃之间，时间为几小时至几十小时。

钛合金热处理加热时应防止污染和氧化，并严防过热。β 晶粒长大后，无法用热处理方法挽救。

5.3　镁及镁合金

镁是地壳中含量最丰富的第三种金属元素，占地壳储量的 2.5%，仅次于铝和铁。镁及镁合金比强度高、耐冲击、具有优良的可切削加工性,并对碱、汽油及矿物油具有耐腐蚀特性,因而可用作输油管道。作为结构材料,镁合金发挥着越来越重要的作用。

5.3.1　纯　镁

镁是一种轻金属,纯镁为银白色,其密度为1.74 g/cm^3(约为铝的2/3),熔点650 ℃,沸点1 100 ℃。纯镁的电极电位很低,所以抗蚀性较差,在潮湿大气、淡水、海水及绝大多数酸、盐溶液中易受腐蚀。镁的化学活性很强,在空气中容易氧化,因形成的氧化膜疏松多孔,故无明显保护作用。在高温下镁氧化更剧烈,如果氧化反应放出的热量不能及时散发,则很容易燃烧。镁为密排六方晶格,故力学性能很低,尤其是塑性比铝低得多($\delta=10\%$),因而纯镁一般不用作结构材料。但纯镁高温塑性较好,可进行各种形式的热变形加工。

工业纯镁的编号方法是"M"加顺序号表示。纯镁主要由于配制镁合金,此外,还可用作化工、冶金中的还原剂。

5.3.2　镁合金

1. 镁的合金化

纯镁的力学性能较低,实际应用时,一般在纯镁中加入一些合金元素,制成镁合金。镁的合金化原理与铝相似,主要通过加入合金元素,产生固溶强化、时效强化、细晶强化及过剩相强化作用,以提高合金的力学性能、抗腐蚀性能和耐热性能。镁经过合金化及热处理之后,其强度可达300～350 MPa,密度小、比强度和比刚度高,是航空工业的重要金属材料。其导热和导电性好,兼有良好的阻尼减振和电磁屏蔽性能,易于加工成型,废料容易回收,制成电子装置中的结构件,如移动通讯、手提计算机等的壳体,可以满足产品的轻、薄、小型化和高集成度等要求,用于替代塑料做成汽车轮毂、变速箱壳体等,可以满足轻量化、节能和减振、降噪要求,因此,镁合金被誉为"21世纪绿色工程金属"。

镁合金中主要的合金元素是铝、锌及锰,它们在镁中都有溶解度变化,这就可能利用热处理方法(淬火+时效)来强化,这时引起固溶强化。加入镁合金中的铝和锌,当含量分别不超过10%～11%和4%～5%时起固溶强化作用。超过溶解度后分别与镁形成金属化合物$Mg_{17}Al_{12}$和MgZn,它们在淬火、失效时能起到强化作用,加入镁合金中的锰对改善耐热性和抗蚀性有良好作用。

2. 热处理的特点

镁合金的热处理方式与铝合金相似,但由于组织结构上的差别,呈现出以下几个特点:

① 镁合金的组织一般比较粗大，常达不到平衡态，所以淬火加热温度较低；

② 镁中合金元素扩散速度较慢，所以热处理的加热时间较长；

③ 铸造镁合金及加工前未经退火的变形镁合金易产生不平衡组织，淬火加热速度不宜过快，一般采用分级加热的方式；

④ 自然时效条件下，过饱和固溶体析出沉淀相的速度极慢，故镁合金需用人工时效处理；

⑤ 镁合金的氧化倾向大，加热炉内需保持一定的中性气氛，普通电炉一般通入 SO_2 气体或在炉中放置一定数量的硫铁矿石碎块，以防镁合金的氧化燃烧，并要密封。

镁合金常用的热处理工艺有铸造或锻造后的直接人工时效、退火、淬火及淬火加人工时效等，具体工艺规范根据合金成分特点及性能需求确定。

3. 镁合金的分类与编号

工业中应用的镁合金可分为变形镁合金与铸造镁合金两类。国产镁合金牌号由相应汉语拼音字头和合金顺序号表示，变形镁合金牌号以“MB”加数字表示，如 MB1，MB2 等；铸造镁合金以“ZM”加数字表示，如 ZM1，ZM5 等。常用镁合金的牌号及用途见表 5－6。

镁合金中加入的主要合金元素有 Al，Zn，Mn，Zr 及 Re 等，形成常用的 Mg－Mn 系、Mg－Al－Zn 系、Mg－Zn－Zr 系和 Mg－Re－Zr 系等合金。

表 5－6　常用镁合金的牌号及用途

牌　号	抗拉强度/MPa	伸长率/%	用　　途
ZM1	235	5	飞机轮毂、支架等抗冲击件
ZM2	185	2.5	200℃以下工作的发动机零件等
ZM3	118	1.5	高温高压下工作的发动机匣等
ZM5	225	5	机舱隔框、增压机匣等高载荷零件
MB1	210	8	形状简单受力不大的耐蚀零件
MB2	250	20	飞机蒙皮、壁板及耐蚀零件
MB8	260	7	形状复杂的锻件和模锻件
MB15	335	9	室温下承受大载荷的零件，如机翼等

5.3.3　变形镁合金

变形镁合金有 MB1，MB2，MB3，MB5，MB6，MB7，MB8 和 MB15 八种牌号。其中 MB1 和 MB8 属 Mg－Mn 系合金，MB2，MB3，MB5，MB6，MB7 为 Mg－Al－Zn 系合金，而 MB15 是 Mg－Zn－Zr 系合金。

航空工业上应用较多的为 MB15，属 Mg－Zn－Zr 系合金，是一种高强度变形镁合金。由于含锌量高，且在镁中的溶解度随温度变化较大，能形成强化相 MgZn，所以能热处理强化。铝在镁中能细化晶粒，并能改善抗蚀性。

MB15 合金的热处理工艺较简单，经热挤压的型材及锻件不经淬火，只进行人工时效即可强化。这是因为这类合金经热加工变形后，在空气中冷却已相当于淬火过程。人工时效的温度一般为 160～170 ℃，保温 10～20 h。MB15 合金是常用变形镁合金中抗拉强度和屈服强度最高的。经热处理后的 MB15 强度高，耐蚀性好，但其焊接性差，不能做焊接件。常用做制造飞机及宇航结构件。如飞机的机翼长桁、翼肋等，其使用温度不能超过 150 ℃。

Mg - Li 系合金是一种新型的超轻结构镁合金。其密度为 1.30～1.65 g/cm^3，当含 Li 量小于 5.5%时，室温下具有的显微组织是单相密排六方的 α 固溶体，其密度为 1.65 g/cm^3；当含 Li 量大于 10%时，室温下具有的显微组织是单相体心立方的 β 固溶体，其密度为 1.48 g/cm^3。Mg -Li 系合金具有塑性好、韧性好、密度小、焊接性能好、缺口敏感性低等优点，在航空、航天工业中具有良好的应用前景。

5.3.4 铸造镁合金

ZM1，ZM2 和 ZM5 属于高强度铸造镁合金，具有较高的常温强度和良好的铸造工艺性，但耐热性较差，长期工作温度不超过 150 ℃。ZM3 合金属于耐热铸造镁合金，其常温强度较低，但耐热性较高，可在 200～250 ℃长期工作，短时间可使用到 300 ℃。

航空工业上应用较多的是 ZM5 合金，属 Mg - Al 系。由于其含铝量较高，能形成较多的强化相 $Mg_{17}Al_{12}$，所以可通过淬火和人工时效来强化。ZM5 合金广泛用于制造飞机、发动机和仪表等承受较高负荷的结构件或壳体。

5.3.5 镁合金在航空航天中的应用

镁合金作为最轻的结构材料及可回收的绿色材料近年来备受关注。从两大类型镁合金的发展趋向来看，铸造镁合金主要是向提高自身强度和耐蚀性能力方向发展；变形镁合金在挤压成型快速凝固粉末合金和镁基复合材料方面取得了进展。

1. 含稀土类和高纯耐蚀类铸造镁合金

20 世纪 50 年代以后，镁合金在航空航天工业获得大量应用的原因之一，是发展了稀土金属(包括钍)一类的新型铸造镁合金。80 年代又发展了更高性能的含钇合金。目前世界各国含稀土类合金已达镁合金总数的一半以上。例如，含银、富钛稀土的合金是长期以来广泛运用于飞机、导弹的优质铸件，如美洲虎攻击机的座舱盖骨架、超黄蜂直升机的前起落架外筒和轮毂等。

英国研制成功的 WE54 合金，强度性能超过其他稀土镁合金，高温强度甚至比某些高温铝合金还好，引人注目的是 250 ℃暴露 1 000 h 后，它的拉伸性能远优于现有任何一种镁合金。1989 年在巴黎航空博览会上又推出一种含铊、钛量较低的高纯镁合金 WE43 合金，它在高温下具有优越的性能和与铝合金相同的耐腐蚀性能。

2. 快速凝固镁合金和镁基复合材料

快速凝固工艺是获得新型合金的方法之一。该工艺获得的合金组织晶粒细小，晶界被沉淀或弥散质点所牵制，使合金的塑性和高、低温强度都得到很大的提高。同时由于合金成分高度均匀大大改进了耐蚀性。结果是强度性能可与高强度铝合金相比，耐蚀性能与高纯镁合金相似。

镁基复合材料属金属基复合材料，20 世纪 80 年代以来发展很快。它除了具有高强度、高模量和低膨胀系数外，还能耐 300～600 ℃高温，同时不燃、不吸潮、高导热、导电和抗辐射，在航空航天应用方面有很大潜力。

5.4　铜及其合金

5.4.1　纯　铜

纯铜呈玫瑰红色，因其表面在空气中氧化形成一层紫红色的氧化物而常称紫铜，密度为 8.94 g/cm^3，熔点为 1 083 ℃，具有面心立方晶格，没有同素异构转变。纯铜是人类最早使用的金属，也是迄今为止得到最广泛应用的金属材料之一。纯铜强度较低，在各种冷热加工条件下有很好的变形能力，不能通过热处理强化，但是能通过冷变形加工硬化。

微量杂质 Bi，Pb 和 S 等会与 Cu 形成低熔点共晶组织导致“热脆”，如形成低熔点的共晶组织 Cu+Bi 或 Cu+Pb，并且分布在晶界上，在正常的热加工温度 820～860 ℃下，晶界早期熔化，发生晶间断裂。硫和氧则易与铜形成脆性化合物 Cu_2S 和 Cu_2O，冷加工时破裂断开，导致“冷脆”。

工业纯铜中铜的含量为 99.5%～99.95%，其牌号以“铜”的汉语拼音字首“T”+顺序号表示，如 T1，T2，T3，T4，顺序数字越大，纯度越低，见表 5－7。

表 5－7　工业纯铜的牌号、成分及用途

牌　号	代　号	纯度/%	杂质/%		杂质总量/%	用　途
			Bi	Pb		
一号铜	T1	99.95	0.002	0.005	0.05	导电材料和配制高纯度合金
二号铜	T2	99.90	0.002	0.005	0.1	导电材料，制作电线、电缆等
三号铜	T3	99.70	0.002	0.01	0.3	铜材、电气开关、垫圈、铆钉、油管等
四号铜	T4	99.50	0.003	0.05	0.5	铜材、电气开关、垫圈、铆钉、油管等

5.4.2 铜合金

1. 铜的合金化

纯铜的强度较低,不能直接用作结构材料,虽然可以通过加工硬化提高其强度和硬度,但是塑性会急剧下降,延伸率仅为变形前($\delta\approx50\%$)的4%左右。而且,导电性也大为降低。因此,为了保持其高塑性等特性,对Cu实行合金化是提高其强度的有效途径。

2. 铜合金的分类及编号

根据合金元素的不同,常用的铜合金可分为黄铜和青铜两类。

(1) 黄铜的分类与编号

黄铜是以Zn为主加元素的铜合金,黄铜具有较高的强度和塑性,良好的导电性、导热性和铸造工艺性能,耐蚀性与纯铜相近。黄铜价格低廉,色泽明亮美丽。

按化学成分可分为普通黄铜及特殊黄铜(或复杂黄铜);按生产方式可分为压力加工黄铜及铸造黄铜。

普通黄铜的牌号以"黄"的汉语拼音字首"H"+数字表示,数字表示铜的含量,如H62表示62%,其余为Zn的普通黄铜。

特殊黄铜的代号表示形式是"H+除Zn外的第二个主加元素符号+铜含量-除Zn外第二个主加元素含量"。

如HPb66-3表示w_{Cu}66%,w_{Pb}3%,余量为w_{Zn}的铅黄铜。

铸造黄铜的牌号则以"铸"字汉语拼音字首"Z"+铜锌元素符号"ZCuZn"表示,具体为"ZCuZn+锌含量+第二合金元素符号+第二合金元素含量"。常用普通黄铜、特殊黄铜、铸造黄铜的牌号及用途见表5-8。

(2) 青铜的分类及编号

青铜是以除Zn和Ni以外合金元素为主加元素的铜合金。青铜具有良好的耐蚀性、耐磨性、导电性、切削加工性、导热性能和较小的体积收缩率。

按主加合金元素的不同可分为锡青铜、铝青铜和铍青铜等;按生产方式的不同可分为压力加工青铜和铸造青铜。

压力加工青铜牌号以"青"字汉语拼音字首"Q"开头,后面是主加元素符号及含量,其后是其他元素的含量,数字间以"—"隔开。

铸造青铜表示方法是"ZCu+第一主加元素符号+含量+合金元素+含量+……"。常用青铜的牌号及用途见表5-9。

表 5-8 几种黄铜的牌号、成分、性能与用途

类别	牌号	化学成分 w/%						铸造方法	力学性能				用途
		Cu	Pb	Si	Al	其他	Zn		δ_b/MPa	$\sigma_{0.2}$/MPa	δ/%	HB/HBS	
普通黄铜	H70	69.0～72.0	—	—	—	—	余量	—	660	—	3	150	制造弹壳、冷凝器等
	H62	60.5～63.5	—	—	—	—	余量	—	500	—	3	164	垫圈、弹簧螺钉、螺母等
	H59	57.0～60.0	—	—	—	—	余量	—	500	—	10	103	热轧、热压零件
特殊黄铜	HPb 59-1	57.0～60.0	0.8～1.9	—	—	—	余量	—	650	—	16	140	螺钉、销子等机械零件
	HAl 59-3	57.0～60.0	—	—	2.5～3.5	Ni 2.00～3.00	余量	—	650	—	15	150	常温下高强度化学性能稳定零件
	HMn 58-2	57.0～60.0	—	—	—	Mn 1.00～2.00	余量	—	700	—	10	175	船舶及弱电流用零件
铸造黄铜	ZCu Zn38	60.00～63.00	—	—	—	—	余量	砂型 金属型	295 295	—	30 30	590 685	机械热轧、热压零件
	ZCu Zn33 Pb2	63.00～67.00	1.00～3.00	0.20～0.80	—	—	余量	砂型	180	70	12	490	—
	ZCu Zn40 Pb2	58.00～63.00	0.50～2.50	—	—	—	余量	砂型 金属型	220 280	120	15 20	785 885	制作化学性能稳定的零件
	ZCu Zn16 Si4	79.00～81.00	—	—	—	—	余量	砂型 金属型	345 390	—	15 20	885 980	轴承、轴套

表 5-9 几种青铜的牌号、成分、性能与用途

类别	牌号	化学成分 w/%						铸造方法	力学性能				用途
		Sn	Pb	Al	Mn	Cu	其他		σ_b/MPa	$\sigma_{0.2}$/MPa	δ/%	HB/HBS	
锡青铜	ZCuSn5Pb5 Zn5	4.00～6.00	4.00～6.00	—	—	余量	Zn:4.00～6.00	砂型 金属型	200	90	13	590	耐磨零件、耐磨轴承
	ZCuSn5Pb5	9.00～11.00	4.00～6.00	—	—	余量	—	砂型 金属型	195 245	—	10 10	685 685	
	ZCuSn10 Zn2	9.00～11.00	—	—	—	余量	Zn:1.00～3.00	砂型 金属型	240 245	120 140	12 6	685 785	阀、泵壳、齿轮、蜗轮
铅青铜	ZCuPb10 Sn10	9.00～11.00	8.00～11.00	—	—	—	—	砂型 金属型	180 220	80 140	7 5	635 785	轴承
	ZCuPb30	—	—	—	—	余量	—	金属型	—	—	—	245	曲轴、轴瓦、高速轴承
铝青铜	ZCu Al9 Mn2	—	—	8.00～10.00	1.5～2.5	余量	—	砂型 金属型	390 440	—	20 20	835 930	弹簧及弹性零件等
	ZCu Al9Fe3 Mn2	—	—	—	—	余量	Fe:2.00～ 4.00	砂型 金属型	490 540	—	15 20	1 080 1 175	高强度和耐磨、耐蚀件
铍青铜	QBe 2	—	—	—	—	余量	Be:1.90～2.2 Ni:0.2～0.5	淬火时效	500 1 250	—	35 2～4	100 300	重要弹簧、弹性零件、高速高压齿轮、轴承等
	QBe 1.7	—	—	—	—	余量	Be:1.6～1.85 Ni:0.2～0.5 Ti:0.1～0.25	淬火时效	—	—	50 3.5	HV85 HV360	

5.4.3　黄　铜

1. 普通黄铜

普通黄铜是铜锌二元合金。Cu－Zn 二元相图如图 5－8 所示。α 相是锌溶入铜中形成的固溶体，锌的溶解度随温度变化而变化，在 456 ℃（溶解度最大为 39%Zn）以下降温，溶解度略有下降。β 相是以电子化合物 CuZn 为基的固溶体，具有体心立方晶格，当温度降至 456～468 ℃以下时，发生有序化转变，β 相转化为有序固溶体 β' 相，硬且脆，难以进行冷加工变形。γ 相是以电子化合物 $CuZn_3$ 为基的固溶体，具有六方晶格，更脆，强度和塑性极差。工业上使用的黄铜中，w_{Zn} 一般不超过 47%，否则因性能太差而无使用价值。

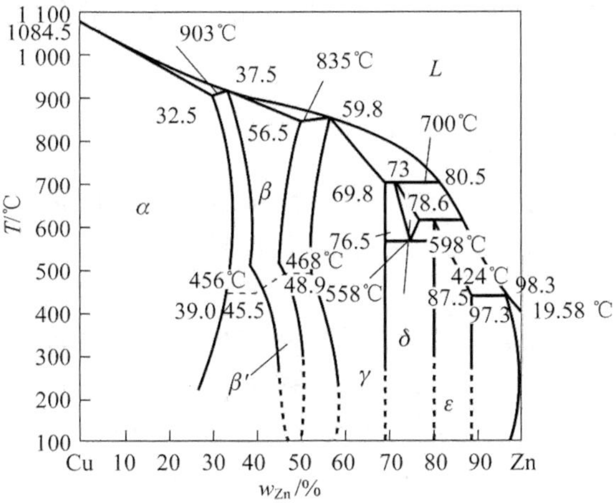

图 5－8　Cu－Zn 合金相图

仅有 α 固溶体的黄铜为单相黄铜，有较高的强度和塑性，可进行冷、热变形加工；它还具有良好的锻造和焊接性能。常用的单相黄铜有 H68，H70，H90 等，H68 和 H70 因较高强度和塑性，常用做子弹和炮弹的壳体，故又称为"弹壳黄铜"。当 w_{Zn} 超过 32%时，就出现了 $\alpha+\beta'$ 双相黄铜。与单相黄铜相比，双相黄铜塑性下降，强度随 w_{Zn} 提高而升高。

当 w_{Zn} 为 45%时强度达到最大值。$\alpha+\beta'$ 双相黄铜具有良好的热变形能力，较高的强度和耐蚀性。常用牌号有 H59，H62 等，可用于散热器、水管、油管和弹簧等。

当 $w_{Zn}>45\%$ 以后，组织全部为 β' 相，强度急剧下降，塑性继续降低。

当黄铜在冷加工状态使用时，由于其中有残余应力存在，在潮湿的大气或海水（尤其是在含氨气的环境中）作用下，腐蚀易沿着应力分布不均匀的晶界进行，并在应力作用下发生破裂。这种自发破裂的现象因常发生在空气潮湿的雨季，故又称季裂。为了防止黄铜的季裂，可以进行喷丸处理，在表面施加压应力；低温退火（250～300 ℃加热保温 1～3 h）去除残存拉应力；或加适量 Al，Sn，Si，Mn，Ni 等元素来显著降低对应力腐蚀的敏感性。

2. 特殊黄铜

特殊黄铜是在铜锌二元合金基础上加入 Pb,Al 和 Mn 等合金元素形成的多元铜合金。合金元素的加入,使特殊黄铜的力学性能、切削加工性能、铸造性能和耐蚀性能等得到了进一步提高,拓宽了应用范围。Al,Sn,Si 和 Mn 主要是提高抗蚀性,Pb 和 Si 能改善耐磨性,Ni 能降低应力腐蚀敏感性,合金元素一般都能提高强度。有铅黄铜、铝黄铜、锡黄铜、硅黄铜、锰黄铜、铁黄铜和镍黄铜等。

3. 铸造黄铜

铸造黄铜含较多的 Cu 及少量合金元素,如 Pb,Si 和 Al 等。它的熔点比纯铜低,液固相线间隔小,流动性较好,铸件致密,偏析较小,具有良好的铸造成形能力。铸造黄铜的耐磨性、耐大气、海水的腐蚀性能也较好,适于用作轴套、腐蚀介质下工作的泵体、叶轮等。

5.4.4 青　铜

青铜原指人类应用最早的 Cu－Sn 系合金,但逐渐地把含锌以外其他元素的铜基合金,也称为青铜,所以青铜包含锡青铜、铝青铜和铍青铜等。

1. 锡青铜

锡青铜是以 Sn 为主加元素的铜合金。锡青铜的主要特点是耐蚀、耐磨、强度高和弹性好等。如图 5－9 所示为 Cu－Sn 二元合金相图(局部)。

Sn 在铜中可形成固溶体,也可形成金属化合物。因此,根据 w_{Sn} 不同,锡青铜的组织和性能也不同,图 5－10 是锡青铜的组织和力学性能与含锡量的关系。由图可知:

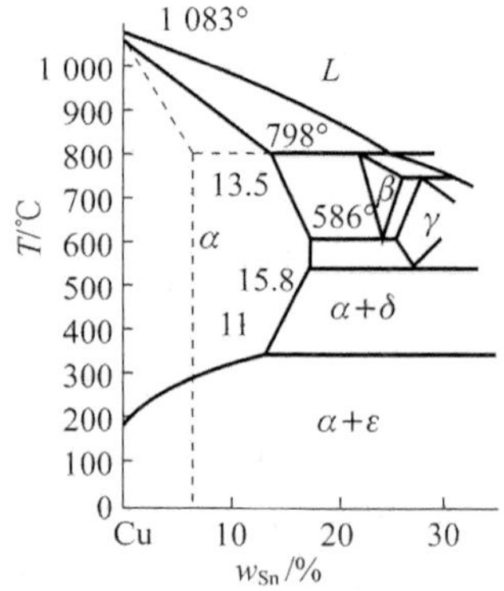

图 5－9　Cu－Sn 合金相图

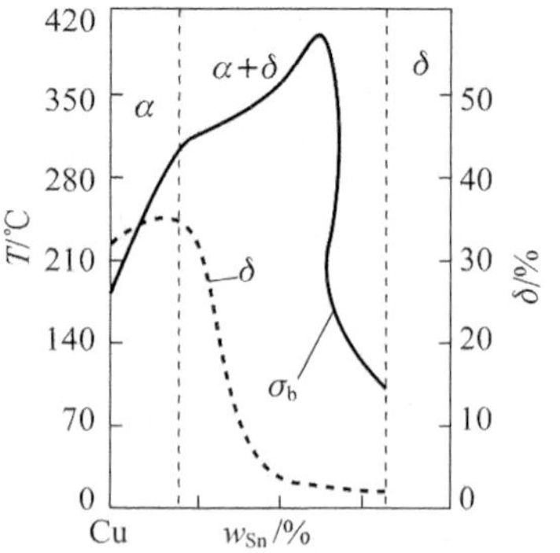

图 5－10　锡青铜组织和力学性能与含锡量的关系

当 w_{Sn} 为 5%～6%时,合金的组织为 α 单相固溶体,合金的塑性最高,强度也增加;当 w_{Sn} 超过 6%～7%后,由于组织中出现硬而脆的 δ 相(以化合物 $Cu_{31}Sn_8$ 为基的固溶体)，塑性显著下降，强度继续增加；当 w_{Sn} 超过 20%时，由于大量的 δ 相出现，使合金变脆，合金的强度和塑性均下降。

因此，压力加工锡青铜 w_{Sn} 一般低于 7%～8%，w_{Sn} 大于或等于 10%的合金适宜铸造。

锡青铜在大气、海水、碱性液和其他无机盐类溶液中有极高的耐蚀性，但在酸性溶液中抗蚀性较差。

锡青铜的结晶温度区间较大，流动性差，易形成枝状偏析和分散缩孔，铸件致密性差。但是锡青铜的线收缩率小，热裂倾向小，可铸造形状复杂、厚薄不均匀的铸件，尤其是构图精巧、纹路复杂的工艺品。

为了改善锡青铜的铸造性能、力学性能、耐磨性能、弹性性能和切削加工性，常加入 Zn，P 和 Ni 等元素形成多元锡青铜。

锡青铜可用作轴套、弹簧等抗磨、抗蚀和抗磁零件。此外，它无磁性，无冷脆现象。

2. 铝青铜

铝青铜是 Cu－Al 系合金，是应用最广泛的一种青铜。它的成本比较低，一般 w_{Al} 为 8.5%～10.5%。铝青铜具有良好的力学性能，耐蚀性和耐磨性，并能进行热处理强化。铝青铜有良好的铸造性能，在大气、海水、碳酸及大多数有机酸中具有比黄铜和锡青铜更高的抗蚀性，此外还有冲击时不发生火花等特性。

铝青铜常用来制作轴套、齿轮和蜗轮等高强度、高耐磨性的零件。

3. 铍青铜

铍青铜是铍的含量为 1.7%～2.5%的铜合金。铍青铜可以淬火时效处理，有很高的强度、硬度、疲劳极限和弹性极限，而且耐蚀、耐磨、无磁性、导电和导热性好，受冲击无火花等。在工艺方面，它承受冷、热压力加工的能力很强，铸造性能也好。

铍青铜主要用于制作高级精密的弹性元件，如弹簧、膜片和膜盘等特殊要求的耐磨零件，高速、高温和高压下工作的轴承、衬套等。由于铍青铜成本高，价格高，应用受到一定限制。

5.5　镍及镍合金

5.5.1　镍的性质

镍是一种银白色的铁磁性金属。密度 8.9 g/cm^3，熔点 1 455 ℃，沸点 2 730 ℃。质坚硬，具有磁性和良好的可塑性。有好的耐腐蚀性，在空气中不被氧化，又耐强碱。镍的强度和塑性也很好，可承受各种压力加工。

在自然界，最主要的镍矿是红镍矿(砷化镍)与辉砷镍矿(硫砷化镍)。镍在地壳中的含量大于常见金属铅、锡等，但明显比铁少得多(只有铁的六百分之一左右)，而且镍和铁的熔点不相上下，因此它比铁发现得晚。17 世纪末，欧洲人才开始注意到镍砒(砷)矿。

金属镍常用来制作不锈钢、软磁合金、高温合金和其他抗腐蚀合金;在钢中加入镍,可明显提高钢的机械强度;镍也用于电镀工业,镀镍的物品美观、干净、又不易锈蚀。极细的镍粉,在化学工业上可用作催化剂。镍的膨胀系数非常小,几乎不热胀冷缩,可用来制造多种精密机械,精确量规等。

5.5.2 镍合金的分类和用途

1. 镍合金的分类和编号

以镍为基础加入一种或几种其他元素如Co,Cu,Mn,Cr,Al,Mg,Si构成的合金称为镍合金。镍基合金一般被应用在航空航天、油气开发、石油化工、化工工程、电力工业、环保工程、汽车工业、海洋工程、电子工业、电加热、热处理和焊接等方面。它的显著特点就是耐高温、耐腐蚀、强度好。

镍合金按主要性能可分为镍基耐热合金(镍基高温合金)、镍基耐蚀合金、镍基耐磨合金、镍基精密合金与镍基形状记忆合金等;按主要合金成分可分为:纯镍、镍-铜合金、镍-铬-铁合金、镍钨合金和镍钛合金等。

目前,我国对国际上应用的大部分镍基进行了研究和生产,早在1975年就制定并颁布了第一个镍基耐蚀合金试行标准YB-687-75,当时仅列入了8种耐蚀合金牌号,随着冶金设备和技术的提高,镍基耐蚀合金品种得到迅速增长,但标准没有修订,已远远不能满足要求。国内常见编号方法是以元素符号与含量数字表示型号,型号前加0表示C≤0.08%,加00表示C≤0.03% 。如00Cr16Ni65M016表示C≤0.03%,Cr为16%左右、Ni为65%左右、Mo为16%左右。

由于国内标准的滞后,国内这种编号方法还没有完全被人们接受。现在常见的一种方法是采用国际上著名的INCO公司和哈氏合金公司分类方法。

INCO公司合金系列具体编号如下:

合金元素含量低的镍合金称为镍(Ni),Ni-Cu系合金称为蒙镍尔(Monel),Ni-Cr和Ni-Cr-Fe系列合金称因康镍(lnconel),Ni-Fe-Cr合金(也就是铁镍基合金)称为因康铬依(In-coloy),用不同的数字将同一类合金分成两组,第一位数字为偶数的是固溶强化合金,第一位数字为奇数的则为析出强化合金,具体分类见表5-10。

表5-10 镍基及铁镍基合金分类

合金系	合金分组	类 型	典型合金	合金系	合金分组	类 型	典型合金
镍	200	固溶强化型 Ni	镍 200	因康镍	600	固溶强化型 Ni-Cr-(Fe)	因康镍 600
	300	析出强化型 Ni	镍 301		700	析出强化型 Ni-Cr-(Fe)	因康镍 700
蒙镍尔	400	固溶强化型 Ni-Cu	蒙镍尔 400	因康铬依	800	固溶强化型 Ni-Fe-Cr	因康铬依 800
	500	析出强化型 Ni-Cu	蒙镍尔 K500		900	析出强化型 Ni-Fe-Cr	因康铬依 900

哈氏(Hastelly)公司合金系列主要是 Ni－Mo,Ni－Cr－Mo 合金等。镍基及铁镍基耐蚀合金化学成分见表 5－11。

表 5－11 镍基及铁镍基耐蚀合金化学成分 %

合 金	Ni	C	Mn	Fe	S	Si	Cu	Cr	Ti	其 他
镍 200	99.5	0.08	0.2	0.2	0.005	0.2	0.1	—	—	—
镍 201	99.5	0.01	0.2	0.2	0.005	0.2	0.1	—	—	—
镍 205	99.5	0.08	0.2	0.1	0.004	0.08	0.08	—	0.03	Mg0.05
镍 211	95.0	0.1	4.8	0.4	0.008	0.08	0.1	—	—	—
镍 220	95.5	0.04	0.1	0.05	0.004	0.03	0.05	—	0.03	Mg0.05
镍 230	95.5	0.05	0.08	0.05	0.004	0.02	0.05	—	0.003	Mg0.06
镍 270	99.98	0.01	<0.001	0.003	<0.001	<0.001	<0.001	<0.001	<0.001	Mg<0.001
达曼镍 301	96.5	0.2	0.2	0.3	0.005	0.5	0.1	—	0.6	Al4.4
坡曼镍 300	98.5	0.2	0.2	0.3	0.005	0.2	0.1	—	0.4	Mg0.4
蒙镍尔 400	66.5	0.2	1.0	1.2	0.01	0.2	31.5	—	—	—
蒙镍尔 401	42.5	0.05	1.6	0.4	0.008	0.1	余	—	—	—
蒙镍尔 R405	66.5	0.2	1.0	1.2	0.04	0.2	31.5	—	—	—
蒙镍尔快 K500	66.5	0.1	0.8	1.0	0.005	0.2	29.5	—	0.6	Al2.7
蒙镍尔 502	66.5	0.05	0.8	1.0	0.005	0.2	28.0	—	0.2	Al3.0
因康镍 600	76.0	0.08	0.5	8.0	0.008	0.2	0.2	15.5	—	—
因康镍 601	60.5	0.05	0.5	14.1	0.007	0.2	0.5	23.0	—	Al1.4

2. 镍合金

(1) 镍基高温合金

镍基合金是 20 世纪 30 年代后期开始研制的。镍基合金的发展包括两个方面:合金成分的改进和生产工艺的革新。由于涡轮叶片工作温度的提高和真空冶炼技术以及熔模精密铸造工艺的实现,使得一系列高温镍合金的出现成为可能。从 20 世纪 40 年代初到 70 年代末大约 40 年的时间内,镍基合金的工作温度从 700 ℃提高到 1 100 ℃,平均每年提高 10 ℃左右。

在高温合金中,镍基高温合金应用最为广泛。原因如下:

① 镍基合金中可以溶解较多合金元素,且能保持较好的组织稳定性;

② 可以形成共格有序的 A_3B 型金属间化合物 $\gamma[Ni_3(Al,Ti)]$相作为强化相,使合金得到有效的强化,得到比铁基、钴基高温合金更高的高温强度;

③ 含铬的镍基合金比铁基高温合金有更好的抗氧化和抗腐蚀能力。镍基中 Cr 主要起抗氧化和抗腐蚀作用,其他元素主要起强化作用。根据它们的强化作用方式可分为:固溶强化元素,如钨、钼、钴、铬和钒等;沉淀强化元素,如铝、钛、铌和钽;晶界强化元素,如硼、锆、镁和稀土元素等。因此镍基合金按强化方式可分为固溶强化型

合金和沉淀强化型合金。

(2) 镍基耐蚀合金

1) Ni-Cu 合金

在还原性介质中耐蚀性优于镍,而在氧化性介质中耐蚀性又优于铜,它在无氧和氧化剂的条件下,是耐高温氟气、氟化氢和氢氟酸的最好的材料。

2) Ni-Cr 合金

Ni-Cr 合金也是镍基高温合金,主要在氧化性介质条件下使用。抗高温氧化和含硫、钒等气体的腐蚀,其耐蚀性随铬含量的增加而增强。这类合金也具有较好的耐氢氧化物(如 NaOH,KOH)腐蚀和耐应力腐蚀的能力。

例如 Inconel alloy 718 合金经常被用于航空制造中涡轮叶片、发动机部件、连接件等的典型高温合金和耐蚀合金。它的特点是易加工性(相对于其他镍基合金);在 700 ℃时具有高的抗拉强度、疲劳强度、抗蠕变强度和断裂强度;1 000 ℃时具有高抗氧化性;在低温下具有稳定的化学性能;良好的焊接性能等。由于在 700 ℃时具有高温强度和优秀的耐腐蚀性能、易加工性,Inconel alloy 718 可广泛应用于各种高要求的场合。

3) Ni-Mo 合金

主要在还原性介质腐蚀的条件下使用。它是耐盐酸腐蚀的最好的一种合金,但在有氧和氧化剂存在时,耐蚀性会显著下降。

4) Ni-Cr-Mo(W)合金

兼有上述 Ni-Cr 合金、Ni-Mo 合金的性能。主要在氧化—还原混合介质条件下使用。这类合金在高温氟化氢气中、在含氧和氧化剂的盐酸、氢氟酸溶液中以及在室温下的湿氯气中耐蚀性良好。

5) Ni-Cr-Mo-Cu 合金

具有既耐硝酸又耐硫酸腐蚀的能力,在一些氧化—还原性混合酸中也有很好的耐蚀性。

6) 纯 镍

纯镍合金具有良好的导电性和耐蚀性,其熔点高,有足够的热蒸发,并有好的机械加工性能和成形性;对阴极的发射性有好的影响,并有适宜的电阻系数,辐射系数好,热传导系数大,因此,多用于耐蚀构件。精密仪器结构和医疗设备的重要零件,如用于化工耐蚀设备,生产强碱的过滤网(布),焊接生铁的电焊条芯丝,灯泡厂用灯脚引线,加热棒引出线等。具体牌号见表 5-11。

(3) 镍基耐磨合金

主要合金元素有铬、钼、钨和少量的铌、钽和铟。除具有耐磨性能外,其抗氧化、耐腐蚀、焊接性能也比较好。主要用于耐磨零部件和包覆材料,通过堆焊和喷涂工艺将其包覆在其他基体材料表面。

镍基合金粉末有自熔性合金粉末与非自熔性合金粉末。

非自熔性镍基粉末是指不含 B,Si 或 B,Si 含量较低的镍基合金粉末。这类粉末被广泛应用于等离子弧喷涂涂层、火焰喷涂涂层和等离子表面强化。主要包括:Ni－Cr 合金粉末、Ni－Cr－Mo 合金粉末、Ni－Cr－Fe 合金粉末、Ni－Cu 合金粉末、Ni－P 和 Ni－Cr－P 合金粉末、Ni－Cr－Mo－Fe 合金粉末等。

在镍合金粉末中加入适量 B,Si 便形成了镍基自熔性合金粉末,即在镍、钴、铁基合金中加入能形成低熔点共晶体的合金元素(主要是硼和硅)而形成的一系列粉末材料。

(4) 镍基精密合金

镍基精密合金包括镍基软磁合金、镍基精密电阻合金和镍基电热合金等。最常用的软磁合金是含镍 80%左右的玻莫合金,其最大磁导率和起始磁导率高,矫顽力低,是电子工业中重要的铁芯材料。镍基精密电阻合金的主要合金元素是铬、铝和铜,这种合金具有较高的电阻率、较低的电阻率温度系数和良好的耐蚀性,用于制作电阻器。镍基电热合金是含铬 20%的镍合金,具有良好的抗氧化和抗腐蚀性能,可在 1 000～1 100 ℃温度下长期使用。

镍基精密合金主要有适用于电器元件与硬玻璃、软玻璃、陶瓷匹配封接的玻封合金和软磁合金、弹性合金,其中包括铁、镍、钴合金 4J29,铁镍合金 1J36,1J50,1J79,1J80,3J9,4J42,4J50 等,产品规格包括丝材、带材、管材、板材和棒材。合金采用非真空感应炉,真空感应炉冶炼,也可采用其他能满足要求的冶炼方法。

(5) 镍基形状记忆合金

形状记忆合金是能将自身的塑性变形在某一特定温度下自动恢复为原始形状的特种合金。镍基形状记忆合金特指含钛 50%的镍合金。其回复温度是 70 ℃,形状记忆效果好。少量改变镍钛成分比例,可使回复温度在 30～100 ℃范围内变化。它的伸缩率在 20%以上,疲劳寿命达 10^7 次,阻尼特性比普通的弹簧高 10 倍,其耐腐蚀性优于目前最好的医用不锈钢,因此可以满足各类工程和医学的应用需求,是一种非常优秀的功能材料,多用于制造航天器上使用的自动张开结构件、宇航工业用的自激励紧固件、生物医学上使用的人造心脏和马达等。

记忆合金除具有独特的形状记忆功能外,还具有耐磨损、抗腐蚀、高阻尼和超弹性等优异特点。

第6章　非金属材料及其改性

从广义上讲非金属材料是指除金属材料以外的其他一切材料。它的品种很多，大体分为高分子材料和无机非金属材料两大类。常见的高分子材料有：塑料、橡胶、有机纤维、有机黏结剂、木材、皮革和纸制品，以及有机化工原料等；常见的无机非金属材料有：陶瓷、玻璃、水泥、耐火材料、石墨、铸石，以及无机化工原料等。

在航空航天工程中，非金属材料一般不单独使用，主要作为复合材料中的基体材料或增强材料，或者既是基体材料又是增强材料。根据非金属材料在航空航天工程领域的应用情况，本章主要介绍常用的高分子材料和陶瓷材料。

6.1　非金属材料分类、结构和特点

6.1.1　高分子材料

1. 概　述

高分子材料也称聚合物材料，它是以高分子化合物为基体，再配以其他添加剂所构成的材料。高分子化合物是由许多长度不同的大分子组成的。高分子化合物的最显著的特征是其大分子的相对分子质量大（一般在 $10^3 \sim 10^7$ 的范围之间），远远高于低分子化合物（一般小于1 000）。

高分子材料有各种不同的分类方法，按来源可分为天然高分子材料和合成高分子材料；按大分子主链结构可分为碳链高分子材料、杂链高分子材料和元素有机高分子材料；按性能和用途可分为塑料、橡胶、纤维、胶黏剂、涂料和功能高分子材料等。

高分子化合物绝大多数为有机物。它的命名比较复杂，不仅要考虑高分子化合物的组成原子及数目，而且要反映化合物的结构，并在一定程度上反映高聚物的原料和单体之间的关系。常用的命名方法有：

(1) 习惯命名法

习惯命名法是在单体名称前面冠以“聚”字命名。如：聚乙烯。或者取单体的简名，后附“树脂”两字命名。如：聚氯乙烯树脂。

(2) 以聚合物的结构特征命名

如聚酰胺等，由名字反映了聚合物的结构。

(3) 商业名称

商业名称因为简单而受欢迎。如：涤纶（聚对苯二甲酸乙二醇酯）、绵纶（尼龙-6）、腈纶（聚丙烯腈）和丙纶（聚丙烯）等。

许多合成橡胶的共聚物是从单体中各取一个字，后附“橡胶”命名。如丁苯橡胶

(丁二烯和苯乙烯的共聚物),丁腈橡胶(丁二烯和丙烯腈的共聚物)等。

简便起见,可将几种单体英文名称的开头字母拼在一起组成共聚物的名称,如ABS(丙烯腈-丁二烯-苯乙烯共聚物)。

2. 高分子材料的结构

高分子材料的主要组分是高分子化合物。高分子化合物是由许多小分子(或称低分子)通过共价键连接起来形成的大分子有机化合物,因具有链状结构,常称为大分子链,又称为聚合物或高聚物。

高分子材料除高聚物为主要组分外,还包含各种添加剂,如塑料中的填料、增塑剂和固化剂等。虽然这些组分也会影响材料的性能,但毕竟不像高聚物那样起关键作用。所以高分子材料的结构主要是指高聚物的结构。

高聚物是由小分子化合物经加聚或缩聚反应而得的。

(1) 高分子材料的聚合方式

1) 加成聚合反应

加成聚合反应简称加聚反应,由一种或几种单体聚合而生成高聚物的反应,称为加成聚合反应。在工业上利用加聚反应制备的高聚物约占整个高聚物材料的 80% 左右。这种高聚物链节的化学结构与单体的化学结构相同。根据单体种类的不同,加聚反应可分为均聚反应和共聚反应两种。

均聚反应是由一种同类型单体聚合生成高聚物的反应,其产物称为均聚物,如聚乙烯就是乙烯的均聚物。

共聚反应是由两种以上不同类型的单体聚合生成高聚物的反应,其产物称为共聚物。如 ABS 工程塑料就是丙烯腈、丁二烯和苯乙烯 3 种单体的共聚物。

2) 缩合聚合反应

缩合聚合反应简称缩聚反应,是由一种或几种单体聚合而生成高聚物的反应,但在生成高聚物的同时还产生了 H_2O 等低分子副产物,因而高聚物的链节结构与单体不同。例如氨基乙酸经缩聚反应生成尼龙-6(聚酰胺)和水。

缩聚反应也有共缩聚和均缩聚之分,由一种单体进行的缩聚为均缩聚,由两种或两种以上单体进行的缩聚为共缩聚。

可以聚合生成大分子链的小分子化合物称为单体。如聚乙烯是由乙烯聚合而成的,乙烯就是聚乙烯的单体,其聚合反应式为

$$n(CH_2 = CH_2) \rightarrow [CH_2—CH_2]_n \tag{6-1}$$

在这个聚合反应中,低分子化合物 $CH_2=CH_2$ 称为单体,所生成的高分子化合物,称“高聚物”或“聚合物”。所以,单体是人工合成高聚物的原料。

需要指出的是:高聚物可以由两种或两种以上的单体共同聚合而成;但是,并非任何一种小分子有机化合物都可以作为单体。

聚合物的大分子链极长,它是由许多相同的结构单元多次重复连接组成的,这些结构单元称为“链节”,如上述聚乙烯中的$[CH_2—CH_2]$即为聚乙烯大分子链的链节。

一个大分子链中链节重复的次数 n(链节的数目)称为"聚合度",式(6-1)中的 n 即为聚乙烯大分子的聚合度。聚合度反映了大分子链的长短及相对分子质量的大小。

高分子化合物大分子的相对分子量与聚合度有关。即使是同一种高分子化合物,各大分子所含链节数量不同,其相对分子质量也不同,两者关系为:$M=nm$,式中,M 为高分子化合物的相对分子量;n 为聚合度;m 为链节的相对分子质量。由于聚合度的不同,高分子化合物的相对分子量常在一定的范围内变化。这个相对分子量是指平均相对分子量。平均相对分子量及分子量分布情况,影响着高分子化合物的性能。

高分子化合物由于分子量大、链节长、结构特殊使得它与许多低分子化合物的性能有着悬殊的差异。

(2) 大分子链的形态

高分子的大分子链呈卷曲状,这种卷曲状大分子链对外力的适应性很强,受力时可以伸缩,具有柔顺性。柔顺性好的大分子链组成的高聚物弹性、塑韧性好,但强度、硬度低;柔顺性差的大分子链组成的高聚物则弹性低、塑韧性差,而强度、硬度较高。

大分子链由很多数目的结构单元组成,这些结构单元可以是一种(均聚物)也可以是两种或几种(共聚物)。它们通过共价键连接成不同的几何形状——线型、支链型和三维网型或体型等,如图6-1所示。

1) 线型结构

线型结构是由许多链节连成一条长链,如图6-1(a)所示。通常卷曲成不规则的线团状,在拉伸时成直线状。

有一些高聚物的大分子链带有一些小的支链,如图6-1(b)所示,属于线型结构。

具有线型结构的高聚物,如:一些合成纤维和热塑性塑料(如聚氯乙烯、聚苯乙烯等),在加工成型时,分子链时而卷曲收缩,时而伸长,表现出良好的塑性和弹性。在适当溶剂中能溶解和溶胀(即胀大),加热时,软化、熔化;冷却后,变成固体;再加热,又软化、熔化;可反复进行,故易于加工成型,并可重复使用。习惯上称这类高聚物具有热塑性。支链的存在使线型高聚物的性能钝化,如熔点升高、黏度增加等。

2) 网型或体型结构

网型或体型高分子结构,如:热固性塑料(如酚醛塑料、环氧燃料等)和硫化橡胶等,是大分子链之间通过支链或化学键形成了三维网型或体型结构,如图6-1(c)所示。整个高聚物就是一个由化学键连接起来的不规则网状分子,所以具有较好的耐热性、尺寸稳定性和机械强度,但脆性大、硬度高,弹性和塑性很低,不能塑性加工。成型加工只能在网状结构形成之前进行,一经成型硬化后,就成为既不溶解也不熔融的固体,不能再次成型,故又称这类高聚物具有热固性。

图 6-1　高聚物结构示意图

(3) 大分子链间作用力

大分子链内原子间以共价键相连接，而大分子链之间为范德华力。虽然相邻两大分子链上的每对链节间的范德华力很小（只有共价键结合力的 1/10～1/100），但大分子链包含成千上万个链节，所以大量链节产生的范德华力之和远远大于共价键的结合力。高聚物的相对分子质量越大，则大分子间结合力越强，高聚物的强度也越高。如：相对分子质量超过 100 万的聚乙烯的抗拉强度比相对分子质量为 50 万的聚乙烯高一倍。

(4) 大分子的聚集态结构

一般低分子材料有气态、液态和固态 3 种，高聚物由于分子和分子间力都特别大，容易聚集为液态或固态，而无气态存在。

按大分子几何排列是否有序，固态高聚物的结构分为无定形和结晶型两种类型，无定形高聚物的分子排列杂乱不规则，结晶型高聚物的分子排列规则有序。

无定形高聚物的结构，并非真正是大分子排列呈杂乱交缠状态，实际上其结构只是宏观上（远距离范围内）无序，而微观上（近距离范围内）有序，即远程无序、近程有序。

结晶型高聚物由晶区（分子有规则紧密排列的区域）和非晶区（分子处于无序状态的区域）所组成，如图 6-2 所示。由于分子链很长，所以每个部分都规则排列是很困难的。在高聚物中晶区所占的质量百分数（或体积百分数）称为结晶度。一般结晶型高聚物的结晶度为 50%～80%。

晶态与非晶态影响高聚物的性能。结晶使分子排列紧密，分子间作用力增大，因而使高聚物的密度、强度、硬度、刚度、熔点、耐热性、耐化学性、抗液体及气体透过性能有所提高；而依赖分子链运动的有关性能，如弹性、塑性和韧性较低。

(5) 高聚物的物理、力学状态

高聚物在不同的温度下呈现出不同的物理状态，因此具有不同的性能，这对高聚物的成型加工和使用具有重要意义。图 6-3 为线型无定形高聚物的温度-变形曲线。由图可见，在不同的温度下，线型无定形高聚物可处于玻璃态、高弹态和黏流态。

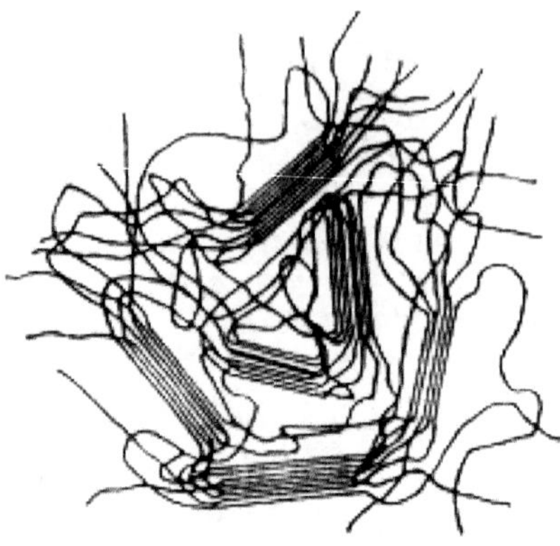

图6-2 高聚物的晶区与非晶区示意图

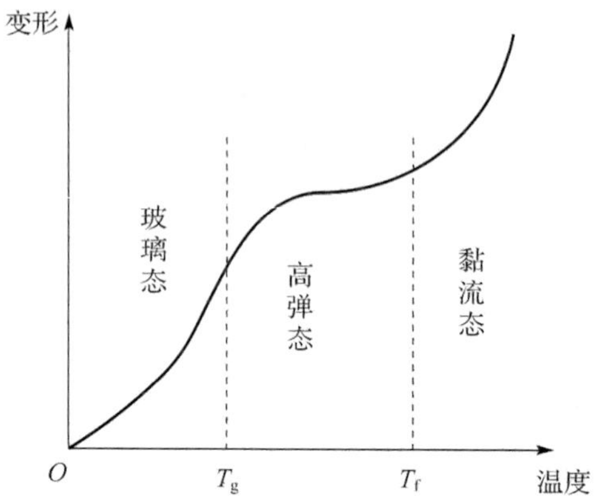

图6-3 线型无定形高聚物的温度-变形曲线

1) 玻璃态

在温度低于 T_g 时,高聚物处于玻璃态,T_g 称为玻璃化温度。在玻璃态时,高聚物的大分子链热运动处于停止状态。玻璃态下表现出的力学性能与低分子材料相似,具有一定刚度。玻璃态是塑料的应用状态,故作为塑料使用的高聚物,其 T_g 应越高越好,且应高于室温。

2) 高弹态

当温度处于玻璃化温度 T_g 和黏流化温度 T_f 之间时,高聚物处于高弹态。这时高聚物的分子链动能增加,由几个或几十个链节组成的链段可进行内旋转运动,而整个分子链并没有移动。处于高弹态的高聚物在受外力作用时,原卷曲链沿受力方向伸展,产生很大的弹性变形($\delta=100\%\sim1\ 000\%$)。高弹态是橡胶的应用状态,故作为橡胶使用的高聚物,其 T_g 应越低越好,且应低于室温。

3) 黏流态

当温度升到黏流化温度 T_f 时,大分子链可自由运动,高聚物变成流动的黏液,这种状态为黏流态。黏流态是高聚物成型加工的工艺状态。

若高聚物中有部分结晶区域时,则当温度升到 T_g 以上和结晶体的熔点以下时,非结晶区仍保持线型无定形高聚物的高弹态,而结晶区则由于分子链无法产生内旋运动表现出较高的刚度和硬度,两者复合组成一种既韧又硬的皮革态。在工程上采用的通过调整、控制结晶度来改变高聚物性能的方法正是利用了部分结晶高聚物的这种特性。

3. 高分子材料的性能特点

高分子材料是以高聚物为主要组分,再添加各种辅助组分而形成的。在高分子材料中,高聚物称为基料,是主要组分,对高分子材料的性能起决定性的作用;辅助组分称为添加剂,例如填充剂、增塑剂、固化剂、发泡剂和着色剂等,起改善、补充材料性能的作用。

(1) 力学性能

与金属材料相比,高分子材料的力学性能有如下特点:

1) 比强度高

高聚物的抗拉强度平均为 100 MPa 左右,远远低于金属,但其密度比金属低,故其比强度高于金属。

2) 高弹性和低弹性模量

弹性变形量大而弹性变形抗力小,这是高聚物所特有的性能,特别是橡胶,不管是线型还是体型高分子化合物,都具有一定的弹性。

3) 硬度低

高聚物的硬度远低于金属,但摩擦系数小,有些高聚物,如聚四氟乙烯、尼龙等,具有良好的减摩、耐磨和自润滑性能。

(2) 物理性能

高分子材料的物理性能表现在以下几个方面:

1) 电绝缘性优良

高聚物中,原子一般以共价键相结合,因而不易电离,导电能力低,绝缘性能好。

2) 耐热性差

耐热性是指材料在高温下长期使用后保持性能不变的能力。由于高聚物链段间的分子结合力较弱,在同时受热、受力时易发生链间滑脱和位移,而导致材料软化、熔化,使其性能变差,所以高聚物的耐热性较差。例如耐热性较高的氟橡胶,其最高使用温度仅为 300 ℃。

3) 导热性低、膨胀大

在机械装置中,高分子材料的零件可能因膨胀过量而引起开裂、脱落和松动等。

(3) 化学性能

高分子材料的化学稳定性高,在酸、碱、盐溶液中耐蚀性较强,如聚四氟乙烯在沸腾的王水中仍很稳定,但高分子材料在某些特定的有机溶剂中会发生软化和熔胀等现象。

(4) 高分子材料的老化

高分子材料在长期使用或存放过程中,在热、光、辐射、氧和臭氧、酸碱、微生物等的作用下,使得聚合物内部结构发生变化,导致聚合物的性能随着时间的推移而逐渐恶化,直至丧失使用功能,这个过程称为老化。发生老化时,橡胶主要表现为龟裂或变软、变黏,塑料主要表现为脱色、失去光泽和开裂等,而这些现象都是不可逆的。因此,老化是高聚物的一大缺点。造成高聚物老化的主要原因有两点:一是分子链产生交联或支化,使其变硬、变脆;二是大分子发生断链或裂解,相对分子质量降低,这个过程称为降解,使聚合物发软变黏,力学性能劣化。一般可通过表面防护、加入抗老化剂等手段提高高聚物的抗老化能力。

4. 工程塑料

塑料是最常用的高分子材料，是以高聚物为基本原料，加入一定量的添加剂而组成的有机高分子材料。它在一定的温度和压力下具有可塑性，能成型一定形状的制品，且在常温下能保持形状不变。由于性能优越，塑料广泛应用于各个领域，并在一些产品的生产中代替部分金属、木材、皮革和无机材料，现已成为一种非常重要的工程材料。

(1) 塑料的组成

1) 树　脂

树脂包括天然树脂和合成树脂。天然树脂是由自然界中得到的，如松香、虫胶和沥青等。天然树脂产量有限，品种少而且性能较差，不能满足工业生产的需要。合成树脂是用人工合成的方法制成的，如聚乙烯、聚氯乙烯等。合成树脂种类较多，性能广泛，所以目前在塑料生产中都采用合成树脂。它是塑料的主要组分，并决定着塑料的类型和基本性能。在塑料中，它起着黏结其他成分的作用，并使塑料具有可塑性和流动性，从而具有成型性能。

2) 填料或增强材料

多数填料主要起增强作用，并且是塑料改性的重要组成部分。例如石墨、二硫化钼、石棉纤维和玻璃纤维等，都可以改善塑料的力学性能。

3) 固化剂

固化剂的作用是使热固性树脂受热时产生交联作用，由受热可熔的线型结构变为不溶不熔的体型结构。例如，在酚醛树脂中加入六亚甲基四胺，在环氧树脂中加入乙胺、顺丁烯二酸酐等。

4) 增塑剂

是一种为提高塑料可塑性能和加工性能，降低刚性和脆性而加入的一种能与塑料相溶而不易挥发的高沸点有机化合物。塑料中常用的增塑剂有甲酸酯类和磷酸酯类等液态或低熔点固体有机化合物。例如聚氯乙烯树脂中加入邻苯二甲酸二丁酯后，塑性增大，变为橡胶一样的软塑料。

5) 稳定剂

在塑料中加入稳定剂是为提高塑料在受热和光作用时的稳定性，以抑制树脂在加工或使用过程中产生降解。所谓降解就是聚合物在外界因素(如热、力、光、氧、水、射线、细菌等)作用下，使大分子链断裂或分子发生有害变化的反应。塑料中常用的稳定剂有热稳定剂、光稳定剂和抗氧化剂等。例如，能抗氧的物质有酚类及胺类等有机物；炭黑则可用作紫外线吸收剂。

6) 润滑剂

为防止塑料在成型过程中对设备的摩擦，同时也能改善塑料的流动性以及提高塑件表面光泽度而加入的添加剂称为润滑剂。

常用的润滑剂有硬脂酸、硬脂酸盐和石蜡等。

7）着色剂

着色剂就是赋予塑料颜色的助剂。某些着色剂除装饰美化塑料制品外，还能提高塑料的稳定性。着色剂包括颜料、染料和色母料 3 类。较常用的是颜料和色母料。

8）阻燃剂

其作用是阻止燃烧或造成自熄。比较成熟的阻燃剂有氧化锑等无机物或碳酸酯类和含溴化合物等有机物。

塑料中还有其他的一些添加剂，如抗静电剂、发泡剂、溶剂和稀释剂等。加入银、铜粉末可制成导电塑料；加入磁粉可制成磁性塑料等。需要指出的是，添加剂是根据塑料的品种、成型要求和塑料制品的使用要求有选择地加入的。

（2）塑料的分类

塑料的种类繁多，常用的分类方法有两种：

1）按塑料中合成树脂的分子结构分类

① 热塑性塑料

这类塑料中，树脂的大分子链形状是线型或支链型结构。其特点是受热时软化并熔融，成为可流动的黏稠液体，故易加工成型，冷却后便固化成形，此过程可反复进行。在成型中，塑料只有物理变化而无化学变化，其废旧塑料可再生利用。常用热塑性塑料有聚乙烯、聚丙烯、聚氯乙烯、聚苯乙烯、ABS、聚碳酸酯、有机玻璃、聚砜和氟塑料等。其优点是易加工成形，力学性能较好；缺点是耐热性和刚性差。

② 热固性塑料

这类塑料的树脂在受热之初大分子也为线型结构，故具有可塑性和可溶性，可塑制成一定形状的塑料制品。受热后，线型大分子链间发生交联反应，分子链变为网状结构，当温度达到一定值后，交联反应进一步发展，使树脂既不能溶解也不能熔化。热固性塑料的特点是成型后成为不溶不熔的高分子材料，即遇热不熔，遇溶剂不溶，温度过高时只能分解而不能软化。所以热固性塑料只能塑制一次。这是因为热固性塑料的加热变化，不只是物理变化（塑化），而且还有化学变化（交联固化），使树脂在加热变化前后的性质完全不同，所以这一变化过程是不可逆的，故其废料不可回收再利用。热固性塑料有酚醛塑料、氨基塑料、环氧树脂塑料、有机硅树脂塑料、不饱和聚酯塑料等。它们具有耐热性高、受热受压不易变形等优点。但是一般强度不高。

2）按塑料的性能和用途分类

① 通用塑料。

通用塑料是指产量大、用途广、价格低廉的塑料，主要包括 6 大品种：聚乙烯、聚丙烯、聚氯乙烯、聚苯乙烯、酚醛塑料和氨基塑料。其产量占塑料总产量的 3/4 以上，构成了塑料工业的主体。

② 工程塑料

工程塑料通常是指强度较高、刚性较大、可以代替钢铁和非铁合金制造机械零件和工程结构的塑料。这一类塑料除了具有较高的强度外，还有很好的耐蚀性、耐磨性、自润滑性和制品尺寸稳定性。主要品种包括聚酰胺、聚碳酸酯、聚甲醛、聚氯醚、聚砜、有机玻璃和ABS树脂等。

随着塑料的应用范围日益扩大,工程塑料和通用塑料越来越难以划分。例如,属于通用塑料的聚氯乙烯现在已代替工程塑料作为耐蚀材料,大量地应用于化工设备上。

③ 特种塑料

这类塑料主要是指耐高温或具有特殊用途的塑料。这类塑料的产量少,价格较高。品种包括氟塑料、有机硅树脂、环氧树脂、不饱和聚酯、离子交换树脂、聚酰亚胺塑料、导电塑料、导磁塑料以及为某些专门用途而改性得到的塑料等。

(3) 塑料的特性

塑料的性能包括使用性能和工艺性能两个方面。使用性能体现塑料的使用价值,工艺性能则反映塑料成型加工的难易程度。

1) 塑料的使用性能

塑料的使用性能包括物理性能、化学性能和力学性能等。

① 塑料的物理性能

塑料的物理性能主要有密度、表观密度、透气性、透湿性、吸水性、透明性、透光率、热性能和电性能等。和其他材料相比,塑料的物理性能有以下特点:

(a) 密度小。塑料的密度只有金属材料的1/4～1/8,大部分塑料的密度在1 000～2 000 kg/m^3之间。聚乙烯、聚丙烯的密度最小(约为900 kg/m^3),最重的聚四氟乙烯密度不超过2 300 kg/m^3。

(b) 有一定的透气性和透湿性。

(c) 部分塑料具有很好的透明性和透光率,如聚苯乙烯、有机玻璃和聚碳酸酯等。有机玻璃的透光性超过了普通玻璃,而且质轻、耐冲击、不易碎。

(d) 优良的消音、吸振性。采用塑料作为传动摩擦零件,可以减少噪声、降低振动、提高运转速度。

(e) 优异的电气绝缘性能。几乎所有的塑料都具有优越的电气绝缘性能,可作为电绝缘材料使用,可与陶瓷、橡胶和云母相媲美,是电机电器、无线电和电子工业中所不可缺少的绝缘材料。

② 塑料的化学性能

塑料的化学性能主要有耐蚀性、耐候性、耐老化性、光稳定性和抗霉性等。

耐蚀性是塑料耐酸、碱、盐、溶剂和其他化学物质侵蚀的能力;耐候性是指塑料暴露在自然气候条件下保持其性能的能力;耐老化性是指塑料在自然环境或人工条件下,随着时间的推移不发生化学结构变化,而保持其性能的能力;光稳定性是指塑料在日光或紫外线照射下,抵抗褪色、变色或降解的能力;抗霉性是指塑料对霉菌的抵抗能力。

塑料的耐蚀性能十分优良,大部分塑料对酸、碱、盐、溶剂和其他化学物质等都具有良好的抗腐蚀能力，经常作为防腐材料被使用。所以塑料的出现，帮助人们解决了化工设备方面的腐蚀问题。

与其他材料相比，塑料的耐候性、耐老化性和光稳定性较差，部分塑料易降解和老化。

③ 塑料的力学性能

塑料的力学性能主要指抗拉强度，抗压强度、抗弯强度、延伸率、冲击韧性、抗疲劳强度、耐蠕变性、摩擦系数及硬度等。

塑料的强度、刚度虽比金属材料差，但其比强度和比刚度却较高，有些塑料（如以高强度纤维为填料制成的增强塑料）甚至比金属还高。从这个角度考虑，用塑料去替代某些金属材料，制造机械构件，尤其对要求减轻自重的车辆、船舶、飞机等具有特别重要的意义。

塑料的硬度较低，摩擦系数较小，有些塑料具有突出的减摩、耐磨和自润滑性能，可以作为轴承、齿轮、活塞环和密封圈等零件，在各种液体介质中（如油、水、腐蚀性介质）或者在少油、无油润滑的条件下有效地运转工作。这种特性是一些金属材料所不能比拟的。

塑料的耐蠕变性能较差，在使用中易变形，不宜制造高精度的零件。

塑料还具有其他特殊性能，如：离子交换树脂可以使矿泉水净化，海水淡化，提取非铁合金、稀有金属和放射性元素；感光树脂可以代替一般卤化银作感光材料；泡沫塑料可用来制作隔音、隔热或保温材料；某些塑料加入导电性填料后，可做成导电和导磁塑料等。

虽然塑料在使用性能上有以上优点，但在某些方面目前还有不足之处。例如强度、硬度和刚度远不及金属材料，使用温度大多在 100 ℃左右，仅有少数品种可在 250～300 ℃间使用；同时，导热性极差、热膨胀系数较大、易老化、易燃烧、易变形。针对这些缺点，人们正在不断加以研究、改进，对塑料进行改性及强化。已出现的新型耐高温塑料，使用温度有望突破 500 ℃以上。特别是以塑料为基体，用玻璃纤维、碳纤维和硼纤维等增强的复合材料发展非常迅速，其强度和刚度都已接近或超过金属，为塑料的发展开辟了新的道路。目前全世界塑料的年产量排在钢铁之后，位居第二位，远远超过了其他非铁金属材料。随着塑料改性技术的发展，塑料的发展前景是非常广阔的。

2）塑料的工艺性能

塑料的种类不同，其工艺性能包含的内容也不同。塑料的工艺性能对塑料成型、模具设计和产品质量都有很重要的影响。

① 热塑性塑料的工艺性能

有收缩性、黏度、流动性、吸水性、结晶性、热敏性、应力开裂和熔体破裂等。

② 热固性塑料的工艺性能

有收缩性、流动性、比体积和压缩比、水分和挥发物含量、固化程度和固化速度等。

③ 塑料的聚集状态与加工性

由线型大分子组成的热塑性塑料在恒定压力下，随着加热温度的变化，存在着3种聚集状态，如图6-4所示。

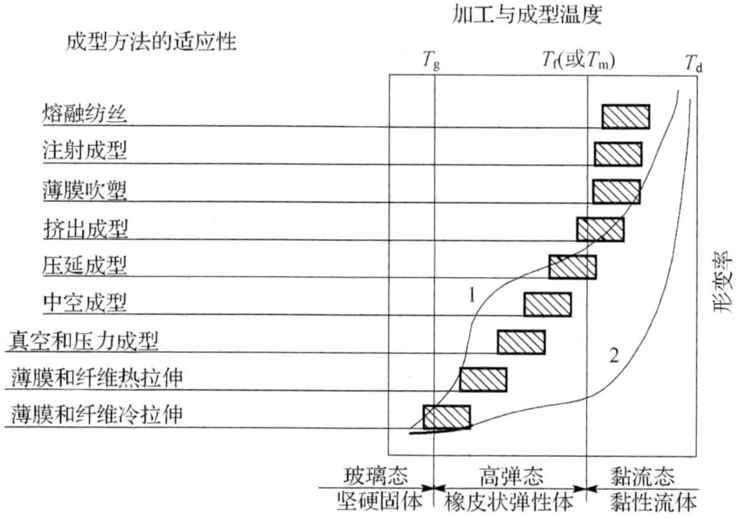

1—非结晶型树脂；2—结晶型树脂

T_g—玻璃化温度；T_f—非结晶型塑料黏流化温度；T_m—结晶型塑料熔点；T_d—热分解温度

图6-4 线型聚合物的聚集态与成型加工的关系

(a) 玻璃态。$T<T_g$，玻璃态是大多数塑料的使用状态。T_g 是大多数塑料使用的上限温度，显然，T_g 愈高愈好，这也表明它们可在较高温度下使用。T_g 以下还有一个脆化温度，低于脆化温度时，塑料受力时易断裂破坏，脆化温度是塑料使用温度的下限。塑料在玻璃态下可进行车、铣、钻和刨等切削加工。

(b) 高弹态。$T_g<T<T_f$，处于高弹态的高聚物，在受力时，可产生很大的弹性变形。在这种状态下，塑料可进行真空成型、压延成型、中空成型、冲压和锻造加工等。

(c) 黏流态。$T>T_f$，高聚物变为黏性流体，常称之为聚合物熔体。塑料在这种状态下变形能力达到最大且具有不可逆性质，一经成型和冷却后(T_g 以下)，其形状可保持下来。所以，大多数塑料的成型加工都是在这种状态下进行的。在黏流态下可对热塑性塑料进行注射、挤出和吹塑等成型加工。在 T_f 以上还有一个热分解温度 T_d，当温度超过 T_d 时，聚合物就会分解。T_f 和 T_d 是塑料成型加工重要的参考温度，多数塑料的成型加工温度范围都在 T_f～T_d 之间。

体型高聚物当交联密度低时，可有玻璃态和高弹态，但没有黏流态；当交联密度大时，则只有玻璃态。

应该注意的是，完全结晶的高聚物无高弹态，当温度高于 T_m（熔点）时，塑料很快由固态熔化变成黏流态。线型结晶型聚合物低于熔点时的变形量很小，耐热性能好；由于不存在明显的高弹态，可在脆化温度与熔点之间使用，使用温度范围较宽。如无定形聚苯乙烯的玻璃化温度为 80 ℃，而结晶型聚苯乙烯的熔点在 230～240 ℃，可见使用温度宽得多。几种常用塑料的性能与用途见表 6－1。

表 6－1　常用塑料的性能与用途

塑料品种	结构特点	使用温度	化学稳定性	性能特点	成型特点	主要用途
聚乙烯 PE	线型结构结晶型	低于 80 ℃	较好，但不耐强氧化剂，耐水性好	质软，机械性能较差，表面硬度低	成型性能好，黏度与剪切速率关系较大，成型前可不预热	薄膜、管、绳、容器、电器绝缘零件、日用品等
聚氯乙烯 PVC	线型结构无定型	－15～55 ℃	不耐强酸和碱类溶液，能溶于甲苯、松节油、脂肪醇、环已酮溶剂	性能取决于配方，较广泛	成型性能较差，加工温度范围窄，热成型前有道捏合工序	很广泛、薄膜、管、板、容器、电缆、人造革、鞋类、日用品等
聚丙烯 PP	线型结构结晶型	10～120 ℃	较好	耐寒性差，光氧作用下易降解老化，机械性能比聚乙烯好	成型时收缩率大，成型性能较好，易产生变形等缺陷	板、片、透明薄膜、绳、绝缘零件、汽车零件、阀门配件、日用品等
聚苯乙烯 PS	线型结构非结晶型	－30～80 ℃	较好，对氧化剂、苯、四氯化碳、酮、酯类等抵抗力较差	透明性好，电性能好，抗拉抗弯强度高，但耐磨性差，质脆，抗冲击强度差	成型性能很好，成型前可不干燥，但注射时应防止淌料，制品易产生内应力，易开裂	装饰制品、仪表壳、灯罩、绝缘零件、容器、泡沫塑料、日用品等
聚酰胺（尼龙）PA	线型结构结晶型	低于 100 ℃（尼龙 6）	较好，不耐强酸和氧化剂，能溶于甲酚、苯酚和浓硫酸等	抗拉强度、硬度、耐磨性、自润滑性突出，吸水性强	熔点高，熔融温度范围较窄，成型前原料要干燥。熔体黏度低，要防止流涎和溢料，制品易产生变形等缺陷	耐磨零件及传动件，如齿轮、凸轮、滑轮等；电气零件中的骨架外壳、阀类零件、单丝、薄膜、日用品等
ABS	线型结构非结晶型	低于 70℃	较好	机械强度较好，有一定的耐磨性。但耐热性较差，吸水性较大	成型性能很好，成型前原料要干燥	应用广泛，如电器外壳、汽车仪表盘、日用品等

续表 6-1

塑料品种	结构特点	使用温度	化学稳定性	性能特点	成型特点	主要用途
聚甲基丙烯酸甲酯(有机玻璃)PMMA	线型结构非结晶型	低于80 ℃	较好,但不耐无机酸,会溶于有机溶剂	是透光率最高的塑料,质轻坚韧电气绝缘性能较好,表面硬度不高,质脆易开裂	成型前原料要干燥,注射成型时速度不能太高	透明制品,如窗玻璃、光学镜片、灯罩等
聚甲醛 POM	线型结构结晶型	低于100 ℃	较好,不耐强度	综合力学性能突出,比强度、比刚度接近金属	成型收缩率大,流动性好。熔融凝固速度快,注射时速度要快,注射压力不宜高。热稳定性较差	可代替钢、铜、铝、铸铁等制造多种结构零件及电子产品中的许多结构零件
聚碳酯 PC	线型结构非结晶型	低于130 ℃,耐寒性好,脆化温度−100 ℃	有一定的化学稳定性,不耐碱、酮、酯等	透光率较高,介电性能好,吸水性小,力学性能很好,抗冲击抗蠕变性能突出,但耐磨性较差	熔融温度高,熔体黏度大,成型前原料需干燥,黏度对温度敏感,制品要进行后处理	在机械上用作齿轮、凸轮、蜗轮和滑轮等,电机电子产品零件,光学零件等
氟塑料	线型结构结晶型	−195~250 ℃	非常好,可耐一切酸、碱、盐溶液及有机溶剂	摩擦系数小,电绝缘性能好。但力学性能不高,刚度差	成型困难,流动性差,成型温度高且范围小,需高温高压成型,一般采用烧结成型	防腐化工领域的产品、电绝缘产品、耐热耐寒产品、自润滑制品
酚醛塑料	树脂是线型结构,塑料成型后变成体型结构	低于200 ℃	不耐强酸、强碱及硝酸	表面硬度高,刚性大,尺寸稳定,电绝缘性好,缺点是质脆,冲击强度差	适压缩成型,成型性能好,模温对流动性影响大,注意预热和排气	根据添加剂的不同可制成各种塑料制品,用途广泛
氨基塑料	结构上有NH_2基,树脂是线型结构,成型后变成体型	与配方有关,最高可达200 ℃	脲甲醛,耐油、耐弱碱和有机溶剂,但不耐酸	表面硬度高,电绝缘性能好	常用于压缩、压注成型,成型前需干燥预热,流动性好,硬化快,模具应防腐	电绝缘零件、日用品、黏合剂、层压、泡沫制品等

5. 橡　胶

橡胶是指使用温度范围内处于高弹态的、具有轻度交联的线型或支链型高分子材料。其主要特点是在室温下处于高弹态，在较小的外力作用下就能产生大的弹性变形，变形量可达100%～1 000%，当外力去除后又能很快恢复到近似原来的状态。经改性处理后具有较高的强度、耐磨性、耐疲劳性和绝缘性，同时还具有良好的伸缩性、储能能力和隔音等性能。因而橡胶材料在国防、交通运输、机械制造、医药卫生和日常用品等方面被广泛应用，可用作弹性材料、密封材料和传动材料，也是许多重要设备和精密仪器不可缺少的零部件材料。

(1) 橡胶的组成

橡胶是以生胶为原料，加入适量配合剂，经过硫化以后得到的高分子弹性材料。

1) 生　胶

生胶是指未加配合剂、未经硫化的橡胶，在橡胶工业中也称胶料或橡料。橡胶制品的性质主要取决于生胶的性质。生胶按原料来源可分为天然橡胶和合成橡胶。

天然橡胶是从热带橡树或杜仲树上流下的乳白色胶乳经凝固、干燥、加压等工序制成各种胶片(便于运输)。其主要成分是以异戊二烯为单体的高聚物。

合成橡胶是通过化学合成方法制造出的与天然橡胶性质相似的高聚物。同其他高聚物一样，合成橡胶也是由单体在一定条件下经聚合反应而成的。其单体的主要来源是石油、天然气和煤等。由于天然橡胶的产量远远不能满足日益增长的工农业生产的需求，合成橡胶已成为现代橡胶工业的主要原料来源。生胶是橡胶制品的主要成分，但它的强度较差，不耐磨，化学稳定性较差，受热发黏，遇冷变硬，只能在5～35 ℃范围内保持弹性。为改善橡胶制品的各项性能，通常都要在生胶中加入几种其他组分并经过硫化处理，这些组分统称为添加剂。

2) 添加剂

常用的添加剂有硫化剂、促进剂、填料、防老剂和软化剂等。不同的橡胶制品加入的添加剂种类和数量有所不同。

硫化剂使橡胶分子链由线型结构变为网状结构，提高其抗拉强度、弹性和化学稳定性。一般硫化剂有硫黄、含硫化合物、金属氧化物和有机过氧化物等。

促进剂的作用是加速硫化反应，降低硫化温度。填料可提高橡胶的抗拉强度、耐磨性、抗疲劳性等。常用的填料有炭黑和水合二氧化硅。防老剂用于提高橡胶抗老化能力，延长使用寿命。软化剂可改善橡胶加工性能，提高塑性，同时提高耐低温性能。

(2) 橡胶的性能特点

1) 高弹性能

橡胶的突出特点是在很大的温度(−40～150 ℃)范围内具有高弹性。其弹性模量低，约1 MPa，变形量大，在100%～1 000%之间。

2) 力学性能

橡胶的强度和弹性模量比金属小得多。

3）耐磨性

橡胶的耐磨性较差，在橡胶中，强度越高，耐磨性越好。

4）耐老化性

橡胶制品在使用中失效，其中一个重要原因就是老化，易老化是橡胶的一个非常严重的不足。

5）黏弹性能

橡胶在承受交变应力时会出现变形速度跟不上应力变化的现象，这种现象称应变滞后。应变滞后使来不及释放的变形产生的弹性储能只能通过分子间的内摩擦转换为热量放出，这种现象叫内耗。内耗积累使橡胶制品的温度升高，加速其老化，缩短使用寿命，所以应减少内耗。但内耗可以吸收振动波，有利于减振，如汽车轮胎。

(3) 常用橡胶材料

几种常用的橡胶性能及用途见表6-2。

表6-2　常用橡胶的性能及用途

类别	名　称	代　号	抗拉强度/MPa	伸长率/%	使用温度/℃	回弹性	耐磨性	耐浓碱性	耐油性	耐老化	用　途
通用橡胶	天然	NR	25～30	650～900	-50～120	好	中	中	差		轮胎、通用制品
	丁苯	SBR	15～20	500～600	-50～140	中	好	中	差	好	轮胎、胶版、通用制品
	顺丁	BR	18～25	450～800	120	好	好	好	差		轮胎、耐寒运输带
	丁腈	NBR	15～30	300～800	-35～175	中	中	中	好	中	输油管，耐油密封圈
	氯丁	CR	25～27	800～1 000	-35～130	中	中	好	好	好	胶管、胶带、电线包皮
特种橡胶	聚氨酯	UR	20～35	300～800	80	中	好	差	好		胶管、耐磨制品
	三元乙丙	EPDM	10～25	400～800	150	中	中	好	差	好	散热管、绝缘体
	氟	EPM	20～22	100～500	-50～300	中	中	中	好	好	高级密封件、高真空耐蚀件
	硅	—	4～10	50～500	-70～275	差	差	好	差		高低温零件、绝缘体
	聚硫	—	9～15	100～700	80～135	差	差	好	好	好	—

6.1.2　陶瓷材料

传统意义上的陶瓷(主要指陶瓷和瓷器)多采用天然硅酸盐类矿物制成，所以也称硅酸盐陶瓷。现代意义上的陶瓷材料已经远远超过了硅酸盐的范畴。所谓陶瓷是指以天然硅酸盐(黏土、石英、长石等)或人工合成化合物(氮化物、氧化物、碳化物等)为原料，经过制粉、配料、成型、高温烧结而成的无机非金属材料。它具有很高的硬度，高熔点，良好的绝缘性和耐蚀性，优良的光学性能，磁性能等，在机械、电子、宇航和医学等领域有广泛的应用，是现代工业中很有发展前途的一类材料。陶瓷材料与高分子材料和金属材料一起构成固体材料的 3 大支柱。

1. 陶瓷材料的分类

陶瓷材料按材料成分和用途通常分为两大类:普通陶瓷(也称传统陶瓷)和特种陶瓷(现代陶瓷)。

(1) 普通陶瓷

普通陶瓷其主要原料是黏土、石英和长石。配比不同的陶瓷的性能也有所差异。根据应用情况,普通陶瓷通常分为普通日用陶瓷和普通工业陶瓷两大类。

普通日用陶瓷主要用做日用器皿和瓷器,一般有较好的光泽度、透明度,热稳定性和较高的机械强度。

普通工业陶瓷按用途可分为建筑陶瓷、电工陶瓷和化工陶瓷等。建筑陶瓷像陶瓷、卫生间用具等,通常尺寸较大,要求强度和热稳定性好。电工陶瓷主要指电器绝缘用瓷,也叫高压陶瓷,要求力学性能高、介电性能和热稳定性好。化工陶瓷用于化工、制药和食品等工业及实验室中的管道设备、耐蚀容器及实验器皿等,通常要求耐各种化学介质腐蚀的能力要强。

(2) 特种陶瓷

特种陶瓷主要由人工合成的纯度较高的化合物(氧化物、氮化物、碳化物和硅化物等)为原料制成,具有特殊的力学、物理或化学性能,主要用于高温、机械、电子、宇航和医学工程等尖端科学技术方面,按性能和用途可分为高强度陶瓷、高温陶瓷、耐磨陶瓷、耐酸陶瓷、电解质陶瓷、半导体陶瓷、磁性陶瓷、透明陶瓷和生物陶瓷等。常用的特种陶瓷有氧化物陶瓷、氮化物陶瓷和碳化物陶瓷。

1) 氧化物陶瓷

常用的纯氧化物陶瓷包括 Al_2O_3,ZrO_2,MgO,CaO,BeO,ThO_2 和 UO_2 陶瓷等,熔点大多在 2 000 ℃以上,烧结温度在 1 800 ℃左右。

目前广泛应用的是氧化铝陶瓷,其主要成分是 Al_2O_3,按 Al_2O_3 含量可分为 75,95 和 99 等几种牌号。氧化铝的熔点高达 2 050 ℃,而且抗氧化性好,所以氧化铝陶瓷广泛用作耐火材料。氧化铝陶瓷也称刚玉,刚玉的强度、硬度极高,硬度仅次于金刚石,并且其热硬性达 1 200 ℃,所以刚玉可做要求高的各类工具,如高速切削刀具、量具、模具、内燃机火花塞和热电耦套等。氧化铝陶瓷具有很高的电阻率和低的导热率,是很好的电绝缘材料和绝热材料。其化学稳定性很好、能耐各种酸碱的腐蚀。透明氧化铝陶瓷可制造光学镜片。这种陶瓷的不足是较脆,抗震性差。

2) 氮化物陶瓷

最常用的氮化物陶瓷是氮化硅(Si_3N_4)和氮化硼(BN)。

① 氮化硅陶瓷

氮化硅是键能高而稳定的共价键晶体。其特点是硬度高、摩擦系数小,耐磨性好,化学稳定性高,具有自润滑作用。氮化硅的耐高温性能比氧化铝低,抗氧化温度高于碳化物和硼化物,在 1 200 ℃以下具有较高的力学性能和化学稳定性,并且热膨胀系数小，抗热振性在陶瓷中最好，可做优良的高温结构材料。氮化硅能耐各种无机酸(氢氟酸除外)和碱溶液的侵蚀、是优良的耐腐蚀材料。

需要指出的是:氮化物的制造方法不同，得到的陶瓷性能也不同，因而应用领域也不同。用反应烧结法制成的氮化硅陶瓷，主要用于制造各种形状复杂、尺寸精度高的耐热、抗蚀耐磨件，如石油化工用的泵、密封环等零件。用热压烧结法制成的氮化硅陶瓷，主要用于制造各种形状较简单的零件，如高温轴承、高硬度刀具等。

② 氮化硼陶瓷

氮化硼具有石墨类型的六方晶体结构，因而也叫"白色石墨"，其特点是:硬度较其他陶瓷低，可与石墨一样进行各种切削加工;导热性好(导热率与不锈钢相同)，耐磨，耐高温(2 000 ℃左右);有自润滑性能;高温下耐腐蚀、绝缘性好。所以，这种材料主要用于高温耐磨材料(高温模具和高温轴承衬套等)和电绝缘材料、玻璃制品成型模、耐火材料和润滑剂等。

③ 碳化物陶瓷

常用的有 SiC，WC，TiC 等。碳化物陶瓷耐磨、耐蚀，硬度低于氧化铝陶瓷，但热稳定性好，在 1 400 ℃时仍保持较高的抗弯强度。一般用来制造火箭喷嘴、高温电炉零件和密封圈等。

表 6-3 给出了一些常用特种陶瓷的用途。

表 6-3 常用特种陶瓷的用途

陶瓷种类	组 成	用 途
氧化铝陶瓷	Al_2O_3	机械构件、基板、切削工具、磨具磨料、坩埚、人体关节、人工骨骼等
氧化锆陶瓷	ZrO_2	特种耐火材料、发动机构件、冷成型工具、整形模、切削工具等
氧化镁陶瓷	MgO	坩埚、浇注模、高温炉衬材料等
氧化钙陶瓷	CaO	坩埚、浇注模、高温炉衬材料等
氧化铍陶瓷	BeO	真空陶瓷、高频电炉坩埚、高温绝缘电子元件
碳化硅陶瓷	SiC	耐火材料、磨料、磨具等
氮化硼陶瓷	BN	做介电体、耐火润滑剂、脱模剂、耐热涂料、高温轴承等
氮化硅陶瓷	Si_3N_4	泵密封环、热电偶管、高温管道阀门等

2. 陶瓷材料的结构特点

(1) 陶瓷材料的键合类型

陶瓷材料是由金属元素和非金属元素形成的无机化合物构成的多相固体材料，主要以离子键和共价键结合，例如 Al_2O_3，MgO 为离子键;金刚石，SiC 为共价键。但通常不是单一的键合类型，而是两种或两种以上的混合键。例如 MgO 晶体，离子键占 84%，共价键占 16%。混合键是陶瓷晶体的特点之一。

由于陶瓷材料具有高键能的结合键，即离子键和共价键，所以陶瓷材料具有熔点高、硬度高、耐腐蚀和塑性差等特点。例如 Mg 的熔点为 650 ℃，而燃烧生成的 MgO 由于是离子键，其熔点高达 2 800 ℃。又如金刚石是典型的共价键，其熔点高达 3 750 ℃，是目前自然界中最坚硬的固体。其他材料如 SiC，Si_3N_4 等共价键的固体材料，均具有高熔点、高硬度性质。

(2) 陶瓷材料的组织

陶瓷是由金属或非金属的化合物构成的多晶固体材料，其结构比金属晶体复杂得多。陶瓷多晶固体材料有以离子键为主要键构成的离子晶体，也有以共价键为主要结合键构成的共价晶体。通常认为其组织结构由晶体相、玻璃相和气相 3 部分组成。如图 6－5 所示。各种相的组成、结构、数量、几何形状及分布状况等都对陶瓷的性能影响很大。

1) 晶体相

晶体相是陶瓷的主要组成相，是一些化合物或以化合物为基的固溶体，是决定陶瓷材料物理、化学和力学性能的主要组成物。其结构、形态、数量及分布决定了陶瓷的特性和应用。晶体相主要有硅酸盐、氧化物和非氧化物 3 种。

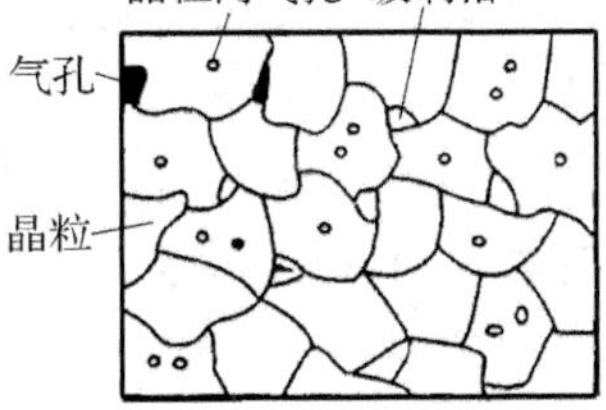

图 6－5　陶瓷显微组织示意图

硅酸盐(如莫来石、长石等)是普通陶瓷的主要原料，也是特种陶瓷组织中重要的晶体相。硅酸盐的结合键为离子键和共价键的混合键，以离子键为主。它的最基本单元是硅氧四面体[SiO_4]，由 4 个氧离子紧密排列成四面体，硅离子居于四面体中心的间隙中。[SiO_4]既可以在结构中独立存在，又可以互相单链、双链或层状连接。连接过程中一个氧原子最多和两个硅原子连在一起。

氧化物(MgO，CaO，BeO 和 ThO_2 等)是大多数陶瓷、特别是某些特种陶瓷的主要晶体相。氧化物结构是以离子键为主的晶体，大多数氧化物结构是氧离子排列成简单立方、面心立方或密排六方的 3 种结构。

非氧化物是指不含氧的金属碳化物、氮化物、硅化物及硼化物等，它们是某些特种陶瓷的主要晶体相。主要由离子键结合，也有一定成分的金属键和共价键。

同有些金属一样，陶瓷晶体相中有些化合物也存在着同素异构转变。如图 6－6 所示，陶瓷原料 SiO_2 有 3 个系列的同素异构，即 α－石英、α－磷石英和 α－方石英，在一定温度下，它们依次相互转变，如温度在 870 ℃时 α－石英和 α－磷石英相互转变。此外，在特定温度下这 3 种石英还分别产生各自的同素异构转变，如温度在 573 ℃时 α－石英和 β－石英发生同素异构转变。其他以此类推，所以 SiO_2 具有多种同素异构体。

因为不同的晶体结构密度不同，所以同素异构转变时总伴随着体积的变化。密度小的晶体转变为密度大的晶体时，体积发生收缩；反之体积膨胀。这种体积变化将造成材料的内应力并导致开裂，给陶瓷工艺带来不利。

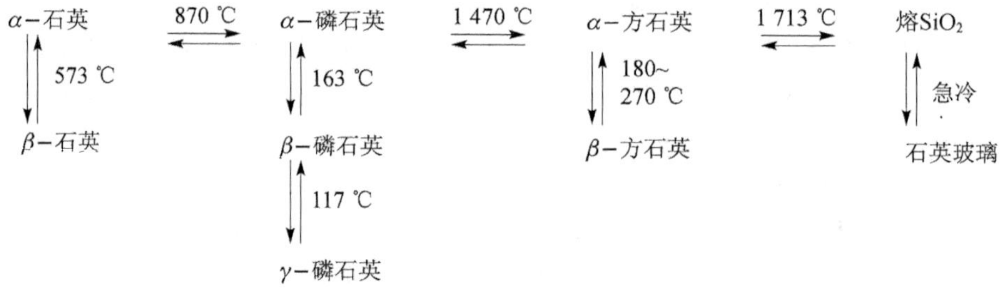

图 6-6 SiO_2 的同素异构转变

陶瓷材料是多晶体，同金属一样，有晶粒、晶界和亚晶粒、亚晶界。在一个晶粒内，也有线缺陷(位错)和点缺陷(空位和间隙原子)这些晶体缺陷的作用类同金属晶体中的缺陷。如果陶瓷的晶粒细小，晶界总面积大，则陶瓷材料的强度就大；空位和间隙原子可加速陶瓷工艺过程中烧结时的扩散，并且影响物理性能，但是，陶瓷晶体中的位错却不像金属中的位错那样，对变形和强化起着重要的作用，因为陶瓷晶体的晶格常数比合金的晶格常数大得多，而且结构复杂，位错运动极为困难，同时还很难产生新的位错，所以陶瓷在常温几乎没有塑性变形的能力。

2) 玻璃相

玻璃相是一种非晶体的低熔点固体相，它是陶瓷材料内各种组成物和混入的杂质在高温烧结时产生物理、化学反应形成的，玻璃相主要存在于晶界处。在陶瓷中常见的是 SiO_2 等。陶瓷制品在烧结过程中，有些物质如作为主要原料的 SiO_2 已处在熔化状态，但在熔点附近 SiO_2 的黏度很大，原子迁移困难，所以当液态 SiO_2 冷却到熔点以下时，原子不能排列成长为有序(晶体)状态，而形成过冷液体。当过冷液体继续冷却到玻璃化转变温度时，则凝固为非晶态的玻璃相。

玻璃相的结构是由离子多面体构成的空间网络，呈不规则排列，而晶态石英则具有规律性排列。

玻璃相在陶瓷组织中的作用是：将分散的晶体相黏结起来，填充晶体相间的空隙，提高材料的致密度；降低烧结温度，加快烧结过程；阻止晶体的转变，抑制晶体长大；获得一定程度的玻璃特点，如透光性等。玻璃相的熔点低、热稳定性差，对陶瓷的强度、电绝缘性、耐热性等产生不利影响，所以工业陶瓷中玻璃相的体积分数需要控制在 20%～40%范围内。功能陶瓷中玻璃相很少存在。

3) 气　相

气相是指陶瓷内部残留下来的气孔。气孔可以是封闭型的，也可以是开放型的(即气孔通向陶瓷的表面)。可以分布在晶粒内(封闭型)，也可分布在晶界上，甚至玻璃相中也会分布气孔。气孔的存在对陶瓷性能影响很大(多孔陶瓷除外)，它会造成应力集中，导致强度下降，脆性增加，热导率和抗电击穿强度下降，还常常是造成裂纹的根源，降低陶瓷的透明度，所以应尽量减少或避免气孔的存在。通常残留气孔率在

5%～10%范围内，特种陶瓷在 5%以下。当然，有时为了获得密度小、绝缘性能好的陶瓷，则希望会有尽可能多的大小一致、分布均匀的气孔。另外，有的多气孔陶瓷用于绝热材料和耐高温材料。

3. 陶瓷材料的性能

由于陶瓷材料为共价键和离子键及其混合键，而且键合能量高，所以陶瓷材料具有熔点高、硬度高、化学稳定性和热稳定性好、耐高温和耐腐蚀等特点。但陶瓷的最大缺点是塑性极差，可以认为多数陶瓷材料在常温下没有塑性。陶瓷的键合特点使陶瓷材料还具有绝缘和绝热的性能。有些陶瓷材料还有特殊的物理性能和能量转换功能。

(1) 力学性能

1) 硬　度

是陶瓷材料重要的力学性能指标之一。陶瓷的硬度是 3 大类(金属、高分子材料和陶瓷)固体材料中最高的，一般为 1 500～3 000 HV(淬火钢为 500～800 HV)，而且陶瓷的耐磨性也很高。

2) 强　度

由于陶瓷材料的键能高，而且晶体中的位错很难运动。所以在常温下的应力-应变曲线上通常只出现弹性变形，而不出现塑性变形。实际上在出现塑性变形之前它就发生脆性断裂，如图 6－7 所示。

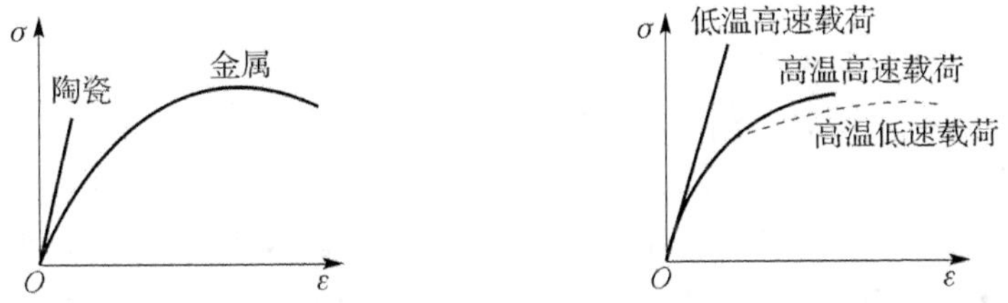

(a) 陶瓷与金属的应力–应变曲线比较　(b) 陶瓷材料在不同温度下的应力–应变曲线比较

图 6－7　陶瓷材料的应力-应变曲线比较

陶瓷的抗拉强度较低，但其抗弯强度较高、抗压强度非常高。陶瓷材料在拉应力作用下，由于气孔的应力集中作用，使裂纹(气孔本身也可看作是一种裂纹)迅速扩展，并引起脆断，所以抗拉强度低。但在压应力作用下，裂纹趋于愈合状态，不易造成破裂，因而陶瓷材料的抗压强度高。陶瓷的抗拉强度与断裂强度是同一数值。陶瓷等硬脆材料一般不测试抗拉强度而是测试抗压强度，或通过弯曲试验测试其抗弯强度。

陶瓷的弹性模量，是各类材料中最高的，一般为金属的数倍。陶瓷的应力-应变曲线与应变轴的夹角比金属大得多，说明弹性变形困难，即这类材料的弹性模量 E 大，因而陶瓷材料的刚度大(比金属大得多)。

提高陶瓷材料强度的措施是减少气孔和杂质，增高致密度和均匀度，同时使晶粒细化。陶瓷制成的纤维或很细的单晶体,由于不存在杂质,没有晶体和组织中的缺陷,可使陶瓷的强度接近理论强度值。

3) 塑　性

由应力-应变曲线可知,陶瓷在常温下拉伸试验中延伸率为零。这种性能特征代表绝大多数陶瓷材料的性质,但个别陶瓷材料如 MgO 等,在常温下具有微量的塑性。陶瓷材料在高温受应力作用时则能显示出一定的延伸率(塑性)(见图 6-7(b))。高温下能表现出塑性的原因,是晶界在高温和应力作用下产生的滑动及晶内位错可以产生运动。加载速度越慢,越有利于这两个过程的进行,故加载慢的要比加载快的显示出更大的高温塑性。

4) 高温性能

高温性能是陶瓷材料的重要特点之一。陶瓷的高温强度一般比金属高得多,高温抗蠕变的能力也较强。陶瓷在高温下不易氧化和腐蚀并具有高的硬度。不易氧化和腐蚀,是因为陶瓷结合键强,不与周围介质起作用;蠕变强度高,一方面是因为陶瓷原子排列的结构复杂以致空位和间隙原子难以参与扩散,另一方面是因为陶瓷材料位错难以进行。由于陶瓷具备耐高温的特性,所以是高温结构件的重要材料。

陶瓷作为高温结构材料,其耐急冷、急热性不好。急冷、急热时,由于导热性差,陶瓷内部温度梯度很大,因而会引起很大的热应力,导致开裂。

(2) 其他性能

1) 化学性能

陶瓷的组织结构非常稳定,通常情况下不会与介质发生作用,即使在高温 1 000 ℃以上也不会氧化,如氧化铝陶瓷在空气中的使用温度达 1 350 ℃以上,这是金属和塑料根本做不到的。并且陶瓷对酸、碱、盐及熔融有色金属等都有极好的抗腐蚀能力。氮化硅、碳化硅等特种陶瓷除氢氟酸和熔融氢氧化钠外,几乎可抵抗一切无机酸和大部分碱溶液的腐蚀,可用于制造化工管道、泵和阀等。

2) 物理性能

陶瓷的热容随温度升高而增加,达到一定温度后则与温度无关;其线膨胀系数一般为 $10^{-2} \sim 10^{-6}$ W/℃;热导率受到材料的组成和结构影响,一般为 $10^{-2} \sim 10^{-5}$ W/(m·K),具有更良好的保温性能。陶瓷的抗急冷急热能力较差,常在热冲击下破坏。但现代陶瓷的研制,使陶瓷的高温使用性能有了显著地提高,从而使陶瓷在若干尖端工业上得到了应用。

陶瓷是传统的绝缘材料,几乎所有的电子都受到材料中各个离子的强烈约束作用,只有材料温度升高到熔点附近时,离子热振加强,才表现出一定的导电能力。

3) 功能性能

在功能材料中,陶瓷占有重要地位。功能材料是指用于工业技术中具有特定物理功能,即具有特定电、磁、光和热等特性的材料,这些材料是能源、计算机、电子、通讯、激光和空间现代技术的基础。陶瓷有以下的功能特性:

① 电性能　陶瓷具有极高的电阻率，大多数陶瓷是良好的绝缘体。有些陶瓷具有半导体特性，可作整流器件。

② 磁性能　铁氧体是以氧化铁为主要成分的磁性氧化物，可用作软磁材料，也可用作硬磁材料。同时还是制作磁带的磁记录材料。

③ 热性能　陶瓷材料熔点高，热膨胀系数比高聚物和金属都小的多。陶瓷的导热性较差，多为绝热材料。多孔泡沫陶瓷可用于－240～－120 ℃低温下的隔热材料，解决高速飞行器液氢、液化天然气的低温储藏和运输。用泡沫陶瓷或陶瓷毡制成骨架，将高分子烧蚀物质嵌于骨架中，可以解决重返飞船、卫星和洲际导弹 4 000～5 000 ℃高温的防热问题。

④ 光学性能　一些金属氧化物掺有铬离子时，可以产生激光。玻璃纤维可用作光通信的传输介质。

4）功能转换性能

有些陶瓷材料在受应力作用时，可引起电极化并形成电场，即正压电效应；有些陶瓷受电场作用时，产生与电场强度成正比的应变，即逆压电效应。这些陶瓷成为机械能与电能相互转换的材料。

6.2　非金属材料的改性及其强化

非金属材料具有很多优异的性能，使用范围也十分广泛，已经成为许多行业不可缺少的一类工程材料。但也存在某些不足或缺点，例如聚苯乙烯性脆；聚酰胺吸湿性大；聚碳酸酯易于应力开裂；有机硅树脂强度低；有些高聚物的化学稳定性不够而且易于老化；陶瓷的脆性成为陶瓷材料实用化的主要障碍。而且，随着科学技术的发展，对非金属材料提出的要求越来越高，例如期望高分子材料既耐高温又易加工成型，既有卓越的韧性又有较高的硬度，不仅性能良好而且价格低廉；从要求单项性能优良向多项性能、综合性能良好发展，致使某些单项性能良好而另外一些性能较差的单一高分子材料难以满足工程设计和市场的需求，应用受到限制。为了适应科学技术和工农业生产发展的需要，对非金属材料有必要加以改性和强化。本节重点介绍非金属材料的改性。

6.2.1　高分子材料的改性及强化

高分子材料的改性，就是设法改变原有的高分子材料的化学组成与结构，使现有的高分子材料之间取长补短，改善或提高其性能。

凡是通过物理的、机械的和化学的作用等都可使塑料原有性能得到改善，称为塑料的改性。在改性过程中，既可以发生物理变化，也可以发生化学变化。塑料改性的应用范围很广泛，几乎所有塑料的性能都可通过改性方法得到改善，如塑料的外观、透明性、机械性能、化学性能、电磁性能、耐腐蚀性能、耐老化性、耐磨性、硬度和阻燃性等方面。

1. 改性目的

高分子材料改性的目的主要有以下几个方面。

(1) 提高或改善使用性能

例如聚丙烯材料,虽然有密度小,透明性好,拉伸强度、压缩强度、硬度及耐热性均优于聚乙烯的优点,但其冲击强度、耐应力开裂及柔韧性不如聚乙烯。由聚乙烯和聚丙烯共混改性制成的共混物,同时保持了两种高分子材料的优点,既具有较高的拉伸强度、压缩强度和冲击强度,且耐应力开裂又比聚丙烯好,而耐热性则优于聚乙烯。又如在聚氯乙烯、聚苯乙烯等硬质树脂中掺入10%~20%的橡胶类物质,可大大提高其冲击强度。

聚四氟乙烯塑料,经填充、共混改性后其性能有了明显的改善。例如:聚四氟乙烯填充四氟乙烯-六氟乙烯的共聚物(FEP)后可以明显地提高聚四氟乙烯的抗张强度;聚四氟乙烯和聚苯共聚物的耐磨性大大高于未改性的聚四氟乙烯;用聚酰亚胺填充聚四氟乙烯后具有较小的摩擦系数和优良的耐磨性;用聚酯填充聚四氟乙烯则可很大程度上提高它的抗压强度、抗弯强度和耐磨性;用聚苯硫醚填充聚四氟乙烯,具有优良的耐蠕变性和尺寸稳定性;用液晶高分子对聚四氟乙烯改性,其耐磨性提高近100%。

(2) 改善加工性能

许多耐高温的高分子材料,因为熔点高、熔体的黏度大、流动性能差而难以加工成型,但通过共混改性便能取得满意的效果。例如难熔难溶的聚酰亚胺与流动性能良好的聚苯硫醚共混后可以方便地进行注射成型。相对分子质量较大的聚乙烯用液晶高分子改性可以大大降低熔体黏度,使用常规挤出成形法加工。

(3) 降低成本

对于某些性能卓越但昂贵的工程塑料,在不影响使用要求的条件下,可以通过共混改性降低原材料成本。

(4) 制备具有崭新性能的新型高分子材料

例如要制备耐燃高分子材料,可与含卤素等耐燃高分子材料共混改性;利用硅树脂的润滑性,与其他高分子材料共混可以生产具有良好自润滑作用的高分子材料。

2. 改性方法

可用于塑料改性的方法有很多种,按不同的方法可将其分为如下几类。

(1) 塑料填充方法

1) 塑料填充方法的实质

填充是指在加工成型过程中,将一定量的小分子无机或有机填料加入到高分子材料中,通过物理或化学作用,达到改善材料性能的目的。这些填料有碳酸钙、滑石粉、高岭土、煤灰、云母、玻璃纤维、碳纤维、天然有机物和炭黑等。

在填充改性中,采用玻璃纤维、碳纤维等填充改性塑料,增强效果非常明显,如玻璃纤维填充聚酯，弯曲模量提高约 4 倍，故这种填充改性的方法又称为增强改性，经纤维填充改性的塑料称为增强塑料。

塑料的填充改性是开发最早的一种改性方法，其改性效果明显，工艺简单，成本低，因而应用十分广泛，约占整个塑料改性的三分之二以上。

几乎所有塑料的改性都可以用填充改性方法完成。但其不足在于：一方面，在改善某种性能时，往往牺牲了其他某种性能；另一方面，由于填充改性为在大分子内填充小分子，两者性能相差甚远，因而相容性差，限制了其填充量。

2）塑料填充改性机理

塑料填充主要基于物理作用机理和化学作用机理。

① 物理作用机理　物理作用机理是通过填充剂单独发挥作用，从而达到改性目的。例如，作为阻燃剂的 $Al(OH)_3$ 在塑料制品受热要燃烧时，它分解并吸收大量热量，使塑料制品温度降低，从而达到阻燃的目的。又如炭黑及金属粉末填充到树脂中，炭黑及金属粉末可单独形成导电通道，从而达到防静电效果。

② 化学作用机理　化学作用机理是指填充剂不能单独发挥作用，它必须先与树脂发生某种化学反应后才可发挥改性作用，达到改性的效果。例如，塑料中填充交联剂后，交联剂必须与树脂发生交联反应才可形成交联结构，从而达到提高性能的目的；有机卤化物阻燃剂可以与燃烧产生的大分子自由基反应，生成稳定化合物，从而达到阻燃效果；PVC 热稳定剂也是通过捕捉 PVC 分解产生的 HCL、置换活泼的烯丙基氯原子、与自由基反应等方式，达到热稳定的目的。

（2）塑料共混方法

1）塑料共混方法的实质

塑料共混改性又称掺混改性，是指在原来的某一聚合物基体中，混进另外一种或几种聚合物，达到改变原来材料性能的目的。

塑料共混改性也是一种常用的塑料改性方法。它与塑料填充改性的区别在于共混改性在树脂中混入高分子物质，而非小分子物质。由于共混改性的复合体系中都为高分子物质，因而其相容性好于填充体系，且对原有树脂的其他性能影响比较小。

塑料的共混物也称为聚合物合金，是开发新型高分子材料最有效的一种办法，也是对现有塑料品种实现高性能化、精细化的主要途径。

高聚物的共混与金属合金不完全相同，合金中的金属能组成固溶体相。而高分子共混物中，只有少数的高分子化合物之间能够互溶，大多数却不能互溶。故高分子共混物多为非均相体系，即一种高分子混杂在另一种高分子化合物之中。如天然橡胶与聚苯乙烯共混后，彼此并不完全相溶，而是由橡胶颗粒分散在聚苯乙烯中形成两相。由于聚苯乙烯中有橡胶微粒存在，共混物的冲击韧性显著提高。

聚合共混物有许多类型，当塑料中掺入橡胶时，由于其冲击性能可获得很大的改善和提高，故常称为橡胶增韧塑料。

2）塑料共混改性的作用

① 综合各共混组分性能　几种共混组分组成的复合体系，可消除单一树脂品种的缺点，互相取长补短，从而达到要求完美的程度。

例如，PP（即聚丙烯）具有密度小、透明性好、拉伸强度高、硬度高和耐热性好等优点；但其冲击性能差，耐应力开裂性不好。如与HDPE（即硅烷）共混，既可保持PP原有的优点，又可使共混物具有耐冲击、耐应力开裂及耐低温好等优点。

② 改善冲击性能　共混是塑料冲击改性最有效的办法。在树脂中混入橡胶类弹性体及耐冲击性树脂，如CPE，ABS及MBS等，可成倍地提高冲击强度。具体实例如PVC/CPE，PS/ABS或PS/MBS等。

③ 改善加工性能　例如，在LLDPE中混入LDPE和在PPO中混入PS，都可改善共混体系的加工流动性能和流变特性。

④ 降低成本　在高价树脂中混入性能相近的低价树脂，可以降低复合体系的成本。例如，在PC及PSF中混入ABS，在ABS中混入PP等。

⑤ 改善一些特殊性能　在一般阻燃树脂中混入高阻燃树脂如CPE，PVC，PPO及PPS等，可提高阻燃性；在一般阻隔树脂中混入高阻隔树脂如PA，PET，EVOH，PVDC及PAN等，可提高其阻隔性；在一般树脂中混入高吸水性树脂或导电聚合物，可改善其抗静电性能；其他如硬度、柔性、耐磨、光泽、增韧和耐热等改性也都可用共混方法实现。

(3) 塑料复合方法

1）塑料复合方法的实质

高聚物可以和各种材料，如金属、木材、水泥和橡胶以及各种纤维复合。这种以热塑性或热固性塑料为基体材料，再与其他材料复合从而改善性能的方法称为塑料的复合改性。

由于塑料基复合材料具有高比强度与比模量，减摩、耐磨、抗疲劳与断裂性能好，化学稳定性优良，耐热、耐烧蚀，电、光、磁性能良好，因此得到了广泛应用。缺点是层间剪切强度低，韧性差，易老化，耐热性和表面硬度不够高，有时质量不易控制，所以复合技术还有待进一步提高。

2）塑料复合方法的目的

包装材料要求透明、柔软、力学强度高、耐穿刺、封口强度高、气体阻隔性好、防潮、耐高低温及耐腐蚀等性能，而单一薄膜品种都有其自身所固有的局限性，不能完全满足上述要求。而利用各种不同薄膜材料各自的优点，将两种或两种以上薄膜材料复合起来，形成一种多层薄膜包装材料，则可集各自优点于一体，以适应各种不同包装场合的需要。如有的包装要高温灭菌，有的包装要真空包装，有的包装要冷冻冷藏，有的包装还要防止其内部食品本身的水、酒、油、盐、酸、辣、甜和香等成分的腐蚀作用。

塑料复合改性的目的就是解决单一塑料品种的局限性。

① 改善印刷牢度　对于聚烯烃类薄膜而言，由于其自身表面极不容易黏合的特点，与油墨的结合牢度比较低，为防止油墨在使用中受磨损、受热及受潮等影响而脱落，可在油墨等外表面再复合一层透明薄膜，以增加油墨的印刷牢度。

② 改善封口性　以聚烯烃类薄膜为例，由于其相互黏合牢度不高，所以对袋状包装材料的封口牢度不高，通过复合其他封口强度高的材料，可大大提高其封口强度。

③ 改善气、液阻隔性能　对于保鲜包装，要求包装袋内氧气含量少，这就要求薄膜阻氧能力高；对于碳酸类饮料及啤酒，则要求包装袋内部 CO_2 气体不要外逸，以保持其原始口感；而对于白酒、化妆品、香精和茶等包装物，则要求各种气味不要外逸。

常见的聚烯烃类(PO)包装材料对气体的阻隔能力不高，必须与 Al 及高阻隔性塑料膜，如 EVOH，PVDC，PA 和 PET 等复合，才能达到阻隔效果，这类改性是目前复合改性的主流方向。现在，塑料复合包装材料可以同传统的玻璃、陶瓷及金属等包装材料相媲美，并且用于啤酒及白酒的包装。

(4) 塑料形态控制方法

塑料的形态是指制品内大分子链之间的聚集状态或排列方式。塑料制品内的大分子链可以是无序乱麻状排列，也可以是规则整齐的有序排列。

塑料内大分子链以三维有序排列的现象称为结晶，塑料制品的结晶与否对其制品性能影响很大；塑料内大分子链以一维或二维有序并沿某一特定方向排列的现象称为取向，取向可以改善塑料制品的许多性能。如果塑料制品内大分子链在成型时以不平衡构象冷却并固定下来，则会产生残余内应力。内应力会导致塑料制品强度降低，且易翘曲变形。

塑料的形态控制改性就是控制塑料制品的上述 3 种不同的聚集形态，取得所预期的性能。一般将在非外力作用下通过加工成型工艺条件的调整而进行的形态控制称为自我改性，其中最常用的为自增强改性。

通过塑料形态控制可以改善塑料的许多性能，如力学、热学和光学性能，有些形态控制改性效果十分明显。例如通过成核技术控制结晶质量和用双向拉伸技术获取高度取向都已获得广泛的应用。

(5) 塑料交联方法

1) 塑料交联改性原理

塑料的交联是一种塑料的化学改性方法，它与共聚等化学改性方法相比，优点为操作简单，并可在塑料加工过程中边成型边实施，因而应用很普遍。

塑料交联为聚合物大分子链在某种外界因素影响下，大分子链之间形成新的化学键，使线型结构聚合物形成不同程度网状结构聚合物的过程。

就化学反应而言，交联与降解是一对互相可逆的反应。有的聚合物会自动发生交联反应，但有些聚合物则有自动发生降解反应的倾向。这就要求在实施交联反应时需对有降解倾向的聚合物采取一定措施，防止降解反应发生并使之转变为交联反应。

2）塑料交联改性效果

经过交联的塑料改变了原有聚合物的大分子结构，从线型结构变为网状体型结构，从而导致其原有性能的大幅度变化，这正是交联所要达到的目的。

交联可使塑料的拉伸强度、冲击强度和硬度等力学性能明显增加，如PA66辐射交联，当辐射剂量达到50 000～100 000 Gy时，拉伸强度达到最大值，此时的拉伸强度增加10%左右；当辐射剂量在100 000 Gy左右时，冲击强度达到最大值，此时的冲击强度比未辐射PA66可增大20%～60%；当辐射剂量达10^5 Gy时，布氏硬度达到最大值，此时的布氏硬度增加值约为25%。

塑料的耐热性能随交联变化可明显升高，如PE交联后热变形温度可由70 ℃升高到90 ℃左右。热老化性能也随交联度升高而改善，以PVC辐射交联为例，当其凝胶含量达到64%时，热老化损失率可由原来的10%下降为4%。

交联对塑料的电学性能也有改善，交联后体积电阻率稍有下降，而介电强度及耐电压则有不同程度的升高。以PVC辐射交联为例，当其交联凝胶含量达到64%时，体积电阻率会从4.5×10^{14} Ω下降到9.3×10^{11} Ω。

交联还可明显改善塑料的耐蠕变性能。

总之，交联是一种可使几乎所有性能都有不同程度提高而几乎不损坏原有优异性能的一种改性方法。

3）塑料交联改性方法

可以使聚合物发生交联反应的方法有很多种，目前已经开发并获得广泛应用的有：辐射交联、过氧化物交联和硅烷交联，此外还有光交联、叠氮交联法及盐交联法等其他方法，但不如前3种方法普及。

辐射交联法是指在辐射能源作用下，引发大分子链产生自由基，从而发生交联反应的一种方法。这种方法一般不需要加其他助剂，缺点为设备投资高，并易造成环境污染。

过氧化物交联法是用有机过氧化物加热分解产生的自由基引发大分子交联反应。这种方法成本低，比较常用。

硅烷交联是最新开发的一种方法，它以硅烷为接枝剂在大分子之间进行交联。这种方法成本低，交联度高，因而比较常用。

(6) 塑料表面改性

塑料表面改性是通过物理或化学方法使塑料制品表面性能发生变化的一类改性方法。它通常实施于塑料制品一次成型加工之后。

塑料表面改性使塑料表面具有高的光泽度、表面硬度、表面耐磨性及耐磨性、表面防老化、表面阻燃、表面导电及表面阻隔等。另一些为提高塑料表面张力，从而改善塑料的黏结性。例如，以塑料电镀为例，未经表面处理的塑料品种镀层牢度十分低，必须先进行表面改性，方可进行电镀处理。

塑料表面改性的方法很多，常用的有塑料表面火焰处理改性、塑料表面溶液处理改性、塑料表面放电处理改性、塑料表面射线辐射处理改性、塑料表面溅射蚀刻处理改性、塑料表面层化改性和塑料表面机械改性等。

(7) 塑料共聚改性

共聚改性是指由两种或两种以上的单体通过共聚反应而制得共聚物，由于大分子链的结构发生变化，引入了新的结构单元，从而改变了高聚物的性能。目前常将共聚反应比喻成高聚物的冶金，把共聚物称为高聚物合金或高分子合金。

6.2.2　陶瓷的增韧强化

陶瓷特别是工程陶瓷材料实用化的主要障碍是陶瓷的脆性。晶须和纤维增韧是解决陶瓷脆性的主要办法之一，因此陶瓷基复合材料越来越受到人们的重视。专家们预测，只有陶瓷基复合材料最有希望在高温 2 200 ℃条件下使用。向陶瓷基内添加各种陶瓷颗粒、纤维和晶须，可以制备出各种强化陶瓷复合材料。目前认为强化陶瓷的方法大致有 3 种，即弥散韧化、相变韧化和纤维(晶须)韧化。

陶瓷的增韧机理虽然很多，但大致可分为 5 种：

(1) 微裂纹增韧

残余应变场与裂纹在分散相周围发生反应，使主裂纹尖端产生微小裂纹。

(2) 相变增韧

由分散相的相变产生应力场来阻止裂纹的进一步扩展。

(3) 裂纹扩展受阻

裂纹尖端的韧性分散相发生塑性变形，使裂纹进一步扩展受阻或裂尖钝化。

(4) 裂纹偏转

分散相和基体之间产生应力场，从而使裂纹沿分散相发生偏转。

(5) 纤维(晶须)拔出

基体/纤维界面脱胶或纤维拔出。

1. 基体材料的选择

基体材料要求有较高的耐高温性能，与纤维(或晶须)增强体有良好的界面相容性，同时应考虑到复合材料制造工艺性，可选择的基体材料有玻璃、氧化物陶瓷和非氧化物陶瓷材料。

玻璃基复合材料的优点是易于制作(燃烧过程中通过低熔点基体的黏性流动形成致密化)，增韧效果好；缺点是玻璃相容易产生高温蠕变，同时还易向晶态转化而发生析晶，使性能下降，使用温度也受到限制。

氧化物类陶瓷基体材料主要有 MgO，Al_2O_3，SiO_2，ZrO_2 和莫来石等，但它们均不宜用于高应力和高湿环境。

非氧化物陶瓷基体材料如 Si_3N_4，SiC 等具有较高的强度、抗热振性及优异的高温力学性能，与金属材料相比，这类陶瓷材料还有密度较低等特点。

2. 增强、增韧纤维的选择

陶瓷基复合材料中早期使用的纤维是金属纤维(如 W,Mo,Ta 等)、增韧 Si_3N_4、莫来石和 Al_2O_3 等。这种陶瓷基复合材料虽然有较高的室温强度,但在高温下容易发生氧化。所以后来又开发了 SiC 涂层 W 芯纤维,这种纤维增韧的 Si_3N_4 基复合材料,断裂功可提高到 3 900 J/m^2,但强度却只有 55 MPa,纤维的氧化性问题仍然存在,且当温度为 800 ℃时,强度严重下降。

碳纤维有较高的强度、弹性模量和低的成本,广泛应用于复合材料领域中。但应用中发现,高温下碳纤维与许多陶瓷基体会发生化学反应。聚碳硅烷作为前驱体经熔融纺丝后,再热解而成的 SiC 纤维,其中含有过量的氧和碳,有利于 CMC 制造过程中在纤维/基体材料界面上形成富碳层,有利于增韧,但在 1 000 ℃以上会严重氧化,使纤维性能下降。高温下这种纤维增强复合材料还会产生脆化,主要是因为纤维在高温下性能受损,纤维/基体材料界面结合加强。

氧化物陶瓷纤维应用很少,主要是因为它们与许多陶瓷基体界面结合过于牢固,同时纤维本身还很容易发生晶粒长大,如果其中含有玻璃相时,还会发生高温蠕变,起不到良好的增韧效果。但纤维涂层技术的研究和应用,改善了这类纤维的应用前景,随着陶瓷基复合材料应用领域的不断扩大,还需要开发高性能的陶瓷基复合材料的增韧纤维。

纤维增强陶瓷基复合材料可以显著提高冲击韧性和抗热振性,降低陶瓷的脆性,同时陶瓷又保护纤维,使之在高温下不被氧化,因此具有很高的高温强度和弹性模量。例如,碳纤维增强氮化硅复合材料可在 1 400 ℃下长期使用,用于制作涡轮叶片。增韧技术从单一的晶须增韧又发展到多重增韧,如 SiC 晶须和 ZrO_2 增韧,因为 SiC 晶须的晶粒细化和 ZrO_2 的韧化具有互相促进作用,能够产生多重韧化效果,进一步提高了陶瓷材料的断裂韧性,Si_3N_4 和莫来石陶瓷材料的断裂韧性分别提高了 4.7 倍和 7 倍。又如,从陶瓷表层到内部分布不同类型或者不同数量的纤维,可以使同一个零部件呈现从高强度到高韧性的梯度变化,这种材料称为功能梯度材料。

6.3 非金属材料在航空航天中的应用

6.3.1 塑料在航空航天中的应用

与金属相比,工程塑料具有密度小、比强度高、耐腐蚀、电绝缘性好、耐磨和自润滑性好,还有透光、隔热、消音和吸振等优点,在航空航天中有着广泛的应用。

聚甲基丙烯酸甲酯(俗称有机玻璃)(PMMA)透光性好,可透过 99%以上太阳光,着色性好,有一定强度,耐紫外线及不易老化,非常耐腐蚀,具有优良的电绝缘性能,可在 −60~100 ℃使用,可制作航空透明件,如飞机座窗等。

聚碳酸酯(PC)透明度高达 86%~92%,使用温度为 −100~130 ℃,韧性好、耐冲击、硬度高、抗蠕变、耐热、耐寒、耐疲劳、吸水性好，可制作飞机座舱罩等。

聚酰胺芳香尼龙（PA）具有耐磨、耐热、耐辐射和突出的电绝缘性能，在 95% 相对湿度下不受影响，能在 200 ℃下长期工作，可制作宇宙服。

苯乙烯-二丁烯-丙烯腈共聚体（ABS）有高的硬度、强度、弹性和韧性，耐冲击、耐油性和耐蚀性，并具有良好绝缘性、着色性和成形加工性，可制作飞机舱内的装饰板、窗框等。

6.3.2　工程结构陶瓷材料在航空航天中的应用

陶瓷材料具有不可燃烧性、高耐热性、高化学稳定性、不老化性以及高硬度和良好的耐压性，而且原料丰富。工程结构陶瓷材料在航空航天中的应用见表 6-4。

表 6-4　工程结构陶瓷材料在航空航天中的应用

零部件 \ 用途	使用温度/℃	可用的陶瓷举例	性能要求
涡轮叶片	1 400	SiC，Si_3N_4	热稳定性和热强度高
火焰导管	1 400	Si_3N_4	热稳定性高
雷达天线保护罩	≥1 000	Al_2O_3，ZrO_2	透过雷达微波
燃烧室内壁、喷嘴	2 000～3 000	BeO，SiC，Si_3N_4	耐蚀、抗热冲击
瞄准陀螺仪轴承	800	Al_2O_3	耐磨
探测红外线窗口	1 000	透明的 MgO，Y_2O_3	高红外线穿透率
火箭、导弹的导流罩	≥1 600	Al_2O_3	耐高温和高强度
火箭尾喷管喷嘴	1 600～1 700	SiC	高温强度高

第7章 复合材料

复合材料是由两种或多种成分不同、性质不同的材料用某种工艺方法合成的多相材料。是由基体材料(树脂、金属、陶瓷)和增强剂(颗粒、纤维、晶须)复合而成的。它既保持所组成材料的各自特性,又具有组成后的新特性,且它的力学性能和功能可以根据使用需要进行设计和制造。所以自1940年玻璃钢问世以来,复合材料的应用领域在迅速扩大,品种、数量和质量不断发展,尤其在航空航天领域起着重要的作用,并越来越占据主导地位。

7.1 复合材料的复合形式和强化机理

复合材料中至少包括两类相:一类是基体相,起黏结、保护增强相的作用,并把外加载荷造成的应力传递到增强相上去;另一类为增强相,起着提高强度(或韧性)的作用,是主要的承载相。基体相可以由金属、树脂和陶瓷等构成,在承载中,基体相承受应力的作用较小。增强相的形态各异,有细粒状、短纤维、连续纤维和片状等。工程上应用比较多的是用纤维增强的复合材料。

7.1.1 复合材料的分类

复合材料种类繁多,品种日新月异,所以目前还不能形成一个科学、统一的分类。按习惯,常见的分类方法有以下3种:

(1) 以基体类型分类

分为金属基复合材料、树脂基复合材料和无机非金属基复合材料等。

(2) 以增强纤维类型分类

分为碳纤维复合材料、玻璃纤维复合材料、有机纤维复合材料、复合纤维(SiC,B)复合材料和混杂纤维复合材料等。

(3) 以增强相外形分类

分为连续纤维增强复合材料、纤维织物或片状材料增强复合材料、短纤维增强复合材料和粒状填料复合材料等。

7.1.2 复合材料强化机理

为了提高复合材料的力学性能,引入的增强体主要有3种形式:颗粒、晶须和纤维。与之相对应的强化机理可从如下3方面予以说明。

1. 颗粒增强机理

根据粒子尺寸的大小颗粒,增强机理分为两类:弥散增强机理和颗粒增强机理。

（1）弥散增强机理

弥散增强复合材料是由弥散颗粒与基体复合而成，其增强机理与金属材料析出强化机理相似，可用位错绕过理论解释。载荷主要由基体承担，弥散颗粒阻碍基体的位错运动。微粒阻碍基体位错运动能力越大，增强效果也就越好。

（2）颗粒增强机理

颗粒增强复合材料是由尺寸较大（$>1\ \mu m$）的坚硬颗粒与基体复合而成，其增强机理与弥散增强机理有所区别。在颗粒增强复合材料中，虽然载荷主要由基体承担，但颗粒也承受载荷并约束基体的变形，颗粒阻止基体位错运动的能力越强，增强效果越好。

2. 单向排列连续纤维增强复合材料

在对高性能纤维复合材料结构进行设计时，使用最多的是层板理论。层板理论认为，纤维复合材料被认为是单向层片按照一定的顺序叠放起来，保证了层板具有所要求的性能，已知层片中主应力方向的弹性和强度参数就可以预测层板的相应行为。

3. 短纤维增强机理

作用于复合材料的载荷并不直接作用于纤维，而是作用于基体材料并通过纤维端部与端部附近的纤维表面将载荷传递给纤维。短纤维可以被认为是连续的，端头效应不可忽略，同时复合材料性能是纤维长度的函数。

7.1.3　复合材料的性能

复合的目的是为了得到“最佳”的性能组合。

复合材料的性能，主要取决于以下 4 个方面：

① 基体的类型与性质；

② 增强体的类型与性质；

③ 增强体的形状、大小及其在基体中的含量和分布；

④ 基体与增强体之间的结合性能。

复合材料和其他材料相比有以下特点：

① 比强度（强度极限与相对密度之比）及比模量（模量与相对密度之比）高于其他材料。其中以纤维复合材料比强度和比模量最高。各种工程结构材料的性能比较见表 7－1。

② 具有良好的抗疲劳性能。如多数金属疲劳极限是拉伸强度的 40%～50%，而碳纤维增强复合材料可高达 70%～80%，图 7－1 是几种材料的疲劳曲线比较。

③ 复合材料吸振能力强。这是由于复合材料自振频率高，不易产生共振，同时纤维与基体之间有界面存在，对振动有减振和吸收作用，图 7－2 是碳纤维复合材料与钢的阻尼特性曲线比较。

④ 复合材料高温性能好。与某些金属相比，具有明显的高温性能。如铝合金在 400 ℃时弹性模量已接近于零，强度也显著下降，而碳或硼纤维增强的铝合金复合材

料,在此温度下弹性模量和强度基本保持不变。

表 7-1 各种工程结构材料的性能比较

工程结构材料	$\rho/(g\cdot cm^{-3})$	σ_b/MPa	E/MPa	比强度(σ_b/ρ) $/(m^2\cdot s^{-2})$	比弹性模量(E/ρ) $/(m^2\cdot s^{-2})$
钢	7.8	1 010	206×10^3	129×10^3	26×10^6
铝合金	2.8	461	74×10^3	165×10^3	26×10^6
钛合金	4.5	942	112×10^3	209×10^3	25×10^6
玻璃钢	2.0	1 040	39×10^3	520×10^3	20×10^6
碳纤维Ⅱ/环氧树脂	1.45	1 472	137×10^3	$1\ 015\times10^3$	95×10^6
碳纤维Ⅰ/环氧树脂	1.6	1 050	235×10^3	656×10^3	147×10^6
有机纤维/环氧树脂	1.4	1 373	78×10^3	981×10^3	56×10^6
硼纤维/环氧树脂	2.1	1 344	206×10^3	640×10^3	98×10^6
硼纤维/铝	2.65	981	196×10^3	370×10^3	74×10^6

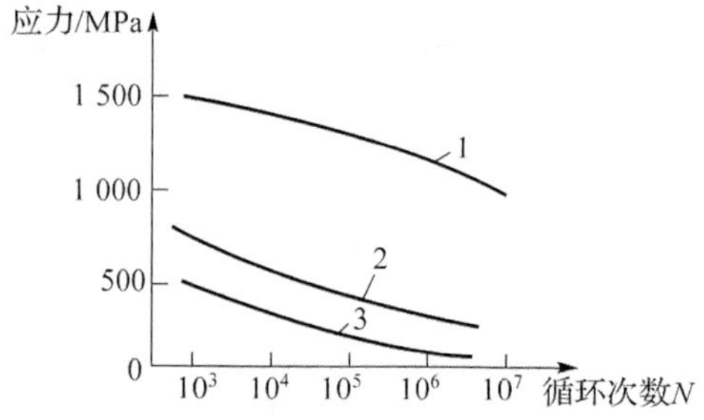

1—碳纤维复合材料;2—玻璃钢;3—铝合金

图 7-1 几种材料的疲劳曲线比较

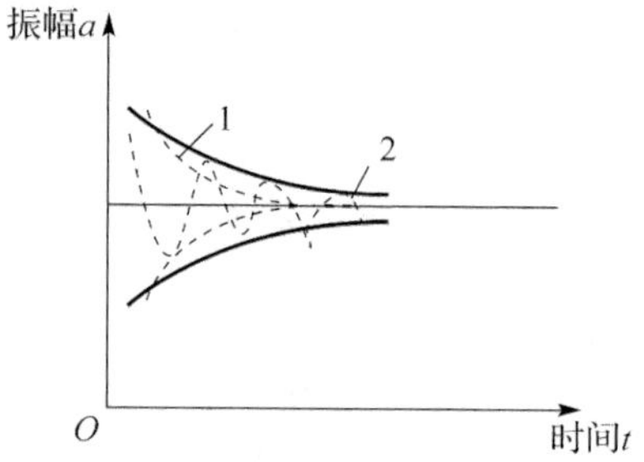

1—碳纤维复合材料;2—钢

图 7-2 两种材料的阻尼特性曲线

此外,复合材料还具有良好的减摩、耐磨、自润滑性能、隔音性、化学稳定性及电、光、磁等特殊性能。

7.2 常用的复合材料特点和性能

7.2.1 纤维增强复合材料(FRP)

1. 玻璃纤维-树脂复合材料

玻璃纤维-树脂复合材料(Grass Fiber Reinforced Plastics,GFRP)是增强材料中使用最多的一种。它的主要成分是 SiO_2,其次是各种金属氧化物。玻璃性脆,但拉成纤维后就非常柔软。纤维愈细强度愈高,单丝强度可高达 1 000~3 000 MPa。玻璃纤维的弹性模量为(30~70)$\times10^3$ MPa,约为钢的 1/3~1/6,而相对密度仅为

2.5～2.7，因此它的比强度和比模量均比钢高。

以塑料为基体与玻璃纤维复合，俗称玻璃钢。按所用塑料基体材料不同，玻璃钢分为热塑性玻璃钢和热固性玻璃钢两种。前者以热塑性塑料（如尼龙、聚苯乙烯等）为基体；后者以热固性塑料（如环氧树脂、酚醛树脂等）为基体。

热塑性玻璃钢与热塑性塑料相比，当基体材料相同时，强度和疲劳性能可提高2～3倍以上，冲击韧性可提高 2～4 倍，达到或超过某些金属强度。例如，40%玻璃纤维增强尼龙 6、尼龙 66 的抗拉强度超过铝合金。

热固性玻璃钢的性能特点是强度较高，接近或超过铜合金和铝合金，相对密度小（1.5～2），比强度高于铜、铝合金，甚至超过高级合金钢。此外它的耐蚀性、介电性优良，加工成形性良好。

玻璃钢的缺点是易变形、刚度差、耐热性差（不超过 200 ℃）、导热性差和易蠕变等。

玻璃钢主要用于要求自重轻的受力结构件，如汽车和机车车身、车门、窗框、直升机的旋翼和氧气瓶等，还用于耐腐蚀结构件，如轻型船体、扫雷艇、石油化工管道、阀门等，并可代替有色金属制造轴承、轴承架、齿轮、仪表壳及电器上的绝缘零件等。

2. 碳纤维-树脂复合材料

碳纤维-树脂复合材料（Carbon Fiber Reinforced Plastics，CFRP）是以人造纤维或天然纤维为原料，在隔绝空气条件下经高温碳化而成。目前，工业上用来生产碳纤维的原料主要有聚丙烯氰纤维、人造黏胶纤维和沥青纤维。其制作过程是先在200～300 ℃空气中施加一定的张力，进行预氧化处理，然后在惰性气体的保护下，经1 000～1 500 ℃高温碳化处理，便可得到含碳量为 85%～95%的碳纤维。若再将碳纤维放在氩气中进行 2 500～3 000 ℃高温石墨化处理，则可得到高弹性模量的石墨纤维。

碳纤维抗拉强度比玻璃纤维略高，而弹性模量是玻璃纤维的 4～6 倍。碳纤维还具有良好的高温性能。

碳纤维和环氧树脂、酚醛树脂、聚四氟乙烯树脂等基体组成的复合材料，既保持了玻璃钢的优点，又弥补了玻璃钢弹性模量低的缺点。其密度比玻璃钢还小，它是目前比强度和比模量最高的复合材料之一。此外，它在抗冲击性能、抗疲劳性能、减摩性能、耐磨性能、自润滑性、耐腐蚀性及耐热性等方面都有显著优点。

碳纤维复合材料在机械工业中主要用于一些承载零件（如连杆、齿轮）、耐磨零件（如轴承、密封圈、活塞）、耐腐蚀零件（如化工泵、高压泵、管道、容器）等。此外，它还可用于航空、航天器的构件材料，如飞机翼尖、尾翼、起落架、人造卫星支架和火箭喷嘴等。

3. 其他纤维增强复合材料

(1) 硼纤维增强树脂复合材料（BFRP）

硼纤维抗拉强度与玻璃纤维相近，而弹性模量却高出 5 倍。但由于成本高或技术上的原因,目前应用不如前两种普遍。

(2) 晶须增强复合材料

晶须是一种自由长大的金属或陶瓷型针状单晶纤维,直径在 30 μm 以下,长度约为几毫米,强度极高,因此,用它作为增强材料的复合材料,其性能特别优良。但由于晶须制造成本高,目前多用于尖端工业或用作玻璃钢制品的局部辅助增强材料。

(3) 金属纤维复合材料

如用镍基合金钨纤维增强复合材料、钛合金钼纤维增强复合材料均可大大提高高温强度。

7.2.2 层合复合材料

层合复合材料是由两层或两层以上不同材料结合而成。其目的是发挥各组成材料的最佳性能,得到性能更为优良的材料。用层合法增强的复合材料可使强度、刚度、耐蚀、绝热、隔热和隔音等若干性能分别得到改善。常见的层合复合材料有以下几种。

1. 双金属复合材料

用压力加工、铸造、热压、焊接和喷涂等方法将两种不同金属复合在一起。如化工设备上用的包钛钢代替全钛材料制造容器和不锈钢-普通钢双金属复合钢板等。

2. 塑料覆层材料

国际上盛行的一种彩色涂层钢板,就是以锌板或酸洗后冷热轧带钢为基底,表面涂敷聚氯乙烯、聚四氟乙烯和环氧树脂等配制成多种色彩的有机涂料。这种材料常用于化工和食品工业。

3. 夹层玻璃

如两层玻璃板夹一层聚乙烯醇缩丁醛可制成安全玻璃。

4. SF 性三层复合材料

以钢板为基体,烧结铜网或多孔性青铜为中间层,塑料为表面层的一种自润滑材料。常用于表面层的塑料为聚四氟乙烯(如 SF－1 型)和聚甲醛(如 SF－2 型)。这种材料能承受的最高应力为 140 MPa,使用温度范围为－195～270 ℃,当混入 20％铅粉后是制造无油润滑轴承的好材料。目前已用于汽车、矿山机械和化工机械等方面。

7.2.3 颗粒复合材料

颗粒复合材料是由一种或多种材料的颗粒均匀分散在基体内所组成的材料。

混凝土实际上就是非金属颗粒增强非金属基体的颗粒复合材料。金属陶瓷是最常见的一种颗粒复合材料,如常用的硬质合金就是 WC, TiC 陶瓷和 Co 金属组成的陶瓷颗粒增强金属基体的复合材料。

此外,还有石墨-铝合金颗粒复合材料。用它浇注的铸件具有优良的减摩性、消振性能和较小的相对密度，是新型的轴承材料。

7.2.4　骨架复合材料

骨架复合材料常见的有两种：一种是多孔浸渍材料。如多孔性铁基和青铜基浸渗油脂或氟塑料作自动润滑衬套；浸树脂的石墨可作抗磨材料。另一种是夹层结构材料，是由两层薄而强的面板（又称蒙皮，该面板可采用金属、玻璃钢或增强塑料等），中间夹一层轻质的芯子（如填充蜂窝结构或泡沫塑料），通过互相胶接而成整体的复合材料。这种材料具有质轻、刚度大的特点，特别适宜制作自重要求轻的构件，如飞机机翼、雷达罩等。

7.3　复合材料的改性技术

7.3.1　复合材料的改性及强化机理

复合材料组成材料之间都要形成界面结构，在外力作用下，这种界面结构会产生其组成材料内部没有的、全新的力学行为，例如裂纹扩展到达界面时方向的折转，纤维在基体中断裂后拔出等。这种全新的力学行为使复合材料具备了新的特性。

7.3.2　复合材料的界面设计原则

界面黏结强度是衡量复合材料中增强体与基体间界面结合状态的一个指标。界面黏结强度对复合材料整体力学性能的影响很大。界面层的作用首先是把施加在整体上的力，由基体通过界面层传递到增强材料组元，因此要有足够的界面黏结强度。黏结过程中两相表面能相互润湿是首要的条件。界面层的另一作用是在一定的应力条件下能够脱黏，以及使增强纤维从基体拔出并发生摩擦，这样就可以借助脱黏增大表面能、拔出功和摩擦功等形式来吸收外加载荷的能量，以达到提高其抗破坏能力的目的。

在聚合物基复合材料的设计中，必须考虑如何改善增强材料与基体间的润湿性。润湿不良将会在界面产生空隙，易使应力集中而使复合材料发生开裂。如对碳纤维表面上涂敷惰性涂层、氧化处理或等离子处理能改善碳纤维与基体树脂的润湿性。

金属基复合材料的特点是容易发生界面反应而生成脆性界面以及合金元素在界面的富集。在增强材料表面涂覆涂层可以改善增强材料与基体的润湿性，同时涂层还可起到防止发生反应的阻隔作用。

在陶瓷基复合材料中，增强材料与基体往往不发生化学反应或不发生激烈的反应，一般认为，陶瓷基复合材料需要一种既能提供界面黏结又能发生脱黏的界面层，这样才能充分改善陶瓷材料韧性差的缺点。

7.4 复合材料在航空航天中的应用

与传统材料(如金属、木材、水泥等)相比,复合材料是一种新型材料。复合材料具有许多优良的性能,并且随着成本的不断下降,成型工艺的机械化、自动化程度在不断提高,复合材料的应用领域日益广泛。本节主要介绍复合材料在航空、航天方面的应用。

由于复合材料轻质、高强度,使其在航空航天领域得到广泛的应用。在航空方面,主要用作战斗机的机翼蒙皮、机身、垂尾、副翼、水平尾翼、雷达罩、侧壁板、隔框、翼肋和加强筋等主承力构件。美国在各种型号战斗机上使用复合材料的比例见表7-2。

表7-2 美国战斗机使用复合材料的比例

飞机型号	F4	F15	F16	F18	AV-8b	F117	B-2	ATF
复合材料比例/%	0.8	2.0	2.5	10	26	42	38	59

在战斗机上大量使用复合材料的结果是大幅度减轻了飞机的质量,并且改善了飞机的总体结构。特别是由于复合材料构件的整体性好,因此又极大地减少了构件的数量,减少连接,有效地提高了飞机的安全可靠性。某飞机使用复合材料垂尾后减轻的结构质量见表7-3。

表7-3 飞机使用复合材料垂尾后减轻的结构质量

构件名称	铝合金设计质量/kg	复合材料设计质量/kg	质量变化
翼梁	220	157.5	-62.5
肋	67.9	58.4	-9.5
蒙皮	87.5	61.7	-25.8
口盖	18.5	16.6	-1.9
其他	28.7	15.4	-13.3
合计	422.6	309.6	-113

在各种型号的民用飞机上(如波音737~767、空中客车A310~A340等)复合材料也有较大应用,主要用作雷达罩、发动机罩、副翼、襟翼、垂直尾翼和水平尾翼的舵面、翼根整流罩,以及内部的通风管道、行李架、地板、压力容器和卫生间等。

复合材料在波音767的应用见图7-3。

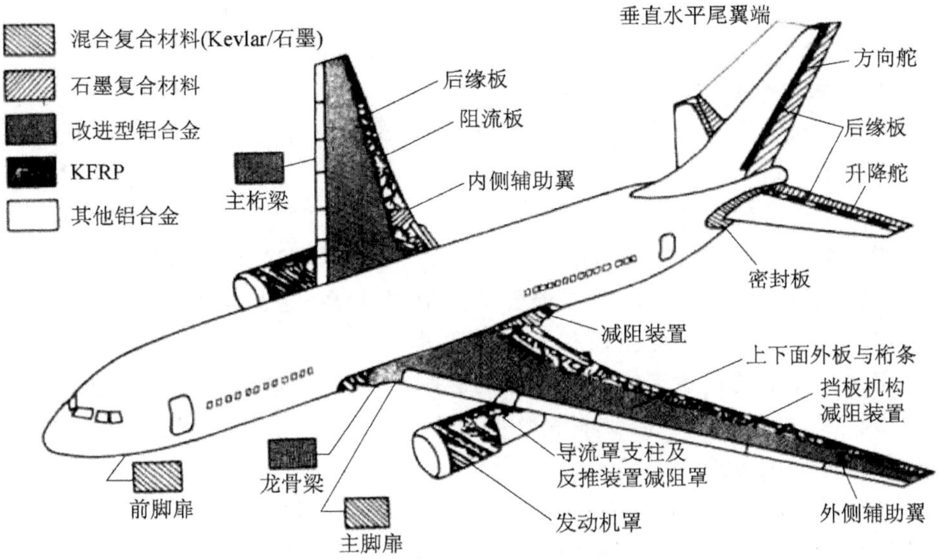

图 7-3 波音 767 飞机纤维增强复合材料的使用情况

复合材料在宇航方面的应用主要有火箭发动机壳体、航天飞机的构件和卫星构件等。

碳/碳复合材料是载人宇宙飞船和多次往返太空飞行器的理想材料，用于制造宇宙飞行器的鼻锥部、机翼和尾翼前缘等承受高温载荷的部件。固体火箭发动机喷管的工作温度高达3 000～3 500 ℃。为了提高发动机效率，还要在推进剂中掺入固体粒子，因此固体火箭发动机喷管的工作环境是高温、化学腐蚀和固体粒子高速冲刷。目前只有碳/碳复合材料能承受这种工作环境。

人造地球卫星的质量减轻 1 kg，运载它的火箭质量则可减轻 1 000 kg，因此用轻质高强的复合材料制造人造卫星有很大的优势。用复合材料制造的卫星部件有仪器舱本体、框、梁、桁、蒙皮、支架、太阳能电池的基板和天线反射面等。

7.4.1 树脂基复合材料的应用

1. 玻璃纤维-树脂基复合材料

20 世纪 40 年代初，英国就利用玻璃钢透波性好、比强度高、复杂曲面容易成型等优点制作了雷达罩。目前“波音”飞机上用玻璃钢蜂窝结构雷达罩质量比原来减轻 34%，透波性也有所提高。我国生产的歼 6、歼 8、轰 6 等飞机雷达罩也是用玻璃钢制成的。

飞机上许多部件都可以用玻璃钢制作。如飞机上使用的防弹油箱、起落架、机门、座椅、行李架、隔板以及飞机发动机的叶轮、定子叶片和压气机机匣等。

1956 年美国发射先锋号火箭所使用的第二级发动机壳体首先采用玻璃钢，接着在北极星、民兵、宇宙神等中、远程导弹上也都先后采用过玻璃钢发动机壳体。火箭发动机壳体、液体发动机燃料箱大都采用过玻璃钢制作。

2. 碳纤维-树脂基复合材料

由于高机械特性和低密度恰当地配备,碳纤维树脂复合材料主要用于航空制造业和宇航技术中。

碳纤维与酚醛树脂的复合制品耐热性最好,可用作宇宙飞行器外表的防热层。环氧树脂基复合材料强度高,多用作承力构件。我国目前对碳纤维树脂复合材料使用的有:飞机发动机风扇叶片、进气道外侧壁板、舱口盖、垂直尾翼、水平尾翼、直升机旋翼、卫星壳体、太阳能电池基板和天线支架等。

宇宙飞行器上的雷达天线是飞行器的眼睛。支撑天线的构架虽受各种复杂机械力及太阳辐照热应力作用,但要求变形必须小于万分之一。这只有高模量的石墨纤维复合材料才能满足这样的要求。

1982年和1983年两次飞行的"哥伦比亚号"航天飞机上巨大遥控机械手要受宇宙碎块剧烈冲击,却要求有高的比刚度、耐辐射等性能。机械手总重410 kg,而占其总长86%的巨臂是用碳纤维复合材料制成的,质量只有48 kg。除了碳纤维复合材料,这是任何材料都不能达到的。

利用碳纤维复合材料高的抗疲劳性能制作的直升机桨叶,其寿命比金属桨叶高3倍。

利用碳纤维的导电特性,制成飞机的某些部件,通电后产生的热量可以熔化飞机高空飞行时产生的积冰。

3. 硼纤维-树脂基复合材料

硼纤维-树脂基复合材料具有优越的弹性模量和较高的强度,此外还具有一定的耐热性。铝合金、钛合金的拉伸、压缩、剪切比强度都不及硼纤维复合材料好。但是这种复合材料的各向异性十分明显,横向机械性能低,纵向性能高,两者相差几倍到十几倍,因此通常采用多向叠层而很少采用单向叠层复合材料。

由于硼纤维生产工艺非常复杂,价格高,目前主要用于航空和宇航工业,如制造机翼零部件和方向舵等。

7.4.2 陶瓷基复合材料的应用

陶瓷基复合材料的商业化应用已经在多个领域展开,主要利用了陶瓷基复合材料所具有的高强度、高模量、低密度和耐高温性能。

由于陶瓷基复合材料制作成本较大,目前的应用主要分为两大类:一类在航天领域,一类在非航天领域,对于后者,成本是影响使用的较重要因素。下面介绍陶瓷基复合材料在航天领域的应用。

航空飞行器一般都有高的推动力和快的飞行速度等,这些性能转化为对材料的要求就是强度、密度、硬度及在高温中的耐损伤能力。

耐高温复合材料是先进的航天领域的关键技术。连续纤维增强的陶瓷基复合材料已经被广泛应用于该领域：在 C/C 复合材料表面涂敷 SiC 层作为耐烧蚀材料已用在美国的航天飞机上；C/SiC 复合材料已作为太空飞机的首选材料。

在航天飞行器之外，陶瓷基复合材料还在 ATF（Advanced Tactical Fighter，先进技术战斗机）、导弹、高硬度装甲和喷气发动机等领域应用，美国曾经计划生产 HSCT（High Speed Civil Transport，高速民航运输机），这是一种载客量很大的超声速飞机，将大量使用陶瓷基复合材料，目的是增加推动力、耐高温、降低飞机噪声和减少排放等。

陶瓷基复合材料在喷气式发动机、太空卫星以及其他高速飞行器中的绝大部分工作温度在 800～1 650 ℃，在这个温度范围内，作为结构材料还要平衡内部 175～350 GPa 的张力和压强，100～175 GPa 的模量。

7.4.3　金属基复合材料的应用

金属基复合材料不仅具有金属的导热、导电、不吸潮和不老化等特性，而且还具有耐高温增强材料所具有的耐高温、热膨胀系数低和尺寸稳定性好及轻质高强等优点，在航空、航天、机械制造、电子材料和国防军工等领域得到广泛应用。

B/Al 复合材料是最早工业化生产的金属基复合材料，在美国哥伦比亚号航天飞机构件中，该种复合材料用于制造主骨架、肋条、桁架支柱、制动器支撑架等构件共 89 种 243 件，总质量达 150 kg，使用 B/Al 复合材料比原来铝合金构件质量减轻了 44％。

B/Al 复合材料还用来制造喷气发动机风扇叶片、飞机机翼蒙皮和结构支撑件、飞机垂直尾翼和起落架部件。

SiC/Al 的复合材料用来制造飞机、发动机和卫星的结构件，如飞机上长 3 m 的 Z 形加强板、战斗机尾翼平衡器、卫星支架以及超轻高性能太空望远镜的管、棒和桁架等。

由于硼-铝复合材料的比重比钛小，刚度比钛合金大，故它的比强度比钛还要高，而且还有良好的抗蚀性，可安全地用于 300 ℃或更高的温度。故目前硼-铝主要用途是制造航空发动机叶片（如风扇叶片等）和飞机或航天器的大型壁板以及一些长梁和加强肋等。

石墨纤维增强铝基复合材料，在 20～500 ℃时的轴向拉伸强度可达 690 MPa，而在 500 ℃时的轴向比强度比典型钛合金高 1.5 倍。

石墨-铝的基体可以是纯铝、变形铝合金和铸造铝合金。

石墨-铝用于结构材料，可用来制作飞机蒙皮、直升机旋翼桨叶以及重返大气层运载工具的防护罩和涡轮发动机的压气机叶片等。

7.4.4　层合复合材料及其应用

层合复合材料是由两层或多层不同材料结合而成的。它们相互紧密地结合在一起,使其具有很多优异的性能,从而在要求抗磨损、抗腐蚀、抗冲击、高的热传导性以及电磁性能和强度、韧性方面得到广泛的应用。

夹层结构复合材料主要用于制造飞机上的某些结构件,如雷达罩、机翼、翼尖和舵面等。

7.4.5　功能复合材料

功能复合材料是迅速发展起来的另一大类复合材料。

实践表明,功能复合材料的效能往往优于一般单质功能材料,而具有某种特殊的功能,因此也常称之为特种复合材料。它的发展前景是非常广阔的,比如:烧蚀材料用在制造宇宙飞行器的壳体、鼻锥和火箭喷管,还可用在固体推进器的喷管和液体推进器的燃烧室上,它们的工作温度常在 2 800～3 000 ℃之间。

总之,复合材料作为一种新型的工程材料,在航空航天领域得到越来越多的应用,从单独的零部件到飞机某部的整体构件,复合材料在飞机、航天器上所占的份额越来越重,图 7－4 所示是民用客机机体材料的用量趋势。随着材料技术的发展和进步,相信在不远的将来,复合材料会更多地应用到国民生产的各个领域。

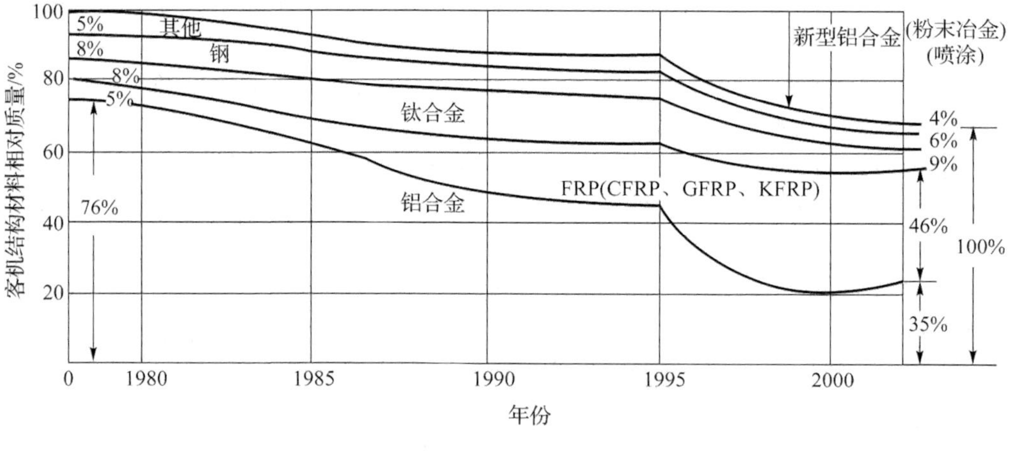

图 7－4　民用客机机体材料的用量趋势

第 8 章　功能材料及航空新材料

随着科学技术的发展，空军的超长距空对空作战能力、精确制导武器的空对地攻击能力、夜战能力和电子战能力在现代战争中起着越来越重要的作用。据统计，在海湾战争中，83%的多国部队参战飞机装有各种激光器；20 种参加空袭的飞机中，15 种装有夜视设备，18 种装有激光器，分别占参加空袭飞机的 75%和 90%；F－15E 和 F－16等主要作战飞机则全部装有夜视、激光和自卫电子战设备。多国部队在海湾战争中除部署了 8 种 142 架专有电子战飞机外，绝大多数参战飞机都装备有自卫电子战设备，其中包括雷达警告接收机、干扰机和干扰箔条等；F－117A 隐形飞机更是集夜视、隐形、激光等高技术于一体。这些设备的功能、精度、寿命和对航空环境的适应性都是依赖于各种功能材料及航空新材料技术来实现的。

8.1　功能材料

8.1.1　功能材料的概念与特点

功能材料(Functional Materials)是指在工程材料中，具有特殊物理性能、化学性能、生物性能的一类材料。这类材料能将光、声、磁、热压力、位移、化学变化和生化过程等转化为电信号，或将某一种物质的能量转化为另一种物质的能量，或按预定的目的和要求将多种能量的转化集成在一个整体材料上，从而实现对能量和信号的转化、传送、储存、控制、处理集成和显示。1965 年由美国贝尔实验室的 Morton 博士首先提出功能材料的概念。在国外，常将这类材料称为特种材料(Speciality Materials)或精细材料(Fine Materials)。

功能材料的产量和产值虽然远小于结构材料，但它的发展历史与结构材料一样悠久。铝、铜导线及硅钢片等都是最早的功能材料；1911 年，荷兰物理学家昂尼斯(1853—1926)发现，水银的电阻率并不像预料的那样随温度降低逐渐减小，而是当温度降到 4.15 K 附近时，水银的电阻突然降到零。某些金属、合金和化合物，在温度降到绝对零度附近某一特定温度时，它们的电阻率突然减小到无法测量的现象叫超导现象，能够发生超导现象的物质叫超导体；常用的“日光灯”灯管内壁涂以卤磷酸钙荧光粉，吸收紫外线转变为可见光。节能型荧光灯内壁涂有稀土荧光粉，发光效率更高。

此外，功能材料在信号装置、光度计、照明、自动控制等技术方面，有着广泛应用。例如，用于自动控制炼钢炉温度，由于“光电眼”可以根据炉内光线强弱精确地“算出”温度，自动装置就能够采取相应措施，及时准确地调整炉温。

“电鼻”学名为“气体检漏仪”,是发现危险气体和检查危险气体浓度的仪器。它是怎么“闻”到气味的呢?原来,这个仪器中装有一种金属氧化物材料,叫气敏半导体,由二氧化锡、氯化钯等材料混合烧结制成,它的表面吸附着氧分子。当仪器靠近易燃、易爆气体时,这些气体很容易和氧结合,夺走气敏半导体表面的氧,警报器便发出信号。气体消散后,即可再次使用。

“电耳”专业名称叫“声呐”,是利用超声波在水中进行通信和探测的一种仪器。声呐发射机发出的超声波碰到水中的物体便会被反射回来形成回波,并由接收机接收。根据超声波从发出到返回的时间,声呐便可以发现目标并探测两者之间的距离。声呐的这种探测功能也是利用功能材料实现的。

8.1.2 功能材料的分类

功能材料种类繁多,涉及面广,迄今还没有一个公认的分类方法。下面依据材料的物质性、功能性、应用性进行分类。

1. 根据材料的物质性进行分类

① 金属功能材料 形状记忆合金、贮氢合金、减振合金、超耐热合金、非晶态合金、超导合金等。

② 无机非金属功能材料 热功能陶瓷、光功能陶瓷、磁功能陶瓷、精密电子陶瓷、功能转化陶瓷、超硬陶瓷、生物功能陶瓷等。

③ 高分子(有机)功能材料 导电高分子材料、高分子分离膜、液晶聚合物材料、光功能高分子材料、有机铁磁材料、生物高分子材料、化学功能高分子材料等。

④ 复合功能材料 金属基复合功能材料、陶瓷基复合功能材料、高分子基复合功能材料等。

2. 根据材料的功能性进行分类

① 电学功能材料 例如:绝缘材料、压电材料、半导体材料、离子传导材料等。

② 磁学功能材料 铁氧体就是这种功能的材料,铁氧体有软质和硬质之分。

③ 光学功能材料 发光、感光、激光、声光、磁光、光记录等材料。

④ 热学功能材料 作为红外线辐射材料的有氧化锆(ZrO_2)、氧化钛(TiO_2)。该种材料可用作热源。

⑤ 化学功能材料 作为敏感元件的有:气敏元件、湿敏元件和催化剂;作为氧化物有的:氧化锡(SnO)、氧化锌(ZnO)、复合氧化物($MgCr_2O_4-TiO_2$)等。

此外还有声学功能材料、力学功能材料、生物医学功能材料、核功能材料等。

3. 根据材料的应用性进行分类

根据材料的应用性,功能材料可分为:信息材料、电子材料、电工材料、电讯材料、计算机材料、传感材料、仪器仪表材料、能源材料、航空航天材料、生物医用材料等。

信息材料可以进一步细分为:信息检测和传感(获取)材料、信息传输材料、信息存储材料、信息运算和处理材料等。

8.1.3 航空航天常用的功能材料

1. 功能陶瓷

功能陶瓷是指在应用时主要利用其非力学性能的陶瓷材料，这类材料通常具有一种或者多种功能，如电、磁、光、热、化学、生物等；有的还有耦合功能，如压电、压磁、热电、电光、声光、磁光等。下面对几种常用的功能陶瓷做一个简单的介绍。

(1) 电介质陶瓷

电介质陶瓷是指电阻率大于 $10^8\ \Omega\cdot m$ 的陶瓷材料，它能承受较强的电场而不被击穿。按电介质陶瓷在电场中的极化特性，可分为电绝缘陶瓷和电容器陶瓷。随着材料科学的发展，在这类材料中又相继发现了压电、铁电和热释电等性能，因此电介质陶瓷作为功能陶瓷又在传感、电声和电光技术等领域得到广泛应用。

1) 电绝缘陶瓷

电绝缘陶瓷又称装置瓷，有人又称它为电子工业用的结构陶瓷。主要用于集成电路基片，也用于电子设备中安装、固定、支撑、保护、绝缘、隔离及连接各种无线电零件和器件。

2) 电容器陶瓷

陶瓷电容器以其体积小、容量大、结构简单、高频特性优良、品种繁多、价格低廉、便于大批量生产而广泛应用于家用电器、通信设备、工业仪器仪表等领域。

电容器陶瓷材料按性质可分为4类：第一类为非铁电电容器陶瓷，这类陶瓷最大的特点是高频损耗小，在使用的温度范围内介电常数随温度呈线性变化；第二类为铁电电容器陶瓷，它的主要性能是介电常数随温度呈非线性变化，而且特别高；第三类为反铁电电容器陶瓷；第四类为半导体电容器陶瓷。

3) 压电陶瓷

在电场作用下可引起电介质中带电粒子的相对位移而发生极化，但在某些电介质晶体中也可通过机械力作用而发生极化，并因此引起表面电荷的现象称为压电效应。具有压电效应的晶体称为压电晶体。如果在铁电陶瓷片两侧放上电极，进行极化，使内部晶粒定向排列，陶瓷便具有压电性，成为压电陶瓷。

(2) 敏感陶瓷

敏感陶瓷是某些传感器中的关键材料之一，它根据某些陶瓷的电阻率、电动势等物理量对热、湿、光、电压等变化特别敏感这一特性制作敏感元件，按其相应特性，可分为热敏、气敏、湿敏、压敏、光敏及离子敏感陶瓷。此外还有具有压电效应的压力、速度、位置、声波敏感陶瓷，具有铁氧体性质的磁敏陶瓷及具有多种敏感特性的多功能敏感陶瓷等。

敏感陶瓷绝大部分是由各种氧化物组成的，由于这些氧化物多数具有比较宽的禁带(通常其宽度不小于3 eV)，在常温下它们都是绝缘体。通过掺入微量杂质，控制烧结气氛(化学计量比偏离)及陶瓷的微观结构，可以使敏感陶瓷受到热激发产生导电载流子,从而使传统的绝缘陶瓷成为半导体陶瓷,并使其具有一定的性能。

(3) 磁性陶瓷

磁性陶瓷是氧和以铁为主的一种或者多种金属元素组成的复合氧化物。磁性陶瓷分为含铁的铁氧体陶瓷和不含铁的磁性陶瓷。铁氧体是采用制造陶瓷的工艺方法,铁的氧化物与其他某些金属氧化物制成的具有亚铁磁性的非金属磁性材料。它的组成成分主要是 Fe_2O_3,此外还有一价或二价的金属,如 Mn、Zn、Cu、Ni、Mg、Ba、Pd、Sr 及 Li 等氧化物,或三价的稀土金属,如 Y、Sm、Eu、Cd、Tb、Dy、Ho 及 Er 等氧化物。不含铁却具有铁磁性的氧化物有 $NiMnO_3$ 及 $CoMnO_3$ 等,其导电性与半导体相似,因其制备工艺和外观类似陶瓷而得名。

2. 隐身材料

在现代战争中,随着电子对抗技术的发展,要求各种飞行武器,包括导弹、飞机采用隐身技术,使对方难以发现或不过早被发现,以达到先敌发现和近距离攻击目标的目的。按隐身材料所抑制的特征信号类型,可将其分为雷达波隐身材料、红外隐身材料、可见光隐身材料、声隐身材料。以下主要介绍雷达波隐身材料。

吸波材料最早是针对雷达而研制的隐身材料。雷达之所以能发现目标是依靠捕捉目标反射的信号,根据反射信号的强弱、方位、时间等可得知目标的距离和方位。目标的反射信号越强,雷达探测到目标就越容易。根据能量守恒定律,当一束电磁波辐射到一个介质表面时,遵循以下规律:$\alpha+\beta+\gamma=1$。式中,α 为透射系数,β 为反射系数,γ 为吸收系数。假设 $\alpha=0$,减小 β 的唯一途径是使 γ 值趋于1,也就是使材料有大的吸收系数。故对抗雷达探测的材料也称为吸波材料。凡是与雷达探测原理相同的探测器,都可用吸波材料达到隐身的目的。

雷达吸波材料可分为涂敷型和结构型两类。

(1) 涂敷型雷达吸波材料

涂敷型雷达吸波材料是一种以覆盖层形式施加于目标表面的雷达隐身材料。除吸波涂层外,采用胶粘剂粘贴于飞行器表面的吸波胶片或预制多层薄膜划归涂敷型吸波材料之列。常用的涂敷型吸波材料是将其制备成类似于“油漆”的吸波物质,采用喷涂或者刷涂涂敷于飞行器表面以达到衰减雷达波的目的。涂敷型吸波材料的应用对武器装备的原设计迁动不大,使用比较简便,相对其他隐身措施比较经济,因而具备适用面广的优点。

吸波涂料通常由吸收剂、黏结剂(载体)和其他添加剂组成。其中,吸收剂的电磁特性决定了吸波涂层的吸收性能和最终应用效果,而黏结剂作为吸波涂层的成膜物质,则决定吸波涂层的理化性能、力学性能和耐环境性能,当然也要选择介电性能好的黏合剂。目前,应用较多的涂敷型吸波材料按所使用的吸收剂不同主要有以下几种:

① 铁氧体吸波涂料;

② 金属微粉或超微粉吸波涂料;

③ 磁性纤维吸波涂料；

④ 纳米吸波涂层和纳米多层膜；

⑤ 放射性同位素等离子体吸收涂层。

(2) 结构型雷达吸波材料

结构型雷达吸波材料特指具有承载和吸收雷达波双重功能的复合材料和结构，如树脂基吸波复合材料和吸波复合材料结构，陶瓷基吸波复合材料和吸波结构。结构吸波材料有时又称吸波复合材料或隐身复合材料。

结构吸波材料或吸波结构因不增加武器平台的额外重量，还可通过结构设计、铺层设计和各层之间的阻抗匹配设计，实现所要求的吸波和承载性能，精确成型形状复杂的吸波-承载部件，且其吸波效果好，吸收频带宽，是隐身材料技术的重要发展方向。

结构型吸波材料通常有层板型和夹层型两种结构形式。

3. 智能材料

智能材料是能够感知环境变化(传感或发现的功能)，通过自我判断和自我结构(思考和处理的功能)，实现自我指令和自我执行(执行功能)的新型材料。该材料可模仿生物体的自增值性、自修复性、自诊断性、自学习性和环境适应性。将具有仿生命功能的材料融合于基体材料中，使制成的构件具有人们期望的智能功能，这种结构称为智能材料结构。

智能材料的分类方法很多，按照组成智能材料的基材可以分为金属系智能材料、无机非金属系智能材料和高分子系智能材料。

(1) 金属系智能材料

金属智能材料，主要指形状记忆合金材料(Shape Memory Alloys，SMA)，它是智能材料结构中最先应用的一种驱动元件，集感知和驱动于一体。该元件在高温下定形后冷却到低温并施加变形，从而形成残余形变。当材料加热时，材料的残余形变消失，并回复到高温下所固有的形状，再进行加热或冷却时，形状保持不变，这就是所谓的形状记忆效应(Shape Memory Effect)，它就像合金记住了高温状态的形状一样。形状记忆合金在一些领域已得到了应用，其中应用较成熟的是钛镍合金、铜基合金和应力诱发马氏体类铁基合金。

最近，超磁致伸缩材料作为稀土功能材料引起了人们的广泛注意。物体在磁场中磁化时，其长度发生伸长或缩短的现象即磁致伸缩现象。(Tb，Dy)Fe_2多晶合金是最典型的超磁致伸缩材料。

(2) 无机非金属系智能材料

无机非金属系智能材料主要包括压电陶瓷、电致伸缩陶瓷和电(磁)流变体等。

(3) 高分子系智能材料

由于人工合成高分子材料的品种多，应用范围广，因此所形成的智能材料种类也很多，其中，智能凝胶、药物控制释放体系、压电聚合物、智能膜等都属于高分子智能材料。

除了以上介绍的功能材料外，其他一些功能材料，如微电子材料、光电子材料和信息显示、存储与传输材料等，在航空航天工业中也扮演着重要的角色。

8.2 航空新材料

8.2.1 超塑性合金

1. 超塑性合金概念

所谓超塑性是指合金在一定条件下(包括温度、加热条件、变形速度、合金组织等)所表现的具有极大伸长率和很小变形抗力的现象。从本质上讲，超塑性是高温蠕变的一种，因而发生超塑性需要一定的温度条件，称超塑性温度 Ts。

超塑性合金是指那些具有超塑性的金属材料，图 8-1 为铝合金超塑性变形。超塑性是一种奇特的现象。具有超塑性的合金能像饴糖一样伸长 10 倍、20 倍甚至上百倍，既不出现缩颈，也不会断裂。金属的超塑性现象，是英国物理学家森金斯在 1982 年发现的，他给这种现象做如下定义：凡金属在适当的温度下(大约相当于金属熔点温度的一半)变得像软糖一样柔软，而应变速度为 10 mm/s 时产生本身长度三倍以上的延伸率，均属于超塑性。

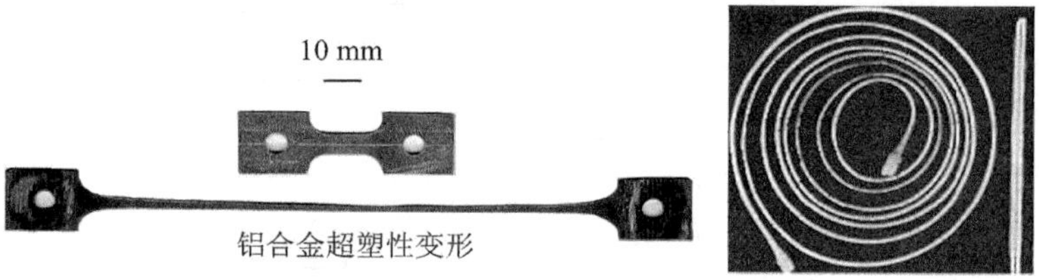

图 8-1 铝合金超塑性变形

2. 超塑性合金应用

(1)超塑性铝合金

超塑性铝合金可加工成复杂形状部件，强度可达 686 MPa，使用温度可达 150 ℃。如 Al-6Cu-0.42Zr、Al-5Ca-5Zn 等超塑性温度为 300～600 ℃，在 3×10^{-2}/s 的应变速率下可达 408%的变形率。图 8-2(a)为 6011 T4 铝合金，(b)为超塑性 Al-Li 超塑性合金件。

1960 年，美国的 David 发现 Al-33%Cu。共晶合金在 500 ℃时可得到 200%的延伸率，是最早实现超塑性的铝合金。而后其他一些共晶合金，如 Al-Si，Al-Cu-Mg 等合金在一定的条件下也获得了超塑性。20 世纪 70 年代，日本的松木等和英国的 Stowell 等开发出了主要的超塑 Al—Cu 系铝合金，促进了超塑性铝合金的发展，并已投入应用。

近十几年来,铝合金的超塑性研究有了新的进展,一些新型的铝合金,通过添加稀土元素或者 Sc,Zr,Ti 等过渡族元素,大大提高了合金的超塑性。如 Al-Mg-Li-Zr, Al-Zn-Mg-Zr 等合金不但能在一定条件下呈现较高的超塑性,而且具有较好的综合力学性能。Al-Zn-Mg 合金是铝基超塑性合金的工业常规材料,在航空工业中应用较多,在该合金中添加稀土元素或者过渡族元素 Zr,细化了显微组织,提高了合金的超塑性,其中最大的延伸率可达 1 014%。

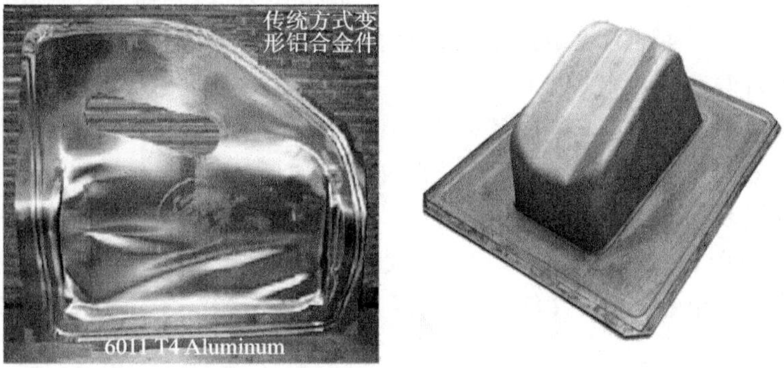

(a) 6011 T4铝合金　　(b) 超塑性Al–Li合金件

图 8-2　超塑性铝合金

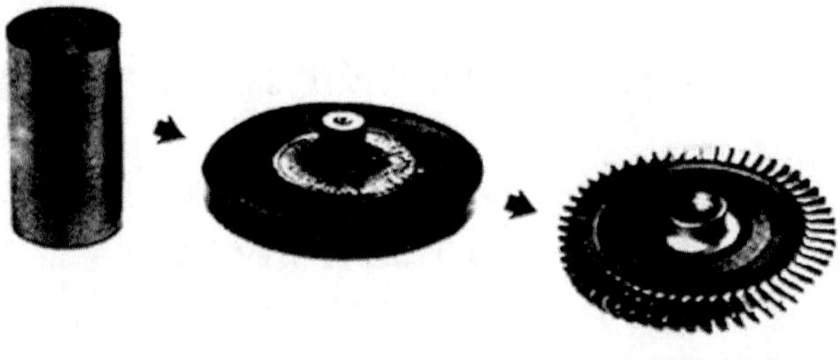

(a) 坯　料　　(b) 预成型件　　(c) 净成型转子

图 8-3　镍基高温合金的快速凝固粉末两步成型法

(2) 超塑性镍合金

镍基高温合金由于高温强度高,难以锻造成型。利用超塑性做精密锻造,锻造压力小,节约材料和加工费,制品均匀性好。

目前英、美均对 IN100 镍合金进行了研究。用粉末冶金和铸造的方法制成坯料,在超塑性变形温度和速度下进行大变形加工,获得了极好的超塑性。英美在 20 世纪 70 年代初已用这种合金等温锻造出叶片盘和汽轮机涡轮盘。但由于成形工艺上的一些困难以及考虑到经济性,目前采用超塑性工艺加工镍基合金还不多,也没有进入批量生产。如图 8-3 为与叶片一体的涡轮盘的超塑性成型(快速凝固粉末的热挤压坯料两步成型)。

(3)超塑性钢

将超塑性用于钢还未完全达到商品化程度。近年来研究的IN-744Y超塑性不锈钢,具有铁素体和奥氏体两相细晶组织,如果把含碳量控制在0.03%,可产生几倍的伸长率。碳素钢的超塑性基础研究正在进行,其中含碳1.25%的碳钢在650~700℃的加工温度下,取得400%的伸长率。

(4)超塑性钛合金

超塑性钛合金是在680~790℃之间加热,成型压力为1.40~2.10 Mpa,加工时间在8min以内。美国利用超塑性模锻钛合金的飞机隔架,只需22.7kg的锻料即可锻出。若用普通锻造法,需锻出158.8kg的毛坯后,再经机械加工制成最后的形状。当生产500架飞机时,只这一零件就可节约120万~150万美元。又如利用钛合金的超塑成型工艺制造B—1喷气式飞机的舱门、尾舱、骨架,原工艺需100个零件,经各种方法连接组装而成,如用超塑性合金可一次成型,使尾舱架的重量减轻33%,成本降低55%。目前,美军使用的F—14舰载战斗机大部分机件就是用这种质轻而强度高的超塑性钛合金制造的,性能十分优异。以Ti—6Al—4V为代表,其伸长率可达2 000%。

8.2.2 快速凝固合金

1. 快速凝固合金的概念及特点

(1)快速凝固的概念

快速凝固是指采用急冷技术或深过冷技术获得很高的凝固前沿推进速率的凝固过程。

快速凝固的研究开始于20世纪50年代末60年代初,是指合金在比常规工艺过程快得多的冷却速度或大得多的过冷度下,以极快的凝固速率由液态转变为固态的过程。

1960年美国加州理工学院的P. Duwez等采用一种独特的熔体急冷技术,第一次使液态合金在大于107 K/s的冷却速度下凝固。他们的发现,在世界的物理冶金和材料学工作者面前展开了一个新的广阔的研究领域。在快速凝固条件下,凝固过程的一些传输现象可能被抑制,凝固偏离平衡。经典凝固理论中的许多平衡条件的假设不再适用,成为凝固过程研究的一个特殊领域。

(2) 快速凝固的特点

① 凝固速度快,使金属在液态中的溶解度扩大,这样便使材料的密度有所改变,材料各部位的组织更加紧密,改变金属中各元素的所含比例,从而可以改变该材料的性质,使其达到某种用途的需求。

② 由于凝固的速度比一般铸造快,这样得到的凝固结晶会更加细小,晶粒的分布更加均匀,一定程度减少了杂质的混入,提高材料的质量;由于晶粒组织的优化,该材料的力学、化学性能会得到提高,从而使其得到更广泛的运用。

③ 快速凝固使得材料的溶解度扩大，析出更加精细的晶粒，从而赋予了材料高强度、高韧度，以及高耐腐蚀性。这是快速凝固技术能在工业领域得到广泛运用的硬道理。

④ 除了金属的快速凝固，还有一种快速凝固非晶态合金。其特点与金属快速凝固类似，可以使材料具有极高的强度和硬度。又因为其处于非晶态，它在具有高强度的同时还具有较好的韧性。同时，因为非晶态这种特殊形态，可以使材料具有良好的半导体性能，这是传统铸造方法所不能达到的。

2. 航空常用的快速凝固合金

(1) 快速凝固铝合金

高性能铝合金的发展可追溯到20世纪40年代，首先开发的是Al－Al_2O_3弥散强化合金。为了细化合金的显微结构，最早采用的方法称为“直接冷却法”，即在凝固金属的外壳通入冷却介质，以加速热传导，结果使铸件的枝晶间距减小了五分之一。

欲进一步细化显微结构，必须再加快凝固速率。借助于普通粉末冶金工艺，使用平均粒度为100 μm的粉末，不可能大幅度地改善铝合金的性能，因此，注意力转向快速凝固。

快速凝固微晶铝合金卓有成效的进展是降低密度，提高弹性模量、增加强度、保持耐蚀性、改善高温性能，同时也解除了传统熔铸冶金带来的某些束缚。

(2) 快速凝固镁合金

镁及其合金在平衡或接近平衡的常规铸造条件下，微观组织和结构存在许多缺点，因而长期以来没有作为结构材料得到很好的使用。镁也有许多独特的优点，例如密度很小，在有可能作为结构材料应用的金属中是最轻的。此外，镁(Mg)的价格也相对较低，但是长期以来在常规生产条件下镁和镁合金始终没有作为一种工程材料受到重视。快速凝固技术的出现为改变镁合金的微观组织结构和性能创造了条件，快速凝固镁合金的比强高于快速凝固铝合金。

快速凝固细化镁合金的晶粒，明显减少了成分偏析，镁合金快速凝固后晶粒尺寸减小到铸态的1/16，枝晶臂间距仅为5～8 μm，弥散第二相的尺寸仅为0.01 μm，晶粒的细化有可能抑制孪晶的形成。与常规工艺制备的镁合金相比，室温的比强度超过40%～60%，压缩屈服强度与拉伸屈服强度之比由0.7增加到1.1，延伸率达到5%～15%，经过热处理后可达到22%；在100 ℃以上时，具有优良的塑性和超塑性。由于晶粒非常细，疲劳强度为冶金镁合金铸锭的2倍多。RS技术还可改善镁合金的耐蚀性，快速凝固使很小的溶质固溶体有较大的扩展和形成了许多新的亚稳中间相。微观组织结构上的这些变化使合金的性能有了较大的提高。

(3)快速凝固铜合金

采用快速凝固技术制备的铜合金由于凝固过程的冷快、起始形核过冷度大，生长速率高，使固-液界面偏离平衡，因而呈现出一系列与常规铜合金不同的组织和结构特征，如：① 显著扩大合金元素在铜中的固溶量；② 大大细化晶粒尺寸；③ 降低化学成分的显微偏析;④ 增大了晶体缺陷密度;⑤ 形成新的亚稳相结构;⑥ 经时效处理后,铜基体中第二组元含量提高,弥散程度增大。

8.2.3 非晶合金及纳米材料

1. 非晶合金的概念及特性

非晶态合金即金属玻璃,固态时具有短程有序、长程无序的特征,是一种亚稳态结构,其原子在三维空间呈拓扑无序排列,并在一定温度范围保持该状态相对稳定。金属玻璃作为一种新型材料,不仅具有极高的强度、韧性、耐磨性和耐腐蚀性,而且还表现出优良的软磁性和超导性,在电子、机械以及化工等领域得到了广泛应用。

非晶合金材料的特性:

① 高力学性能:高屈服强度、高硬度、高比强度,超弹性(高弹性极限)、高耐磨损性等;

② 物理特性:高透磁率、高电阻率、耐放射线特性等;

③ 化学性能:高耐腐蚀性、高催化活性;

④ 精密成形性:低熔点、良好的铸造特性、低的热膨胀系数、对铸型的形状及表面的精密复写性;

2. 纳米材料概念及特性

纳米材料广义上是三维空间中至少有一维处于纳米尺度范围或者由该尺度范围的物质为基本结构单元所构成的超精细颗粒材料的总称(见图8-4)。一般认为纳米材料应该包括两个基本条件:一是材料特征尺寸在1~100 nm之间,二是材料具有区别常规尺寸材料的一些特殊物理化学特性。根据2011年10月18日欧盟委员会通过的纳米材料的定义,纳米材料是一种由基本颗粒组成的粉状或团块状天然或人工材料,这一基本颗粒的一个或多个三维尺寸在1~100 nm之间,并且这一基本颗粒的总数量在整个材料的所有颗粒总数中占50%以上。

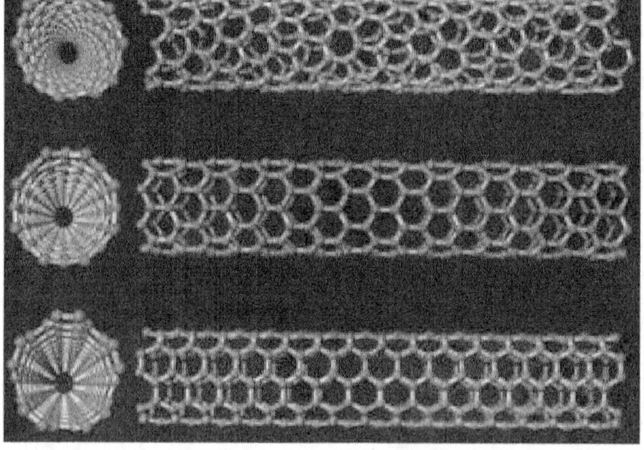

图8-4 纳米材料

纳米材料具有以下特性:

(1) 表面与界面效应

指纳米晶粒表面原子数与总原子数之比随粒径变小而急剧增大后所引起的性质上的变化。表现为直径减少,表面原子数量增多。

超微颗粒的表面具有很高的活性,在空气中金属颗粒会迅速氧化而燃烧。如要防止自燃,可采用表面包覆或有意识地控制氧化速率,使其缓慢氧化生成一层极薄而致密的氧化层,确保表面稳定化。利用表面活性,金属超微颗粒可望成为新一代的高效催化剂、储气材料和低熔点材料。

(2) 小尺寸效应

当纳米微粒尺寸与光波波长,传导电子的德布罗意波长及超导态的相干长度、透射深度等物理特征尺寸相当或更小时,它的周期性边界被破坏,从而使其声、光、电、磁,热力学等性能呈现出"新奇"的现象。随着颗粒尺寸的量变,在一定条件下会引起颗粒性质的质变。由于颗粒尺寸变小所引起的宏观物理性质的变化称为小尺寸效应。对超微颗粒而言,尺寸变小,同时其比表面积亦显著增加。

(3) 量子尺寸效应

当粒子的尺寸达到纳米量级时,费米能级附近的电子能级由连续态分裂成分立能级。当能级间距大于热能、磁能、静电能、静磁能、光子能或超导态的凝聚能时,会出现纳米材料的量子效应,从而使其磁、光、声、热、电、超导电性能变化。纳米粉末中由于每一粒子组成原子少,表面原子处于不安定状态,使其表面晶格振动的振幅较大,所以具有较高的表面能量,造成超微粒子特有的热性质,也就是造成熔点下降,同时纳米粉末将比传统粉末容易在较低温度烧结,而成为良好的烧结促进材料。

(4) 宏观量子隧道效应

微观粒子具有贯穿势垒的能力称为隧道效应。纳米粒子的磁化强度等也有隧道效应,它们可以穿过宏观系统的势垒而产生变化,这种被称为纳米粒子的宏观量子隧道效应。

3. 纳米技术在航空航天应用

(1)纳米卫星

利用微电子机械和纳米电子技术制造的惯性检测元件、换能器、射频元件、光学元件、电源系统及各种传感器核芯片作为星载设备,可使卫星的体积和重量大大减小。用这些微型部件制造的卫星称为纳米卫星,重量不足 100 g,成本只有几万美元。微型卫星,其重量不足 100 g,又由于它的部件都集成在芯片上,故也被称为"芯片级卫星"。用一枚小型运载火箭一次可以发射数百枚到上千枚的这种卫星,从而使航天器的发射费用从目前的每磅一万美元降至约 200 美元。将这些卫星按一定的要求分布在不同的轨道上组成卫星网,可以连续不断监视地球上的任何角落。即使有少数卫星失灵,卫星网的工作也不会受到影响,解决了现有技术不能解决的许多问题,从而使航天技术与产业进入了一个全新的境界。到那时,宇宙空间巨型系统与微型系统并存,协同工作更加灵活机动,使得人类能够更有效地利用太空。

现在空间已有许多微型、甚至是纳型卫星在工作。如美国“先锋一号”微型卫星就是直径为16.3 cm、重量为1.5 kg的球形卫星。它是第一颗以太阳能为在轨电源的卫星。2000年初，美国又成功地发射了一颗皮型卫星，仅重200 g，体积为10×10×2.5 cm^3。英国萨里卫星技术公司研制的“Snap-1”是一颗重6 kg的微型卫星，它装备了仅450 g的推进系统，其燃料仅为32.6 g的丁烷。2000年6月与我国“清华一号”微型卫星同时升空,并对“清华一号”入轨情况成功地进行了拍照。美国宇航局喷气推进实验室与天体光谱实验室合作研制了10 kg的全球定位系统(GPS)卫星，采用冷气推进系统，设计寿命3年。如用纳米个人导航装置增强现有GPS接收机的功能，则能使在城市或丛林中的士兵随时知道自己所在的位置。一个完整的个人导航装置，大小与一块芯片相当。

(2) 微型飞行器(纳米飞行器)

微型飞行器(Micro Air Vechicle，MAV)近年来发展很快，取得了很多成果。它可以随身携带，配合单人或单兵使用，适合军用或民用的侦察需要。

MAV实际上是一套复杂的、可在空中飞行的高水平多功能微机电系统，它一般都是由多套复杂的分MEMS系统组成。它可以完成飞行、升降、自动导轨、侦察、信息传输、对敌干扰等多种任务。由于它便于携带、成本低廉、维护使用方便、隐蔽性高等特点，有希望成为一种多用途军民两用装备。1995年，上海交通大学微/纳米科技研究院成功地研制出当时世界上重量最轻、体积最小的微型直升机。直升机的发动机采用微细加工技术制成,其他部分用超精密机械加工。该架双螺旋桨直升机机身长18 mm，高4.6 mm，宽2.5 mm，重量仅107 mg。当达到一定转速时，机身便微微颤动，轻盈而起，可在两粒花生米大小的平面上作垂直起飞。

(3) 纳米火箭

美国已制成一枚微型火箭，这种火箭只需花费几百英镑就能将有效载荷送入太空,而其大小只有半个火柴盒那么大。它采用液态氧与乙醇的混合物作为燃料，可产生约13.2 N的推力。这使得微型火箭的推重比达到10 000以上。这要比大型火箭的推力质量比远远大得多。这种微型火箭是受蚂蚁的启发而进行研制的。小小的蚂蚁可以举起相当于自身重量几倍的东西。据美国宇航局(NASA)称，这种微型火箭很有可能将首先被用来帮助卫星定位。

(4) 纳米导弹

纳米导弹,俗称“蚊子导弹”，由于其隐蔽性、机动性及生存能力都发生了质的变化，故在现代战争中的作用不可小视。纳米导弹往往具有神奇的战斗效能，它们可以神奇地潜入目标内部，以足够的火力炸毁敌方的火炮、坦克、飞机和弹药库，或指挥部。

第 9 章　零件失效及选材原则

9.1　失效分析

零件在工作过程中最终都会失效。所谓失效是指：

① 零件完全破坏，不能继续工作；

② 严重损伤，继续工作很不安全；

③ 虽能安全工作，但已不能满意地起到预期的作用。

只要发生上述 3 种情况之一，都认为零件已经失效。

失效分析的目的就是要找出零件损伤的原因，并提出相应的改进措施。现代工业中对零件提出了可靠性和经济性考虑，也要求不断延长零件的寿命。这些都使得失效分析变得越来越重要。失效分析的结果对于零件的设计、选材、加工以至使用，都有很大的指导意义。

9.1.1　零件的失效形式及原因

1. 零件失效的形式

零件在工作时的受力情况一般比较复杂，往往承受多种应力的复合作用，因而造成零件的不同失效形式。零件的失效形式有变形失效、断裂失效和表面损伤失效 3 大类型，如图 9－1 所示。

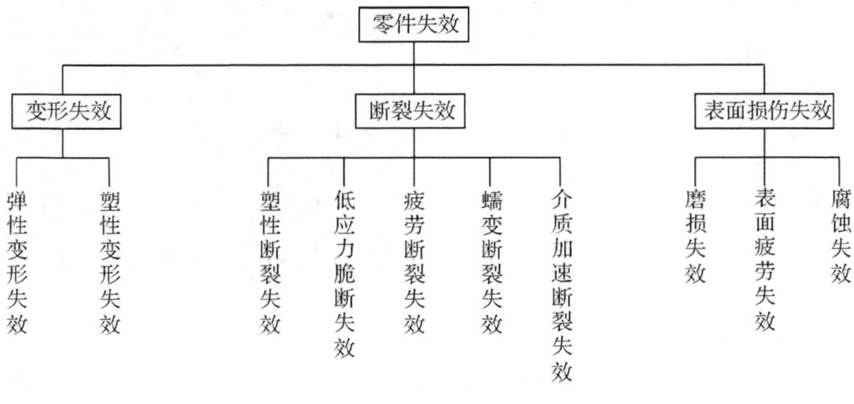

图 9－1　零件失效形式的分类

(1) 变形失效

材料受到力的作用就会产生变形，随着力的增加，材料的变形总有经历弹性变形阶段、塑性变形阶段、裂纹及其扩展直至断裂阶段的过程。变形失效是逐步进行的，一般属于非灾难性的，因此常不被人们重视。但当变形量超过一定量时，会改变零件的工作姿态，影响零件的有效工作性能，并最终导致零件的断裂失效。在较低的工作温度下，变形失效主要表现为过量弹性变形失效和塑性变形失效；在高的工作温度下，主要表现为蠕变失效和热松弛失效。

1）弹性变形失效

零件在外力作用下将发生弹性变形，如果弹性变形过量，会使零部件失去有效工作能力，产生过度弹性变形失效。判断过量弹性变形失效比较困难，且在检查中很难发现过度变形，特别对于航空航天飞行器，因为在工作状态下由弹性变形导致的零件失效，在剖析和测量尺寸时，变形已经恢复。

2）塑性变形失效

零件承受的静载荷超过材料的屈服强度时，将产生塑性变形。塑性变形失效有塌陷、拉长、扭曲和弯曲等。当零件某些部位所承受的应力超过工作温度下的材料屈服强度时，就会产生过量的塑性变形，从而造成零部件间相对位置变化，引起零件的塑性变形失效。例如压力容器上的紧固螺栓，如果拧得过紧，或因过载引起螺栓塑性伸长，便会降低预紧力，致使配合面松动，导致螺栓失效。

(2) 断裂失效

零件在工作中出现较大裂纹或部分分离而丧失正常服役能力的现象称为断裂失效。断裂是力对材料作用的最终结果，意味着零件的彻底失效，断裂失效是零件失效的主要形式，断裂可分为韧性断裂和脆性断裂。

1）韧性断裂失效

材料在断裂之前所发生的宏观塑性变形或所吸收的能量较大的断裂称为韧性断裂，通常是在高于材料屈服应力条件下的高能断裂。韧性断裂断口的宏观特征为断口截面尺寸减小，有缩颈现象。工程上使用的金属材料的韧性断口多呈韧窝状，如图9-2所示。韧窝是由于空洞的形成、长大并连接而导致韧断产生的。

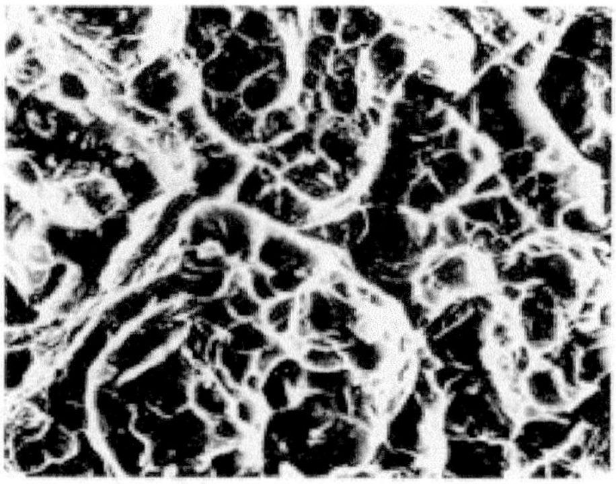

图9-2　韧窝断口

2）脆性断裂失效

材料在断裂之前没有明显的塑性变形或塑性变形很小（＜2%～5%）的断裂称为脆性断裂，断裂过程中材料吸收的能量很小，通常是在低于应力条件下的低能断裂。脆性断裂断口的宏观特征为断口截面尺寸无明显变化，不产生缩颈。疲劳断裂、应力腐蚀断裂、腐蚀疲劳断裂和蠕变断裂等均属于脆性断裂。脆性断裂经常发生在有尖锐缺口或有裂纹的零件中，特别是在低温或在冲击载荷作用下。脆性断裂往往带来灾难性的后果，如飞机坠毁、轮船沉没等。

① 疲劳断裂失效　零部件在交变载荷(应力或应变)作用下，在比屈服应力低很多的应力下发生的突然脆断，称为疲劳断裂。由于疲劳断裂是在低应力、无先兆情况下发生的，因而具有很大的危险性和破坏性。据统计，在整个机械零部件的失效总数中，疲劳失效约占 50%～90%。特别是转动部件中，轴、齿轮和叶片等，疲劳失效更高。疲劳断裂最明显的特征是断口上的疲劳裂纹扩展区比较平滑，并通常存在疲劳休止线或疲劳纹。疲劳断裂的断裂源多发生在零部件表面的缺陷或应力集中部位。提高零部件表面加工质量，减少应力集中，对材料表面进行表面强化处理，都可以有效地提高疲劳断裂抗力。

② 低应力脆性断裂失效　石油化工容器、锅炉等一些大型锻件或焊接件，在工作应力远远低于材料的屈服应力作用下，由于材料自身固有的裂纹扩展导致的无明显塑性变形的突然断裂，称为低应力脆性断裂。对于含裂纹的构件，要用抵抗裂纹失稳扩展能力的力学性能指标——断裂韧性(K_{IC})来衡量，以确保安全。

低应力脆性断裂按其断口的形貌可分为解理断裂和沿晶断裂。金属在正应力作用下，因原子间的结合键被破坏而造成的穿晶断裂称为解理断裂。解理断裂的主要特征是其断口上存在河流花样，如图 9-3 所示，它是由于不同高度解理面之间产生的台阶逐渐汇聚而形成的。沿晶断裂的断口呈冰糖状，如图 9-4 所示。

③ 蠕变断裂失效　在高温缓慢变形过程中发生的断裂属于蠕变断裂失效，最终的断裂也是瞬时的。在工程中常见的多属于高温低应力的沿晶蠕变断裂。

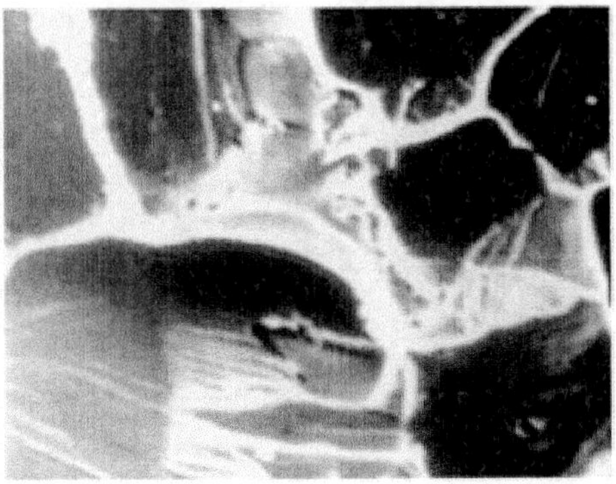

图 9-3　解理断口

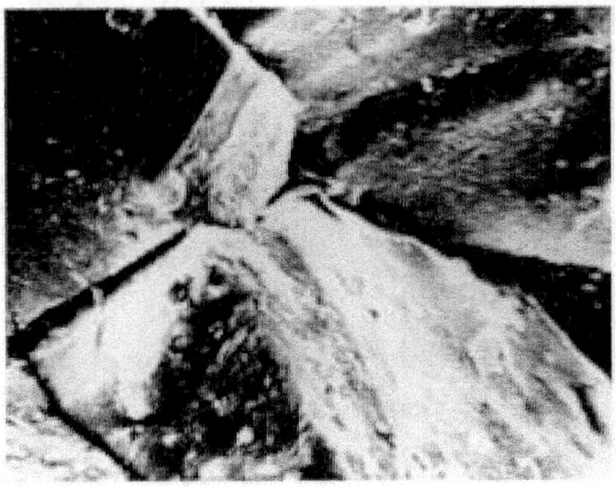

图 9-4　沿晶断口

(3)表面损伤失效

由于磨损、疲劳和腐蚀等原因，使零部件表面的微细结构发生变化，引起表面缺陷，从而使表面失去正常工作所要求的形状、尺寸和表面粗糙度而引发的失效，称为表面损伤失效。主要包括表面磨损、接触疲劳和表面腐蚀等。

1) 磨损失效

磨损失效是工程上量大面广的一种失效形式。任何两个相互接触的零部件发生相对运动时，其表面会发生磨损，造成零部件尺寸变化、精度降低而不能继续正常工作，这种现象称为磨损失效。例如轴与轴承，齿轮与齿轮、活塞环与汽缸套等摩擦副在服役时表面产生的损伤。磨损失效主要包括：黏着磨损、磨粒磨损、接触疲劳磨损、微动磨损和气蚀等失效形式。

2）腐蚀失效

由于化学或电化学腐蚀，造成零部件尺寸和性能的改变而导致的失效称为腐蚀失效。其中应力腐蚀，腐蚀疲劳是突发性失效，导致"意外"事故不断发生。合理地选用耐腐蚀材料，在材料表面涂敷防护层，采用电化学保护及采用缓蚀剂等可有效提高材料的抗腐蚀能力。

3）表面疲劳失效

表面疲劳失效是指两个相互接触的零部件相对运动时，在交变接触应力作用下，零部件表面层材料发生疲劳而脱落所造成的失效。例如齿轮和滚动轴承的滚道及滚动体上出现的麻点状小坑。改善材料的冶金质量，提高零件的疲劳强度和表面硬度，降低接触表面粗糙度，提高接触精度，改善润滑条件都能有效提高接触疲劳抗力。

必须指出，实际零件在工作中往往不只是一种失效方式起作用。例如，一个齿轮，齿面之间的摩擦导致表面磨损失效，而齿根可能产生疲劳断裂失效，两种方式同时起作用。但一般来说，造成一个零件失效时总是一种方式起主导作用，很少有两种方式同时都使零件失效。失效分析的目的实际上就是要找出主要的失效形式。另外，各类基本失效方式可以互相组合，形成更复杂的复合失效方式，如腐蚀疲劳、蠕变疲劳和腐蚀磨损等。但它们在特点上都各自接近于其中某一种方式，而另一种方式是辅助的，因此在分析时往往被归入主导方式一类中，例如腐蚀疲劳，疲劳特征是主导因素，腐蚀是起辅助作用的，因此被归入疲劳一类进行分析。

2. 零件失效的原因

引起零件早期失效的原因很多，主要可归纳为设计、材料、加工和安装使用4个方面，图9-5是导致零件失效的主要原因的示意图。

（1）设计与失效

设计上导致零件失效的最常见原因是：

① 结构或形状不合理。即在零件的高应力处存在明显的应力集中源，如各种尖角、缺口、过小的过渡圆角等。

② 零件的工作条件估计错误，从而造成设计判据选择错误。如对有脆断危险的零件，对可能承受冲击载荷的零件，对交变载荷及带有腐蚀介质环境下工作的零件，仅以材料的抗拉强度和屈服强度指标作为承载能力的计算判据就很不可靠，因而造成所设计的零件承载能力不够。

③ 应力计算方面的错误。如对工作中可能的载荷大小、性质等缺少足够的资料，引起应力计算方面的错误，就目前来看，发生这类计算错误的很少。

（2）材料与失效

选材不当以及材料自身的缺陷是导致零件失效的主要原因。最常见的情况是：

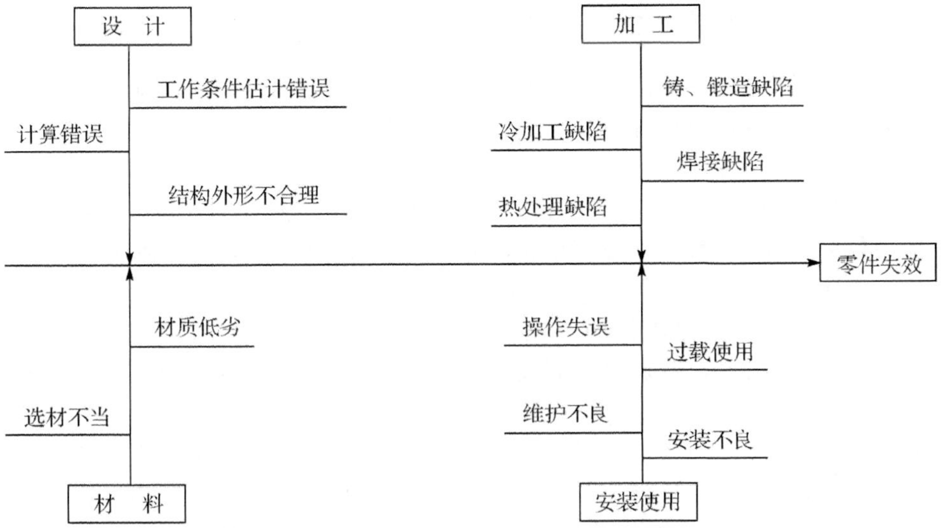

图 9-5　零件失效的主要原因分析图

① 选材判据有误。如设计者仅根据材料的常规性能指标做出决定，而这些指标根本不能反映材料对特殊类型失效的抗力。

② 材料本身的缺陷。许多失效都是由材料自身存在的缺陷引起的。常见的缺陷有夹杂物过多、过大，杂质元素太多，或者有夹层、折叠等宏观缺陷，这些内部的和外部的缺陷当导致缺口出现时会显著降低材料的承载能力。因此，对原材料加强检验是非常重要的环节。

(3) 加工与失效

零件加工成型过程中，由于加工方法不正确、技术要求不合理等，也会造成各种加工缺陷，从而引起零件过早失效。例如冷变形、机加工和焊接等产生的残余应力、微裂纹以及表面损伤等，常常是导致失效的内在原因。

热处理不当也是常见的失效原因之一，如过热、脱碳、变形开裂、回火不足和晶粒粗大等；酸洗及电镀时，引起对材料的充氢而导致的氢致损伤也是常见的失效形式。

加工不良造成的缺陷，尤其是热处理时产生的缺陷，与零件的设计有很大的关系。零件的外形和结构设计不合理，会大大增加热处理缺陷发生的可能性。若零件热处理后残留有较大的内应力，甚至有难以检查出来的裂纹时，使用中必定会造成严重的损坏。

(4) 安装、使用与失效

零件安装时配合过紧、过松、对中不准和固定不紧等均可造成失效或事故。不合理的启动和停车、超速和过载服役等；对机器的维护保养不好，没有遵守操作规程及工作时有较大幅度的过载等也常常造成零件的失效。

9.1.2 零件失效分析的一般方法

正确的失效分析,是找出零件失效原因,解决零件失效问题的基础环节。机械零件的失效分析是一项综合性的技术工作,大致有如下程序。

(1) 现场调查及取样

尽量仔细地收集失效零件的残骸,保护好断口,并拍照记录实况,确定重点分析的对象,样品应取自失效的发源部位,或能反映失效的性质或特点的地方。

(2) 收集资料

详细记录并整理失效零件的有关资料,如设计情况(图纸)、实际加工情况及尺寸、使用情况等。根据这些资料全面地从设计、加工和使用各方面进行具体的分析。

(3) 断口分析

对所选试样进行宏观(用肉眼或立体显微镜)及微观(用高倍的光学或电子显微镜)断口分析,以及必要的金相剖面分析,确定失效的发源点及失效的方式。

宏观分析可以判定出断裂的性质(如快速断裂、疲劳断裂和应力腐蚀断裂)、类型(韧断、脆断)。

微观分析是对宏观断口分析结果的进一步确认。它可以分析出微观断裂的性质是微观韧断还是微观脆断;微观断裂的机理属于微孔聚合断裂、解理断裂、沿晶断裂还是疲劳断裂等;显微组织晶粒的大小、第二相以及对断裂的影响程度等。

(4) 零件检测

对失效样品进行性能测试、组织分析、化学分析和无损探伤,检验材料的性能指标是否合格,组织是否正常,成分是否符合要求,有无内部或表面缺陷等,全面收集各种必要的数据。

(5) 断裂力学分析

在某些情况下需要进行断裂力学计算,以便于确定失效的原因及提出改进措施。

(6) 原因综合分析和判断

首先,根据对零件失效模式和断口特征分析的结果,综合判定零件失效的性质和类型,列出所有可能引起零件失效的原因;其次,根据零件工作条件、制造工艺以及服役历史、质量检验结论和现场使用情况等,进行综合分析、推理和验证,逐一排除不可能的因素,最终确定引起失效的具体原因,提出改进措施,写出报告。

在失效分析中,有两项最重要的工作。一是收集失效零件的有关资料,这是判断失效原因的重要依据,必要时做断裂力学分析。二是根据宏观及微观的断口分析,确定失效发源地的性质及失效方式。这项工作最重要,因为它除了告诉我们失效的精确地点和应该在该处测定哪些数据外,同时还对可能的失效原因能做出提示。例如,沿晶断裂应该是材料本身、加工或介质作用的问题,与设计关系不大。

9.1.3 零部件失效分析实例

下面是航空发动机涡轮轴的断裂失效分析实例。

某飞机训练穿云科目时，飞行 24 min 后，高度 3000 m，左发动机转速由 10 000 r/min突然下降至零，即发生空中停车，再次启动不成功。着陆后用手转动发动机转子，可以反时针转动，经分解检查发现发动机头部主动齿轮轴在第一销钉处断裂，见图 9-6，轴的材料为 12Cr2Ni4A。将主动轴残留在锥孔内的部分压出，测量其配合状况，确认配合状况符合规定。检查两个销钉，发现 1 号销钉（主动轴断裂处的销钉）圆柱面上有明显压痕。

图 9-6　发动机头部主动齿轮轴的断裂形貌

如图 9-7 所示为其宏观断口照片。从断口上可判断为典型的疲劳裂纹，疲劳源位于主动轴外圆柱面第一个 6 mm 销钉孔边缘；疲劳裂纹扩展方向与主动的旋转方向一致，疲劳区面积约占整个破断面积的 5/8。

材料硬度检查发现，硬度符合要求，材质未发现异常。

疲劳断口的定量分析，主动轴在工作中主要受扭矩 M 作用，它传动 5 个油泵、1 个启动发动机和 1 个离心活门，最后得到主动轴所受总扭矩为7 119 N·cm，主动轴的外径为 2.25 cm，内孔直径为1.6 cm，依据材料力学得剪应力为 18.81 MPa。

图 9-7　主动轴断口特征

依据裂纹扩展的速率，估算零件疲劳开裂的寿命，由 Paris 定律计算结果可知：当主动轴外圆柱面销钉孔边缘存在 0.5 mm 的宏观裂纹，在交变应力的作用下扩展到临界裂纹 28.5 mm 时，最终得到循环寿命为 $N=1.09\times10^8$ 次，相应的发动机工作时间约为 10h11min。

而实际情况是：主动轴在远远低于计算寿命（10h11min）的情况下而过早失效（仅仅 24min），同时主动轴发生疲劳断裂的疲劳源位于主动轴外圆柱面销钉孔受力方向的反面，有力地证明了主动轴在工作中承受过非正常的冲击载荷，载荷方向与主动轴的旋转方向相同，发生在发动机起动过程中。目前，该发动机采用双发起动，规定启动电压为48 V,而实际使用60 V,起动力矩大,起动过程中易出现转速和温度上升快。为防止启动超温,有时维护人员在发动机处于小转速范围内时,收油门使转速上升减慢,当收油门过猛会造成转速下降至2 900 r/min以下时,则三爪离合器突然撞击,在主动轴上最薄弱的销钉孔边缘产生过载损伤,导致产生疲劳源。

1号销钉的装配紧度较大,承受了大部分工作应力,也是导致产生疲劳源和疲劳断裂的原因之一,这可以从1号销钉上有明显的压痕得到证实。

9.2 选材方法和原则

在掌握各种工程材料性能及成形的基础上,正确、合理地选择和使用材料是从事工程构件和机械零件设计与制造的工程技术人员一项重要的任务。选材是否恰当将直接影响到产品的使用性能、使用寿命及制造成本。选材不当或加工缺陷可导致零件的完全失效。

9.2.1 选材的基本原则

选材的基本原则是所选材料的使用性能应能满足零部件使用要求,经久耐用,易于加工,成本低,即从材料的使用性能、工艺性能和经济性3个方面进行考虑。

1. 使用性能原则

使用性能是保证零部件完成指定功能的必要条件,包括零部件在工作过程中应具备的力学性能、物理性能和化学性能,它是选材的最主要依据。对于机械零件,最重要的使用性能是力学性能,对零部件力学性能的要求,一般是在分析零部件的工作条件(温度、受力状态、环境介质等)和失效形式的基础上提出来的。根据使用性能选材的步骤如下:

(1) 分析零部件的工作条件,确定使用性能

零部件的工作条件分析包括受力状态(拉、压、弯、剪切、扭转等)、载荷性质(静载、动载、交变载荷、单调载荷等)、载荷大小及分布、工作温度(低温、室温、高温、变温)、环境介质(润滑剂、海水、酸、碱、盐等)、对零部件的特殊性能要求(电、磁、热)等。在对工作条件进行全面分析的基础上确定零部件的使用性能。

(2) 分析零部件的失效原因,确定主要使用性能

对零部件使用性能的要求,往往是多项的。例如传动轴,要求其具有高的疲劳强度、韧性和轴颈的耐磨性。因此,需要通过对失效零部件进行失效分析,找出导致失效的主导因素,准确确定出零部件所必需的主要使用性能。例如,曲轴在工作时承受冲击、交变等载荷作用,而失效分析表明,曲轴的主要失效形式是疲劳断裂,而不是冲击断裂,因此应以疲劳抗力作为主要使用性能要求来进行曲轴的设计。制造曲轴的材料也可由锻钢改为价格便宜、工艺简单的球墨铸铁。表9-1列出了几种常见零部件的工作条件、失效形式及对性能的要求。

表 9-1　几种常用零部件的工作条件及对性能要求

零部件	工作条件		失效形式	主要力学性能
	承受应力	载荷性质		
紧固螺栓	拉、剪	静	过量变形、断裂	强度、塑性
传动齿轮	压、弯	循环、冲击	磨损、麻点、剥落、疲劳断裂	表面硬度、疲劳强度、心部韧性
传动轴	弯、剪	循环、冲击	疲劳断裂、过量变形、轴颈磨损	综合力学性能
弹簧	弯、剪	循环、冲击	疲劳断裂	屈强比、疲劳强度
连杆	拉、压	循环、冲击	断裂	综合力学性能
轴承	压	循环、冲击	磨损、麻点剥落、疲劳断裂	硬度、按触疲劳强度
冷作模具	复杂	循环、冲击	磨损、断裂	硬度、足够的强度和韧性

(3) 对零部件的使用性能要求转化为对材料性能指标的要求

有了对零部件使用性能的要求，还不能马上进行选材，还需要通过分析、计算或模拟试验将使用性能要求指标化和量化。例如“高硬度”这一使用性能要求，需转化为“＞60HRC”或“62～65HRC”等，这是选材最关键、最困难的一步，需根据零部件的尺寸及工作时所承受的载荷，计算出应力分布，再由工作应力、使用寿命或安全性与材料性能指标的关系，确定性能指标的具体数值。

(4) 材料的预选

根据对零部件材料性能指标数据的要求查阅有关手册，找到合适的材料，根据这些材料的大致应用范围进行判断、选材。对用预选材料设计的零部件，其危险截面在考虑安全系数后的工作应力，必须小于所确定的性能指标数据值。然后再比较加工工艺的可行性和制造成本的高低，以最优方案的材料作为所选定的材料。

2. 工艺性能原则

材料的工艺性能表示材料加工的难易程度。工艺性能的好坏，直接影响零部件的质量、生产效率和成本。工艺性能对大批量生产的零部件尤为重要，因为在大批量生产时，工艺周期的长短和加工费用的高低，常常是生产的关键。金属材料、高分子材料和陶瓷材料的工艺性能概括介绍如下。

(1) 金属材料的工艺性能

金属材料的工艺性能是指金属适应某种加工工艺的能力。主要是切削加工性能、材料的成型性能(铸造、锻造、焊接)和热处理性能(淬透性、变形、氧化和脱碳倾向等)。

铸造性能主要指流动性、收缩性、热裂倾向性、偏析和吸气性等。接近共晶成分合金的铸造性能最好。铸铁、硅铝明等一般都接近共晶成分。铸造铝合金和铜合金的铸造性能优于铸铁，铸铁又优于铸钢。

锻造性能主要指冷、热压力加工时的塑性变形能力以及可热压力加工的温度范围，抗氧化性和对加热、冷却的要求等。低碳钢的锻造性最好，中碳钢次之，高碳钢则较差。低合金钢的锻造性接近中碳钢。高碳高合金钢(高速钢、高镍铬钢等)由于导热性差、变形抗力大、锻造温度范围小,其锻造性能较差,不能进行冷压力加工。形变铝合金和铜合金的塑性好,其锻造性较好。铸铁、铸造铝合金不能进行冷热压力加工。

切削加工性能是指材料接受切削加工的能力。一般用切削硬度、被加工表面的粗糙度、排除切屑的难易程度以及对刃具的磨损程度来衡量。材料硬度在160~230HB范围内时,切削加工性能好。硬度太高,则切削抗力大,刃具磨损严重,切削加工性下降。硬度太低,则不易断屑,表面粗糙度加大,切削加工性也差。高碳钢具有球状碳化物组织时,其切削加工性优于层片状组织。马氏体和奥氏体的切削加工性差。高碳高合金钢(高速钢、高镍铬钢等)切削加工性也差。

焊接性能是指金属接受焊接的能力。一般以焊接接头形成冷裂或热裂以及气孔等缺陷的倾向大小来衡量。含碳量大于0.45%的碳钢和含碳量大于0.38%的合金钢,其焊接性能较差,碳含量和合金元素含量越高、焊接性能越差,铸铁则很难焊接。铝合金和铜合金,由于易吸气、散热快,其焊接性比碳钢差。

热处理工艺性能主要指淬透性、变形开裂倾向及氧化、脱碳倾向等。钢和铝合金、钛合金都可以进行热处理强化。合金钢的热处理工艺性能优于碳钢。形状复杂或尺寸大、承载高的重要零部件要用合金钢制作。碳钢含碳量越高,其淬火变形和开裂倾向越大。选渗碳用钢时,要注意钢的过热敏感性;选调质钢时,要注意钢的高温回火脆性;选弹簧钢时,要注意钢的氧化、脱碳倾向。

(2) 高分子材料工艺性能

高分子材料的加工工艺比较简单,主要是成形加工,成形加工方法也比较多。高分子材料的切削加工性能较好,与金属基本相同。但由于高分子材料的导热性差,在切削过程中易使工件温度急剧升高,使热塑性塑料变软,使热固性塑料烧焦。

(3) 陶瓷材料的工艺性能

陶瓷材料的加工工艺路线为:备料→成形加工(配料、压制、烧结)→磨加工→装配。陶瓷材料的加工工艺也比较简单,主要工艺是成形。按零部件的形状、尺寸精度和性能要求的不同,可采用不同的成形加工方法(粉浆、热压、挤压、可塑)。陶瓷材料的切削加工性差,除了采用碳化硅或金刚石砂轮进行磨加工外,几乎不能进行任何切削加工。

3. 经济性原则

选材的经济性原则是在满足使用性能要求的前提下,采用便宜的材料,使零部件的总成本,包括材料的价格、加工费、试验研究费和维修管理费等达到最低,以取得最大的经济效益。为此,材料选用应充分利用资源优势,尽可能采用标准化、通用化的材料,以降低原材料成本、减少运输和实验研究费用。选用一般碳钢和铸铁能满足要求的,就不应选用合金钢。在满足使用要求的条件下,可以铁代钢,以铸代锻、以焊代锻,有效地降低材料成本、简化加工工艺。例如用球墨铸铁代替锻钢制造中、低速柴油机曲轴、铣床主轴，其经济效益非常显著。对于要求表面性能高的零部件，可选用低廉的钢种进行表面强化处理来达到要求。

当然，选材的经济性原则并不仅是指选择价格最便宜的材料，或是生产成本最低的产品，而是指运用价值分析、成本分析等方法，综合考虑材料对产品功能和成本的影响，从而获得最优化的技术效果和经济效益。例如，一些能影响整体生产装置中的关键零部件，如果选用便宜材料制造，则需经常更换，其换件时停车所造成的损失可能大得多，这时选用性能好、价格高的材料，其总成本仍可能是最低的。

9.2.2　典型零部件选材及工艺分析

金属材料、高分子材料、陶瓷材料及复合材料是目前的主要工程材料。高分子材料的强度、刚度较低，易老化，一般不能用于制作承受载荷较大的机械零件，但其减振性好，耐磨性较好，适于制作受力小、减振、耐磨、密封零件，如轻载齿轮、轮胎等。陶瓷材料硬而脆，一般也不能用于制作重要的受力零部件，但其具有高熔点、高硬度、耐蚀性好和红硬性好等特点，可用于制作高温下工作的零部件、耐磨耐蚀零部件及切削刀具等。复合材料克服了高分子材料和陶瓷材料的不足，具有高比强度、高减振性、高抗疲劳能力、高耐磨性等优异性能，是一种很有发展前途的工程材料。与以上 3 类工程材料相比，金属材料具有优良的使用性能和工艺性能，储藏量大，生产成本比较低，广泛用于制作各种重要的机械零件和工程构件，是机械工业中最主要、应用最广泛的一类工程结构材料。

下面介绍几种钢制零部件的选材及热处理工艺分析。

1. 齿轮类零件的选材

齿轮是机械工业中应用广泛的重要零件之一，主要用于传递动力、调节速度或方向。

(1) 齿轮的工作条件、主要失效形式及对性能的要求

1) 齿轮的工作条件

齿轮的工作条件：

① 啮合齿表面承受较大的既有滚动又有滑动的强烈摩擦和接触疲劳压应力。

② 传递动力时，轮齿类似于悬臂梁，轮齿根部承受较大的弯曲疲劳应力。

③ 换挡、启动、制动或啮合不均匀时，承受冲击载荷。

2)齿轮的主要失效形式

齿轮的主要失效形式：

① 断齿　除因过载(主要是冲击载荷过大)产生断齿外，大多数情况下的断齿，是由于传递动力时，在齿根部产生的弯曲疲劳应力造成的。

② 齿面磨损　由于齿面接触区的摩擦，使齿厚变小、齿隙加大。

③ 接触疲劳　在交变接触应力作用下，齿面产生微裂纹，逐渐剥落，形成麻点。

3) 对齿轮材料的性能要求

对齿轮材料的性能要求：

① 高的弯曲疲劳强度。

② 高的耐磨性和接触疲劳强度。

③ 轮齿心部要有足够的强度和韧性。

(2) 航空发动机齿轮的选材及工艺分析

和一般机械齿轮相比，航空发动机齿轮传递的功率更大，工作条件更为恶劣，其失效造成的后果也更加严重，常会引起机毁人亡的恶性事故。因此，如何通过合理选材、适宜的切削加工和成形方法、正确的热处理等来有效地防止零件的早期失效，将显得更为重要。相关文献分别统计了1 500个和931个齿轮失效案例，其损伤形式及所占比例如表9－2所列。从表中可明显看出，齿轮最普遍的失效形式为疲劳、冲击过载和表面磨损。其中齿轮最主要的破坏形式为疲劳破坏。

影响齿轮抗力的因素很多，但主要因素不外乎结构设计、材料、切削加工、成形方式、热处理工艺、表面质量及润滑条件等。

表9－2　齿轮失效的主要形式及其所占比例

序　号	齿轮失效形式	占总失效的百分比/%	
		相关文献1	相关文献2
1	疲劳断裂	32	32.8
2	冲击过载	12.5	19.5
3	表面疲劳	(包含在其他中)	20.3
4	表面磨损	10	13.2
5	其他	45.5	13.2

1) 材料及热加工工艺

在航空、航天发动机上使用的齿轮，通常选择具有较高屈服强度的渗碳类合金钢，使得齿面具有较高的耐磨性同时，其心部也具有较高的强度。还应正确地遵守齿轮坯材的加热规范，避免材料发生过热及出现内部裂纹，同时提高材料的冶金质量，如目前使用的真空脱气技术。

2) 热处理工艺及表面质量

齿轮的硬化齿面的接触疲劳损伤易出现麻点，麻点剥落较大。随着剥落坑的进一步发展，裂纹扩展，与另外的剥落坑相连，从而造成大面积剥落。而且在剥落处产生应力集中，进而加剧齿面剥落并可能导致齿顶崩裂或断齿失效。

实践证明，齿面硬化层的组织状态、表面硬化层深度、齿面的硬度对齿轮寿命有明显的影响作用。一般硬化层的含碳量应控制在0.8%～1.0%(质量分数)的范围，硬化层中的含碳量高，可提高齿面抗接触疲劳的能力，但含碳量升高又往往带来齿轮的抗弯强度及疲劳性能的下降；同时，当含碳量高于1.0%时，很难控制碳化物的形状和分布。目前工程上常采用对齿轮轮齿进行喷丸强化处理工艺来提高齿轮疲劳综合抗力。

3）结构及装配

齿轮的类型、结构尺寸、齿轮参数以及支承结构等均会影响齿轮的使用寿命，这里主要针对航空上常用的螺旋锥齿轮的接触痕问题进行分析。螺旋锥齿轮具有较大的承载能力，但要求有较高的制造质量和装配精度，否则将是装配后的接触线位置偏离名义接触点，导致齿轮在啮合过程中产生冲击。因此要通过装配来调节，使得接触线不偏离名义接触点。用几何方法检查螺旋锥齿轮的接触特征是困难的，通常采用匹配齿接触痕迹的方法。

4）润滑条件

润滑条件对齿轮工作的可靠性和使用寿命有极大的影响，应根据润滑理论，从设计上选择适合齿轮运行的润滑剂，并遵循正确的使用说明，保持润滑剂的流动性及清洁，以提高齿轮抗力。

2. 轴类零部件的选材

轴是机械工业中最基础的零部件之一，主要用以支承传动零部件并传递旋转运动和动力。

(1) 轴的工作条件，主要失效形式及对性能的要求

1）轴的工作条件

传递扭矩，承受交变扭转载荷作用；同时也往往承受交变弯曲载荷或拉、压载荷的作用。轴颈承受较大的摩擦和一定的过载或冲击载荷。

2）轴的主要失效形式

① 疲劳断裂失效。由于受交变的扭转载荷和弯曲疲劳载荷的长期作用，造成轴的疲劳断裂，这是最主要的失效形式。

② 韧、脆性断裂失效。由于受过载或冲击载荷的作用，造成轴折断或扭断。

③ 磨损失效。轴颈或花键处的过度磨损使形状、尺寸发生变化。

④ 其他失效。另外还有腐蚀失效和变形失效。

3）对轴用材料的性能要求

① 高的疲劳强度，以防止疲劳断裂。

② 良好的综合力学性能，以防止冲击或过载断裂。

③ 良好的耐磨性，以防止轴颈磨损。

(2) 汽轮机主轴的选材及工艺分析

对轴类零部件进行选材时，应根据工作条件和技术要求来决定。承受中等载荷，转速又不高的轴，大多选用中碳钢（如 45 钢），进行调质或正火处理。对于要求高一些的轴，可选用合金调质钢（如 40Cr 钢）并进行调质处理。对要求耐磨的轴颈和锥孔部位，在调质处理后需进行表面淬火。当轴承受重载荷、高转速和大冲击时，应选用合金渗碳钢（如 20CrMnTi 钢）进行渗碳淬火处理。

汽轮机主轴尺寸大、工作负荷大,承受弯曲、扭转载荷及离心力和温度的联合作用。汽轮机主轴的主要失效方式是蠕变变形和由白点、夹杂和焊接裂纹等缺陷引起的低应力脆断、疲劳断裂或应力腐蚀开裂。因此对汽轮机主轴材料除要求其在性能上具有高的强度和足够的塑韧性外,还要求其锻件中不出现较大的夹杂、白点和焊接裂纹等缺陷。对于在500 ℃以上工作的主轴还要求其材料具有一定的高温强度。根据汽轮机的功率和主轴工作温度的不同,所选用的材料也不同。对于工作在450 ℃以下的材料,可不必考虑高温强度,如果汽轮机功率较小(<12 000 kW),且主轴尺寸较小,可选用45钢,如果汽轮机功率较大(>12 000 kW),且主轴尺寸较大,则须选用35CrMo钢,以提高淬透性。对于工作在500 ℃以上的主轴,由于汽轮机功率大(>12 5000 kW),要求高温强度高,需选用珠光体耐热钢,通常高中压主轴选用25CrMoVA或27Cr2MoVA钢,低压主轴选用15CrMo或17CrMoV钢。对于工作温度更高,要求更高高温强度的主轴,可选用珠光体耐热钢20Cr3MoWV(<540 ℃)或铁基耐热合金Cr14Ni26MoTi(<650 ℃),Cr14Ni35MoWTiAl(<680 ℃)制造。

汽轮机主轴的工艺路线为:备料→锻造→第一次正火→去氢处理→第二次正火→高温回火→机械加工→成品。第一次正火可消除锻造内应力;去氢处理的目的是使氢从锻件中扩散出去,防止产生白点;第二次正火是为了细化组织,提高高温强度;高温回火是为了消除正火产生的内应力,使合金元素分布更趋合理(V,Ti充分进入碳化物,Mo充分溶入铁素体),从而进一步提高高温强度。

3. 汽轮机叶片的选材

叶片是汽轮机的关键部件,它直接起着将蒸气或燃气的热能转变为机械能的作用。

(1) 叶片的工作条件、失效方式及性能要求

1) 叶片的工作条件

① 受蒸气或燃气弯矩的作用;

② 承受中、高压过热蒸气的冲刷或湿蒸气的电化学腐蚀或高温燃气的氧化和腐蚀;

③ 受湿蒸气中的水滴或燃气中的杂质磨损;

④ 气流作用的频率与叶片自振频率相等时产生的共振力的作用。

2) 叶片的失效方式

叶片的失效方式为蠕变变形、断裂(包括振动疲劳断裂、应力腐蚀开裂、蠕变疲劳断裂及热疲劳开裂)和表面损伤(包括氧化、电化学腐蚀和磨损)。

3) 对叶片的性能要求

① 高的室温和高温强度、塑性及韧性,以防止蠕变变形和疲劳断裂;

② 高的化学稳定性,以防止氧化、腐蚀及应力腐蚀开裂;

③ 导热性好,热膨胀系数小,以防止热疲劳破坏;

④ 耐磨性好,以防止冲刷磨损和机械磨损;

⑤ 减振性好，以防止共振疲劳破坏；

⑥ 良好的冷、热加工性能，以利于叶片成型、提高生产效率。

(2) 叶片的选材及工艺分析

叶片材料的选择主要取决于工作温度。对于中、低压汽轮机，叶片工作温度不高(＜500℃)，其失效的主要方式不是蠕变，而是共振疲劳和应力腐蚀开裂，因此，除在结构设计上避免共振外，应选用减振性能好的 1Cr13 和 2Cr13 马氏体不锈钢。

对于工作于过热蒸气中的前级叶片，虽温度较高(450～475 ℃)，但腐蚀不明显，可采用低合金钢 20CrMo 进行氮化、镀硬铬或堆焊硬质合金。汽轮机后级叶片的工艺路线为：备料→模锻→退火→机械加工→调质→热整形→去应力退火→机械加工叶片根→镀硬铬→抛光→磁粉探伤→成品。退火是为了消除锻造应力，细化组织，改善切削加工性能，为调质作组织准备；调质是为了使叶片获得良好的综合力学性能和高温强度；热整形可提高叶片精度，校正热处理变形；去应力退火是为了消除热整形内应力；镀硬铬是为了提高抗氧化和耐蚀性。

对于高压汽轮机，叶片工作温度高于 500 ℃，蠕变破坏是其失效的主要方式，1Cr13 钢已不能满足热强性要求，应选用奥氏体耐热钢 1Cr18Ni9Ti。工作温度低于 600 ℃的高压汽轮机叶片也可选用马氏体耐热钢 5Cr11MoV，15Cr12WMoV，15Cr12WMoVNbB 和 18Cr12WMoVNb。

对于燃气轮机叶片，因工作温度更高，其主要失效方式为蠕变和热疲劳破坏。当叶片工作温度低于 650 ℃时，可选用奥氏体耐热钢 1Cr17Ni13W。在 700～750 ℃时，选用 Cr14Ni40MoWTiAl 或铁基高温合金。高于 750 ℃，可选用镍基耐热合金 Ni80Cr20 或镍基高温合金。近年来，镍基高温合金的精密铸造、精密模锻、爆炸成形等新工艺已应用于燃气轮机叶片，TaC 及 NbC 纤维增强镍基合金复合材料、SiC 及 Si3N4 等新型陶瓷材料应用于燃气轮机叶片的研究也正在进行中。

第 2 篇

材料成形工艺基础

第 10 章　铸造工艺基础

铸造是将熔融金属浇注、压射或吸入铸型型腔，冷却凝固后获得一定形状和性能的零件或毛坯的金属成形工艺。它是金属材料液态成形的一种重要方法。

与其他成形方法相比，铸造生产具有以下特点：

① 铸件的尺寸和形状几乎不受限制　所成形的零件可以是具有复杂型腔，尺寸轮廓可小至几毫米，大至十几米，质量可小至几克，大至数百吨；

② 加工余量小　铸件的形状和尺寸与零件很接近，可节省材料损耗和加工工时；

③ 加工范围广　各种金属和合金都可以用铸造方法制成铸件，特别是有些塑性差的材料，只能用铸造方法制造毛坯；

④ 铸件的价格低廉　铸造设备投资少，所用的原材料来源广泛而且价格较低。

铸造生产也存在着不足之处：铸造组织的晶粒比较粗大，且内部常有缩孔、缩松、气孔和砂眼等铸造缺陷，因而铸件的力学性能一般不如锻件；铸造生产工序繁多，工艺过程较难控制，致使铸件的废品率较高；铸造工人的工作条件较差、劳动强度比较大。随着生产技术的不断发展，铸件性能和质量正在进一步提高，劳动条件正逐步改善。

10.1　铸造理论基础

在液态合金成形过程中，合金铸造性能的优劣对能否获得优质铸件有着重要影响。合金铸造性能包括液态合金的充型能力、收缩、偏析、氧化和吸气等。液态合金的充型及收缩是影响成形工艺及铸件质量的两个最基本的问题，许多工艺参数及工艺方案（如熔炼和浇注温度、浇口系统位置及尺寸等）和铸造缺陷（如冷隔、浇不足、缩松、缩孔、变形、应力和裂纹等）都与这两大问题有关。下面分别予以讨论。

10.1.1 液态合金的充型能力

液态合金充满铸型型腔，获得形状完整、轮廓清晰的铸件的能力，称为液态合金的充型能力。液态合金充型能力强，则能浇注出壁薄而形状复杂的铸件；充型能力差，则易产生冷隔、浇不足等缺陷。

液态合金的充型能力首先取决于液态合金本身的流动能力；同时又受铸型性质、浇注条件和铸件结构等因素的影响。因此，充型能力是上述各种因素的综合反映。

1. 合金的流动性

流动性是指熔融金属的流动能力，是合金的固有属性，它只与金属本身的化学成分、温度、杂质量以及物理性质有关。一般说来，流动性好的合金在多数情况下其充型能力都较强；流动性差的合金其充型能力较差，但也可以通过改善其他条件来提高充型能力。

流动性的好坏，通常用浇注螺旋形流动性试样的方法来衡量。它是将液态合金在相同的浇注温度或相同的过热度条件下，浇注成如图 10－1 所示的试样，然后比较各种合金浇注的试样的长度。浇注的试样越长，合金的流动性越好。表 10－1 为常用铸造合金流动性的比较。由表可见，灰口铸铁和硅黄铜的流动性最好；铸钢的流动性最差。

表 10－1 常用合金流动性

合　金	造型材料	浇注温度/℃	螺旋线长度/mm
灰铸铁 $w_{C+Si}=5.2\%$	砂型	1 300	1 000
$w_{C+Si}=4.2\%$	砂型	1 300	600
铸钢 $w_c=0.4\%$	砂型	1 600	100
		1 640	200
锡青铜 $w_{Sn}=0.9\%\sim11\%$ $w_{Zn}=2\%\sim4\%$	砂型	1 040	420
硅黄铜 $w_{Si}=1.5\%\sim4.5\%$	砂型	1 100	1 000
铝合金(硅铝明)	金属型(300℃)	680～720	700～800

决定液态合金流动性的主要因素有：

(1) 合金的种类

合金流动性与合金的熔点、热导率、合金液的黏度等物理性能有关。熔点高，热导率大，散热快，凝固快，流动性差。

(2) 合金的成分

同种合金中，成分不同的铸造合金具有不同的结晶特点，对流动性的影响也不相同。图 10－2 为铁-碳合金的流动性和成分的关系。纯金属和共晶成分的合金是在恒温下结晶的,结晶时从表面向中心逐层凝固,凝固层表面比较光滑,对尚未凝固的金属液的流动阻力小,故流动性好。其他成分的合金,在一定的温度范围内结晶。在结晶区域中,既有形状复杂的枝晶,又有未结晶的液体。复杂的枝晶不仅阻碍熔融金属的流动,而且使金属液的冷却速度加快,所以流动性差;结晶区间越大,流动性越差,如图10-3所示。

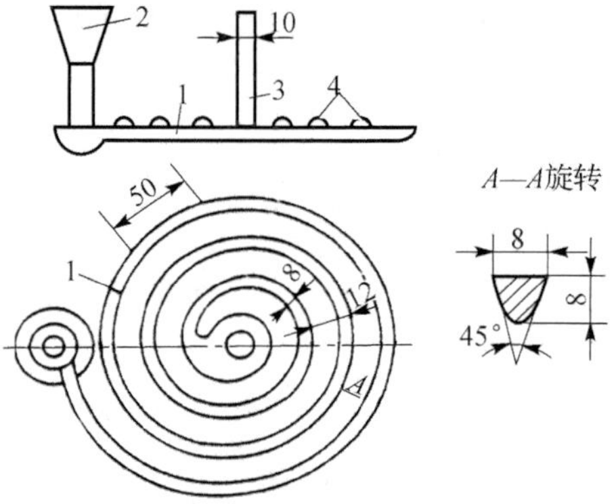

图10-1　螺旋型金属流动试样

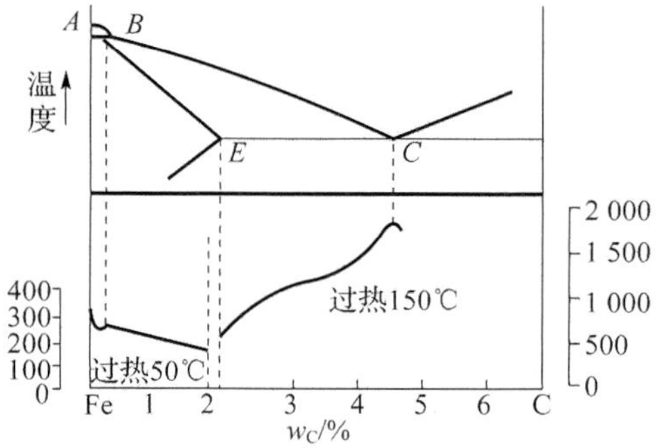

图10-2　铁-碳合金流动性和成分的关系

(a) 在恒温下凝固　　(b) 在一定的温度范围内凝固

图10-3　结晶特性对流动性的影响

(3) 杂质和含气量

液态合金中所含的有些合金元素,对其流动性也有一定影响。如灰口铸铁随含磷量的增加,开始凝固的温度下降,其流动性有所提高;但多数固态夹杂物,会使液体的黏度增加,流动性下降。熔融金属中的含气量越少,合金的流动性越好。

2. 浇注条件

(1) 浇注温度

浇注温度越高,合金保持液态的时间越长,黏度越小,有利于气体和夹杂物上浮。因此,提高浇注温度是增加合金流动性的有效措施。但浇注温度也不宜过高,否则会使合金熔液吸气量和收缩量增大,产生黏砂、缩孔、气孔和粗晶等缺陷。所以,在保证流动性足够的条件下应尽量降低浇注温度。通常灰口铸铁的浇注温度为1 200～1 380 ℃;碳素铸钢为1 500～1 550 ℃;铝合金为680～780 ℃。

(2) 充型压力

增加金属液的充型压力,能有效提高充型能力。砂型铸造时,可适当提高直浇道高度,以提高充型能力。在低压铸造、压力铸造和离心铸造时,因人为加大了充型压力，故充型能力较强。

3．铸件的充填条件

铸型中凡能增加合金熔液流动阻力或加快冷却速度的因素，均能降低合金的流动性。例如，铸型导热系数大、铸型温度低，或发气量大而排气不畅，都会增加合金的流动的阻力。浇注系统结构复杂、浇口截面积小以及布置不当，都会增加合金液流动阻力，使其流动性降低。

在铸件体积相同的情况下，如果铸件的壁越薄，由于合金液与铸型的接触面积相对较大，热量散失快，使流动性变差。铸件结构复杂、厚薄部分过渡面多，则合金液流动的型腔结构复杂程度增加，由于流动阻力大，同样使合金液的流动性降低。因此，要合理设计铸件的结构和浇注系统。

10.1.2　铸件的收缩

铸件在凝固和冷却过程中，产生的体积和尺寸的缩减现象称为收缩。收缩是铸造合金本身的物理性质。金属从液态冷却到室温，要经过 3 个相互联系的收缩阶段：液态收缩阶段、凝固收缩阶段和固态收缩阶段。

(1) 液态收缩

指合金从浇注温度冷却到凝固开始温度之间的收缩，即金属在液态时由于温度降低而发生的体积收缩。浇注温度高，过热度大，液态收缩增加。

(2) 凝固收缩

指合金凝固过程中的收缩，即从凝固开始温度冷却到凝固结束温度之间的收缩。

(3) 固态收缩

指合金从固相线温度冷却到室温时的收缩。即金属在固态由于温度降低而发生的体积收缩。铸造合金收缩过程如图 10－4 所示。

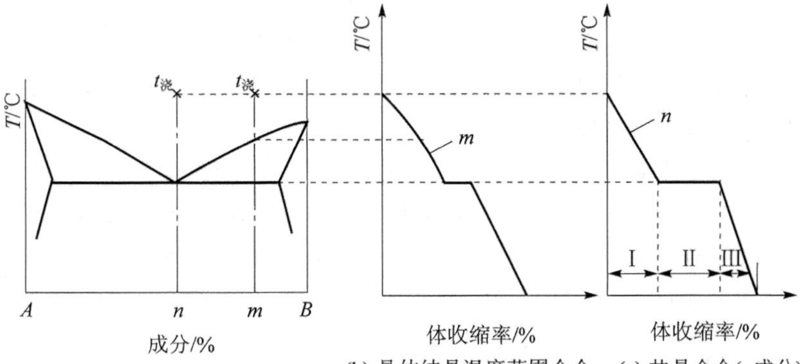

(a) 合金状态图　(b) 具体结晶温度范围合金(m成分)的收缩过程　(c) 共晶合金(n成分)的收缩过程

图 10－4　铸造合金收缩过程示意图

金属的液态收缩和凝固收缩,表现为合金体积的缩小,通常以体积收缩率来表示,它们是铸件产生缩孔和缩松缺陷的根本原因;固态收缩在铸件各个方向上都表现出线尺寸的减小,对铸件的形状和尺寸精度影响最大,故常用线收缩率表示,它是铸件产生内应力、引起变形和开裂的主要原因。影响收缩的因素有:化学成分、浇注温度、铸件结构和铸型条件等。

不同成分的铁碳合金收缩率不同,具体数值见表10－2。铸钢收缩大而灰铸铁的收缩小。灰铸铁收缩小是由于其中大部分碳是以石墨状态存在。铸钢的收缩随含碳量的提高而增大,这是钢液的比容及其结晶温度范围随含碳量的提高而增加所致。浇注温度越高,合金的液态收缩增加,因而体收缩越大;铸件的收缩不是自由收缩,它将由于铸件各部分冷却速度不同而受到牵制,还要受到铸型和型芯的阻碍,属于受阻收缩,因此,铸件的收缩率比相同合金的收缩率要小。

表10－2　几种铁碳合金的体积收缩率

合金种类	w_C/%	浇注温度/℃	液态收缩/%	凝固收缩/%	固态收缩/%	总体积收缩/%
碳素铸钢	0.35	1 610	1.6	3	7.86	12.46
白口铸铁	3.0	1 400	2.4	4.2	5.4～6.3	12～12.9
灰铸铁	3.5	1 400	3.5	0.1	3.3～4.2	6.9～7.8

10.1.3　铸件缺陷

1. 铸件中的缩孔与缩松

(1) 缩孔和缩松的形成

液态合金在冷凝过程中,若其液态收缩和凝固收缩得不到补充,则在铸件最后凝固的部位形成一些孔洞。按照孔洞的大小和分布,可将其分为缩孔和缩松两类。

1) 缩　孔

它是集中在铸件上部或最后凝固的部位,并且容积较大的孔洞。缩孔多呈倒圆锥形,内表面粗糙,可以看到发达的枝晶末梢,通常隐藏在铸件的内层。有时也暴露在铸件的上表面,呈明显的凹坑。

缩孔的形成过程如图10－5所示。当铸件逐层凝固时,靠近型腔表面的金属很快凝结成一层外壳(图10－5(b)),而内部仍然是高于凝固温度的液体。随着温度下降,合金的液态收缩和凝固收缩使液面下降,液体与硬壳的顶部脱离。随着外壳加厚,内部液体液面不断下降,直到完全凝固,在铸件上部形成了一个倒锥形的缩孔(图10－5(e))。

2) 缩　松

分散在铸件某区域内的细小缩孔,称为缩松。

缩松的形成过程如图10－6所示。其形成的基本原理与缩孔一样,是由于合金的液态收缩和凝固收缩形成的。形成缩松的基本条件是合金的结晶范围较宽,合金

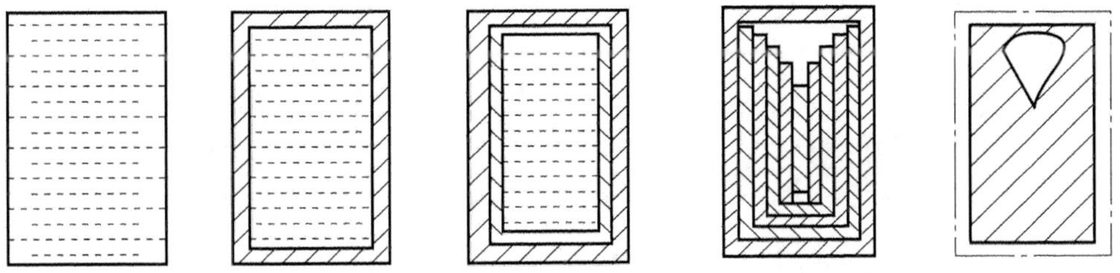

(a) 铸件凝固前　(b) 铸件外层凝固　(c) 铸件液态与顶部脱离　(d) 铸件内部液体液面不断下降　(e) 铸件完全凝固

图 10－5　缩孔形成过程示意图

呈糊状凝固，凝固时生成发达的树枝晶，当粗大树枝晶相互连接后，将尚未凝固的液态金属分割成一个个互不相通的熔池，最后形成分散的缩孔，即缩松。

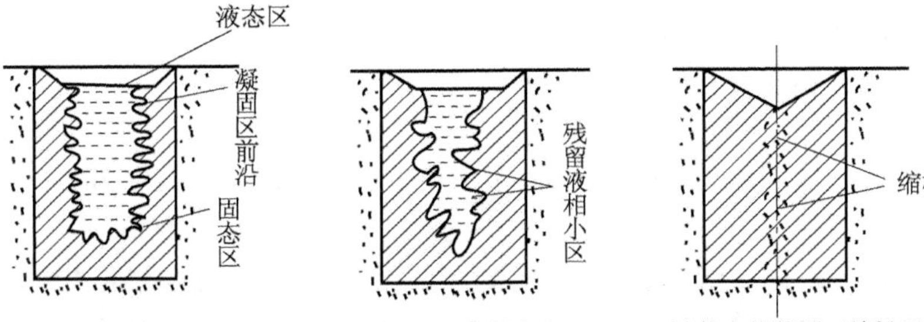

(a) 铸件凝固初期　(b) 铸件凝固中期　(c) 铸件全部凝固（缩松形成）

图 10－6　铸件缩松形成过程示意图

(2) 缩孔和缩松的防止

缩孔、缩松都会使铸件力学性能下降，缩松还会影响铸件的致密性和物理、化学性能。因此，必须采取适当的工艺措施予以防止。通常采用定向凝固原则，即通过增设冒口、冷铁和补缩等一些工艺措施，使凝固顺序形成向着冒口的方向进行，即离冒口最远的部位先凝固，冒口最后凝固，如图 10－7 所示。按此原则进行凝固可以保证铸件各个部位的凝固收缩都能得到金属液的补充，从而将缩孔转移到冒口中，清理时将冒口切除，获得完整致密的铸件。

冷铁是用来控制铸件冷却速度的一种激冷物。图 10－7(b)所示铸件的热节(铸件上内切圆直径大于壁厚的地方)不止一个，若仅靠顶部冒口，难以向底部凸台补缩。为此，在该凸台的型壁上安放了两个冷铁。由于冷铁加快了该处的冷却速度，使厚度较大的凸台反而最先凝固，从而实现了自下而上的顺序凝固，防止了凸台处缩孔、缩松的产生。

2. 铸造应力、变形和裂纹

铸件在冷凝过程中，由于各部分金属冷却速度不同，使得各部位的收缩不一致，又由于铸型和型芯的阻碍作用，使铸件的固态收缩受到制约而产生铸造内应力，铸件内应力是铸件产生变形和裂纹的主要原因。

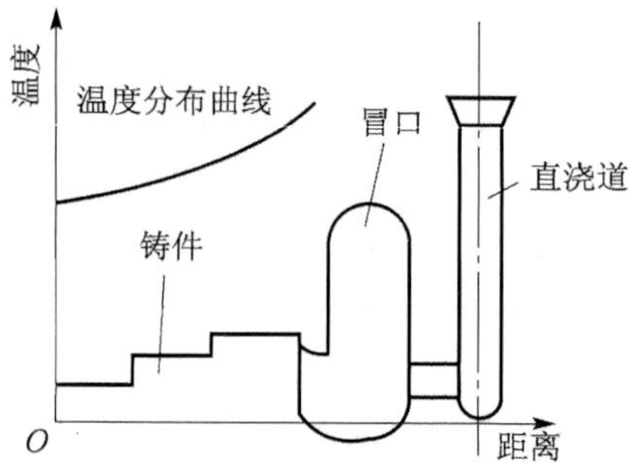

(a) 定向凝固原则的运用

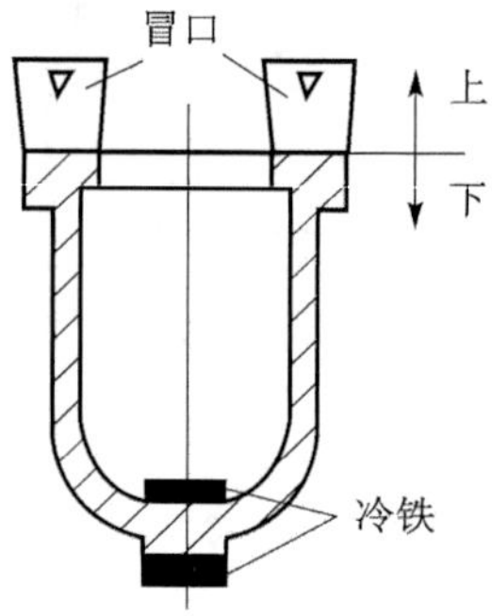

(b) 冒口和冷铁

图 10-7 定向凝固原则示意图

(1) 内应力的形成

内应力可分为热应力和机械应力两种。

1) 热应力

由于铸件的壁厚不均匀、各部分冷却速度不同,造成在同一时段内铸件各部分收缩不一致而引起的内应力,称为热应力。

金属在冷却过程中,从凝固终止温度到再结晶温度阶段,处于塑性状态。在较小的外力下,就会产生塑性变形,变形后应力可自行消除。低于再结晶温度的金属处于弹性状态,受力时产生弹性变形,变形后应力减小。

下面用图 10-8 所示的框形铸件来分析热应力的形成。该铸件中杆Ⅰ比杆Ⅱ直径大。凝固开始时,两杆均处于塑性状态,冷却速度虽不同、收缩不一致,但瞬时的应力均可通过塑性变形而自行消失。继续冷却后,冷速较快的杆Ⅱ已进入弹性状态,而杆Ⅰ仍处于塑性状态。由于细杆Ⅱ冷却快,收缩大于粗杆Ⅰ,所以细杆Ⅱ受拉伸、粗杆Ⅰ受压缩(图 10-8(b)),形成暂时内应力,但这个内应力随之便随粗杆Ⅰ的微量塑性压短而消失(图 10-8(c))。进一步冷却,已被塑性压短的粗杆Ⅰ也处于弹性状态,此时尽管两杆的长度相同,但所处的温度不同。粗杆Ⅰ的温度较高,还会进行较大的收缩;细杆Ⅱ的温度较低,收缩已停止。因此,粗杆Ⅰ的收缩必然受到细杆Ⅱ的强烈阻碍,所以,杆Ⅱ受压缩,杆Ⅰ受拉伸,直到室温,形成了内应力(图 10-8(d))。

由此可见,固态收缩时铸件厚壁或心部受拉伸,薄壁或表层受压缩。合金的固态收缩率越大,铸件的壁厚差别越大,形状越复杂,热应力就越大。预防热应力的基本途径是尽量减少铸件各部位间的温度差,使其均匀地冷却。

2) 机械应力

铸件的收缩受到铸型、型芯及浇注系统的机械阻碍而形成的内应力。铸型或型芯退让性良好,机械应力就小。

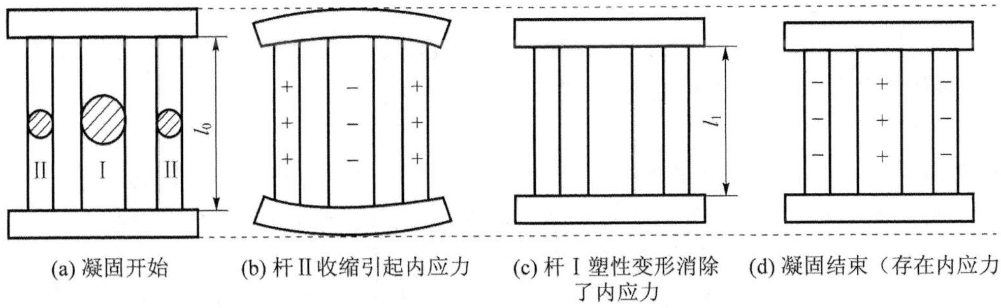

十号表示受拉应力　　一号表示受压应力

图 10－8　热应力的形成

(2) 铸件的变形与防止

如果铸件存在内应力，则铸件处于不稳定状态。铸件厚的部分受拉伸、薄的部分受压缩，如果这个内应力超过了合金的屈服点，铸件本身就会力图通过变形来减缓内应力，因此细而长或大又薄的铸件易产生变形。

如图 10－9 所示，车床床身的导轨部分因壁厚而受拉应力，床壁部分因薄而受压应力，于是导轨下挠。图 10－10 为一平板铸件，尽管其壁厚均匀，但其中心部分比边缘散热慢，而铸型上面又比下边冷却快，所以该平板发生如图所示方向的变形。

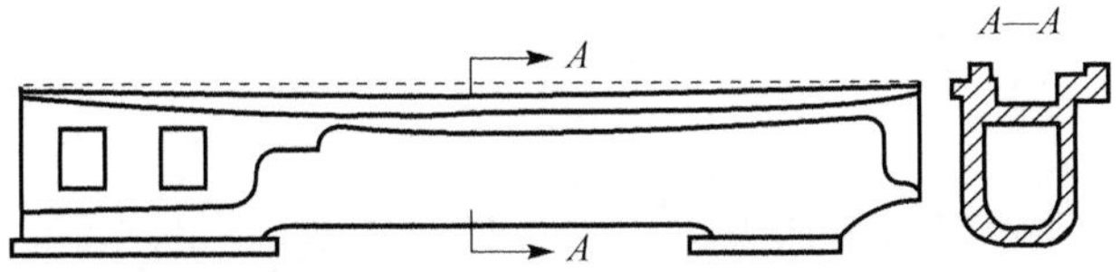

图 10－9　车床床身的弯曲变形

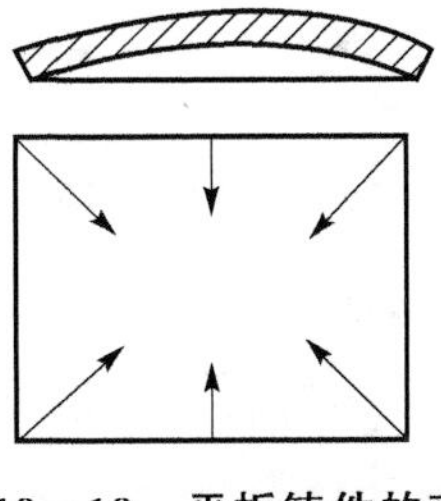

图 10－10　平板铸件的变形

为防止铸件变形，在设计铸件时应尽可能使铸件的壁厚均匀或形状对称，在铸造工艺上采取同时冷却原则，即保证铸件上各部分间的温差尽量小，使各部分同时冷却，可减小铸件上内应力以及变形和裂纹产生的倾向。但在铸件中心区域往往有缩松，组织不够致密，因此这个原则主要用于凝固收缩小的合金以及壁厚均匀、结晶温度范围宽，而对致密性要求不高的铸件。

此外，对于长而易变形的铸件，还可采用“反变形”工艺（将模样制成与铸件变形方向相反的形状）；也可在薄壁处附加工艺肋。

实际上，变形后铸件的内应力有所减缓，但并未彻底去除。这样，铸件经机械加工之后，由于内应力的作用，还将发生微量变形，使零件丧失了应有的精度。为此，对于机床床身等重要的、精密的零件，还须进行去应力退火或时效处理，将残余应力消除。

(3) 铸件的裂纹与防止

当铸件内应力超过金属的强度极限时,铸件便会产生裂纹。裂纹是铸件的严重缺陷,多使铸件报废。裂纹可分为热裂和冷裂两种。

1) 热 裂

热裂是铸件在凝固后期高温下产生的裂纹,主要是由于收缩受到机械阻碍而产生的。其形态特征是:裂纹短,缝隙宽,形态曲折,缝内呈氧化色、无金属光泽,裂口沿晶界产生和发展等。热裂在铸钢和铝合金中较常见。

防止热裂的主要措施是:首先合理设计铸件的结构,其次合理选用型砂或芯砂的黏结剂,以改善其退让性,大的型芯可中空或内部填以焦炭;对铁基合金要严格限制硫的含量;铸件应尽可能选用收缩率小的合金。

2) 冷 裂

冷裂是在低温下形成的裂纹,常出现在铸件受拉伸部位,特别是在应力集中的地方。其形态特征是:裂纹细小,呈连续直线状,缝内干净,有时呈轻微氧化色。壁厚差别大,形状复杂或大而薄的铸件易产生冷裂,特别是应力集中处(如尖角、缩孔、夹渣等缺陷附近)。故凡是能减少铸造内应力或降低合金脆性的措施,都能防止冷裂的形成。同时,应设法减小铸造内应力,控制钢、铁中的含磷量。

10.2 铸造成形工艺

10.2.1 砂型铸造

1. 砂型铸造的生产过程

砂型铸造就是将液态金属浇入砂型的铸造方法。它是目前最常用、最基本的铸造方法,其造型材料来源广泛、价格低廉;所用设备简单,操作方便灵活,不受铸造合金种类、铸件形状和尺寸的限制,并适合于各种生产规模。目前我国砂型铸件约占全部铸件产量的 80 %以上。

砂型铸造的基本工艺过程如图 10-11 所示。首先,根据零件的形状和尺寸设计制造出模样和芯盒,配制好型砂和芯砂;然后用型砂和模样在沙箱中制造砂型,用芯砂在芯盒中制造型芯,并把砂芯装入砂型中,合箱得到完整的铸型;将金属液浇入铸型型腔,冷却凝固后落砂清理,即得所需铸件。铸造过程由 4 个步骤组成:造型前准备、造型、熔炼与浇注、落砂与清理。

2. 砂型铸造工艺过程

(1) 造 型

制造砂型(芯)的工艺过程叫造型(芯)。零件模样根据零件图加工制造,在模样和型砂准备完结后,才能进行造型(芯)。造型是砂型铸造中最主要的工序,按机械化程度可分为手工造型和机器造型两种。

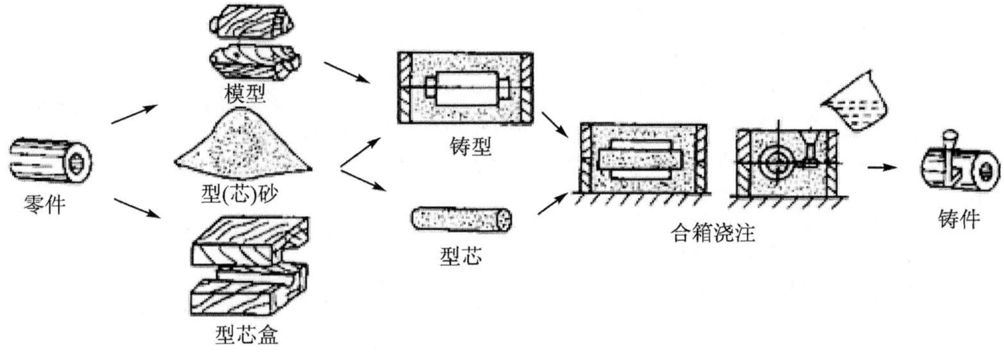

图 10－11　砂型铸造流程图

1）手工造型

手工造型是指用手工完成紧砂、起模、修整及合箱等主要操作的造型(芯)过程。

手工造型操作灵活，工艺装备简单，但生产效率低，劳动强度大，仅适用于单件小批量生产。手工造型的方法很多，各种手工造型方法的特点和应用见表 10－3。

2）机器造型

用机器全部地完成或至少完成紧砂和起模操作的造型工序，称为机器造型。和手工造型相比，机器造型的生产率高，质量稳定，工人劳动强度低，对工人操作的技术要求不像手工造型那样高。但设备及工艺装备费用高，生产准备时间长。机器造型适用于中、小型铸件成批或大量生产。

① 机器造型的紧砂方法　在机器造型中，紧实大部分是以压缩空气为动力来实现的。机器造型的紧砂方法分压实、震实、抛砂、射砂 4 种基本形式，其中震压式应用最广。

表 10－3　各种手工造型方法的特点和适用范围

造型方法名称		主要特点	适用范围
按模样特征分	整模造型	模样为整体模，分型面是平面，铸型型腔全部在半个铸型内，造型简单，铸件精度和表面质量较好	最大截面位于一端并且为平面的简单铸件的单件、小批量生产
	分模造型	模样沿截面最大处分为两半，型腔一般位于上、下两个沙箱内，该法造型简单，节省工时	适用于套类、管类及阀体等形状较复杂的铸件的单件、小批量生产
	挖砂造型	模样虽为整体，但分型不为平面。为了取出模样，造型时用手工挖去阻碍起模的型砂。其造型费工时，生产率低，要求工人技术水平高	用于分型面不是平面的铸件的单件、小批量生产
	假箱造型	为了克服上述挖砂造型的缺点，在造型前特制一个底胎(假箱)，然后在底胎上造下箱。由于底胎不参加浇注，故称假箱。此法比挖砂造型简便，且分型面整齐	用于成批生产需挖砂的铸件

续表 10－3

造型方法名称		主要特点	适用范围
按模样特征分	活块造型	当铸件上有妨碍起模的小凸台、肋板时，制模时将它们做成活动部分。造型起模时先起出主体模样，然后再从侧面取出活块。造型生产率低，要求工人技术水平高	主要用于带有突出部分难以起模的铸件的单件、小批量生产
	刮板造型	用刮板代替模样造型。大大节约木材，缩短生产周期。但造型生产率低，要求工人技术水平高，铸件尺寸精度差	主要用于等截面或回转体大、中型铸件的单件、小批量生产。如大皮带轮、铸管、弯头等
按沙箱特征分	两箱造型	铸型由上箱和下箱构成，操作方便	是造型的最基本方法。适用于各种铸型，各种批量
	三箱造型	铸件的最大截面位于两端，必须用分开模、3 个沙箱造型，模样从中箱两端的两个分型面取出。造型生产率低，且需合适的中箱	主要用于手工造型，单件、小批量生产具有两个分型面的中、小型铸件
	脱箱造型	采用活动沙箱造型，在铸型合箱后，将沙箱脱出，重新用于造型。浇注时为了防止错箱，需用型砂将铸型周围填紧，也可在铸型上加套箱	用于小铸件的生产。沙箱尺寸多小于 400 mm×400 mm×400 mm
	地坑造型	在地面砂床中造型，不用沙箱或只用上箱。减少了制造沙箱的投资和时间。操作麻烦，劳动量大，要求工人具有较高技术水平	生产要求不高的中、大型铸件，或用于沙箱不足时批量不大的中、小铸件生产

图 10－12 是压实紧砂示意图。压实紧砂是利用压头的压力将沙箱内的型砂紧实。它生产率高，但沙箱沿沙箱高度方向的紧实度不够均匀，一般越接近模底板，紧实度越差。因此只适用于高度不大的沙箱。

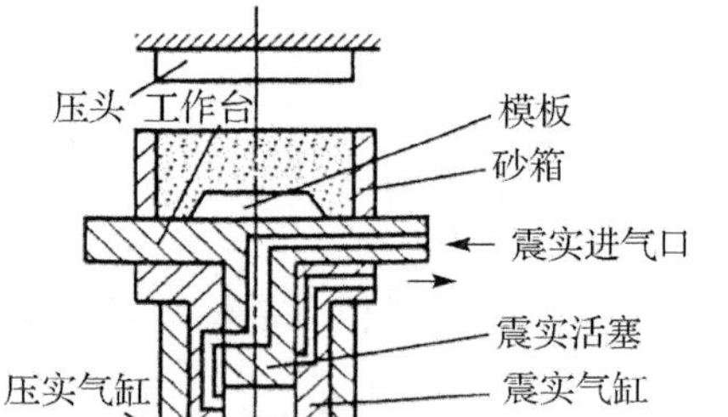

图 10－12 压实造型示意图

图 10－13 是震压紧砂机示意图。震压紧砂机工作时，首先将压缩空气自震实进气口引入震实气缸，使震实活塞带动工作台及沙箱上升，震动活塞上升使震实气缸的排气孔露出压气排出，工作台便下落，完成一次振动。如此反复多次，将型砂紧实。这种紧砂方法，使型砂紧实密度均匀。

图 10－14 是抛砂紧实示意图，它是利用抛砂机头的电动机驱动高速叶片(900～1 500 r/min)连续地将传送带送来的型砂在机头内初步紧实，并在离心力的作用下，型砂呈团状被高速(30～60 m/s)抛到沙箱中，使型砂逐层地紧实。同时完成填砂和紧实。生产效率高，型砂紧实密度均匀。抛砂机适应性强，可用于任何批量的大、中型铸型

或大型芯的生产。

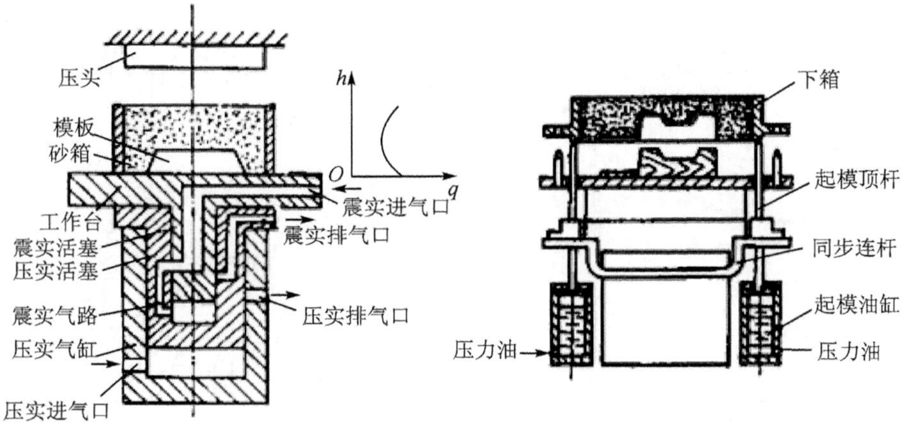

(a) 震压式造型机　　(b) 顶杆式起模

图 10－13　震压紧砂机示意图

② 起模方法　造型机大都配有起模机构，其动力也多半是压缩空气，目前应用最广泛的起模机构有顶箱、漏模和翻转 3 种。

图 10－15(a)为顶箱起模示意图。型砂紧实后，开动顶箱机构，使 4 根顶杆自模板四角的孔中上升，而把沙箱顶起。此时固定模型的模板仍留在工作台上，这样就完成起模工序。顶箱起模的造型机构比较简单，但起模时易漏砂，因此只适用于型腔简单且高度较小的铸型。多用于制造上箱，以省去工序。

图 10－15(b)为漏模起模示意图。为避免起模时掉砂，将模型上难以起模的部分做成可活动的部分，可以从漏板的孔中漏下。即将模型分成两部分，模型本身的平面部分固定在模板上，模型上各凸起部分可向下抽出，在起模时由于模板托住图中 A 处的型砂，因而可避免掉砂。漏模起模机构一般用于形状复杂或高度较大的铸型。

图 10－15(c)为翻转起模示意图。型砂紧实后，沙箱夹持器将沙箱夹持在造型机转板上，在翻转气缸推动下，沙箱随同模板、模型一起翻转 180°，然后承受台上升，接住沙箱后，夹持器打开，沙箱随承受台下降，与模板脱离而起模。这种起模方法不易掉砂。适用于型腔较深、形状复杂的铸型。由于下箱通常比较复杂些，且本身为了合箱的需要，也需翻转 180°，因此翻转起模多用来制造下箱。

3）造型生产线

造型机具有很高的生产效率，但造型只能实现紧砂和起模的机械化和自动化，其他辅助工序如翻箱、下芯、合箱、压铁、浇注、落砂和沙箱运输等也需实行机械化，才能完全发挥出造型机的效率。在大量生产时，均采用造型生产线来组织生产，即将造型机和其他辅机按照铸造工艺流程，用运输设备（铸型输送机、辊道等）联系起来，组成一套机械化、自动化铸造生产系统。

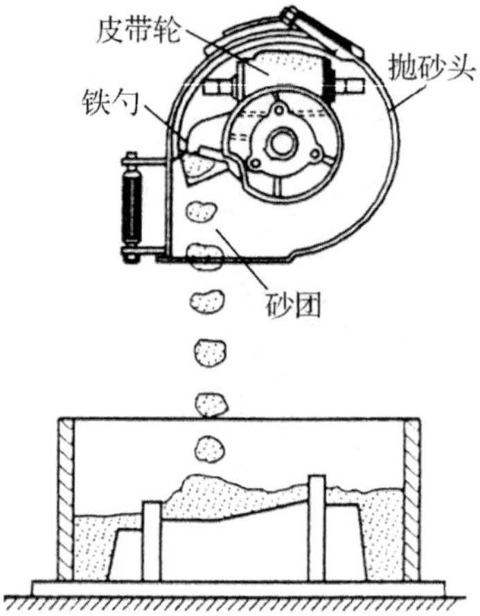

图 10-14 抛砂紧实图

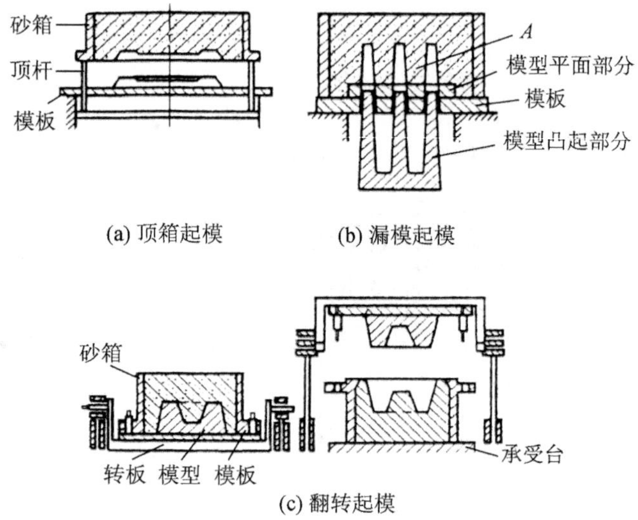

图 10-15 起模方法示意图

图 10-16 所示为一条造型—浇注—落砂流水线示意图，是将造型、翻箱、落箱、合箱和分箱等各种机械与铸工输送器组合起来的生产线。上下两箱分别在两台造箱机上造出。下箱在造型机造完推出后，经翻箱机翻转，由落箱机放落到铸工输送器上。中间有一段远行时间以便下芯。上箱在造型机上造完后，送至合箱机上进行合箱。然后加上压铁、浇注和冷却后取掉压铁，推至落砂机上进行落砂。空沙箱由分箱机分开，推至上、下沙箱的空箱回送辊道，送至上、下箱造型机，以供继续使用。

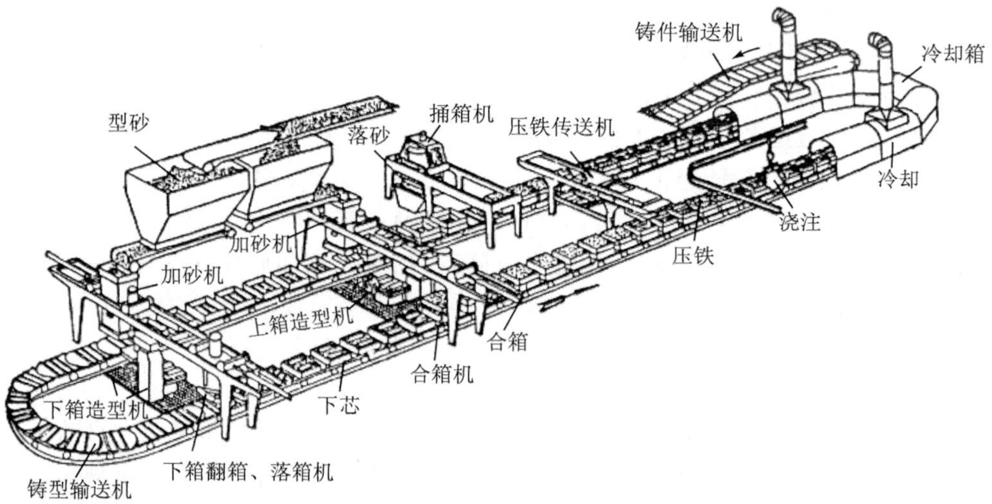

图 10-16 砂型铸造造型生产线

由此可见，机械化生产线生产率显著提高，但是这样的生产线不能生产厚壁和大型铸件，在各种造型机上，也只能进行两箱造型，可生产的铸件外形受到一定限制。而且，在一些工序上，依然离不开手工劳动。因此，砂型铸造的机械化程度还比较低。

(2) 合　箱

将上型、下型、砂芯和浇口等组合成一个完整铸型的操作过程称为合型，又称合箱。合箱是浇注前最后一道工序，若合箱操作不当，会使铸件产生错箱、偏芯、跑火及夹砂等缺陷。

(3) 熔炼与浇注

在加热炉中将金属原料熔化，并调整其成分，使其满足铸造生产要求的过程，称为熔炼。熔炼时的合金成分是保证材料各种使用性能的前提，熔炼质量不好，也可能使铸件产生各种缺陷。把液体金属浇入铸型的操作称为浇注。浇注不当，会引起浇不足，冷隔，跑火，夹渣和缩孔等铸造缺陷。

(4) 落砂与清理

从砂型中取出铸件的过程，称为落砂。落砂分手工落砂和机器落砂两种。前者用于单件小批生产，后者用于大批量生产中。落砂后的铸件必须经过清理，才能使铸件外表面达到要求。清理工作主要包括切除浇冒口、清除型芯和清除黏砂等内容。

对清理好的铸件要进行表面质量、化学成分、力学性能和内部质量的检验，内部质量的检验通常采用超声波、磁粉探场和打压检查。

3. 铸造工艺设计

铸造生产前，应根据零件结构特点、技术要求、生产类型和车间生产条件等，制定铸造工艺，然后利用不同的线条将其描绘成铸造工艺图。绘制铸造工艺图前，必须先对铸件进行工艺分析，确定其浇注位置，选择分型面，并在此基础上确定其他主要工艺参数。

(1) 浇注位置的选择

浇注位置是指浇注时铸件在铸型中的位置。铸件浇注位置的选择要符合铸件的凝固方式，保证铸型的充填，一般遵从以下几个原则：

① 一般情况下，铸件的上半部分比下半部分的铸造缺陷多，所以应将铸件的重要加工面或主要受力处放到下面，若有困难则可放到侧面或斜面。例如圆锥齿轮，因为牙齿部分要求高，所以应将其放到下面，如图 10－17 所示。图 10－18 为筒形铸件，表面要求均匀一致，关键部位是内或外圆柱面，多采用立浇方案。

② 薄壁铸件应将薄而大的平面放到下面或侧立、倾斜，以防止出现浇不足或冷隔缺陷。如图 10－19 为箱盖的两种浇注位置，其中图(b)是合理的，它将铸件大面积的薄壁部分放在铸型的下面，使这部分能在较高的金属液压力下充满铸型，防止浇不足。

③ 易形成缩孔的铸件应将截面较厚的部分，放在型腔的上部或侧面，以便于安置冒口和冷铁进行补缩。

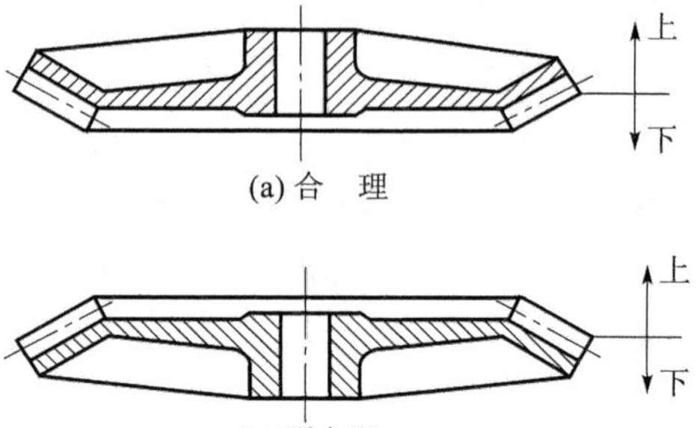

(a) 合　理

(b) 不合理

图 10-17　圆锥齿轮浇注位置

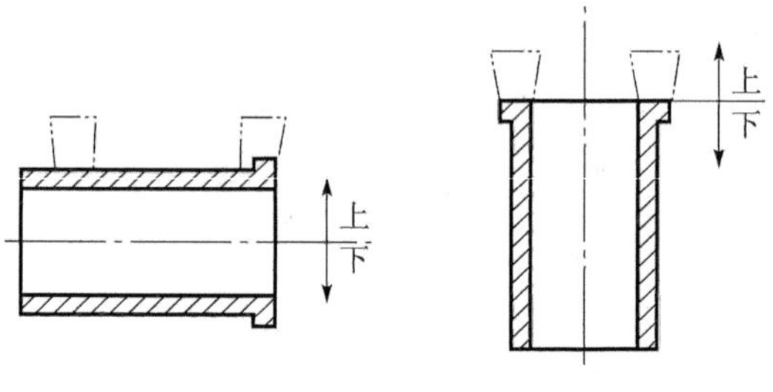

(a) 不合理　　(b) 合　理

图 10-18　起重机卷筒的浇注位置

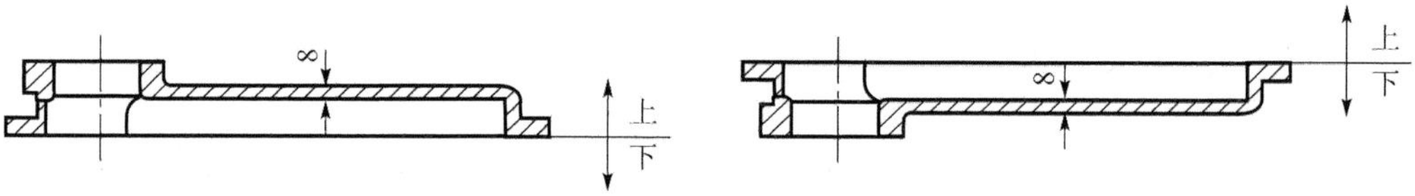

(a) 不合理　　(b) 合　理

图 10-19　箱盖浇注位置的比较

④ 应能减少型芯的数量(图 10-20),以便于型芯的固定、排气和检验。图 10-21(b)为支架的合理浇注位置,它便于合型和排气,且安放型芯牢固。

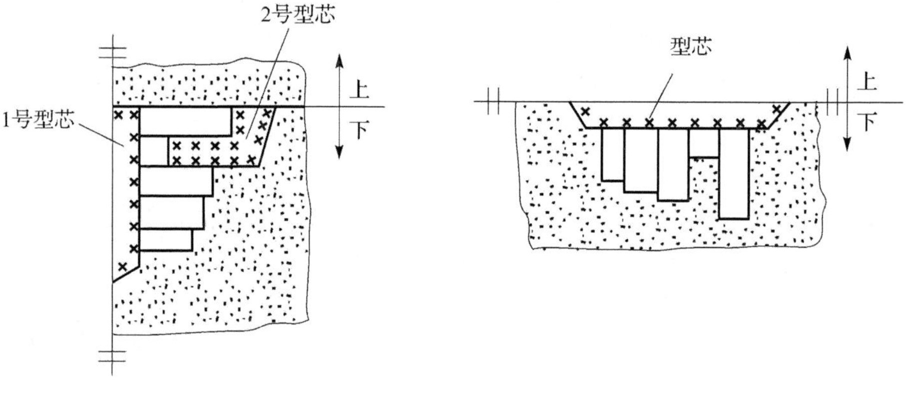

(a) 不合理(二个型芯)　　(b) 合理(一个型芯)

图 10-20　从减少型芯数量确定浇注位置

(2) 分型面的选择

分型面是指两半铸型(如两箱造型时指上下砂型)相互接触的界面。分型面与浇注位置密切相关。在选择浇注位置的同时,就要考虑铸型的分型面。合理选择分型面有利于简化造型工艺,确保铸件质量。因此,选择分型面时应考虑以下几个方面问题。

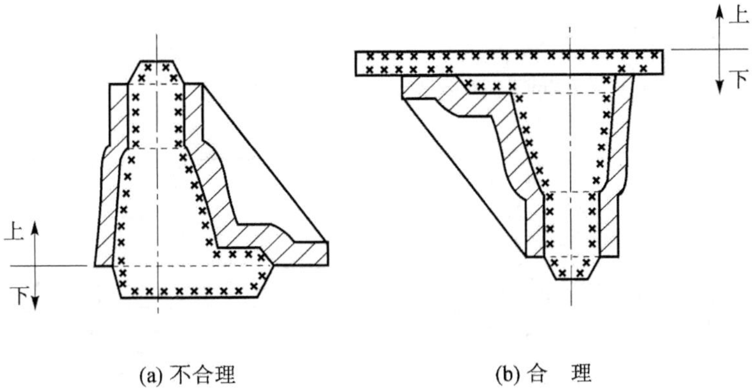

图 10－21　支架的浇注位置

1）分型面应选在最大截面处

为了方便起模，分型面一般选在铸件的最大截面上，但也不能使模样在一个砂型内过高。图 10－22 若采用(2)方案，可使模样在下型的高度减少，所以比较合理。

2）尽量使铸件置于下沙箱内

为了确保铸件精度，应尽量使铸件全部或大部分放在下沙箱内。若铸件加工面较多，也应尽量使加工基准面与大部分加工面在同一沙箱中。否则，会因错箱使铸件的加工余量不匀，甚至出现某些加工面的加工余量不足而报废。图 10－23 所示为支架的工艺方案，为了保证支架上、下两孔的位置，而将其放于同一砂型中。

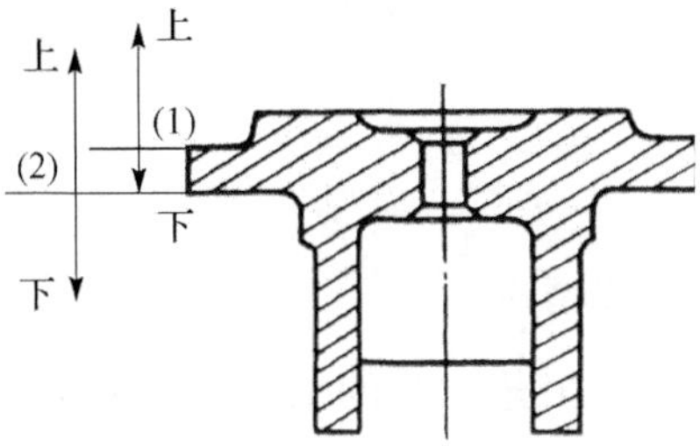

图 10－22　方案(2)可减小模样在下箱的高度

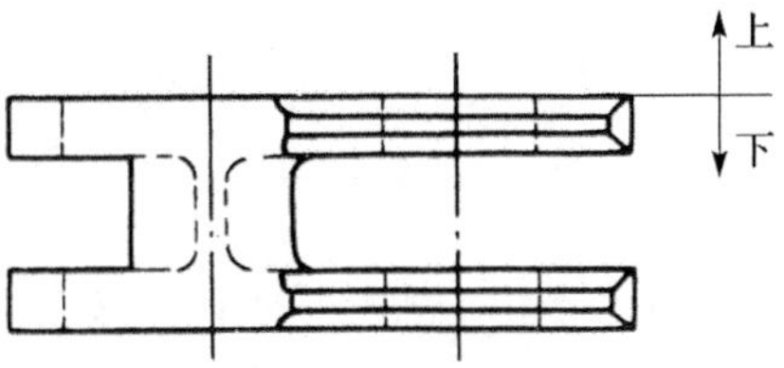

图 10－23　支架的工艺方案

3）减少分型面的数目

应尽量减少分型面的数目。图 10－24 是绳轮铸件的分型面。由于使用环状型芯，可将原来的两个分型面减为一个分型面。

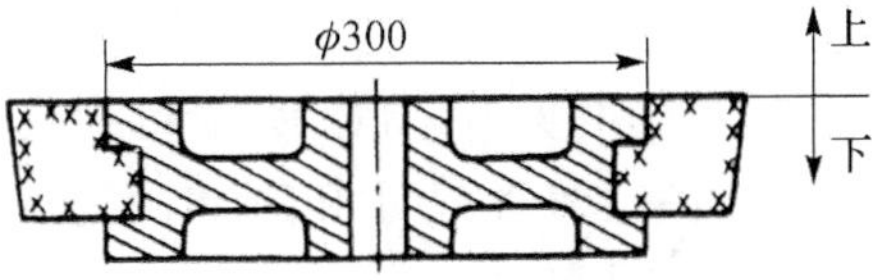

图 10－24　绳轮铸件分型面

4) 分型面应平直

为了简化造型工艺以及减少工艺装备,分型面应尽量采用平直面。如图10-25(b)的分模方案,避免了挖砂或假箱造型,因而比较合理。

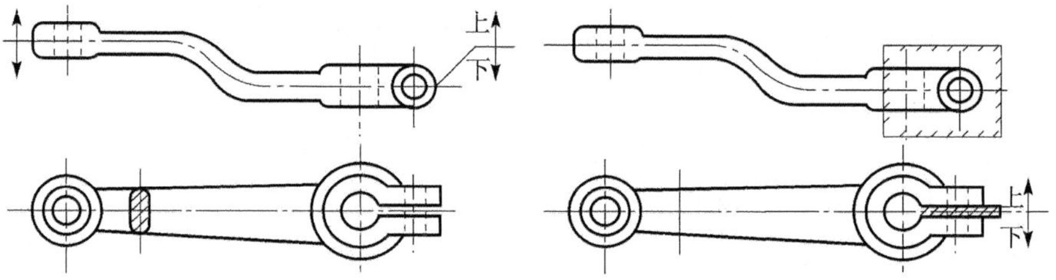

(a) 不合理 (b) 合 理

图10-25 起重臂的分型面方案

5) 减少砂芯的数目

尽量减少砂芯的数目,使芯头可靠固定、下芯方便,便于合箱及检验壁厚。图10-26是一个接头的分型面选择,若按图10-26(a)所示对称分型,则必须制作砂芯,但按图10-26(b)所示分型,内孔用堆吊砂(亦称自带砂芯),不仅铸件披缝少,而且易清理,所以比较合理。

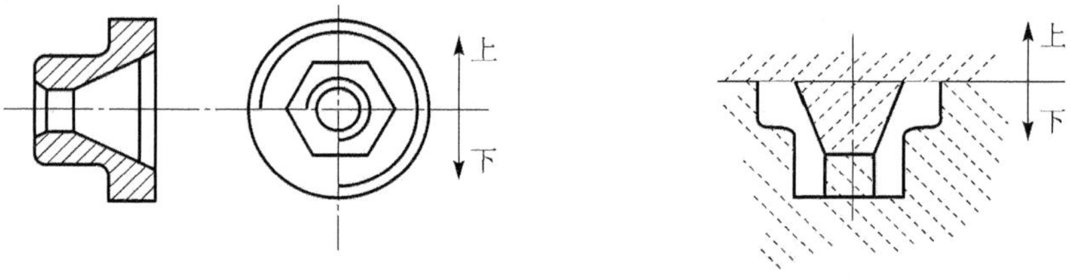

(a) 不合理 (b) 合 理

图10-26 接头的分型面

应当指出,对于一个具体铸件来说,上述铸造工艺方案的确定并不一定能完全一致,甚至彼此矛盾。这就要求设计人员全面考虑,抓住主要矛盾,至于次要矛盾则应从工艺措施上加以解决。

(3) 工艺参数的选择

确定好铸造工艺方案后,还需正确选择如下工艺参数:收缩量、机械加工余量、拔模斜度和其他工艺参数。

1) 收缩量

铸件冷却时,由于线收缩使尺寸变小,所以模样和芯盒比铸件的实际尺寸要大些,具体数值由铸造合金的收缩率、铸件尺寸和结构决定。通常灰铸铁为0.7%~1.0%,铸造碳钢为1.5%~2.0%,非铁合金为1.0%~1.5%。

2) 加工余量

指铸件加工面上预留的、准备切除的金属层厚度。加工余量过大，浪费金属和机械加工工时；过小则会使工件因残留黑皮而报废，或者因表层的黏砂和黑皮的高硬度而加快刀具磨损。加工余量的大小取决于铸件的精度等级，与铸件材料、铸造方法、铸件尺寸和浇注位置等因素有关。一般非铁合金的价格高、表面光洁，加工余量应小些；而铸钢件表面粗糙、加工余量应大些。铸件的尺寸大，或加工表面浇注时处于顶面时，加工余量则应加大。

铸件的尺寸公差 CT，其精度等级从高到低有 1，2，3，…16 共 16 个等级；加工余量等级 MA，从精到粗可分为 A，B，C，D，E，F，G，H 和 J 共 9 个级别。表 10－4 列出了灰口铸铁的机械加工余量。

表 10－4　灰口铸铁的机械加工余量

CT		11		12			13			14		15	
MA		G	H	G	H	J	G	H	J	H	J	H	J
基本尺寸/mm		加工余量数值/mm											
大于	至												
—	100	4.0	4.5	4.5	5.0	6.0	6.0	6.5	7.5	7.5	8.5	9.0	10
		3.0	3.5	3.0	3.5	4.5	4.0	4.5	5.5	5.0	6.0	5.5	6.5
100	160	4.5	5.5	5.5	6.5	7.5	7.0	8.0	9.0	9.0	10	11	12
		3.5	4.5	4.0	5.0	6.0	4.5	5.5	6.5	6.0	7.0	7.0	8.0
160	250	6.0	7.0	7.0	8.0	9.5	8.5	9.5	11	11	13	13	15
		4.5	5.5	5.0	6.0	7.5	6.0	7.0	8.5	7.5	9.0	8.5	10
250	400	7.0	8.5	8.0	9.5	11	9.5	11	13	13	15	15	17
		5.5	7.0	6.0	7.5	9.0	6.5	8.0	10	9.0	11	10	12
400	630	7.5	9.5	9.0	11	14	11	13	16	15	18	17	20
		6.0	8.0	6.5	8.5	11	7.5	9.5	12	11	13	12	14

3）拔模斜度

为便于起模或取出型芯，在模样、芯盒的垂直于分型面的壁上，应有着向分型面逐渐扩大的斜度，称为拔模斜度，如图 10－27 所示。拔模斜度取决于模样高度、模壁

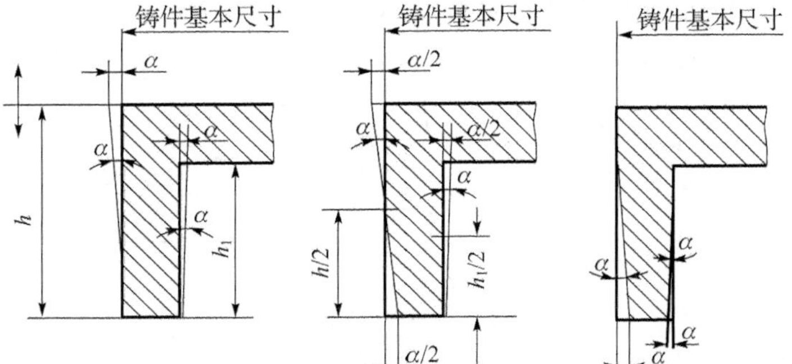

(a) 增加铸件壁厚　(b) 加减铸件壁厚　(c) 减少铸件壁厚

图 10－27　拔模斜度的 3 种形式

光滑程度、造型材料以及造型方法等因素，通常为15′～3°。模样越高，起模斜度越小($\beta_1<\beta_2$)。机器造型应比手工造型斜度小，而木质模样斜度应比金属模样斜度大。拔模斜度在工艺图上用角度或宽度表示，其具体数值可参阅表10-5。

表10-5　铸件的结构斜度

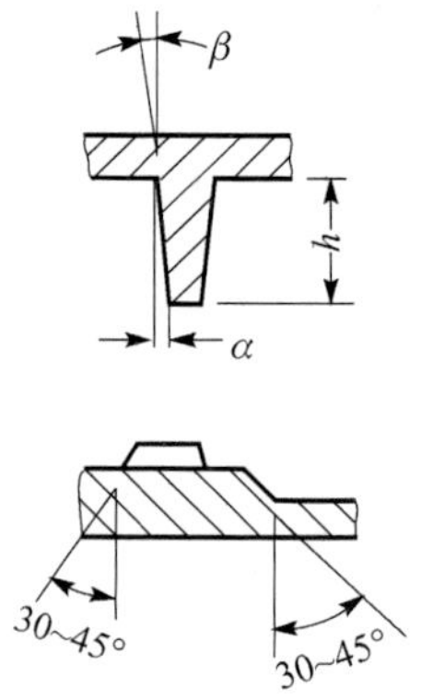

斜度 $\alpha:h$	角度 β	使用范围
1∶5	11°30′	$h<25$ mm钢和铸铁件
1∶10	5°30′	$h<25\sim500$ mm钢和铸铁件
1∶20	3°	
1∶50	1°	$h<500$ mm钢和铸铁件

注：摘自Q/ZB 158—73。

4）铸造圆角

模样壁与壁的连接和转角处都要做成圆弧过渡，称为铸造圆角。铸造圆角可减少或避免砂型尖角损坏，防止产生黏砂、缩孔和裂纹。但铸件分型面的转角处不能有圆角。一般内圆角半径为相邻两壁平均壁厚的1/3～1/2，外圆角的半径取内圆角的一半。

5）最小铸出孔和槽

机械零件上往往有许多孔和槽，这些孔、槽是否铸出，从质量及经济角度等方面全面考虑。一般来说，较大的孔、槽应当铸出，以节约金属和加工工时，同时还可避免铸件局部过厚所造成的热节，提高铸件质量。较小的孔则不必铸出，直接依靠加工反而方便。有些特殊要求的孔，如弯曲孔，无法实行机械加工，则一定要铸出；可用钻头加工的受制孔(有中心线位置精度要求)最好不铸。表10-6列出了铸铁和铸钢的最小铸出孔直径的经验值。

表10-6　铸件的最小铸出孔

生产批量	最小铸出孔直径/mm	
	灰铸铁件	铸钢件
大量生产	12～15	
成批生产	15～30	30～50
单件小批量生产	30～50	50

6）型芯头

型芯头是指伸出铸件以外不与金属接触的砂芯部分。其主要作用是定位、支撑和排气。为了承受砂芯本身重力及浇注时液体金属对砂芯的浮力，芯头的尺寸应足够大才不致破损；浇注后，砂芯所产生的气体，应能通过芯头排至铸型以外。在设计芯头时，除了要满足上面的要求外，还应使下芯、合箱方便，应留有适当斜度，芯头与芯座之间要留有间隙但又不宜过大，只要便于放入芯头、定位即可。图 10－28 所示为芯头与芯座间隙的形成。

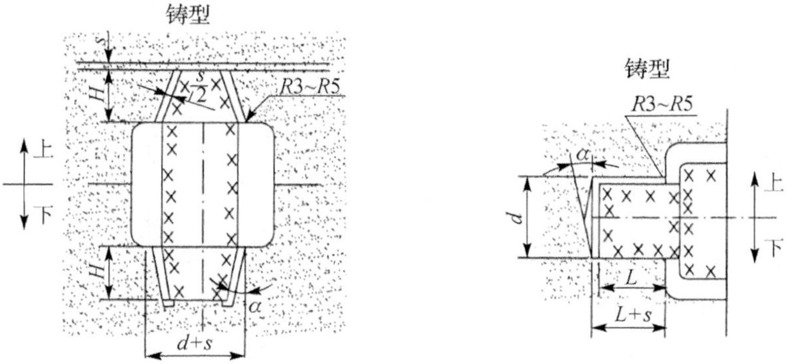

(a) 垂直芯头　　(b) 水平芯头

图 10－28　芯头的结构

(4) 浇注和冒口系统

1）浇注系统

浇注系统是为金属液流入型腔而开设于铸型中的一系列通道。其作用是：

① 平稳、迅速地注入金属液；

② 阻止熔渣、砂粒等进入型腔；

③ 调节铸件各部分温度，补充金属液在冷却和凝固时的体积收缩。

典型的浇注系统由浇口杯、直浇道、横浇道和内浇道 4 部分组成，如图 10－29 所示。对形状简单的小铸件可以省略横浇道。

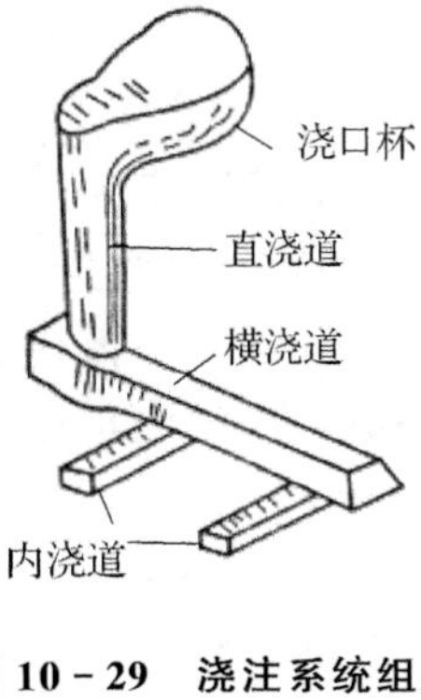

图 10－29　浇注系统组成

2）冒　口

冒口是在铸型中设置的一个储存金属液的空腔。其主要作用是在铸件凝固收缩过程中提供由于铸件体积收缩所需要的金属液，进行补缩，防止铸件产生缩孔和缩松等缺陷。通常冒口开设在铸件的上部和壁厚处，这部分铸件往往最后凝固。除了补缩，冒口还兼有排气，集渣和观察型腔是否充满的作用。在铸件成形以后，冒口和浇注系统等多余金属部分将一同去除。

4. 铸造工艺图

铸件工艺图是反映铸件实际尺寸、形状和技术要求的图形，是铸造生产、验收和检测铸件的主要依据。铸造工艺图是表示分型面、浇注位置、型芯结构和尺寸、浇注系统、工艺参数等的图样，可按规定工艺符号或文字标注在铸件图上或另行绘制。铸件工艺图一般包括铸件(毛坯)图、模型(芯盒)图和铸型装配图(砂型合箱图)，具体见图 10－30。

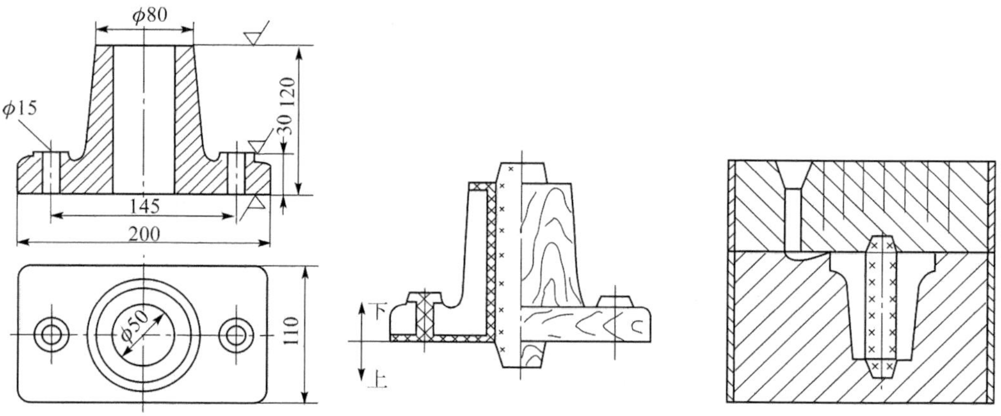

(a) 零件图　　(b) 铸造工艺图(左)和木模图(右)　　(c) 合箱图

图 10－30　支座的铸造工艺图、模型图及合箱图

10.2.2　特种铸造

虽然砂型铸造应用普遍、生产准备简单，广泛用于制造业，但由于其铸件精度低，表面粗糙度差，不易实现机械化等缺点，对于一些特殊要求的零件，例如薄壁件、管子等，则常常不用砂型铸造方法铸出。因此，在生产实践中又开发出一些有别于砂型铸造的其他铸造方法，统称特种铸造。主要有熔模铸造、离心铸造、压力铸造、低压铸造和金属铸造等。下面仅简单介绍几种常用的特种铸造。

1. 熔模铸造

熔模铸造又称失蜡铸造或精密铸造。它是用易熔材料(如蜡料)制成模样并组装成蜡模组，然后在模样表面上反复涂敷多层耐火涂料制成模壳，待模壳硬化和干燥后将蜡模熔去，模壳再经高温焙烧后浇注获得铸件的一种铸造方法。其工艺过程如图 10－31 所示。

(1) 熔模铸造的工艺过程

1) 母　模

母模是根据零件图制造的基本模样，多用钢或黄铜切削加工而成。其形状与铸件相同，尺寸稍大，加上了铸造合金和蜡料的收缩量。

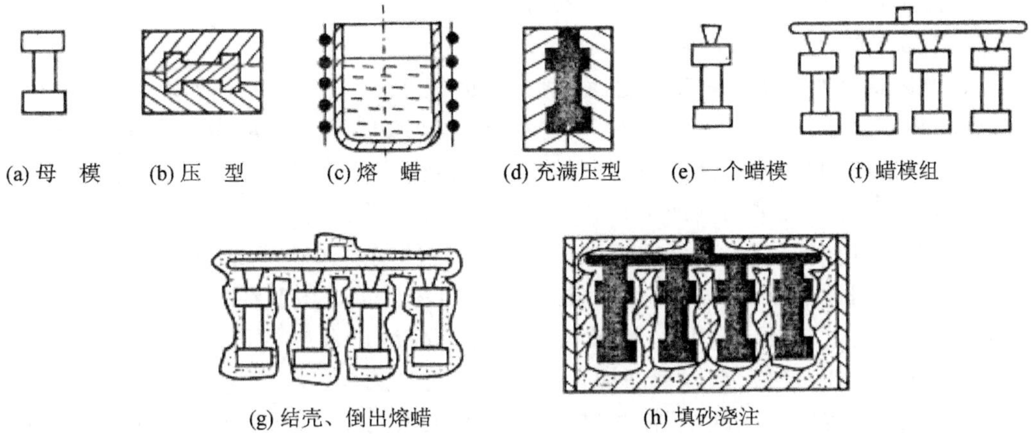

图 10-31　熔模铸造的工艺过程

2）压　型

压型是用来制造蜡模的专用模具。一般用钢、铜或铝经机械加工而成，要求有较高的精度和表面光洁度，主要用于大批量生产。对于小批量生产，为了降低成本，常采用易熔合金（Sn，Pb，Bi 等组成的合金）、塑料或石膏直接向模样（母模）上浇注而成。

3）蜡模制造

生产中蜡模的材料最常用的是质量分数各为 50％的石蜡和硬脂酸的混合料。将蜡模加热至糊状，在一定的压力下压入压型内，待蜡料冷却凝固便可从压型内取出，然后修去分型面上的毛刺，即得单个蜡模。为提高生产率，降低成本，通常将若干个蜡模焊在一个预先制好的蜡制浇口棒上，制成了蜡模组，从而实现一箱多铸。

4）结　壳

结壳是制造型壳的过程。首先将蜡模组浸入由耐火材料和黏砂剂组成的涂料中，再向其表面撒石英砂，最后浸入质量分数为 25％左右的氯化氨水溶液中进行硬化，以黏牢石英砂。如此重复 5～7 遍，制成 5～10 mm 的耐火型壳。

5）脱　蜡

将包着蜡模的型壳浸入约 90 ℃的热水中，使蜡料熔化，经浇道上浮，倒掉型壳中的水，就制得了型壳。

6）焙烧和浇注

为了提高型壳的强度，防止浇注时型壳变形而破裂，可将型壳放入铁箱中，周围用干砂填紧，此过程称为造型。浇注前，将型壳送入加热炉内，在 850 ℃以上进行焙烧，以进一步去除型壳中的水分、残余蜡料和其他杂质，焙烧后趁热进行浇注。

7）落砂和清理

冷却之后，将型壳打碎取出铸件，然后去掉浇冒口、清理毛刺，获得铸件，对于铸钢件还需进行退火或正火,以便获得所需的机械性能。

(2) 熔模铸造的特点和应用范围

熔模铸造铸型精密,没有分型面,型腔表面极光洁,所得铸件精度可达 IT11～IT14,粗糙度可达 $Ra12.5 \sim Ra1.6$,可实现少、无切削加工。同时,铸型在热态浇注,可生产形状复杂的薄壁铸件;且型壳由耐火材料制成,可以适应各种合金的生产,对于生产高熔点合金及难切削加工合金,更显出其独特的优越性。但熔模铸造所用材料昂贵、工艺过程繁杂、生产周期长(4～15 天),铸件成本比砂型铸造高数倍。

此外,也同样难以实现机械化和自动化生产,铸件重量限制在几十克到几公斤的范围,最大不超过 25 kg。因此,熔模铸造适合于高熔点合金精密铸件的成批、大量生产。对铸造形状复杂、难以切削加工的小零件更具优势。

目前,熔模铸造已在汽车、拖拉机、机床、刀具、汽轮机、仪表和兵器等制造行业中得到了广泛的应用。

2. 金属型铸造

将液态金属浇注到用金属材料制成的铸型中,获得铸件的铸造方法称为金属型铸造。由于金属铸型可反复使用许多次,故又称为永久型铸造。

(1) 金属型构造

根据分型面的不同,可把金属型分为垂直分型式(如图 10－32 所示)、水平分型式(如图 10－33 所示)和复合分型式等。其中垂直分型式开设内浇口和取出铸件比较方便,易于实现机械化,所以应用较多。

制造金属型的材料熔点一般应高于浇注合金的熔点,如浇注锡、锌和镁等低熔点合金,可用灰铸铁制造金属型;浇注铝、铜等合金,则要用合金铸铁或钢制造金属型。金属型用的芯子有砂芯和金属芯两种。金属型芯一般用来铸造有色金属铸件。图 10－32 所示是铸造铝活塞的垂直分型式金属型,浇注后,取出金属型芯,再取出两侧型芯。

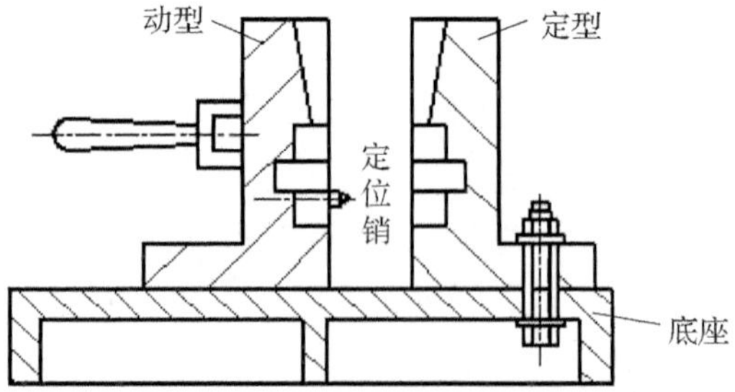

图 10－32 垂直分型式金属型

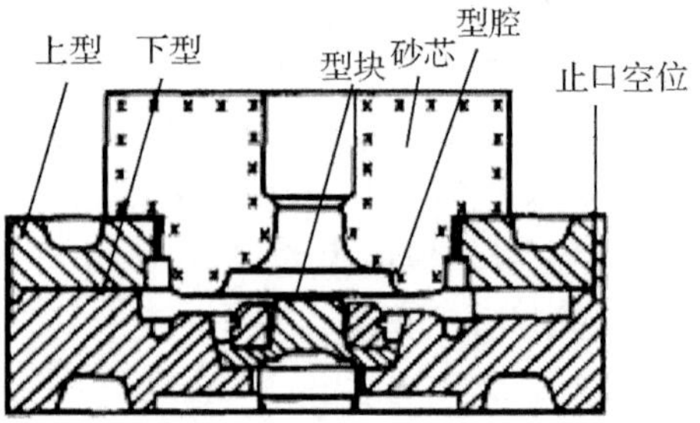

图 10－33 水平分型式金属型

(2) 金属型铸造工艺特点

由于金属型导热速度快,没有退让性和透气性,为了保证铸件质量和延长金属型寿命,就必须采取下列工艺措施。

1）加强金属型的排气

如在金属型腔上部开设排气孔、通气塞（气体能通过，金属液不能通过），在分型面上开通气槽等。

2）表面喷刷涂料

型腔内涂以耐火涂料，防止高温的熔融金属对型腔进行直接冲击，保护型腔，延长铸型寿命；利用涂料厚薄，可调整或减缓铸件各部分的冷却速度，提高铸件的表面质量。涂料一般由耐火材料（石墨粉、氧化锌、石英粉），水玻璃黏合剂和水制成。涂料厚度约为 0.1～0.5 mm。

3）金属型预热

金属型浇注前需预热，预热温度因合金的种类、铸型结构和大小而异，一般铸铁件 250～300 ℃，有色金属 100～250 ℃。预热的目的是防止因金属型冷却过快而造成冷隔、浇不足、杂质和气孔等缺陷。

4）开　型

因金属型无退让性，浇注后，如果在铸型中停留时间过长，会产生过大的内应力而开裂。铸件冷凝到足够强度时，就应及时取出铸件。一般铸铁件出型温度为 780～950 ℃左右，开型时间为 10～20 s。

5）铸件壁厚

金属型铸造的铸件对壁厚要求更严格，设计时应使壁厚尽量均匀，防止缩孔和缩松的产生。同时，又不宜过薄，以防止冷隔、浇不足等缺陷的产生。如铝硅合金铸件的最小壁厚为2～4 mm，铸铁为 2.5～4 mm。

(3) 金属型铸造的特点和应用范围

金属型铸造具有许多优点，如可承受多次浇铸，实现了“一型多铸”；便于实现机械化和自动化，从而大大提高了生产率；铸件精度和表面质量比砂型铸造显著提高，从而减少切削加工工作量；铸件的结晶组织致密，机械性得到提高，如铸铝件的屈服强度平均提高了 20%。同时，简化了工序，改善了车间面貌和劳动条件，降低了造型的劳动强度。

但金属型铸造制造成本高，周期长，铸造工艺要求严格；此外，金属型铸造适用的合金种类、铸件形状和尺寸有一定的限制。主要适用于非铁基合金铸件的大批量生产，如铝活塞、气缸盖、油泵壳体、铜瓦、衬套和轻工业品等。

3. 压力铸造

压力铸造简称压铸，它是在高压作用下使液态或半液态金属以较高的速度充填压铸型型腔，并在压力作用下凝固而获得铸件的方法。

(1) 压力铸造的工艺过程

压铸是在压铸机上进行的金属型压力铸造，是目前生产效率最高的铸造工艺。压铸机分为热室压铸机和冷室压铸机两类，工作原理见图 10－34。

热压室压铸机上的压室浸在液态金属中，压射活塞处于最高位置时金属流入压

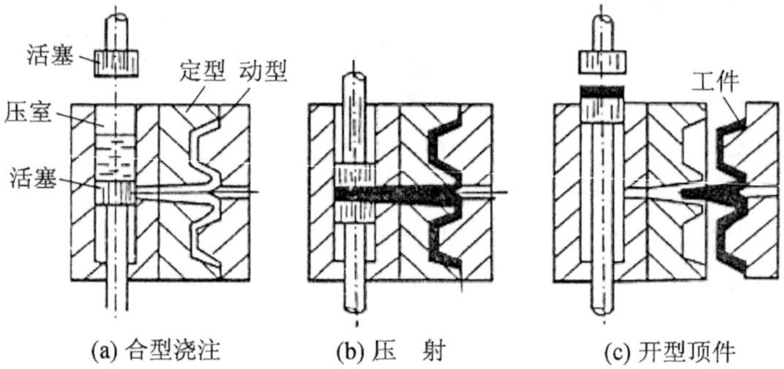

图 10-34 压铸工作原理

室,活塞下压,将压室内的金属经鹅颈道压入合紧的压铸型型腔中,并迅速凝固成形。冷压室压铸机的压室与保温炉是分开的,压铸时先将定量液态金属浇入压室,再经压射活塞压入铸型型腔,并凝固成形。热室压铸机自动化程度高,材料损耗少,生产效率比冷室压铸机更高,但受机件耐热能力的制约,目前还只能用于锌合金、镁合金等低熔点材料的铸件生产。

当今广泛使用的铝合金压铸件、铜合金或镁合金铸件,由于熔点较高,只能在冷室压铸机上生产。

(2) 压力铸造的特点和应用范围

压力铸造的主要特点是金属液在高压、高速下充填型腔,并在高压下成形、凝固,产品质量好,精度可达 IT11~IT13,表面粗糙度达到 $Ra6.3$~$Ra1.6$ μm,实现了少、无切削加工,而且互换性好;充型能力强,可压铸出形状复杂的薄壁件或镶嵌件,当前锌合金压铸件最小壁厚可达0.3 mm。铝合金铸件最小壁厚可达 0.5 mm,最小铸出孔径为 0.7 mm,最小螺距为 0.75 mm;由于冷却速度快,并在高压下结晶凝固,晶粒细小,压铸件的强度和硬度等力学性能都好;生产率高,其生产能力可达 50~150 次/h,较易实现生产过程的自动化。

但压力铸造的设备投资大,制造压型的费用很高、周期较长,不适宜于小批量生产;而且压铸的速度高,型内的气体很难及时排除,铸件内部存在大量的气孔,在加工时不宜进行较大余量的切削加工和热处理,以防孔洞外露和加热时铸件内气体膨胀而起泡;对铸件的结构和熔点也有要求,比如对内凹复杂的铸件,成型较困难,用高熔点合金(如铜、铁基合金)压铸,压铸型寿命较低等。

压力铸造目前多用于生产有色金属的精密铸件。如发动机的气缸体、箱体、化油器以及仪表、电器和无线电等。

4. 低压铸造

低压铸造是用较低压力(一般为 0.02~0.06 MPa)将金属液由铸型底部注入型腔,并在压力下凝固,以获得铸件的方法。与压力铸造相比,所用的压力较低,故称为低压铸造。低压铸造的工艺过程,如图 10-35 所示,金属液在压力推动下进入型腔,并在外力作用下结晶凝固。

低压铸造是介于金属型铸造和压力铸造之间的一种铸造方法，在一个盛有液态金属的密封坩埚中，由进气管通入干燥的压缩空气或惰性气体，由于受到气体压力的作用，金属液自下而上地沿升液导管和浇口充入铸型的型腔，一直保持压力至铸件完全凝固。消除液面上压力后，升液导管及浇口中尚未凝固的金属因重力作用而回流坩埚，然后打开铸型取出铸件。

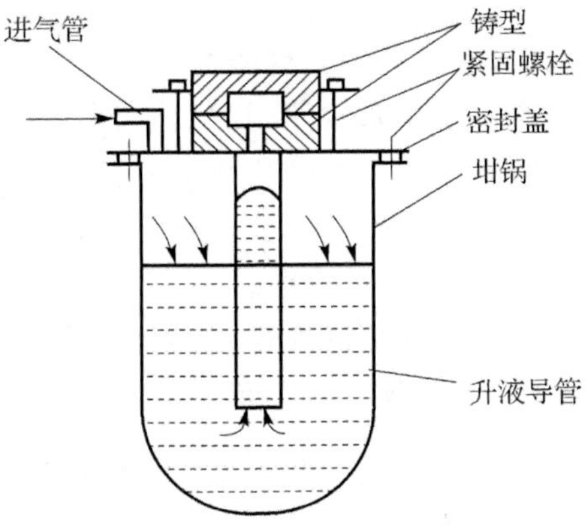

图 10-35　低压铸造工艺示意图

低压铸造具有以下优点：底注充型，平稳且易于控制。减少了金属液注入型腔的冲击、飞溅现象，铸件的气孔、夹渣等缺陷较少。金属液的上升速度和结晶压力可调整，适合于各种铸型（如砂型、金属型等）、各种合金的铸件；省去了补缩冒口，使金属的利用率提高到 90%～98%。与重力铸造相比，铸件的组织致密，轮廓清晰，力学性能好，而且，劳动条件有所改善，易于实现机械化和自动化。

低压铸造目前主要用来生产质量要求高的铝、镁合金铸件，如气缸、缸盖和纺织机零件等。

5. 离心铸造

离心铸造是将液体金属浇入高速旋转的铸型中，使其在离心力作用下充型并凝固的铸造方法。离心铸造必须在离心铸造机上进行，根据铸型旋转轴空间位置不同，离心铸造机可分为立式和卧式两大类，工作原理如图 10-36 所示。立式离心铸造机，主要用来生产高度小于直径的圆环铸件；卧式离心铸件机，主要用来生产长度大于直径的套类和管类铸件。

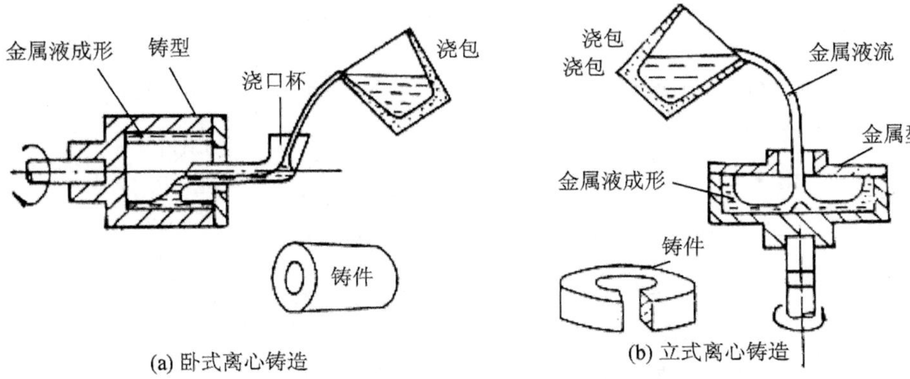

图 10-36　圆筒件的离心铸造示意图

离心铸造的铸件组织致密、无缩孔、缩松、气孔和夹渣等缺陷,机械性能好。铸造中空铸件时,可不用型芯和浇注系统,大大简化了生产过程,节约了金属。在离心力作用下,金属液的充型能力得到提高,可以浇注流动性较差的合金铸件和薄壁铸件,便于铸造双金属铸件,其结合面牢固、耐磨,可节约贵重合金。

但离心铸造的内孔是依靠自由表面形成的,尺寸偏差大,表面粗糙,必须增大加工余量,不适于铸造比重偏析大的合金及轻合金。此外,因需要较多的设备投资,故不适宜单件、小批生产。

离心铸造是铸铁管、气缸套、铜套、双金属轴衬的主要生产方法。目前已有高度机械化、自动化的离心铸造机,铸件的最大质量可达十几吨。

10.2.3 各种铸造方法选择原则

1. 优先采用砂型铸造

据统计,无论是国内还是国际,在全部铸件产量中,60%～70%的铸件还是用砂型生产的,其中70%左右是用黏土砂型生产的。主要原因是砂型铸造较之其他铸造方法成本低、生产工艺简单、生产周期短。

但砂型铸造生产的铸件精度、表面光洁度、材质的密度和金相组织、机械性能等方面往往较差,所以当铸件的这些性能要求更高时,应该采用其他铸造方法,例如熔模(失蜡)铸造、压铸和低压铸造等。

2. 铸造方法应和生产批量相适应

例如砂型铸造,大量生产的工厂应创造条件采用技术先进的造型、造芯方法。中等批量的大型铸件可以考虑应用树脂自硬砂造型和造芯。单件小批生产的重型铸件,手工造型仍是重要的方法,手工造型能适应各种复杂的要求,应用比较灵活,不要求很多工艺装备。

低压铸造、压铸、离心铸造等铸造方法,因设备和模具较昂贵,所以只适合批量生产,各种铸造方法的特点见表10-7。

表10-7 几种铸造方法的比较

项目 \ 铸造方法	砂型铸造	熔模铸造	金属型铸造	压力铸造	低压铸造	离心铸造
适用金属	任意	不限制,以铸钢为主	不限制,以非铁合金为主	铝、锌、镁等低熔点合金	以非铁合金为主,也可用于铸钢和铸铁	以铸铁、铸钢为主
铸件质量范围	不限制	一般小于25 kg	以中、小型铸件为主	一般小于10 kg,也可用于中型铸件	以中、小型铸件为主	不限制
生产批量	不限制	成批、大量生产,也可单件、小批量生产	成批、大量生产	成批、大量生产	成批、大量生产	成批、大量生产

续表 10－7

项　目＼铸造方法	砂型铸造	熔模铸造	金属型铸造	压力铸造	低压铸造	离心铸造
铸件尺寸公差/mm	100±1.0	100±0.3	100±0.4	100±0.3	100±0.4	—
铸件表面粗糙度	粗糙	Ra25～Ra3.2	Ra25～Ra12.5	Ra6.3～Ra1.6	Ra25～Ra6.3	内表面粗糙
铸件铸态晶粒组织	粗晶粒	粗晶粒	细晶粒	细晶粒，内部多有气孔	细晶粒	—
加工余量	大	小或不加工	小	小或不加工	较小	内表面加工余量大
生产率（一般机械化程度）	低、中	低、中	中、高	最高	中	中、高
铸件最小壁厚/mm	3.0	通常 0.7	铝合金 2～3	0.5～1.0	一般 2.0	—

3. 造型方法应适合工厂条件

例如生产大型机床床身等铸件，一般工厂采用组芯造型法，不制作模样和沙箱，在地坑中组芯；而有些工厂则采用沙箱造型法，制作模样。不同的企业生产条件、生产习惯、所积累的经验各不一样，应该根据这些条件考虑适合做什么产品和不适合做什么产品。

4. 要兼顾铸件的精度要求和成本

各种铸造方法所获得的铸件精度不同，初投资和生产率也不一致，最终的经济效益也有差异。因此，要做到多、快、好、省，就应当兼顾到各个方面。应对所选用的铸造方法进行初步的成本估算，以确定经济效益高又能保证铸件要求的铸造方法。

各种铸造方法都有自己的优缺点和应用范围，选用某种方法，必须根据合金种类、零件形状和大小、生产批量、质量要求、现场设备条件以及产品成本等各项因素进行全面分析比较，最后才能确定。例如，表 10－8 列出了不同铸造方法在不同批量条件下，铸铝小连杆的成本比较。

表 10－8　铸铝小连杆成本比较

简　图	产量/件	铸件成本/（元/件）			
		砂型铸造	金属型铸造	熔模铸造	压力铸造
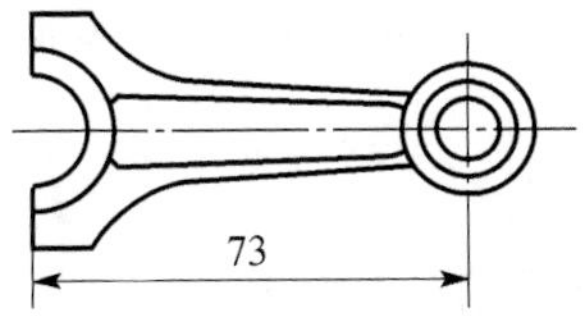	100	1.75	6.02	6.25	18.75
	1 000	0.62	1.23	2.67	1.95
	10 000	0.33	0.37	1.93	0.50
	100 000	0.30	0.29	1.80	0.16

10.2.4 铸件结构设计

铸造零件设计，不仅要保证其工作性能和机械性能要求，还要使铸件结构本身符合铸造生产的要求，即保证铸件的“结构工艺性”。铸件的结构合理与否，和铸造合金的种类，产量的多少，铸造方法和生产条件等有密切的关系。下面从几方面来说明铸件结构设计原则。

1. 铸件质量对铸件结构的要求

(1) 铸件的壁厚应合理

每一种铸造合金，采用某种铸造方法，都要求铸件有其合适的壁厚范围。为了避免浇不足、冷隔等缺陷，铸件应有一定的厚度。表10－9列出了几种常用的铸造合金在砂型铸造条件下的最小允许壁厚。

设计厚大铸件时，要避免以增加壁厚来提高强度，铸件的承载能力并不按截面积成比例增加，尤其普通灰铸铁更是如此。因为铸铁的力学性能不仅取决于化学成分，还取决于冷却速度。厚大截面冷却速度慢，晶粒粗大，易产生缩孔、偏析等缺陷。实际上各种铸造合金都存在一个临界厚度，超过此厚度，强度非但不增加，反而明显降低。为了提高铸件承载能力而不增加壁厚，铸件的结构设计就应选用合理的截面形状(图10－37)。对某些铸件，可在脆弱处设置加强肋，具体情形见图10－38。

图10－37　铸件常用的截面形状

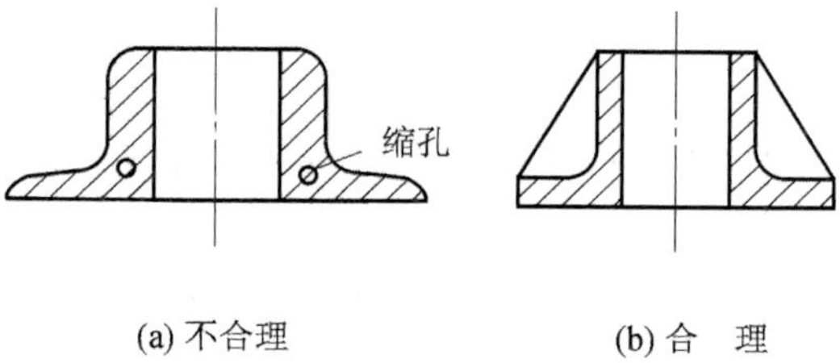

图10－38　加强肋的应用示例

表10－9　砂型铸造时铸件的最小允许壁厚　　mm

铸件尺寸	铸　钢	灰铸铁	球墨铸铁	可锻铸铁	铝合金	铜合金	镁合金
200×200以下	6～8	5～6	6	4～5	3	3～5	—
200×200～500×500	10～12	6～10	12	5～8	4	6～8	3
500×500以下	18～25	15～20	—	—	5～7	—	—

注：1. 如有特殊需要，在改善铸造条件的情况下，灰铸铁最小允许壁厚可≤3，其他合金最小壁厚亦可减小；
2. 铸件结构复杂，铸件合金的流动性差，应取上限值。

(2)壁厚力求均匀

金属过多地聚集在一起，使铸件冷却不均匀，形成较大的内应力，而且易产生缩孔、缩松及裂纹。因此应取消不必要的厚大部分，减小、减少热节。

(3) 铸件壁的连接和圆角

铸件要有结构圆角，不允许直角连接，直角会造成金属局部积聚，易于产生缩孔和缩松；内侧转角处应力集中严重，对某些易产生柱状晶的金属，在直角相交处会形成晶间脆弱面而产生裂纹。图 10－39 是两种不同转角的热节和应力分布。圆角的大小取值应与铸件壁厚相适应，具体数值见表 10－10。

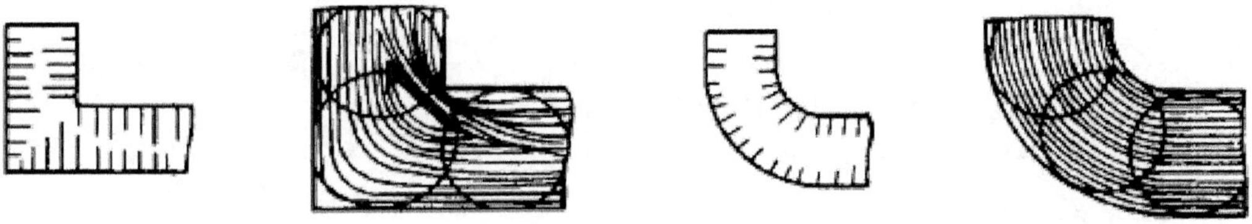

(a) 不合理　　(b) 合　理

图 10－39　不同转角的热节与应力分布

表 10－10　铸件的内圆角半径 *R* 值　　mm

		$\frac{a+b}{2}$	≤8	8～12	12～16	16～20	20～27	27～35	35～45	45～60
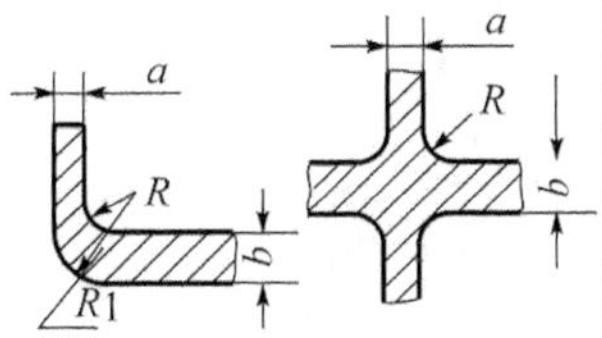 $R_1 \geqslant R+\left(\frac{a+b}{2}\right)$　$b \leqslant 2a$	*R* 值	铸铁	4	6	6	8	10	12	16	20
		铸钢	6	6	8	10	12	16	20	25

铸件应避免交叉和锐角连接，以防止缩孔和缩松。中小件可用交错接头，大件用环状接头。如图 10－40(a)和(b)所示，铸件壁之间也要避免锐角连接。如结构必须小于 90°夹角时，可采用过渡形式，如图 10－40(c)所示。

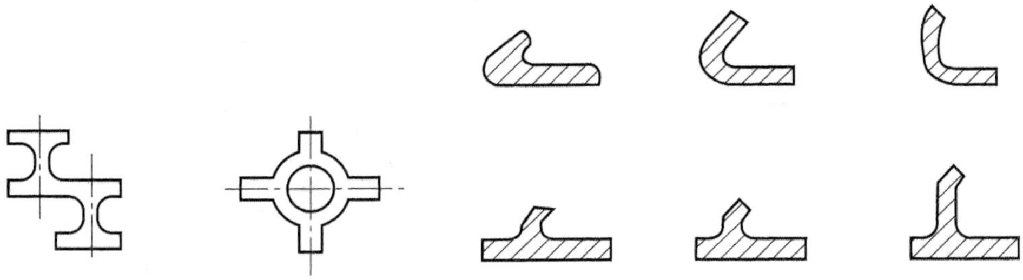

不合理　　许可　　合理

(a) 交错接头　　(b) 环状接头　　(c) 两壁夹角小于 90° 的联接

图 10－40　铸件接头连接形式

铸件还应避免壁厚突变。铸件各部分不同壁厚的连接应采用逐渐过渡,壁厚的过渡形式见图 10-41。

(4) 应防止产生变形

为了防止某些细长易挠曲的铸件产生变形,应将其截面设计为对称结构,利用对称截面的相互抵消作用减小变形,如图 10-42 所示。

对较大面积的平板铸件,可设置加强肋以提高其刚度,防止变形,如图 10-43 所示。

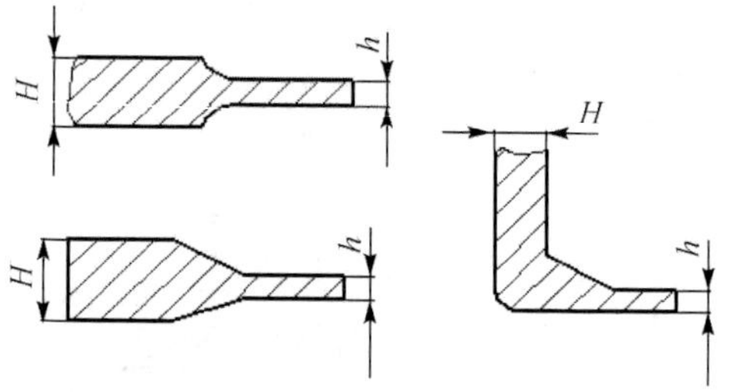

图 10-41 铸件不等壁厚的连接

(5) 避免水平方向出现较大的平面

铸件上过大的水平面不利于金属液的充填,不利于气体和夹杂物的排除,容易使铸件产生冷隔、浇不到、气孔和夹渣等缺陷。并且,铸型内水平型腔的上表面受高温金属液长时间烘烤,易开裂而产生夹砂、结疤等缺陷。因此,应尽量将其设计成倾斜壁,如图 10-44 所示。

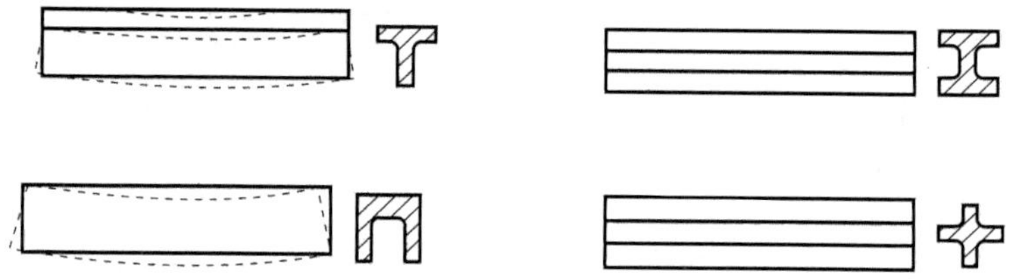

(a) 不合理　　(b) 合　理

图 10-42 细长铸件的设计

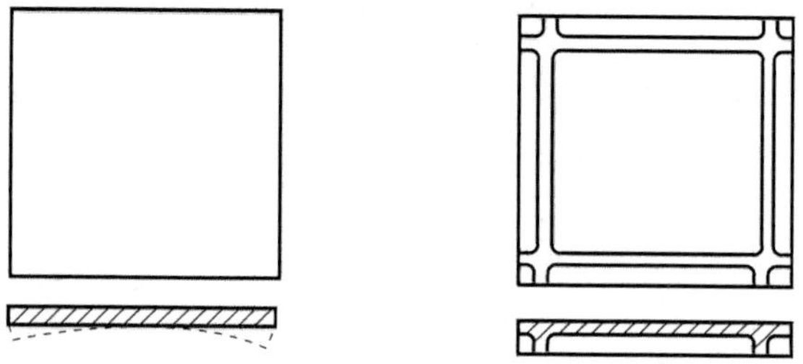

(a) 不合理　　(b) 合　理

图 10-43 平板铸件的设计

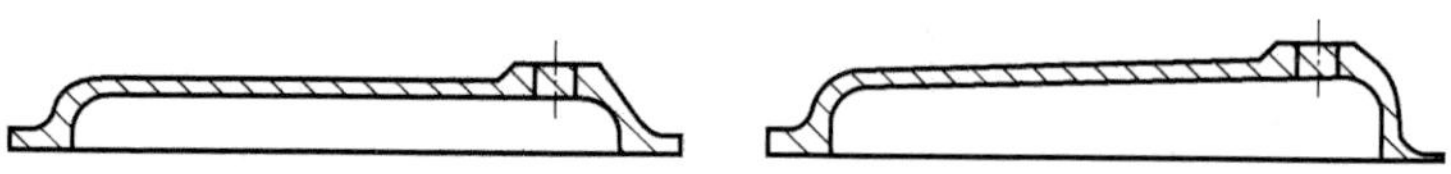

(a) 工艺性差　　(b) 工艺性好

图 10-44 过大水平面的设计

(6) 应有利于自由收缩

在铸件的结构设计中，轮辐、筋的厚度总是较小的，冷却时它们冷却速度最快，总是阻碍铸件中其他部分的收缩。若产生的热应力过大，铸件就会开裂。为避免此类情况，可将轮辐设计成图 10－45 所示的弯曲或奇数轮辐，收缩时可借轮辐或轮缘的微量变形来减小应力，防止产生裂纹。

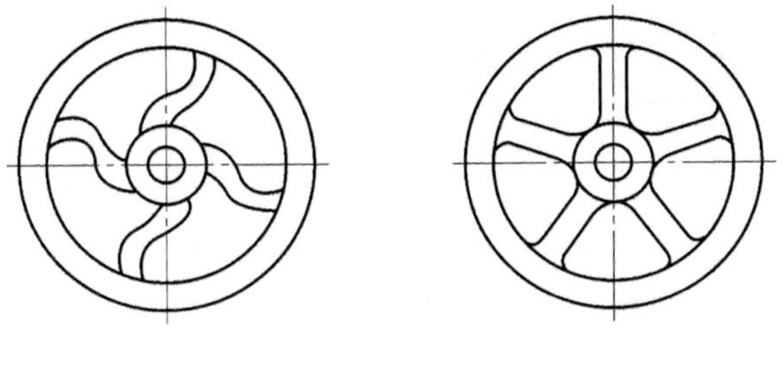

(a) 弯曲轮辐　(b) 奇数轮辐

图 10－45　减少内应力的轮辐设计

2. 铸造工艺对铸件结构的要求

铸件的结构不仅应有利于保证铸件的质量，而且应使造型、制芯和清理等操作方便，以利于简化铸造工艺过程，稳定质量，提高生产率和降低成本。因此，进行铸件设计时，必须考虑下列问题。

(1) 分型面的数量应尽量少，且尽量为平面

铸件分型面少，不仅可减少沙箱数目，减少造型工时，而且可减少错箱、偏芯等缺陷，提高铸件的尺寸精度。如图 10－46(a)所示的端盖，由于上部有突出法兰，铸造时需要两个分型面。若改成图 10－46(b)所示结构，只需一个分型面，便于造型。

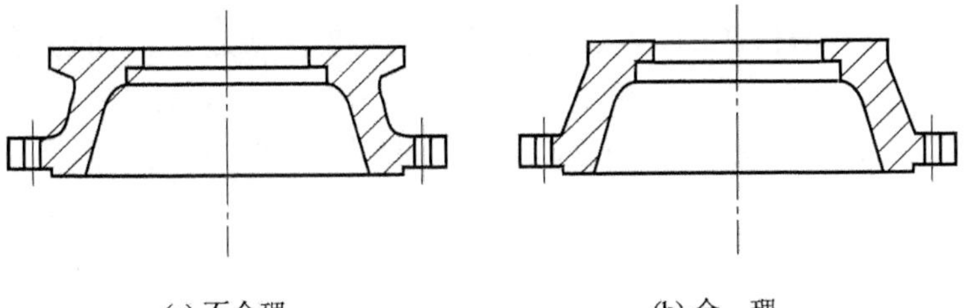

(a) 不合理　(b) 合　理

图 10－46　端盖铸件的结构设计

图 10－47 所示为摇臂铸件，原设计为曲面分型面，需要挖砂，给铸造工艺带来困难；改进后为一平直分型面，就可采取简单的两箱造型。

(2) 尽量减少型芯和活块的数量

减少型芯和活块的数量可简化造芯、造型和起模等工序，防止由于偏芯等引起的铸造缺陷，并可降低成本，提高生产率。所以设计铸件时，其外型和内腔力求简单，尽

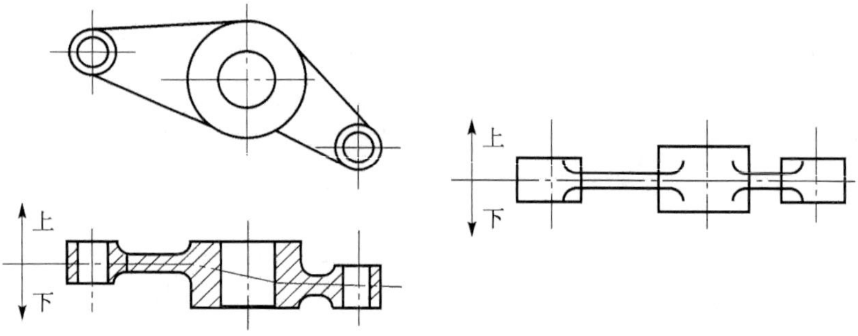

(a) 不合理　　(b) 合　理

图 10-47　摇臂铸件的分型

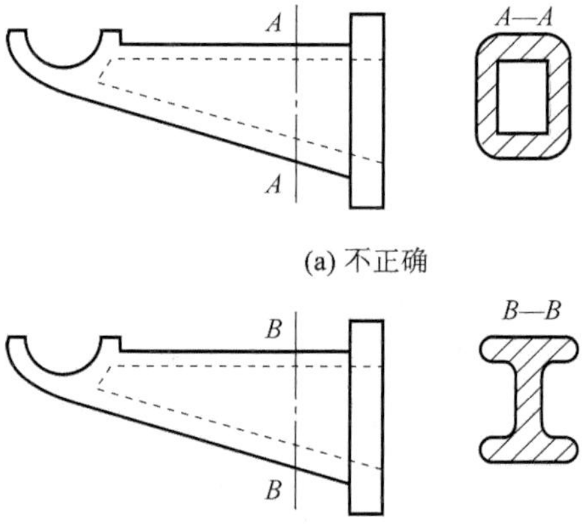

(a) 不正确　　(b) 正　确

图 10-48　悬臂支架的结构设计

量避免不必要的型芯和活块。悬臂支架的原设计如图10-48(a)所示,必须采用难以固定的悬臂型芯,若改为图10-48(b)的结构可省去型芯。

铸件内腔有时可用砂垛(在上型的称吊砂,在下型的称自带型芯)来获得。铸件内腔的设计由图10-49(a)改为图10-49(b)的开口式内腔后,由于$(H/D)<1$,可采用自带型芯。

对于使用活块或型芯的铸件,如将凸台延伸至分型面处(图10-50(b)和(d)),可简化造型工艺。

(3) 要便于型芯的定位、固定、排气和清理

型芯是内腔形状的保证,不仅要下芯方便,而且要牢固稳定,不能偏芯,便于排气。图10-51(a)为一轴承架,其内腔采用两个型芯,其中较大的呈悬臂状,须用型芯撑来加固。若按图10-51(b)改为整体型芯,则型芯的稳定性大为提高,且下芯方便,易于排气。

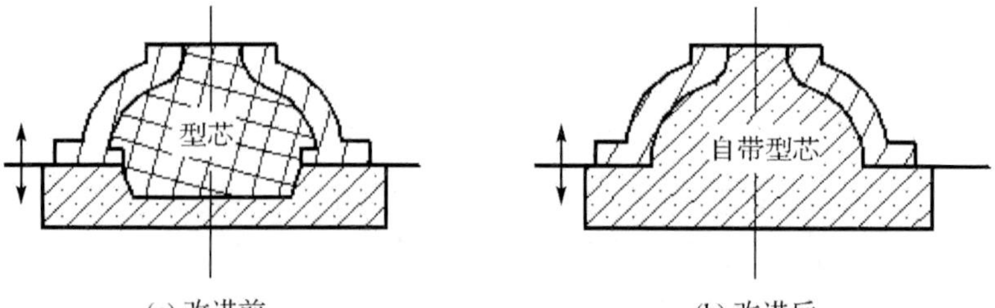

(a) 改进前　　(b) 改进后

图 10-49　铸件内腔的结构设计

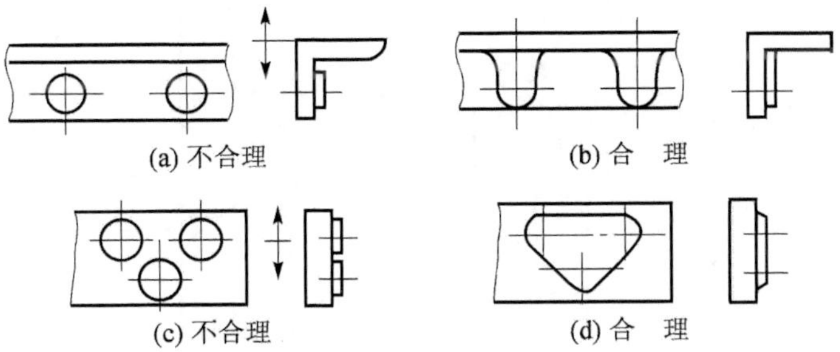

图 10-50　凸台的设计

对于因型芯头不足而难以固定型芯的铸件，在不影响使用功能的前提下，为增加型芯头的数量，可设计出适当大小和数量的工艺孔。如图 10-52(a)所示铸件，因底面没有型芯头，只好采用型芯撑；图 10-52(b)为改进后在铸件底面上增设了两个工艺孔，这样不仅省去了型芯撑，也便于排气和清理。如果零件上不允许有此孔，以后则可用螺钉或木塞堵住。

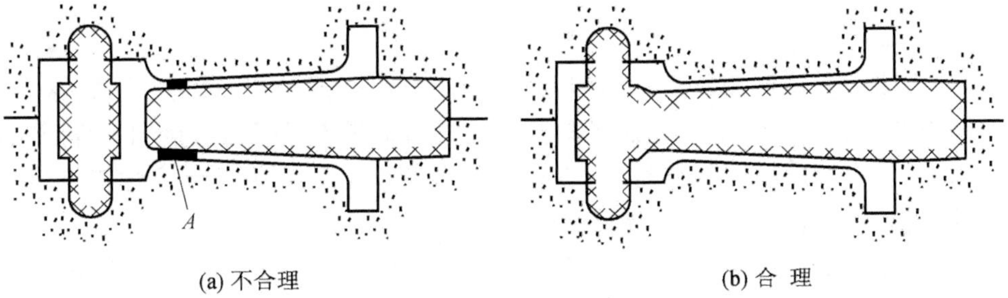

图 10-51　轴承架设计

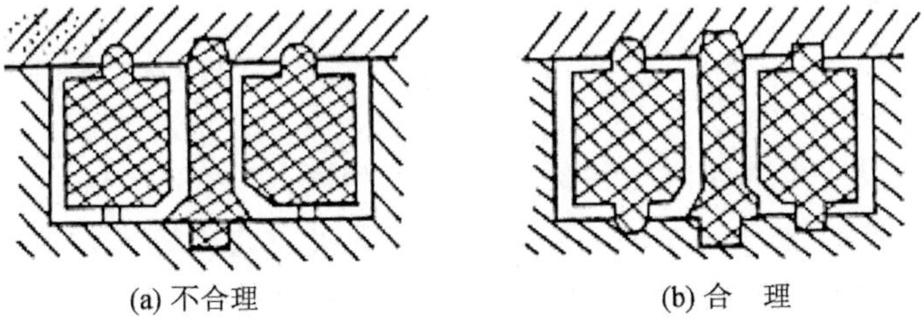

图 10-52　增设工艺孔的铸件结构

(4) 去除不必要的圆角

虽然铸件的转角处几乎都希望用圆角相连接，这是由铸件的结晶与凝固的合理性决定的。但是有些外圆角对铸件质量影响并不大，却增加造型或制芯工艺过程的不良效果，应将这些圆角取消(见图 10-53)。

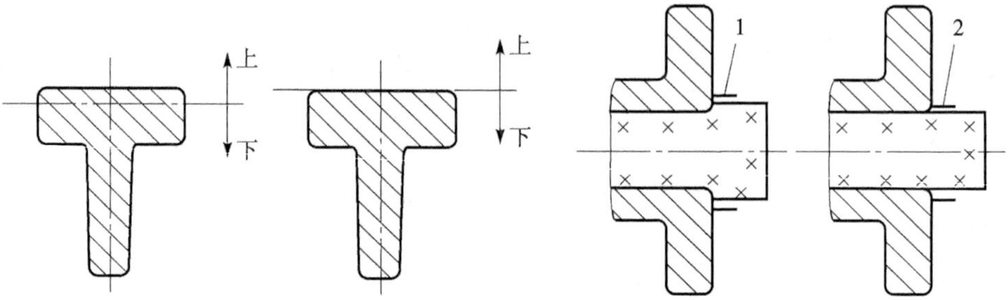

(a) 不合理　(b) 合　理　(c) 不合理　(d) 合　理

1—披缝不在转角处;2—转角处可能有薄的披缝

图10-53　不必要的圆角给铸造带来困难

10.2.5　常用合金铸造生产特点

1. 铸　铁

铸铁是近代工业生产中应用最为广泛的一种铸造合金。生产中常用的铸铁有以下几类:

(1) 灰铸铁

目前大多数灰铸铁用冲天炉熔炼,冲天炉炉料由金属炉料、燃料(焦炭、天然气)和熔剂(石灰石、萤石)组成。金属炉料包括高炉铸造生铁、回炉铁(废旧铸件、浇冒口等)、废钢和铁合金(硅铁、锰铁等)。近年来已有不少工厂用工频感应炉来熔炼灰铸铁,可获得洁净、高温、成分准确的优质的铁水。

灰铸铁主要采用砂型铸造,其铸造性能优良,便于制出薄而复杂的铸件,一般也不需冒口和冷铁,使铸造工艺简化;又浇注温度较低,故中、小型铸件多采用经济简便的湿型铸造。

(2) 球墨铸铁

球墨铸铁是经球化、孕育处理后制成的石墨呈球状的铸铁。其生产特点如下:

1) 铁液的化学成分

制造球墨铸铁所用的铁液与灰铸铁的基本相同,但要求严格。要求高碳(w_C=3.6%~4.0%),低硫($w_S \leqslant$0.006%)、低磷。高碳可以改善铸造性能和球化效果,低硫可抑制硫对球化剂的损耗;低磷以防止塑性、韧性和强度降低和冷脆性增加的负面效应。

由于铁液经球化和孕育处理后温度会降低50~100 ℃,所以球墨铸铁出炉的铁液温度必须高达1 400 ℃以上,以防止浇注温度过低,降低铁液的充型能力。

2) 球化处理和孕育处理

球化处理和孕育处理与熔炼优质铁液同为生产球墨铸铁件的关键环节。球化剂的作用是使石墨呈球状析出,常使用的球化剂是稀土镁合金,其球化能力强,球化效果好,与铁液反应平稳,工艺过程简便。

孕育剂的作用主要是进一步促进铸铁石墨球化，防止球化元素所造成的白口倾向。同时，通过孕育还可使石墨圆整、细化，改善球铁的力学性能。常用的孕育剂是含硅量 75%的硅铁，加入量为铁液质量的 0.4%～1.0%。

球化处理普遍采用冲入法，如图 10－54 所示。先在浇包底部修成“堤坝”，把球化剂置于坝内，盖以硅铁粉和铁屑，以防球化剂上浮，延缓反应速度，使处理过程充分进行。球化剂的加入量约为铁液质量的 1.3%～1.8%(含硫高时取上限)。处理时，先冲入铁液总量的 1/3～1/2，待反应完毕后，加草灰扒渣，再加入其余铁液。经孕育处理、炉前检验合格后即可浇注。

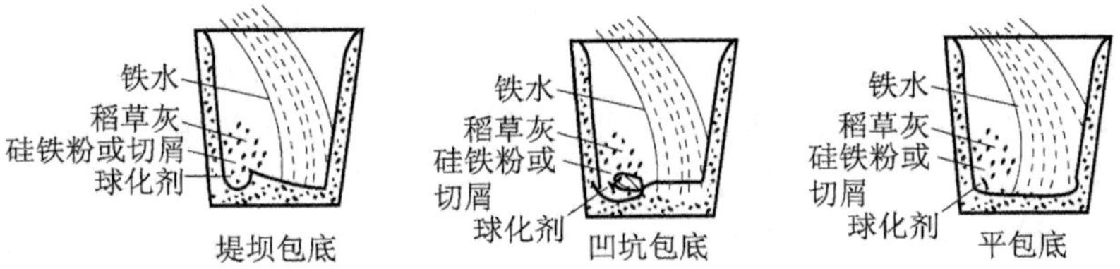

图 10－54　冲入法球化处理示意图

3）铸造工艺特点

球墨铸铁含碳量高，接近共晶成分，其流动性与灰铸铁相近，可生产壁厚为 3～4 mm 的铸件。球墨铸铁在浇注后的一个时期，内外壁与中心几乎同时凝固，造成凝固后期外壳强度低，同时球状石墨析出时膨胀力很大，若铸型刚度不够，则易造成铸件内部金属液的不足，于是易产生缩孔和缩松。因此，常常增设冒口和冷铁，采用顺序凝固，同时使用干型或水玻璃快干型等措施增大铸型刚度，以防止上述缺陷的产生。另外，由于铁液中 MgS 与型砂中水分作用后，产生的 H_2S 气体，易形成皮下气孔，所以应严格控制型砂中水分和铁液中硫的含量。

(3) 可锻铸铁

可锻铸铁是由一定成分的白口毛坯经高温退火，使其组织中的渗碳体(Fe_3C)分解为团絮状石墨而获得的具有一定强度、塑性及韧性的铸铁。

1）铁液的化学成分

可锻铸铁在熔炼过程中要严格控制其化学成分，以保证铸件毛坯整个断面上在铸态时能获得白口。其次，化学成分应有利于铸件退火时间的缩短，并在保证机械性能的前提下，具有良好的铸造性能。因此，碳硅的总含量比一般灰口铸铁低，通常它的化学成分控制在下列范围：$w_C = 2.2\% \sim 2.9\%$，$w_{Si} = 0.8\% \sim 1.4\%$，$w_{Mn} = 0.3\% \sim 0.7\%$，$w_S < 0.2\%$，$w_P < 0.1\% \sim 0.15\%$。

2）铸造特点

由于碳硅含量低，且要求为白口组织，凝固结晶时没有石墨析出，所以可锻铸铁的体收缩和线收缩比灰口铸铁大得多，易产生缩孔、缩松，应力和裂纹的倾向也大。铸造时一般要求按顺序凝固原则设置浇注系统，铸型和型芯应有较好的退让性。其次,可锻铸铁熔点高,流动性较灰口铸铁差,因此要求铁液有较高的出炉温度和浇注温度,浇注温度一般不低于 1 360 ℃。

2. 铸　钢

铸钢也是一种重要的铸造合金,其应用仅次于铸铁。但它的综合力学性能高于各类铸铁,不仅强度高,塑性和韧性也比铸铁高得多;焊接性能优良、便于采用铸焊联合结构制造形状复杂的巨大铸件。铸钢主要用于制造承受重载荷及冲击载荷的零件。

(1) 铸钢的冶炼

铸钢的熔炼通常采用平炉、电弧炉和感应电炉等炼钢炉。在一般机械厂的铸钢车间里,多采用三相电弧炉来熔炼铸钢。三相电弧炉的构造如图 10 - 55 所示,它是以三相交流电为电源;当电流通过三根垂直安装的电板时,石墨电极便与金属炉料间产生强烈的电弧,由此产生的高温使金属炉料熔化、精炼。三相电弧炉开炉、停炉方便,熔炼速度快,可炼的钢种多,钢水质量高。同时,对金属炉料的适应性强,质量要求不严格。

近来,感应电炉在我国得到了迅速发展,它能熔炼各种高级合金钢及含碳极低的钢,其熔炼速度快,能耗少,且钢水质量高,适于中小型铸钢件的生产。

(2) 铸钢的铸造工艺特点

钢的熔点高(约 1 500 ℃),钢液易氧化,流动性差,收缩较大。因此铸钢铸造困难,容易产生浇不足、气孔、缩松、热裂和黏砂等缺陷。为了保证铸件质量,防止上述缺陷产生,必须在铸件结构、浇注规范、造型工艺和造型材料等方面采取相应的措施。

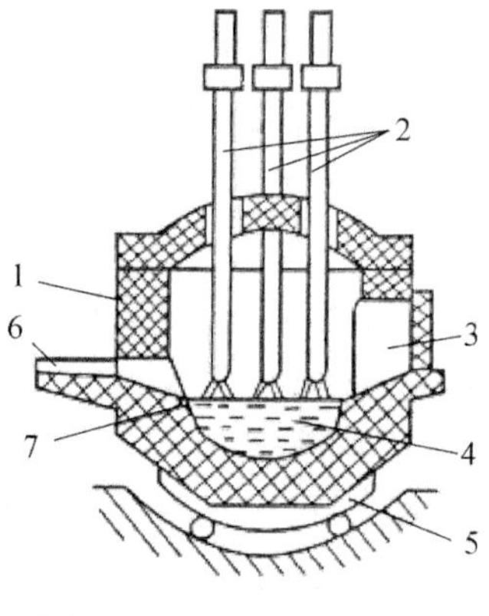

1—炉墙;2—电极;3—加料口;4—钢水
5—倾斜机;6—出钢口;7—电弧

图 10 - 55　三相电弧炉

首先铸钢件的结构设计要合理,要严格控制铸钢件的壁厚(一般不小于 8 mm),而且壁厚要尽量均匀,壁的连接处要平滑过渡或做出圆角;加大浇注系统的尺寸,采用干型或热型浇注,并以较大的速度进行浇注;在造型工艺上,要合理设计浇、冒口,开设浇口时要注意钢水的注入位置,保证铸件的顺序凝固,铸钢的收缩率大,应安置尺寸较大和数量较多的冒口进行补缩;为使铸件各部分冷却均匀,可在壁厚处或难以补缩的地方安置内外冷铁。此外,铸钢用型腔应采用耐火性能较高的石英砂,并在型腔表面刷上锆英粉涂料。

3. 非铁合金铸件生产

常用的铸造用非铁金属有铝、铜、镁、锌、铅、锡和钛等。其中,铜及其合金应用历史最久远,其优良的导电性、导热性、抗腐蚀性和耐磨性,至今应用还很广泛;铝及其合金既具有铜及其合金的某些优点，又有很高的比强度，在我国资源又很丰富，其产量仅次于钢铁。因此在工业上获得了迅速的发展。本小节主要介绍铝合金及铜合金的铸造特点。

(1) 铝合金铸件的生产

铸造铝合金按化学成分可分：铝硅合金、铝铜合金、铝镁合金和铝锌合金。

1) 铝合金的熔炼特点

铝合金在液态下极易氧化，其产物为 $A1_2O_3$，其熔点高达 2 050 ℃，密度稍大于铝，呈固态夹杂物悬浮在铝液中，很难去除，既恶化铸造性能，又降低力学性能，使铸件致密性降低。铝液还极易吸收氢气，凝固时析出，形成气孔或针孔等缺陷。

为了降低铝液的氧化和吸气，铝合金应在熔剂覆盖下熔炼。可向坩埚内加入 KCl，NaCl 等作为熔剂，以便将铝液与炉气隔离。为防止铝液中的氢气产生针孔，须在铝液出炉之前进行去氢精炼。去氢精炼可采用的方法很多，最简便的方法是用钟罩向铝液中压入氯化锌（$ZnCl_2$）或六氯乙烷（C_2Cl_6）等氯盐或氯化物，使发生如下反应：

$$3ZnCl_2+2Al=3Zn+2AlCl_3\uparrow$$

$$3C_2Cl_6+2Al=3C_2Cl_4\uparrow+2AlCl_3\uparrow$$

反应产生的 $AlCl_3$ 沸点为 183 ℃，C_2Cl_4 沸点为 121 ℃，在铝液熔炼过程中会形成气泡上浮，上浮过程中就将气体 H_2 和 Al_2O_3 夹杂物带出液面。

铝合金熔炉种类很多，最常用的是焦炭坩埚炉，也可采用电阻坩埚炉、感应电炉（工频、中频）等设备。

2) 铝合金的铸造工艺

铝合金的铸造性能和化学成分密切相关，其中 Al - Si 合金处于共晶成分附近，铸造性能最好，和灰铸铁相似。Al - Cu 合金远离共晶成分，凝固温度范围大，铸造性能最差。在实际生产中，铝铸件都设有冒口补缩。Al - Si 合金的凝固温度范围小，冒口补缩效率高，易获得组织致密的铸件；其他类铸铝合金的凝固温度范围大，冒口补缩效率低，铸件致密性差。铝合金在浇注时必须保证铝液较快而平稳地流入，避免搅动，以防止铝液氧化和吸气。

铝合金铸造可以采用各种铸造方法：当生产量较少时，采用砂型铸造，且选用细砂来造型；大量生产的重要铸件，则采用特种铸造：金属型铸造效率高，铸件质量好；低压铸造适用于要求致密性高的耐水压铸件；压力铸造可用于铸造薄壁复杂小件。

(2) 铜合金铸件的生产

铜合金分为黄铜、青铜和白铜。白铜是铜镍合金，主要用来制造精密机械、精密仪表中的耐蚀零件及电阻器、热电偶等。铸造生产中，常用的是黄铜和青铜。

铜合金的熔炼特点是铜料与燃料不直接接触，常用熔炼炉有坩埚炉、单相电弧炉和感应炉。

铸造铜合金的炉料包括新铜锭、中间合金及回炉料等。加料顺序先加铜和难熔的合金，然后再加易熔、易氧化或易蒸发的合金，而且这些金属炉料在加入前必须清理和预热；熔剂必须焙烧、预熔；坩埚预热600～700 ℃后始可投料熔化。

铜合金一般在弱氧化性气氛下进行熔炼，所以铜合金在液态下容易氧化，形成能溶解在铜液中的 Cu_2O，使其机械性能下降。为了防止氧化，常用熔剂(如玻璃、硼砂)覆盖铜液表面，同时加入0.3%～0.6%的磷铜来进行脱氧和精炼。熔炼黄铜时，因锌能脱氧，在熔炼过程中，不需另加磷铜脱氧。

铜合金的熔点低，可采用细砂造型，提高铸件的表面精度。流动性好，可用于生产一些形状复杂的薄壁件。

多数铜合金，尤其是铝青铜，收缩较大，必须安置冒口和冷铁，使顺序凝固，防止缩孔；又因为铜合金易氧化，并在表面形成氧化膜，所以铸造时须使金属液平稳地引入型腔。生产中多采用金属液底部引入的底注开放式浇注系统，并常设有滤渣网或集渣包，内浇口为喇叭状，如图10-56所示为铜齿轮的牛角式浇注系统，内浇口采用截面逐渐扩大的牛角形，使液体能平稳的流入型腔避免产生喷溅和氧化。

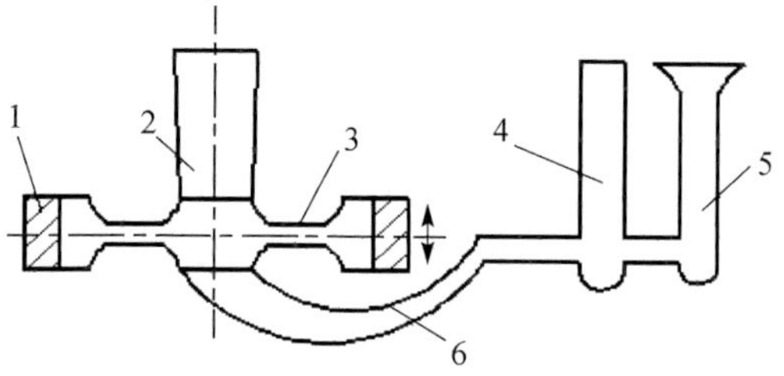

1—冷铁；2—冒口；3—铸件；4—集渣筒

5—直浇口；6—牛角形内浇口

图10-56 铜合金铸件牛角式浇注系统

各种成分的铜合金的结晶特征不同，铸造性能不同，铸造工艺特点也不同，具体见表10-11。

表10-11 铜合金的铸造工艺特点

铜合金种类	结晶特征	铸造性能	工艺特点
锡青铜	结晶温度范围大，凝固区域宽	流动性差，易产生缩松，不易氧化	壁厚件采取定向凝固(顺序凝固)，复杂薄壁件、一般壁厚件采取同时凝固
铝青铜 铝黄铜	结晶温度范围小，为逐层凝固特征	流动性较好，易形成集中缩孔，极易氧化	浇注系统为底注式 浇注系统为敞开式
硅黄铜	介于锡青铜和铝青铜之间	铸造性能最好(在特殊黄铜中)	顺序凝固工艺，中注式浇注系统，暗冒口尺寸较小

10.3　现代铸造技术简介

10.3.1　实型铸造

实型铸造的原理是:采用泡沫聚苯乙烯塑料模样代替普通模样,造好型后不取出模样就浇入金属液,在灼热金属液的作用下,泡沫塑料模气化而消失,金属液取代了原来泡沫塑料模所占据的空间位置,冷却凝固后即可获得所需铸件。其工艺过程如图 10-57 所示。

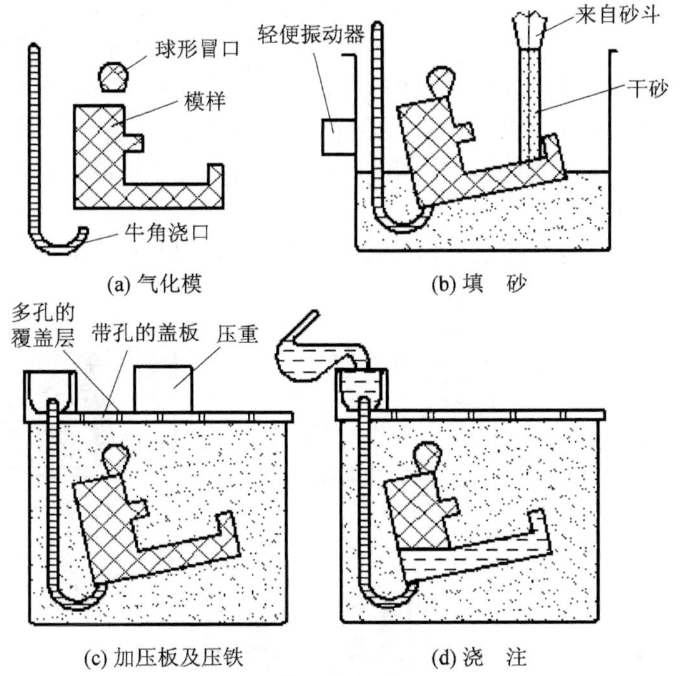

图 10-57　实型铸造示意图

实型铸造的优点是:

① 铸件尺寸精度高。

② 由于不考虑制模、下芯和起模等,增大了设计铸造零件的加工范围。

③ 简化了铸件生产工序,缩短了生产周期,使造型效率提高 2～5 倍。

④ 造型材料废弃少,降低了铸件成本。

实型铸造的缺点是:

① 模样只能使用一次。

② 泡沫塑料的密度小,强度低,模样易变形影响铸件尺寸。

③ 浇注中模样产生的气体,会污染环境。

实型铸造主要适用于高精度、少余量、复杂铸件的批量及单件生产。

10.3.2 陶瓷型铸造

陶瓷型铸造是指用陶瓷浆料制成铸型(芯)而获得铸件的方法。这是一种在砂型铸造和熔模铸造的基础上发展起来的新工艺。

陶瓷浆料由硅酸乙酯水解液和质地较纯、热稳定性较高的细耐火砂如电熔石英、锆英石、刚玉等混合而成。为使陶瓷浆料在短时间内结胶,常加入氢氧化钙或氧化镁作为催化剂。由于使用的耐火材料成分及其外观都与陶瓷相似,故称为陶瓷型。

陶瓷型有两种类型:

① 陶瓷型全由陶瓷浆料浇灌而成。其制作过程是先将模样固定于型板上,外套沙箱,再将调好的陶瓷浆料倒入沙箱,待结胶硬化后起模,经高温焙烧即成为铸型。

② 采用衬套,在衬套和模样之间的空隙浇灌陶瓷浆料制造铸型。衬套可用砂型,也可用金属型。用衬套浇灌陶瓷壳层可以节省大量陶瓷浆料,在生产中应用较多。陶瓷型铸件表面粗糙度可达 $Ra10 \sim Ra1.25\ \mu m$,尺寸精度高达3~5级,能达到少或无切削加工的目的。

图10-58所示的陶瓷型是采用衬套的铸型。其工艺过程如下。

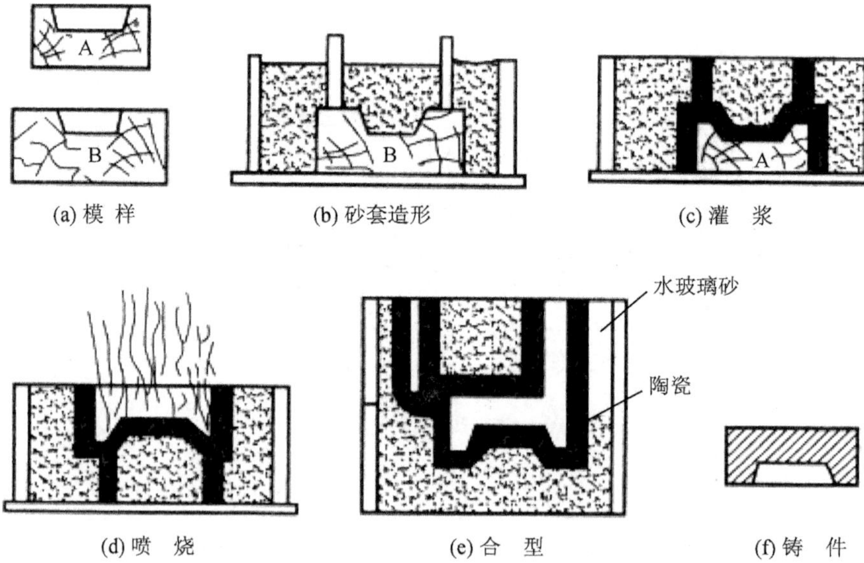

图10-58 陶瓷型铸造工艺过程

1. 工艺过程

陶瓷型铸造的工艺过程如图10-58所示。

(1) 砂型造型

为了节省昂贵的陶瓷浆料,通常先用水玻璃砂制出砂套(相当砂型铸造的背砂)。

制造砂套的木模 B 比铸件木模 A 应增大一个陶瓷料厚度(图 10－58(a))。砂套的制造方法与砂型铸造相同(图 10－58(b))。

(2) 灌浆与胶结

即制造陶瓷面层。其过程是将铸件木模固定于平板上,刷上分型剂,扣上砂套,将配制好的陶瓷浆由浇注口注满(图 10－58(c)),经数分钟后,陶瓷浆便开始结胶。陶瓷浆料由耐火材料粉(刚玉粉或铝钒土、石英砂)加凝固剂(氢氧化钙粉)、黏结剂(硅酸乙脂水解液)组成。

(3) 起模与喷烧

待浇浆 5～15 min 后,趁浆料尚有一定弹性便可起出模样。为加速固化过程,必须用明火喷浇整个型腔(图 10－58(d))。

(4) 焙烧与合型

陶瓷型要在浇注前加热到 350～550 ℃,焙烧 2～5 h,以烧去残余的水分等,并使铸型的强度进一步提高。

(5)浇　注

浇注温度可略高,以便获得轮廓清晰的铸件。

2. 陶瓷型铸造的特点及应用

与砂型铸造和熔模铸造相比,陶瓷型铸造有如下优点:

① 铸件尺寸精度高,表面质量好(与熔模铸造相近)。

② 铸件的大小几乎不受限制,与熔模铸造相比,陶瓷型铸造更适于制造大型厚壁的精密铸件,最大可达十几吨。

③ 适于铸造各种合金。由于陶瓷材料耐高温,故特别适用于生产各类高熔点合金。

④ 设备简单,投资少,生产周期短。

但陶瓷型铸造不适于生产形状复杂、重量轻的铸件;因其生产过程难以实现机械化和自动化,故不适合于大批量生产。目前陶瓷型铸造主要用于生产高熔点合金的大、中型铸件,尤其适用于铸造各种模具,如冲模、锻模、玻璃器皿模、压铸型和金属型等。还可用于生产中型铸钢件。

10.3.3　连续铸造

连续铸造是指将金属液连续地浇入水冷金属型(结晶器)中,连续凝固成形的方法。水冷金属型的结构决定铸件断面形状。

1. 连续铸造的工艺过程

铸铁管连续铸造的工艺过程如图 10－59 所示,水冷金属型主要由内、外结晶器组成,内、外型之间的间隙为铸件的壁厚。浇注前,升降盘上升封住水冷金属型底部。浇注时,金属液经带有小孔的环形旋转浇杯均匀地进入水冷金属型空腔,当下部铸铁管已凝固一定高度时,升降盘下降,不断将凝固的部分拉出,而铁液按相应的浇注速度不断浇入,直到结束。

2. 连续铸造的特点及应用

与其他铸造方法相比,连续铸造的优点是:

① 由于铸件冷却速度快,故组织致密,力学性能好。

② 不用浇注系统,中空铸件不用型芯,降低了金属的消耗,简化了造型工序,降低了劳动强度,减少了生产占地面积。

③ 设备比较简单,生产过程易于实现机械化、自动化。

④ 连续铸造几乎适合于各种合金,如钢、铸铁、铝合金、铜合金和镁合金等。但连续铸造不适于截面有变化,壁厚不均匀的铸件的生产,而且铸管的质量较离心铸造差。

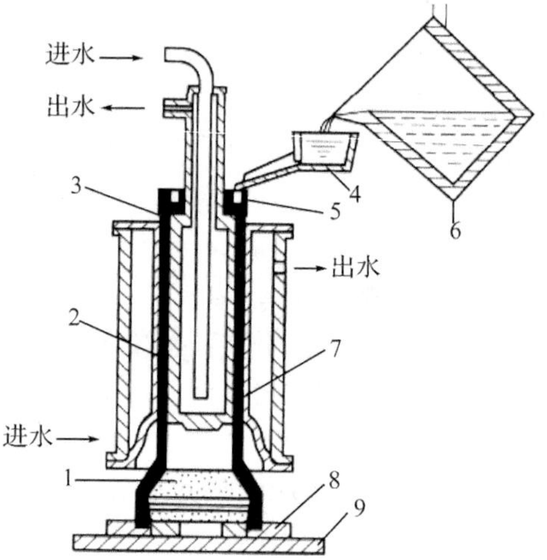

1—承口砂芯;2—外结晶器;3—内结晶器;4—流量控制器;5—雨淋式转动浇杯;6—浇包;7—铸铁管;8—升降盘

图 10-59　连续铸造示意图

连续铸造主要用于大批量生产具有等截面的铸锭、铸管、板坯和棒坯等长铸件,如紫铜锭、铜合金锭、铝合金锭、上下水管道、煤气管道、板材和线材等。铸造尺寸范围大:铸锭直径可由几十毫米至500 mm,铸管直径为100～1 300 mm,长度为5～10 m。

10.3.4　磁型铸造

1. 工艺过程

磁型铸造是用聚苯乙烯泡沫塑料制成带有浇注系统的模样,模样上涂敷耐火涂料,以铁丸或钢丸代替型砂,用强磁场磁化,使其互相吸引而形成铸型(图10-60)。浇入金属液时,模样气化并逸出铸型,金属液随即充满铸型,冷凝后形成铸件。解除磁场,将铁丸倒出,经冷却过筛、除尘后继续使用。

2. 磁型铸造的特点及应用

与其他铸造方法相比,磁型铸造具有下列优点:

① 铸件冷却速度快,组织致密,力学性能好。

② 造型材料可反复使用,不需起模,造型、清理简便。

③ 不含黏结剂,故透气性好,可以避免

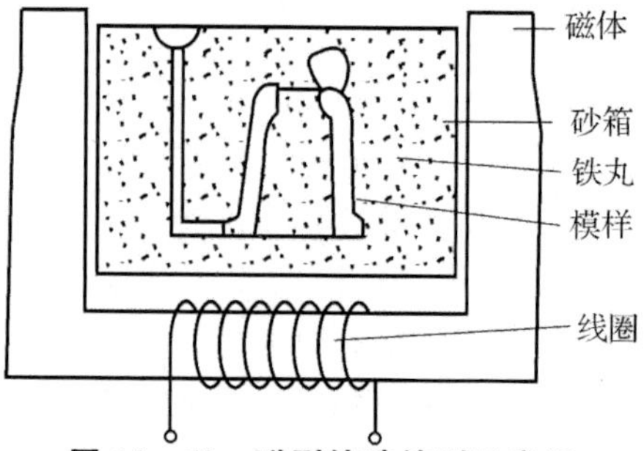

图 10-60　磁型铸造铸型示意图

气孔、夹砂和错型等缺陷，并且无烟尘危害。

④ 铸件精度和表面质量好，加工余量小。

⑤ 设备简单，操作方便，易于实现机械化和自动化。

但磁型铸造不适于厚、大、复杂件；气化模燃烧时放出大量烟气会使空气污染，易使铸钢件表面增碳。磁型铸造主要用于形状较简单的中、小型铸钢件的大批量生产。铸件质量范围为 0.25～150 kg，最大壁厚可达 80 mm。

10.3.5　铸造技术的发展趋势

随着科学技术的进步和国民经济的发展，对铸造提出优质、低耗、高效和污染小的要求，铸造技术向以下几个方面发展。

(1) 机械化、自动化技术的发展

随着汽车工业等大批量制造的要求，各种新的造型方法（如高压造型、射压造型、气冲造型等）和制芯方法进一步开发和推广。

(2) 特种铸造工艺的发展

随着现代工业对铸件的比强度、比刚度要求的增加，以及无切削加工的发展，特种铸造工艺向大型铸件方向发展。铸造柔性加工系统逐步推广，逐步适应多品种少批量的产品升级换代需求。复合铸造技术（如挤压铸造和熔模真空吸铸）和一些全新的工艺方法（如砂型铸造工艺、超级合金等离子滴铸工艺）逐步进入应用。

(3) 特殊性能合金的应用

球墨铸铁、合金钢、铝合金和钛合金等高比强度、比刚度的材料逐步进入应用。新型铸造功能材料，如铸造复合材料、阻尼材料和具有特殊磁学、电学、热学性能和耐辐射材料进入铸造成形领域。

(4) 微电子技术的使用

铸造生产的各个环节已开始使用微电子技术，如铸造工艺及模具的 CAD 及 CAM，凝固过程数值模拟，铸造过程自动检测、监测与控制，铸造工程 MIS，各种数据库及专家系统、机器人的应用等。

第 11 章　锻压工艺基础

压力加工包括轧制、挤压、拉拔、锻造和板料冲压等，如图 11－1 所示。其中锻造和冲压统称为锻压，主要用于生产毛坯或零件；而轧制、挤压和拉拔等主要用于生产型材、板材、棒材、带材和线材等。

锻压是对坯料施加外力，使其产生塑性变形，改变形状、尺寸及改善性能，用于制造机器零件、工件或毛坯的成形加工方法。

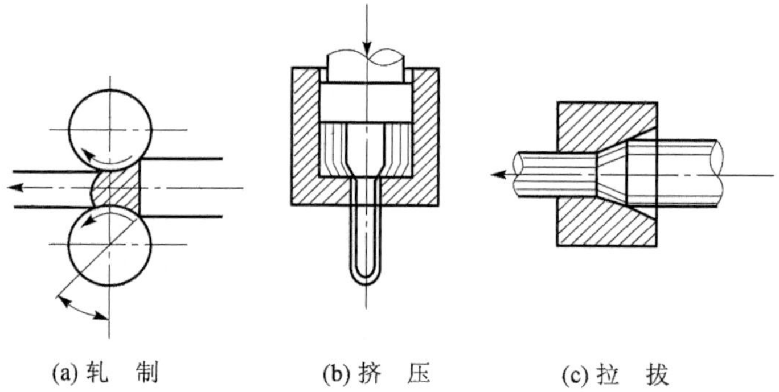

(a) 轧　制　　(b) 挤　压　　(c) 拉　拔

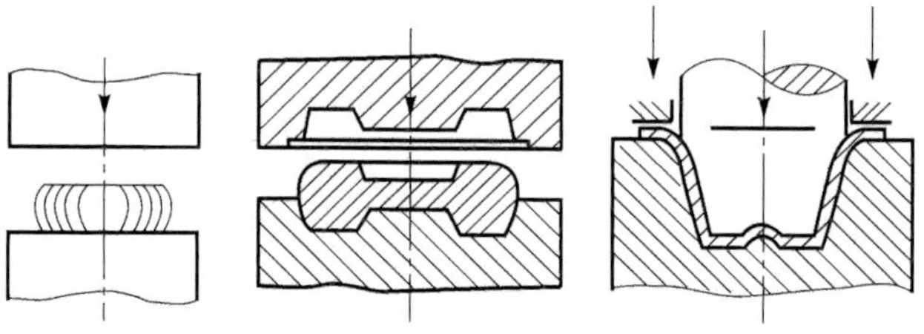

(d) 自由锻　　(e) 模　锻　　(f) 冲　压

图 11－1　金属的压力加工方法

锻造是在加压设备及工（模）具作用下，使坯料、铸锭产生局部或全部的塑性变形，以获得一定几何尺寸、形状和质量的锻件的加工方法。经锻造过的金属材料，具有细晶粒结构；能使粗大枝晶和各种夹杂物都沿着金属流动方向被拉长，呈现纤维结构；并能使铸造时的内部缺陷（如微裂纹、气孔、缩松等）得以压合，提高力学性能。因此，与铸态金属相比，其性能得到了极大的改善。很多承受重载荷、受力复杂的机器零件或毛坯都使用锻件，如机床的主轴和齿轮、内燃机的连杆、起重机的吊钩等。另外，锻造适用范围广，使用模型锻造有较高的生产率，节约材料。但在锻造过程中，由于高温下金属表面的氧化和冷却收缩等各方面的原因，锻造精度不高，表面质量不好，加之锻件结构工艺性的制约，锻件通常只作为机器零件的毛坯。

冲压是指板料在冲压设备及模具作用下，通过塑性变形产生分离或变形而获得制件的加工方法。冲压通常在再结晶温度以下完成变形的，因而也称为冷冲压。冲压件具有刚性好、结构轻、精度高、外形美观、互换性好等优点。因此广泛应用于汽车、拖拉机外壳、电器、仪表及日用品生产。

11.1　压力加工理论基础

塑性变形是各种压力加工的共同基础。大多数金属都具有一定的塑性，均可在热态或冷态下进行压力加工。

压力加工的优点是：力学性能高（晶粒细，组织密），节省金属（无屑加工，力学性能提高可以缩小零件尺寸），生产率高（连续变形压力加工，生产率很高）。其缺点是：成本较高，成形困难，特别对外形复杂零件。

压力加工有两个条件：一是外在条件，要有足够的外力；二是内在条件，要有足够塑性变形能力。

11.1.1　金属塑性变形的实质

金属材料在外力作用下要经历两个变形阶段——弹性变形阶段和塑性变形阶段。在外力不超过弹性极限时，金属材料只发生弹性变形，一旦外力去除，由它引起的变形也即告消失。这是由于金属在弹性变形状态下，其内部原子间的距离会有所改变，但在外力去掉以后其距离即恢复原状；而当外力继续增大，使金属的内部应力超过了该金属的屈服极限以后，引起的变形即使外力去除也不会自行消失，这就是塑性变形。其实质是内部应力迫使晶粒内部和晶粒间产生滑移和转动，从而产生了塑性变形。实际使用的金属大多是多晶体，其塑性变形的机理较为复杂。为了便于理解，必须先来了解单晶体的塑性变形规律。

1. 单晶体的塑性变形

单晶体的塑性变形方式主要为滑移和孪晶。

滑移是金属中最常见的一种塑性变形方式。它是指晶体的一部分沿一定的晶面（原子密排晶面）和晶向（原子密排晶向）相对于另一部分产生相对位移。如图 11－2 所示，即是单晶体以滑移方式进行的塑性变形。

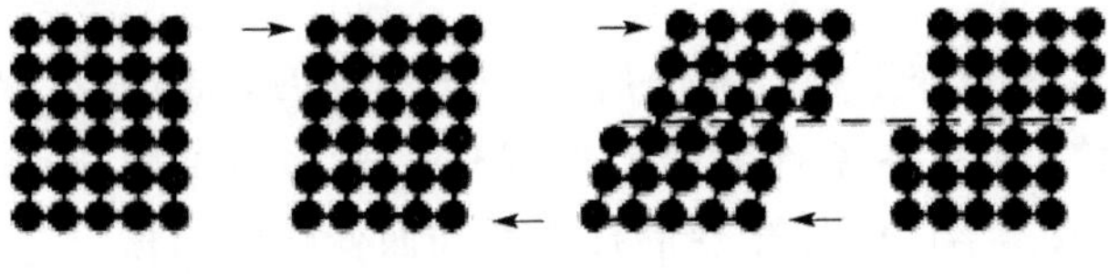

图 11－2　单晶体滑移示意图

滑移的过程，是位错运动的过程，并非刚性整体滑动，故实际需要的临界剪应力远小于理论临界剪应力。这也说明了滑移的实质是，在切应力的作用下，位错沿滑移面的运动。除了滑移，金属晶体有时还可以以孪晶的方式产生塑性变形。

在切应力作用下，晶体有时还以另一种形式发生塑性变形。即晶体的一部分相对于另一部分，沿着一定的晶面(孪生面)产生一定角度的切变。这种变形形式叫孪生，如图11－3所示。发生孪生的部分（切变部分)叫孪生带，或简称孪晶。

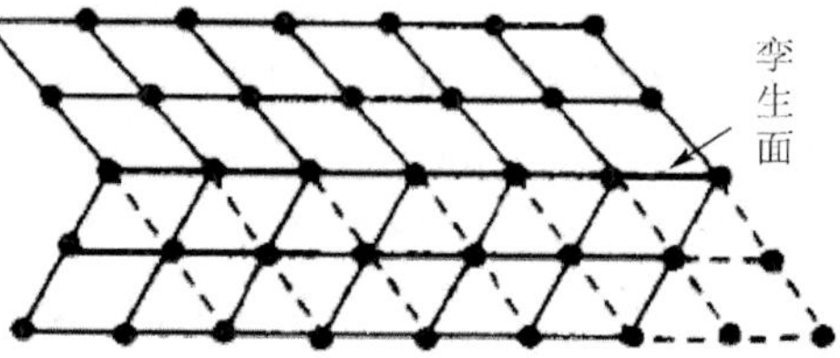

图11－3　晶体孪生示意图

孪生和滑移的最大区别是发生孪生之后，虽然晶体结构未改变，但孪晶的晶格位相已发生改变，而滑移前后晶体结构和晶格位相均未改变。

2. 多晶体的塑性变形

多晶体是由许多微小的单个晶粒杂乱组合而成。实验证明，晶界和晶粒对常温塑性变形有显著的阻碍作用。因此，多晶体的塑性变形抗力要比同种金属的单晶体大得多。

金属的晶粒越细，其晶界的总面积越大，每个晶粒周围具有不同方位的晶粒数目越多，金属的塑性变形抗力便越大，其强度便越高，而且塑性、韧性也越好。这是因为晶粒越细，在一定体积内的晶粒数目越多，变形时同样的变形量可分散在更多的晶粒中发生，产生较均匀的变形，而不至于造成局部的应力集中，引起裂纹过早产生和发展。另外晶粒越细，晶界的曲折越多，越不利于裂纹的传播，从而使其在断裂前能够承受较大的塑性变形，具有较高的抗冲击能力，即表现出较高的塑性和韧性。因此，根据这一原理，在生产时经常通过压力加工及热处理等工艺，使金属获得细而均匀的组织，从而达到强化金属的目的。

11.1.2　塑性变形对金属组织和性能的影响

1. 冷变形强化

在塑性变形时，随着变形程度的增加，金属材料的所有强度指标和硬度都有所提高，但塑性有所下降，这种现象称为冷变形强化。又称加工硬化或冷作硬化。如图11－4所示为低碳钢力学性能随冷变形程度增加而变化的情形。

冷变形强化是由于金属在塑性变形过程中，滑移面上产生了很多晶格位向混乱的微小碎晶块，滑移面附近晶格也处于强烈的歪扭状态，产生了较大的应力，增加了继续滑移的阻力。

冷变形强化对于那些不能用热处理强化的金属和某些合金具有重要意义。如纯

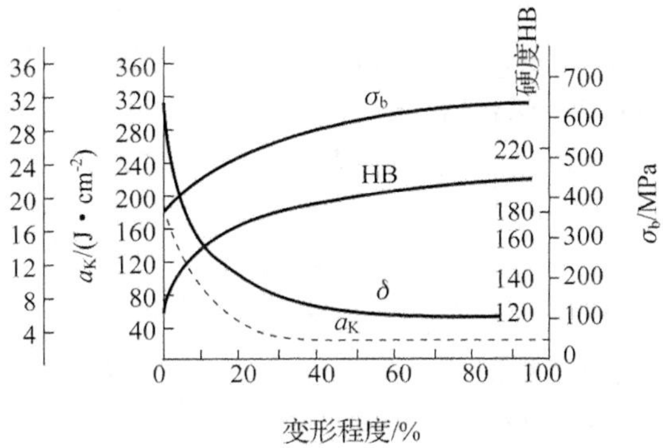

图 11－4　常温下冷变形对低碳钢力学性能的影响

金属、奥氏体不锈钢和形变铝合金等，都可用冷轧、冷挤压、冷拔或冷冲压等加工方法来提高其强度和硬度。

冷变形强化给金属进一步变形带来了困难，所以常在变形工序之间安排中间退火，以消除冷变形强化，恢复金属塑性。

2. 冷变形金属在加热时的组织和性能变化

冷变形强化并不是一种稳定的状态，在畸变的晶格中处于高位能的原子有恢复到稳定平衡位置的倾向。但在较低温度下原子扩散能力小，这种不稳定状态能保持较长时间而不发生明显变化。当将其加热到一定温度时，原子运动加剧，有利于原子恢复到平衡位置，使金属恢复到稳定状态。随着变形温度的增加，变形金属大体上发生回复、再结晶和晶粒长大 3 个阶段的变化，如图 11－5 所示。

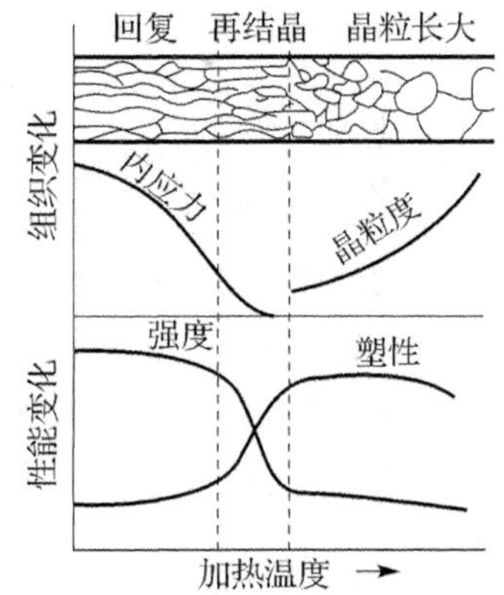

图 11－5　变形金属回复、再结晶和晶粒长大过程

(1) 回　复

当加热温度不高时，原子的扩散能力较弱，不能引起明显的组织变化，只能使晶格扭曲程度减轻，并使应力下降，部分地消除冷变形强化现象，即强度、硬度略有下降，而塑性略有升高，这一过程称为“回复”。使金属得到回复的温度，称为回复温度，用 $T_{回}$ 表示。对于纯金属有

$$T_{回} \approx 0.3T_{熔}$$

式中：$T_{回}$——变形金属回复的绝对温度，单位为 K；

$T_{熔}$——金属熔点的绝对温度，单位为 K。

生产中常用的低温去应力退火就是利用回复现象，消除工件应力，稳定组织，并保留冷变形强化性能。例如冷拉钢丝卷制弹簧，在卷成后进行一次低温去应力退火，可以消除应力使其定型。

(2) 再结晶

当冷变形强化的金属温度升高到其临界值时,金属原子获得足够高的动能,因塑性变形而被拉长的晶粒及碎晶等将重新生核、结晶,形成新的等轴晶粒,从而消除了晶格畸变、应力及冷变形强化现象,这一过程称为“再结晶”,该临界温度称为再结晶温度。对于纯金属有

$$T_{再} \approx 0.4T_{熔}$$

式中:$T_{回}$——金属再结晶的绝对温度,单位为K。

一般情况下,纯铁的再结晶温度约为450 ℃;钨约为1 200 ℃;钢约为200 ℃;铝约为100 ℃;锌为室温;铅和锡再结晶温度低于室温。

在生产中常在多个冷变形工序之间安排中间退火,以消除冷变形强化现象,使变形易于继续进行,这种中间退火即为再结晶退火。

再结晶是以一定速度进行的,变形金属加热温度越高,再结晶过程所用时间就越短。钢和其他一些金属在常温下进行压力加工过程中,常安排再结晶退火工序,以消除冷变形强化,恢复塑性。为加速再结晶过程,再结晶退火温度通常比再结晶温度高100～200 ℃。

再结晶是晶粒重新生核再长大的过程。再结晶过程完成后的组织是细小的,但如继续升温或在高温下长期停留,晶粒将继续长大。因此,为保证材料的力学性能,应正确掌握再结晶退火的加热温度和保温时间。

根据变形温度和变形后组织的不同,通常把再结晶温度以下进行的变形加工,称为冷变形,再结晶温度以上进行的变形加工,称为热变形。冷变形的金属出现加工硬化现象,热变形金属的加工硬化现象随即被再结晶所消除。

3. 冷变形和热变形

金属在再结晶温度以下进行的变形加工,称为冷变形,冷变形过程中只有冷变形强化而无回复与再结晶现象。冷变形时变形抗力大,需用较大吨位的设备,且变形程度不宜过大,以免产生裂纹。但冷变形金属无氧化脱碳现象,可获得较高的尺寸精度和表面质量。

金属在再结晶温度以上进行的变形加工,称为热变形。在热变形过程中,冷变形强化现象被同时发生的再结晶过程所消除。变形后,金属具有再结晶组织而无冷变形强化现象。热变形加工能以较小的功得到较大的变形,变形抗力通常只有冷变形的1/10～1/5,又可获得力学性能较好的再结晶组织。但在热变形时,工件表面易产生氧化、脱碳现象,表面较粗糙,尺寸精度也较低。

在一般情况下,压力加工主要采用热变形方式,如轧制、锻造等。而冷变形则多用于已经热变形后的再加工,如冷轧、冷拉和板料的冲压等。

11.2　锻造及其工艺基础

11.2.1　锻造加工理论基础

1. 金属纤维组织及锻造比

热压加工中，材料中夹杂物及其他非基体物质沿塑性变形方向形成流线组织称纤维组织。顺纤维方向的强度、塑性和韧性提高，而垂直纤维方向的强度、塑性和韧性下降。

纤维组织明显程度和金属的变形程度有关。在锻造生产中，金属的变形程度以锻造比表示。拔长和镦粗的锻造比可用下式计算

$$Y_{拔长} = A_0/A_1 = L_1/L_0$$

$$Y_{镦粗} = A_1/A_0 = H_0/H_1$$

式中：$Y_{拔长}$、$Y_{镦粗}$——分别为拔长和镦粗的锻造比；

A_0,L_0,H_0——分别为变形前坯料的横截面积、长度和高度；

A_1,L_1,H_1——分别为变形前坯料的横截面积、长度和高度；

Y 一般为 2～5。当 $Y>5$ 时力学性能不再提高。

纤维组织用热处理和其他方法均无法消除和改变。但使用时，零件最大工作正应力与纤维方向一致，切应力与纤维方向垂直，且尽可能使纤维方向沿零件轮廓而不被切断。如果锻造得法，往往能达理想状态。如图 11-6 所示。

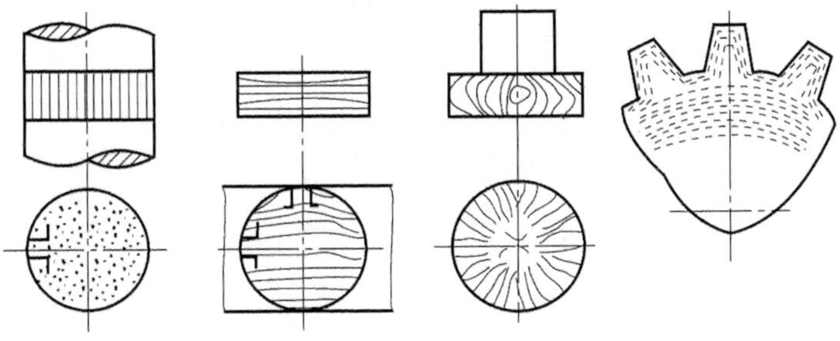

(a) 棒　料　　(b) 板　料　　(c) 铸造毛坯　　(d) 挤压毛坯

图 11-6　不同毛坯制成齿轮的纤维组织

2. 金属锻造性能

金属塑性大，变形抗力小，锻造容易，即锻造性能好。影响锻造性能的因素主要有金属的本质和变形条件两个方面。下面分别就这两方面对锻造性能影响加以介绍。

（1）金属本质对锻造性能的影响

1）化学成分的影响

纯金属锻造性能优于其合金。例如纯铁锻造性能优于铁碳合金。铁碳合金中，随着含碳量增加，碳钢的强度和硬度越高，锻造越困难，铸铁就不能锻造；当合金元素含量越多、成分越复杂时，就越难锻造。

2）组织结构

固溶体有良好的锻造性能，单相状态金属比多相状态金属好锻造，合金中化合物越多越难锻造，细晶粒组织比粗晶粒组织好锻造。

(2) 变形条件对锻造性能的影响

1）变形温度

一般而言，温度高，塑性大，抗力小。但锻造温度按合金状态图选择。碳钢在奥氏体状态最好锻造。

如图11－7所示，始锻温度AE线下150～250 ℃，终锻温度800 ℃。锻造温度范

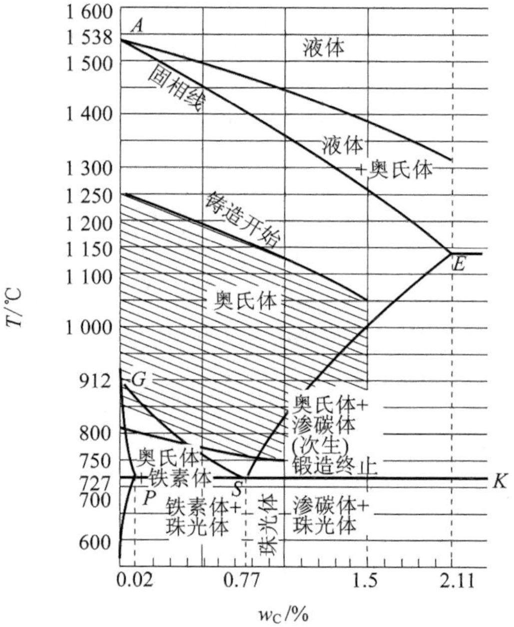

图11－7　碳素钢的锻造温度范围

围大，加热次数少是有利的。AE线以下，始锻温度以上是过烧过热区，应予避开。常用材料锻造温度见表11－1。

表11－1　常用钢材的锻造温度范围

材料种类	始锻温度/℃	终锻温度/℃	材料种类	始锻温度/℃	终锻温度/℃
低碳钢	1 200～1 250	800	低合金工具钢	1 100～1 150	850
中碳钢	1 150～1 200	800	变形铝合金	450～500	350～380
合金结构钢	1 100～1 180	850	压力加工铜合金	800～900	650～700

2）应变速率的影响

应变速率是指金属材料在单位时间内的应变量(不是指工模具的运动速率)。应变速率对金属塑性和变形抗力的影响如图 11－8 所示。

当应变速率低于临界速率 C 时，随着应变速率的提高，金属通过再结晶消除变形强化越来越困难，材料塑性下降，变形抗力增加，即锻造性变坏；但当应变速率超过临界速率后，由于变形产生的热效应越来越强烈，使金属的温度明显提高，从而又改善了塑性成形性能。当应变速率增加时，锻造性反而好起来。高速锤锻造和某些高能成形工艺就是利用这一原理，使塑性差的金属表现出较好的塑性。不过通常应用的各种锻造方法应变速率都远低于临界速率 C，因此，对于塑性较差的金属(如高碳钢，中碳、高碳合金钢)，在一般锻造时应降低的应变速率，以防止锻裂。

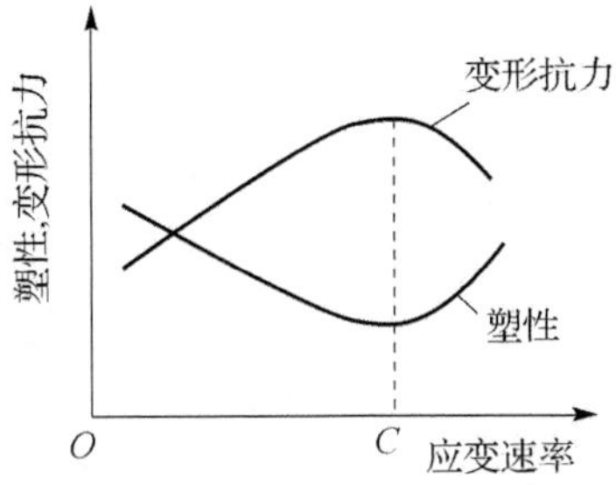

图 11－8　应变速率对塑性及变形抗力的影响

3）应力状态

金属受挤压，三向受压表现较大的塑性和较大变形抗力；拉拔时二向受压、一向受拉，表现较低塑性，较小变形抗力，见图 11－9。

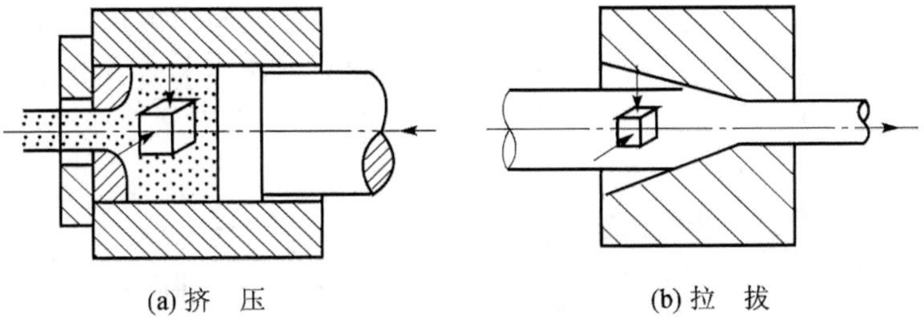

图 11－9　金属变形时的应力状态

选择变形抗力方式时，塑性好的材料，拉拔有利，因为变形抗力小；但塑性差的材料，选用三向受压有利，因为有较大塑性，故有些塑性差的合金，拉拔成丝困难，但挤压成丝却比较容易。

3. 金属变形规律

(1) 体积不变定律

金属在锻造前后体积不变。

根据体积不变定律，在金属塑性变形的每一工序中，坯料一个方向尺寸减小，必然在其他方向尺寸有所增加，在确定各中间工序尺寸变化时非常方便。

(2) 最小阻力定律

金属变形时，首先向阻力最小的方向流动，(金属内某一质点流动阻力最小方向是过该点向变形部分周边所作法线方向)如图 11－10 所示。圆形、方形、矩形截面上各质点在镦粗时的流动方向,方形截面镦粗后的截面形状。

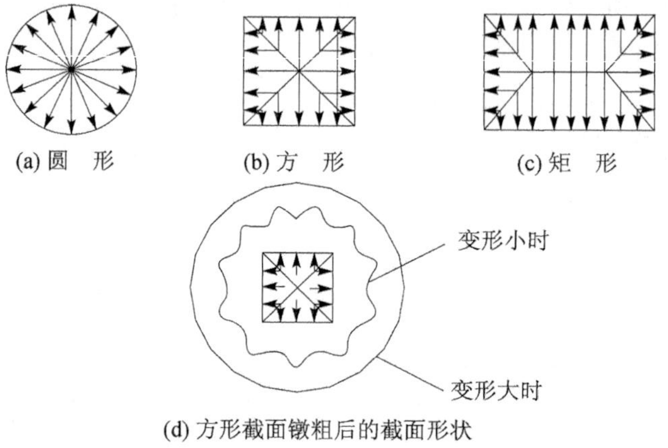

图 11－10　不同截面金属的流动情况

11.2.2　常用锻造方法

1. 自由锻

用简单工具或在锻造设备上使坯料获得所要的形状之锻造方法称自由锻造。常用自由锻造设备有:空气锤、蒸气—空气锤和水压机。空气锤由电机直接驱动(力小,小件);蒸气—空气锤由蒸气或压缩空气驱动(中型、较大型件);水压机由高压水液力驱动(大型件)。见图 11－11 和图 11－12。

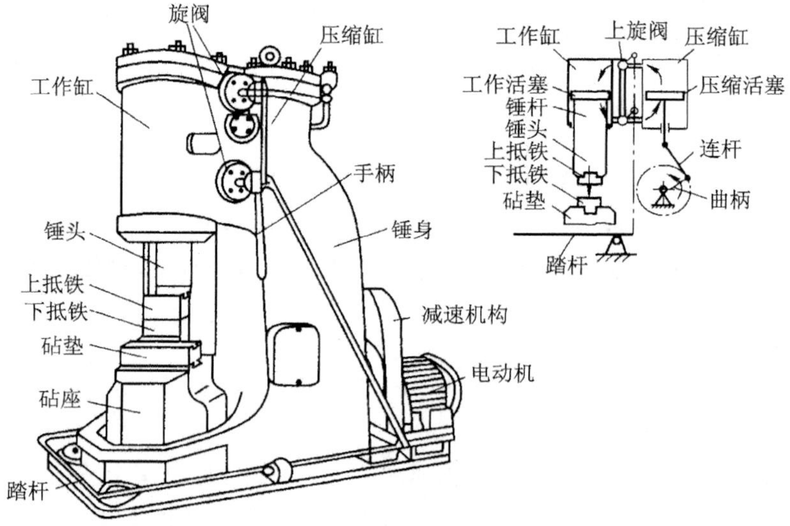

图 11－11　空气锤结构示意图

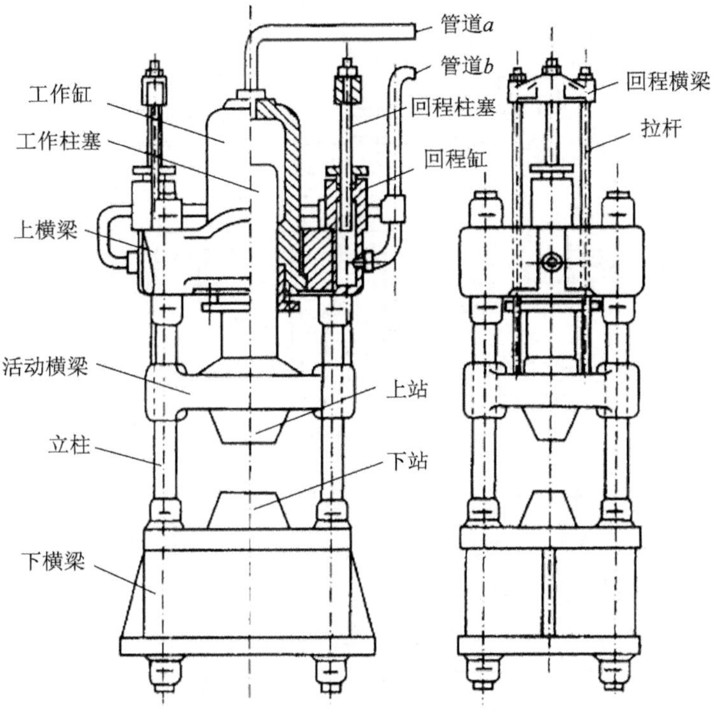

图 11－12　水压机结构示意图

自由锻造的优点是：工具和设备简单、通用性好、工艺灵活、成本低，小件、大件都能锻。对于特大型工件是唯一的锻造方法。其缺点是：精度低，加工余量大，生产率低，适于单件，小批量。

(1) 自由锻基本工序

自由锻基本工序有：镦粗、拔长、冲孔、弯曲、切割、错移和扭转。辅助工序是：压钳口、倒棱和压痕。修正工序是：校正、滚圆和平整。

(2) 自由锻工艺规程的制订

制定自由锻工艺规程包括绘制锻件图，确定变形工步，计算坯料的质量和尺寸，确定设备和工具，确定锻造温度范围，确定加热、冷却及热处理的方法和规范等。

1) 绘制锻件图

根据零件图，考虑切削加工余量，锻件公差工艺余块后绘出的图样。(锻件图外形用实线，零件图外形用双点画线，锻件基本尺寸与公差标注在尺寸线上面，零件尺寸标在尺寸线下的括号内)见图 11－13。

2) 确定变形工序

变形工序根据锻件的形状、尺寸、技术要求、生产批量和生产条件等确定，包括：

① 确定锻件成形所必需的基本工序、辅助工序和精整工序，以及完成这些工序所使用的工具；

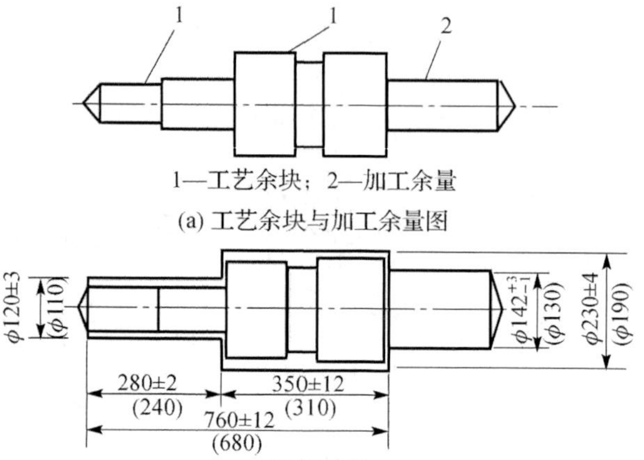

1—工艺余块；2—加工余量

(a) 工艺余块与加工余量图

(b) 锻件图

图 11-13 余块、余量及锻件图的表示方法

② 确定工步顺序和工步尺寸等。

各类自由锻造基本变形工序方案见表 11-2。

表 11-2 自由锻件分类及基本工序选择

序 号	类 别	图 例	工步方案	实 例
1	饼块类	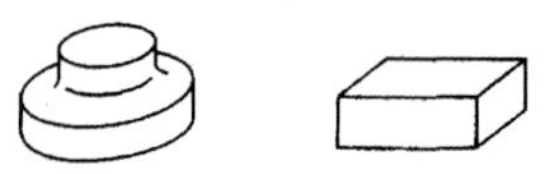	镦粗或局部镦粗	圆盘、齿轮、叶轮、模块、轴头等
2	轴杆类	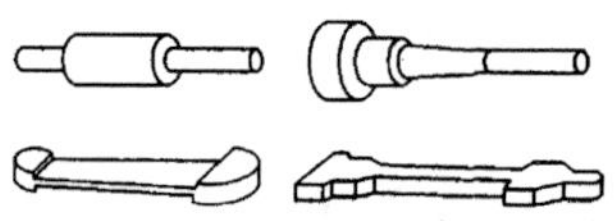	1. 拔长 2. 镦粗—拔长(增大锻造比) 3. 局部镦粗—拔长	传动轴、齿轮轴、立柱、连杆、摇杆等
3	空心类	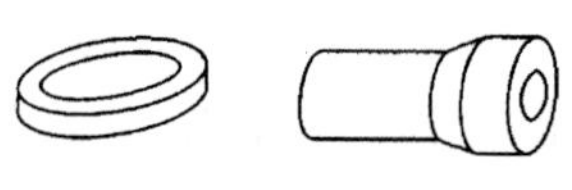	1. 镦粗—冲孔 2. 镦粗—冲孔—冲子扩孔 3. 镦粗—冲孔—心轴上扩孔	圆环、齿轮、法兰、圆筒、空心轴等
4	弯曲类	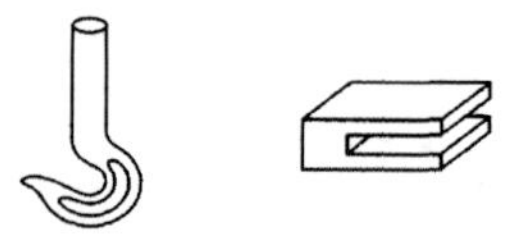	轴杆类工序—弯曲	吊钩、弯杆、轴瓦等
5	曲轴类	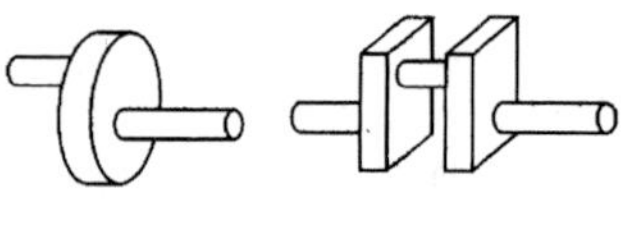	1. 拔长—错移(单拐曲轴) 2. 拔长—错移—扭转(多拐曲轴)	各种曲轴、偏心轴

续表 11－2

序　号	类　别	图　例	工步方案	实　例
6	复杂形状类	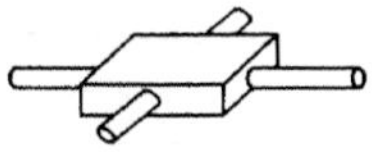 	前几类锻件工步的组合	阀杆、叉杆、十字轴等

3）确定坯料质量、尺寸

坯料质量按公式 $m_{坯}=m_{锻件}+m_{损耗}$ 计算，坯料为铸件或型材。

坯料尺寸用公式：$F_{坯}\geqslant YF_{锻}$ 计算，其中 F 指最大截面积；Y 指拔长锻造比，对碳钢锭 2.5～3；对合金钢锭 3～4。平砧镦粗：坯料高径比应在 1.25～2.5 之间。

计算顺序为 $m_{坯}\rightarrow V_{坯}\rightarrow F_{坯}\rightarrow L_{坯}$。

4）选择锻造设备

以锻件大小选锻造吨位，结合实际情况用合适设备。

(3) 自由锻件的结构工艺性

由于锻造是在固态下成形的，锻件的形状，结构所能达到的复杂程度远不如铸件，而且自由锻所使用的工具一般都是简单的通用性工具，锻件的形状和尺寸要求主要靠工人的操作技能来保证。因此，对自由锻件工艺性总的要求是，在满足使用要求的前提下，锻件形状应尽量简单和规则，具体要求见表 11－3。但是，也不能认为自由锻件是形状很简单的，在确实需要的情况下，依靠工人的技术和一些专用工具，也可以锻造出形状复杂的锻件。

表 11－3　自由锻件的结构工艺性要求

不合理的结构	合理的结构
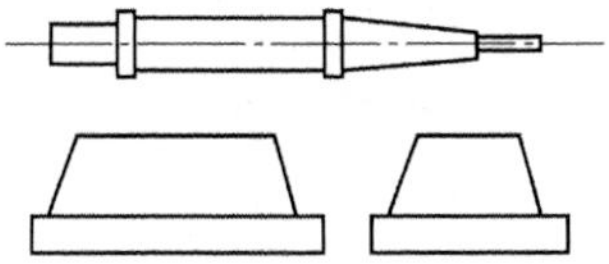	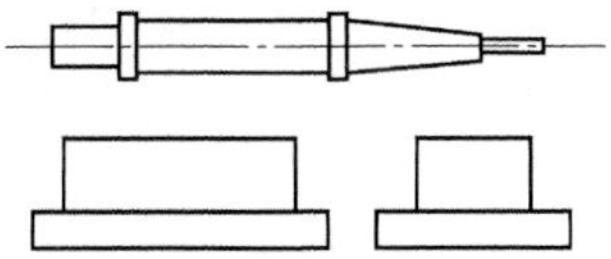
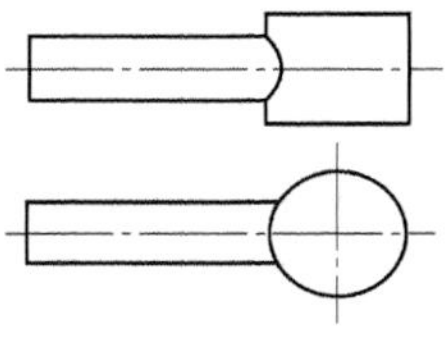	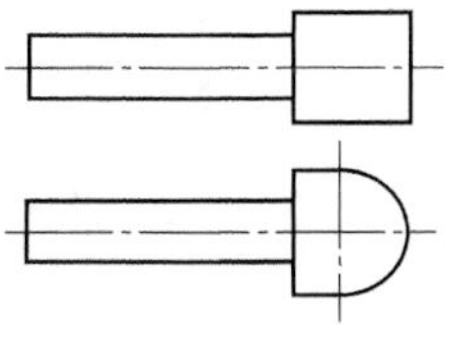

续表 11-3

不合理的结构	合理的结构
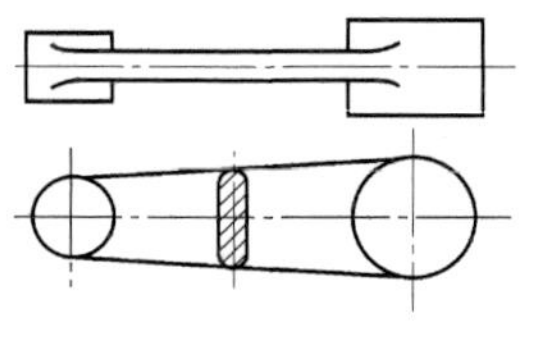	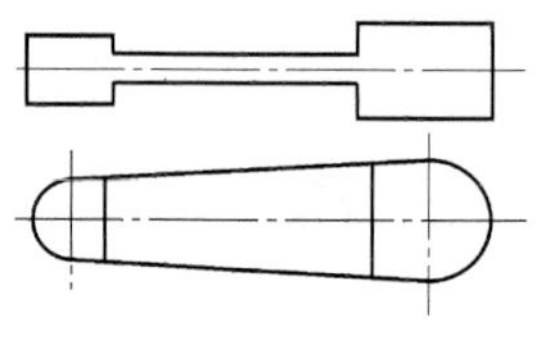
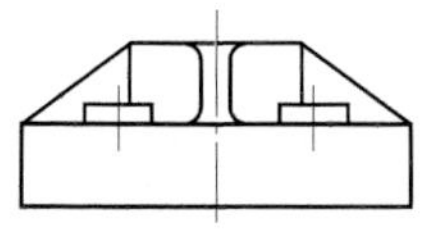	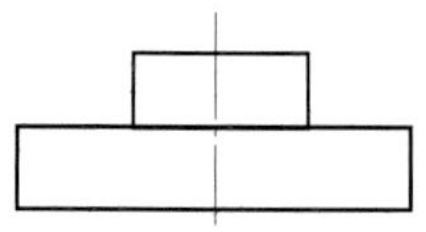
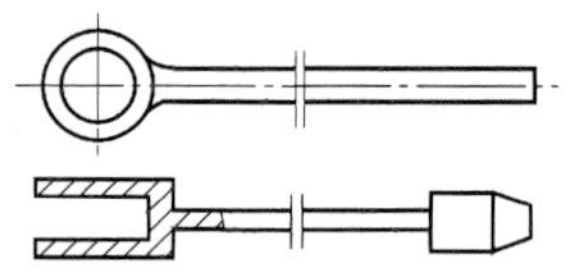	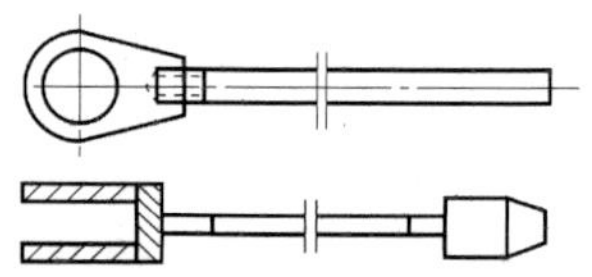

2. 模 锻

模锻是指金属在外力作用下塑变而充满模膛之锻造方法。其锻造过程如图 11-14 所示。模锻设备有:模锻锤、热模锻压机,平锻机,摩擦压力机。

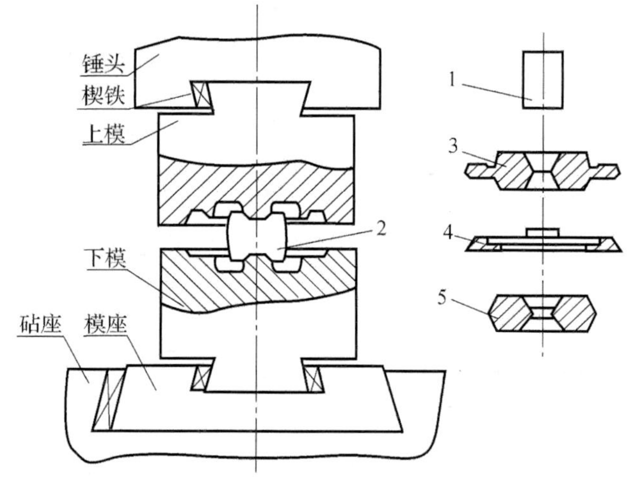

1—坯料;2—锻造中的坯料;3—带飞边和连皮的锻件;4—飞边和连皮;5—锻件

图 11-14 锻造过程示意图

模锻优点是:比自由锻尺寸精度高,因而减小机加余量,省料,省工,锻件纤维分布更合理,生产率高、易自动化。其缺点是:设备投资大,锻模复杂,成本高,生产周期长,只适用中小型(＜150 kg)锻件和成批或大量生产。图 11－15 为典型模锻件。

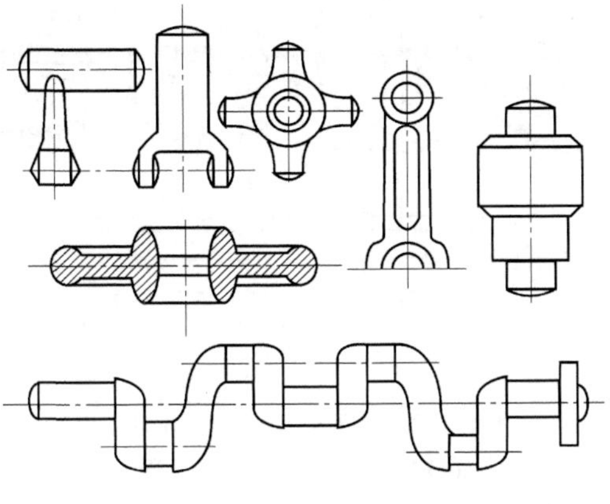

图 11－15　典型模锻件

模锻分为锤上模锻和压力机上模锻。

(1) 模锻锤上模锻

锤上模锻的主要设备是蒸气—空气模锻锤,是我国目前应用最多的一种模锻方法。

1) 锻模结构

锻模由上、下模组成。锻模主要结构为模膛,见图 11－16。

- 锻模模膛
  - 制坯模膛
    - 拔长模膛、滚压模膛
    - 弯曲模膛、切断模膛
  - 模锻模膛
    - 预锻模膛
    - 终锻模膛

2) 模锻件图绘制

模锻件图绘制是制造锻造模膛的依据,也是模锻工艺确定和检测锻件之依据。

① 分模面选择　分模面是上、下模膛分界面。如图 11－15 所示。选择原则是:

(a) 确保锻件从模膛中顺利取出,分模面在最大截面尺寸上。

(b) 使分模面处上下模膛外形一致,以及时发现错模。

(c) 使模膛浅而宽,利用金属充满模膛。

(d) 使锻件上加余块最少。

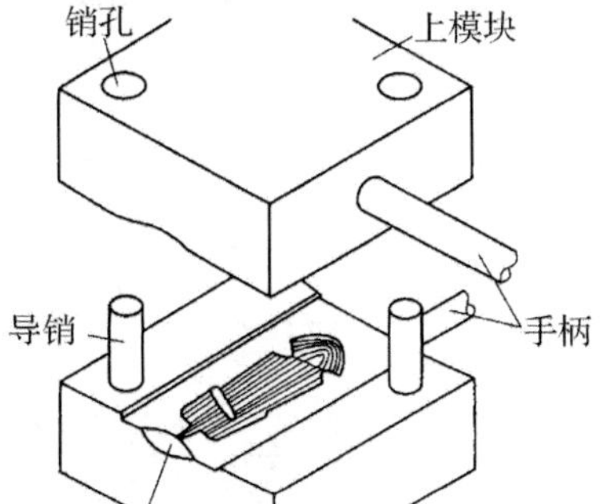

图 11－16　锻模结构

图 11－17 中,$d-d$ 分模面最合理。

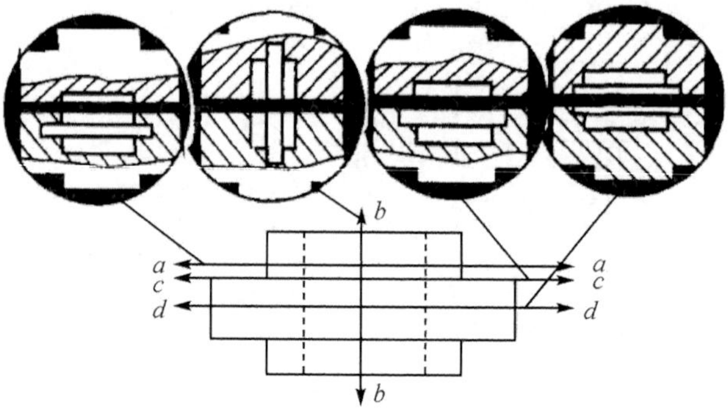

a—a:取不出锻件;b—b:模膛深、余块多;c—c:不易发现错模;d—d:合理分模面

图 11-17 分模面的选择

② 确定加工余量、公差、余块和连皮 加工余量一般 1～4 mm;公差 0.3～3 mm。孔一般不冲出,具体可查有关手册。

模锻不能锻出通孔。通常在分模面孔内留一定厚度的金属称连皮。如图 11-18 所示,在锻后去除。

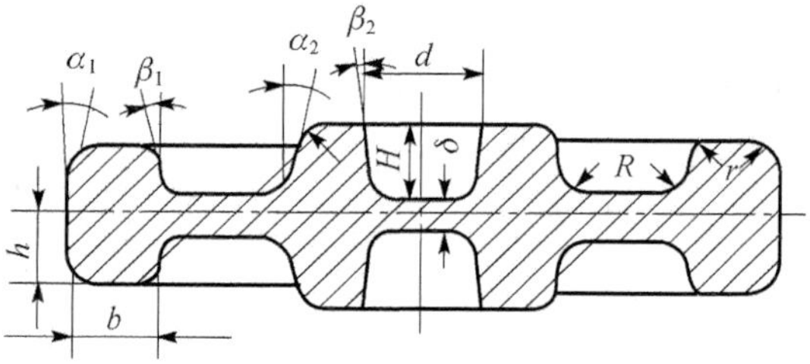

图 11-18 模锻斜度、圆角半径和连皮

③ 确定模锻斜度和圆角半径 为便于从模膛取出锻件,模锻件平行于锤击方向,侧面设计成斜度:外斜度 5°～10°,内斜度 7°～15°。锻模件所有转向处设计成圆角,易于塑变金属在模膛内游动,保持金属纤维连续性,提高模具寿命和锻件质量。外圆角 r 为 1.5～12 mm,内圆角 R 取(3～4)r。确定的齿轮坯模锻件图见图 11-19。

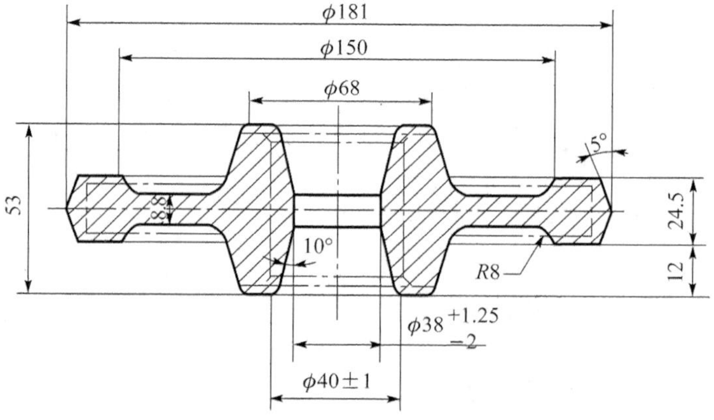

图 11-19 齿轮坯模锻件图

3）变形工步选择

由锻件图确定变形工步。由变形工步设计制坯模膛，预锻和终锻模膛。表 11-4 是锤上模锻分类和变形工步示例。

锤上模锻是目前应用最多的一种模锻方法。但振动和噪声大，一个工步需要多次锤击，生产率低，而压力机上模锻可克服上述缺点。

(2) 曲柄压力机上模锻

曲柄压力机传动原理见图 11-20。

曲柄压力机和锤上模锻相比，优点是：

① 变形力是静压力，变形速度低，适于低塑性材料之塑变，可加工耐热合金和镁合金。

表 11-4 锤上模锻分类和变形工步示例

模锻件分类	变形工步示例	主要变形工步
盘 类	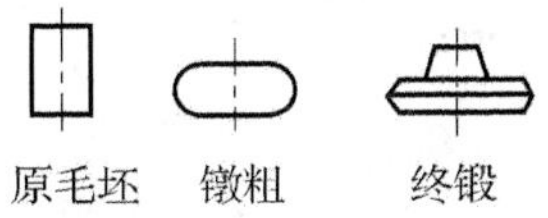 原毛坯 镦粗 终锻	镦粗（预锻）、终锻
直轴类	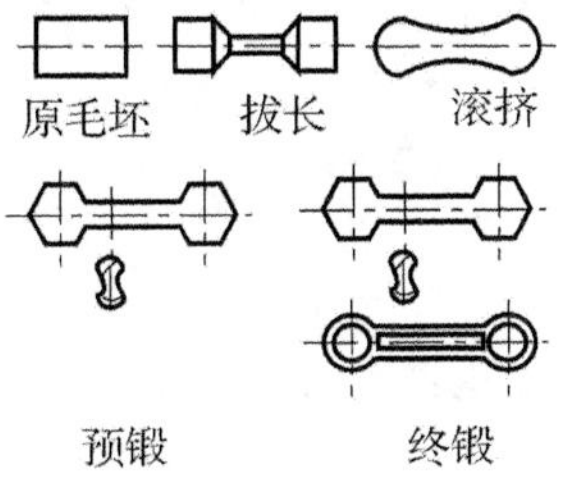 原毛坯 拔长 滚挤 预锻 终锻	拔长、滚压（预锻）、终锻
弯轴类	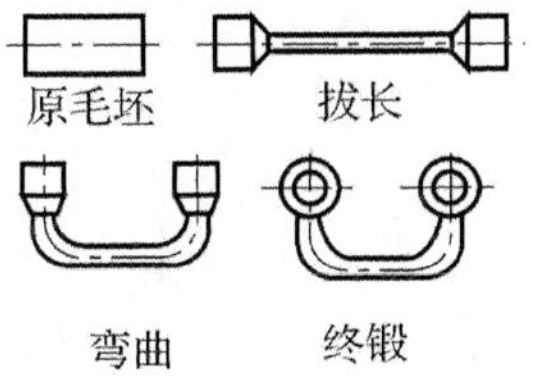 原毛坯 拔长 弯曲 终锻	拔长、滚压、弯曲（预锻）、终锻
叉 类	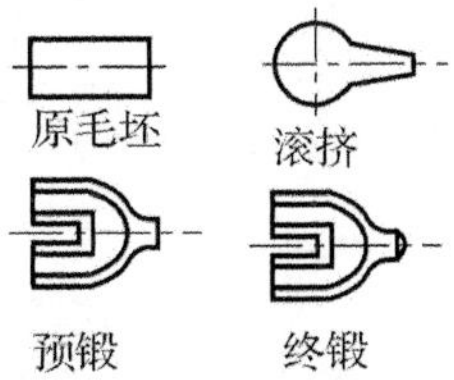 原毛坯 滚挤 预锻 终锻	拔长、滚压、预锻、终锻
枝芽类	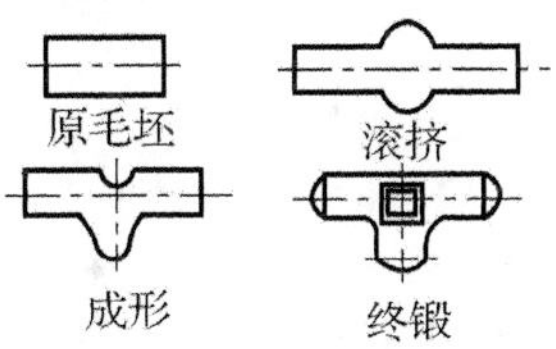 原毛坯 滚挤 成形 终锻	拔长、滚压、成形（预锻）、终锻

② 坯料塑变充满模膛,在压力机的一次行程内完成,生产率高,噪声小,生产条件好。

③ 压力机自动化程度高,从压制成形到自动脱模都由机械完成,自动化程度高。

缺点是:

不宜进行拔长、滚挤等操作,设备复杂,费用高,只适宜大批量生产。

(3) 平锻机上模锻

相当于卧式曲柄压力机(图 11－21)。

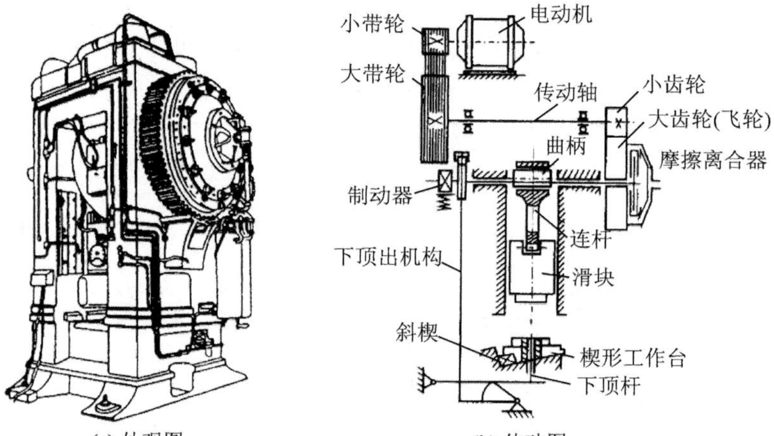

(a) 外观图　　(b) 传动图

图 11－20　曲柄压力机示意图

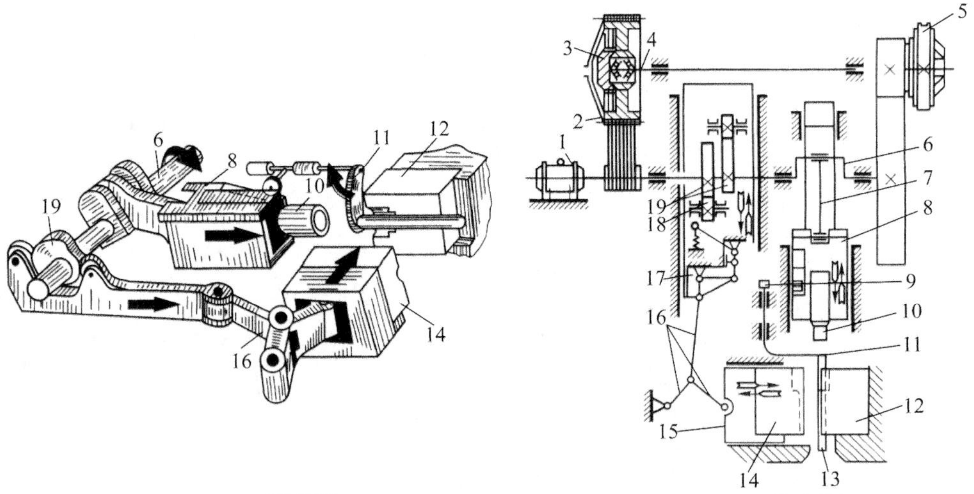

(a) 工作情况　　(b) 传动系统

1—电动机;2—飞轮;3—离合器;4—传动轴;5—制动器;6—曲轴;7—连杆;
8—主滑块;9—滚轮;10—凸轮;11—挡板;12—固定凹模;13—坯料;
14—滑动凹模;15—横滑块;16—杠杆系统;17—侧滑块;18—滚轮;19—凸轮

图 11－21　平锻机示意图

平锻机上模锻的锻模特殊：固定凹模、活动凹模合模时，可夹紧坯料，主活块带动凸模进行模锻。因此可有两个相互垂直分模面。

锻模工艺特点是：

① 坯料是棒料或管材，可锻出长杆类锻件，且可以锻出通孔。

② 锻模有两个分模面，可以锻出侧面带有凸台或凹槽的锻件，这是其他设备上无法锻造的。锻件无飞边，精度高。

③ 高效率，高质量，大批量生产，自动化高的模锻方法，但投资大，成本高，不宜用于单件，小批量生产。

(4) 摩擦压力机上模锻

摩擦压力机传动工作原理见图 11－22。摩擦压力机锻件见图 11－23。

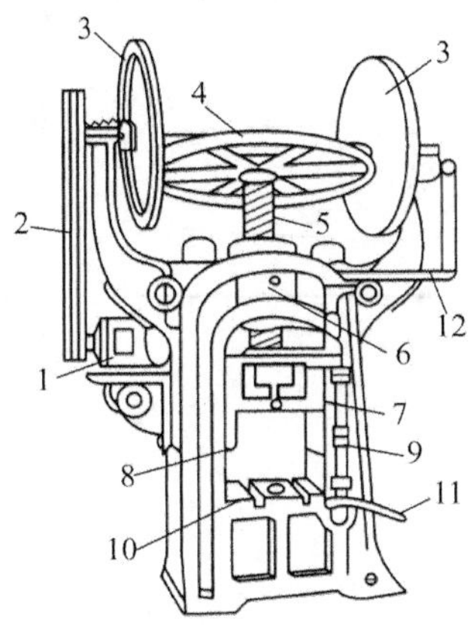

(a) 外　形

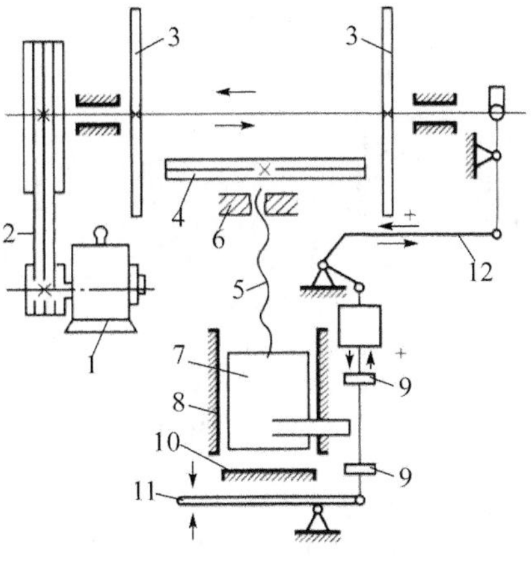

(b) 工作原理

1—电动机；2—三角带；3—摩擦盘；4—飞轮；5—螺杆；6—螺母；7—滑块；8—导轨；9—限位挡铁；10—工作台；11—手柄；12—操纵机构

图 11－22　摩擦压力机

摩擦压力机锻造特点是：

① 锻造速度介于模锻锤和曲柄压力机中间，滑块行程和锤击能量可量，一个工步可以多次锤击。

② 一般只能进行单模膛锻造小型锻件，适用于低塑性、中批量小锻件。

③ 设备简单、投资少、工艺适用性广，但摩擦传动效率低(靠飞轮积蓄能量锻造)。

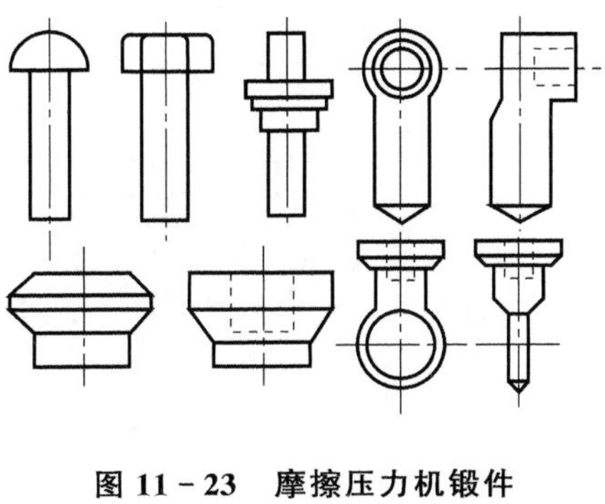

图 11－23　摩擦压力机锻件

(5) 胎模锻造

胎模锻造是先用自由锻方法使坯料初步

成形,然后在胎模内终锻成形。

胎模锻造的胎模有:扣模——用于非回转体锻件局部或整体成形;筒模——用于回转体零件的锻造;合模——用于复杂非回转体锻造。

胎模分类如图 11－24 所示。

胎模锻造特点是:介于自由锻和锤上模锻之间,生产率、锻件质量比自由锻高但不及模锻;锻模比锤上模膛简单,生产周期短;适用小型锻件中小批量生产。

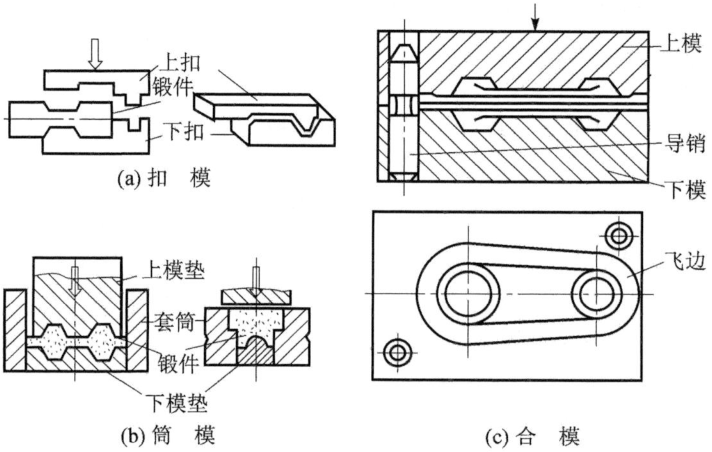

图 11－24　胎模分类

(6) 模锻件的结构工艺性

设计模锻零件时应使其结构符合下列要求:

① 锻件应具有合理的分模面,以满足制模方便、金属易于充满模膛、锻件便于出模及减少余块等要求。

② 锻件上与分模面垂直的非加工表面应设计出结构斜度。

③ 在满足使用要求的前提下锻件形状应力求简化,尤其应避免薄片、高肋、高台等结构。图 11－25(a)所示的锻件为高凸缘轴,两个凸缘之间又形成较深的凹槽。图 11－25(b)所示的锻件为薄的盘类零件,锻造时坯料很快冷却而不易锻出,同时对保护设备和锻模也不利。

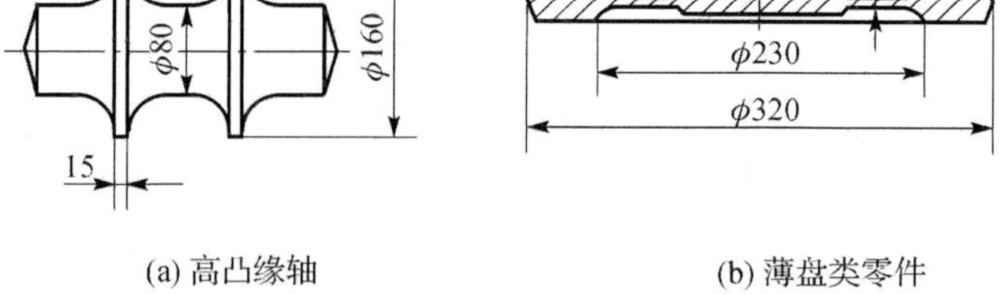

图 11－25　模锻件结构工艺性

④ 应尽量避免深孔、深槽和多孔结构，以便于模具的制造和延长模具寿命。

3. 锻造方法的选择

锻造方法选择见表 11－5 和图 11－26。

表 11－5　常用锻造方法的特点和应用比较

加工方法		使用设备	锻造力的性质	应用范围	生产率	模具特点	模具寿命	机械化与自动化	劳动条件	对环境影响
自由锻		空气锤 蒸汽—空气锤 水压机	冲击力 冲击力 静压力	小型锻件、单件小批量生产中型锻件，单件小批量生产大型锻件	低	无模具		难	差	振动和噪声大
胎模锻		空气锤 蒸气—空气锤	冲击力	中小型锻件，中小批量生产	较高	模具简单，且不固定在设备上，更换方便	较低	较易	差	振动和噪声大
模型锻造	锤上模锻	蒸气—空气模锻锤 无砧座锤 离速锤	冲击力	中小型锻件，大批量生产，适合铸造各种类型模锻件	高	锻模固定在锤头和砧座上，模膛复杂，造价高	中	较难	差	振动和噪声大
	曲柄压力机上模锻	热模锻压力机 曲柄压力机	静压力	中小型锻件，大批量生产，不适宜进行拔长和滚压工序	高	组合模、有导柱、导套和顶出装置	较高	易	好	较小
	平锻机上模段	平锻机	静压力	中小型锻件，大批量生产，适合锻造法兰轴和带孔的模锻件	高	3 块模组成，有两个分模面，可锻出侧面带凹槽的锻件	较高	较易	较好	较小
	摩擦压力机上模锻	摩擦压力机	介于冲击力与静压力之间	小型锻件，中批量生产，可进行精密模锻	较高	一般为单模膛锻件	较高	较易	好	较小

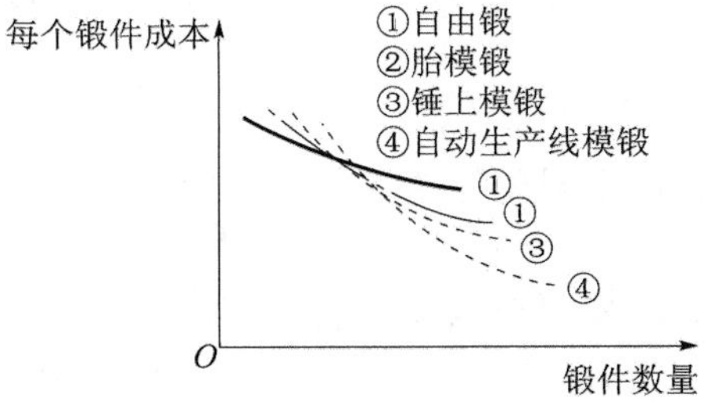

图 11－26　生产批量对锻件成本的影响

11.3 冲压及其工艺基础

11.3.1 板料冲压成形原理

板料冲压是利用装在冲床上的冲模对金属板料加压,使之产生变形或分离,从而获得毛坯或零件的加工方法。板料冲压的坯料通常都是厚度在1～2 mm的金属板料,冲压时不需加热,故又称为薄板冲压或冷冲压。

11.3.2 板料冲压的工艺特点与应用

板料冲压时,原材料必须具有足够的塑性和较低的变形抗力,金属板料经过冷变形强化作用,提高了其强度和刚度。常用的冲压板料主要是低碳钢、奥氏体不锈钢以及铜、铝等有色金属。

板料冲压的特点是:

① 生产率高,操作简单,易实现机械自动化。

② 产品质量好,包括尺寸精度和表面质量及互换性,大多不进一步加工。

③ 可制形状复杂零件,废料少,材料利用率高。

④ 通常是冷冲压,少数情况才热冲压;不只适用金属材料,也可冲压非金属材料;小型、大型件均可冲压。

冲压模具结构复杂,精度要求高,制造费用高。因此,只有在大批量生产的条件下,采用冲压加工才是经济合理的。

板料冲压是一种高质量、高效率、低能耗和低成本的加工方法。它在现代工业的许多部门都得到广泛的应用。在飞机制造业中,板料冲压约占整个飞机制造工作量的4%～5%。同时在汽车、家电和日用五金等行业中所占比重很高,为20%～25%。

11.3.3 板料冲压的基本工序

板料冲压工序可分为分离工序和变形工序两大类。

1. 分离工序

分离工序是将坯料的一部分和另一部分切断分离的工序。如落料、冲孔、修整和剪切等。

(1) 剪　切

用剪刃或冲模将板料沿不封闭轮廓进行分离的工序,称剪切。

(2) 落料和冲孔

将板料沿封闭轮廓分离的工序称为落料或冲孔,统称为冲裁。这两个工序的模具结构与坯料变形过程基本相同。但落料是被分离的材料中间部分为成品,周边部分是废料;冲孔是被分离的部分为废料,而周边部分是带孔的成品。

冲裁过程分为弹性变形阶段、塑性变形阶段和断裂分离阶段。

冲裁断口区分为圆角带、光亮带、断裂带和毛刺区，见图 11－27。冲裁尺寸指光亮带尺寸。

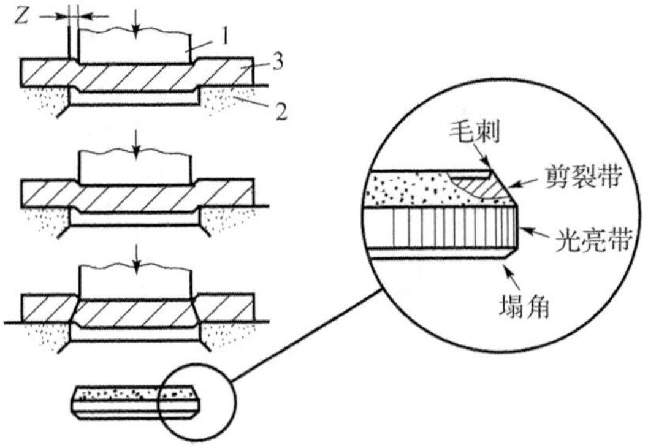

图 11－27　强力压边精冲法示意图

冲裁断口质量和冲模（上下模）间隙，刃口锋利程度及材料排样方式有关。模具间隙过大过小都不好，适中间隙才好。通常取（5 %～10 %）$\times t$，t 为板厚。刃口越锋利，断口质量越好。排样分为有接边排样和无接边排样，有接边排样的工件质量好，模具寿命长，但费料；无接边排样和有接边排样正相反。

精密冲裁可制高精度工件，其方法有：带圆角模精冲法、负间隙精冲法和强力压边精冲法。

2. 变形工序

变形工序是使坯料的一部分相对于另一部分产生塑性变形而不破坏的工序，如弯曲、拉深、翻边和成型等。

（1）弯　曲

使坯料的一部分相对于另一部分弯曲成一定角度的工序称弯曲，如图 11－28 所示。弯曲结束外载荷去除后，被弯曲材料的形状和尺寸发生与加载时变形方向相反的变化，从而消去一部分弯曲变形的效果，这种现象称为回弹，如图 11－29 所示。对于回弹现象，可在设计弯曲模具时，使模具角度比成品角度小一个回弹角。

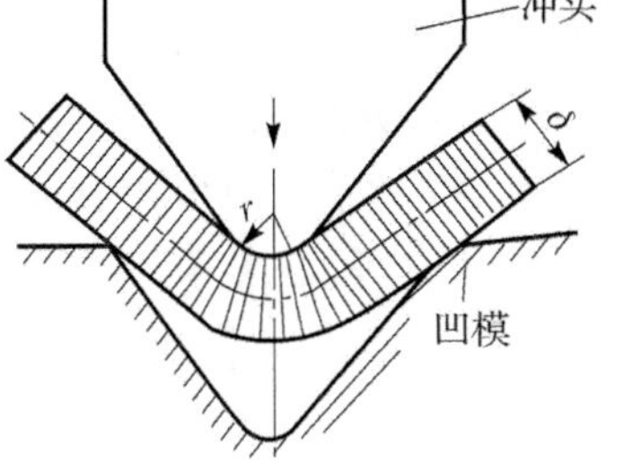

图 11－28　弯曲过程简图

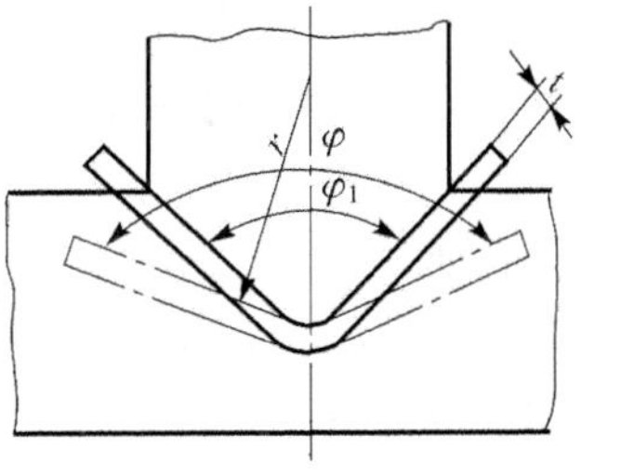

图 11－29　弯曲件的回弹

(2) 拉 深

使坯料变形成开口空心零件的工序称拉深,如图 11-30 所示。

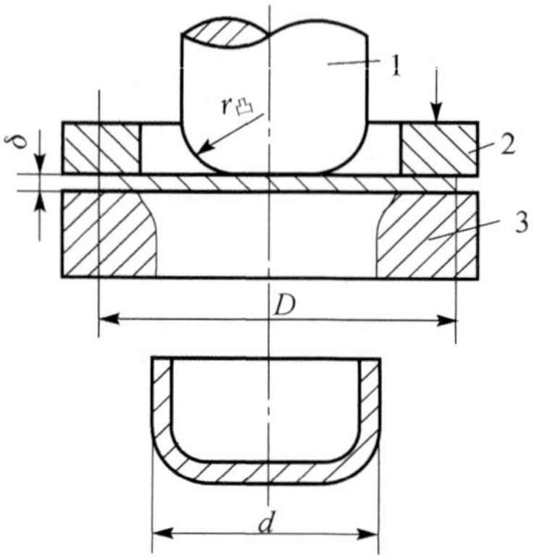

1—冲头;2—压板;3—凹模

图 11-30 拉深过程简图

11.3.4 冲压模具

冲压模具简称冲模,由上模(凸模)和下模(凹模)两部分组成。按照冲模所完成的工序性质,可分为冲裁模、弯曲模和拉深模等。其结构示意及工作原理,如图 11-31 所示。

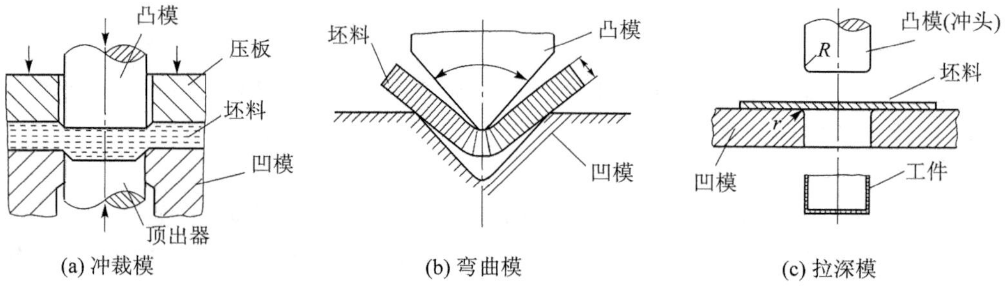

图 11-31 冲压模具示意图

根据工序组合程度,冲模分为简单冲模、连续冲模和复合冲模。

简单冲模在一次冲程内只完成一道工序(图 11-32)。

连续冲模在一次冲程内在模具不同位置,同时完成两道以上工序(图 11-33)。

复合冲模在一次冲程内在模具同一位置,可以同时完成两道以上工序(图 11-34)。

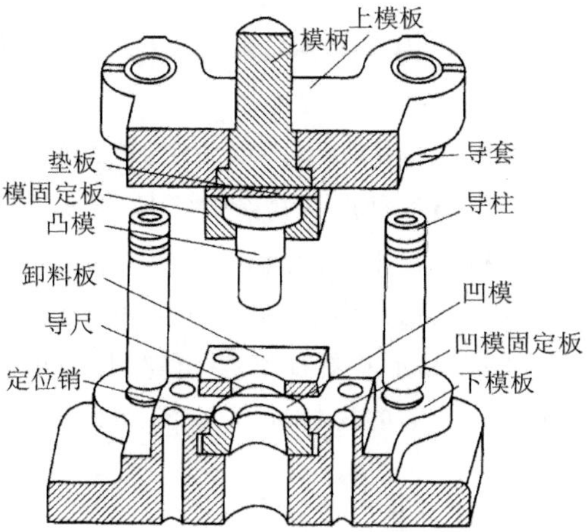

图 11-32　简单冲模

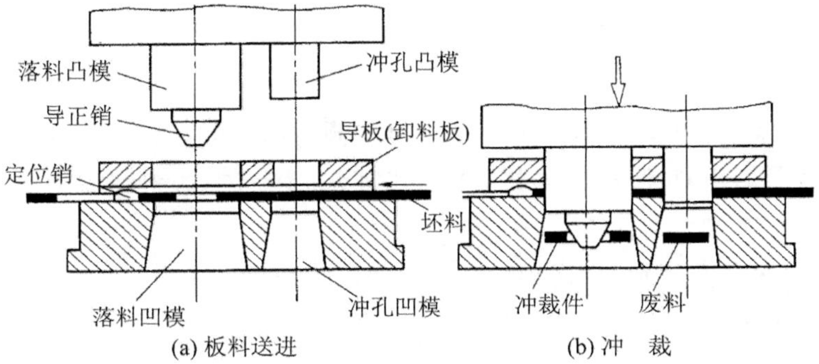

图 11-33　连续冲模

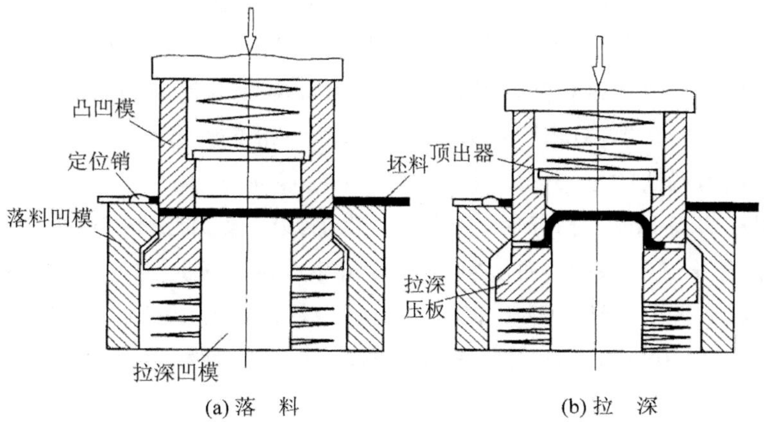

图 11-34　复合冲模

11.4 现代压力加工技术与发展动向

科学技术的不断发展,对压力加工生产提出了越来越高的要求。不仅要生产出各种毛坯,而且还要直接生产出各种形状复杂的零件;不仅能用易变形的材料进行生产,而且还要用难变形的材料进行生产。因此,近年来在压力加工生产中出现了许多新工艺、新技术,如超塑性成形、精密模锻、精密冲压和液态模锻等。这些新技术和新工艺可以使塑性成形加工的产品形状更加复杂,有些甚至可以直接生产出各种形状复杂的零件,有些不仅能用易变形的材料进行生产,而且还可以用更难变形的材料进行生产。

这些压力加工新工艺的特点是:

① 尽量使锻压件的形状接近零件的形状,达到少、无切削加工的目的,从而可以节约原材料和切削加工工作量,同时得到合理的纤维组织,提高零件的力学性能和使用性能;

② 具有更高的生产率;

③ 降低变形率,可以在较小的锻压设备上制造出大锻件;

④ 广泛采用电加热和少氧化、无氧化加热,提高锻压件表面质量,改善劳动条件。

下面仅对超塑性成形、液态模锻和粉末锻造进行介绍。

1. 超塑性成形

超塑性是指金属或合金在特定的组织、温度和变形条件下,塑性伸长率指标提高几倍到几百倍,而变形抗力降低到几分之一甚至几十分之一的性质。如在超塑性状态下,钢的伸长率超过500%,纯钛超过300%,铝锌合金超过1 000%。

金属的超塑性主要分为两大类。一类是金属必须具备一定的组织状态的特点,称为结构超塑性。由于这种超塑性是在某一固定温度下呈现的,因此常称为恒温超塑性。另一类是以变形温度反复循环为特点,称为相变超塑性。

金属获得超塑性的主要因素有:温度、晶粒和变形速度。

在超塑性状态下进行拉伸时,金属不产生缩颈现象,变形抗力很小,金属流动性极好,极易制作形状复杂的零件。利用材料超塑性进行成形加工的方法称超塑性成形。超塑性成形扩大了适合锻压生产的金属材料的范围。如用于制造燃气涡轮零件的高温高强合金,用普通锻压工艺很难成形,但用超塑性模锻就能得到形状复杂的锻件。

目前常用的超塑性成形的材料主要有铝合金、镁合金、低碳钢、不锈钢及高温合金等。以下简要介绍利用超塑性进行成形的几种方法。

(1) 板料气压成形

板料气压成形方法主要有真空成形法和吹塑成形法。

真空成形法有凹模法和凸模法,如图 11－35 所示。将超塑性板料放在模具中,并把板料和模具都加热到预定的温度,向模具内吹入压缩空气或将模具内的空气抽出形成负压,使板料贴紧在凹模或凸模上,从而获得所需形状的工件。

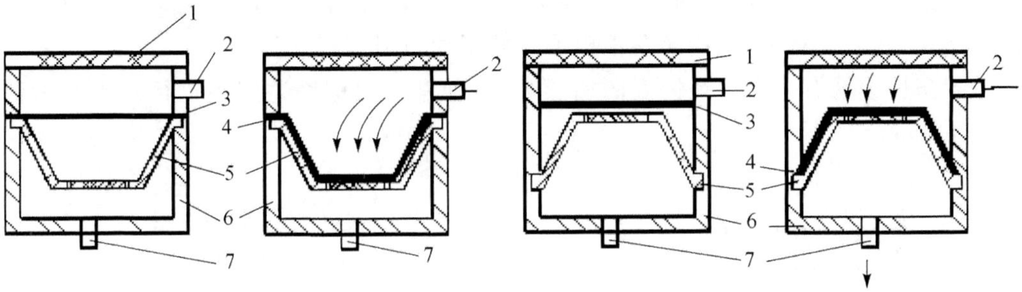

(a) 凹模内成形　　(b) 凸模内成形

1—电热元件;2—进气孔;3—板料;4—工件;5—凹(凸)模;6—模框;7—抽气孔

图 11－35　超塑性板料气压成形示意图

真空成形法所需的最大气压为 105 Pa,其成形时间根据材料和形状的不同而不同,一般只需 20～30 s。它仅适用于厚度为 0.4～4 mm 的薄板零件的成形。而对于厚度较大、强度较高的板料,可用空气或氮气吹塑成形。

(2) 板料深冲成形

图 11－36 为超塑性板料深冲示意图。在超塑性板料的法兰部分加热,并在外围加油压,一次拉深出非常深的容器(容器深度与直径之比是普通拉深件的 15 倍左右)。

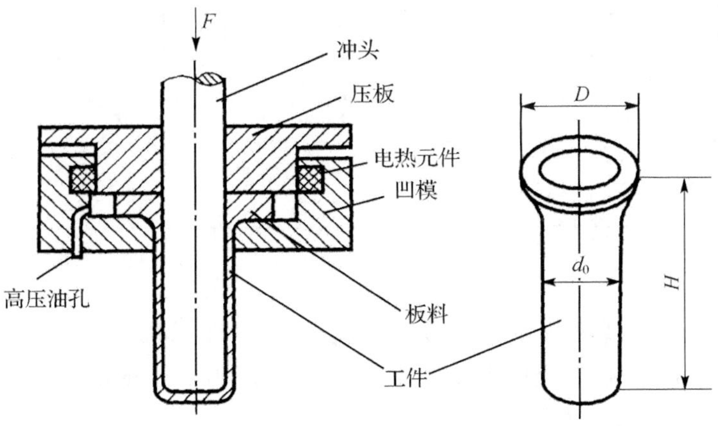

图 11－36　超塑性板料深冲成形示意图

(3) 模锻成形

目前高温合金及钛合金在飞行器及宇航工业中的应用日益广泛,但这些合金的可锻性非常差,即变形抗力很大,塑性极差,并具有不均匀变形时所引起的各向异性的敏感性,机械加工困难。

若采用普通模锻毛坯进行机械加工成形,材料损失达80%左右,致使产品成本极高。如图11-37所示为同一个钛合金涡轮盘锻件用普通模锻和超塑性模锻的工艺对比,由此可以看出,采用超塑性模锻节约了原材料,降低了成本。

超塑性模锻有一套保证恒温的加热装置,使常规模锻在装置中进行。工艺参数见表11-6。

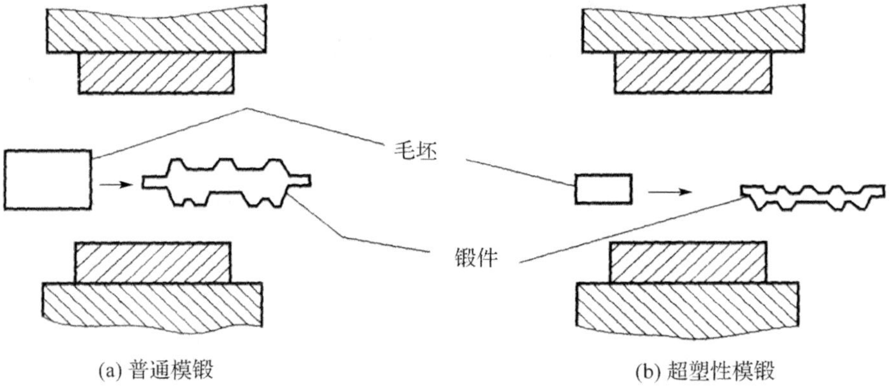

图11-37 普通模锻和超塑性模锻的对比

表11-6 普通热模锻和超塑性模锻工艺参数

模锻工艺参数	普通模锻	超塑性模锻
毛坯加热温度/℃	940	940
模具加热温度/℃	480	940
变形速度/(mm·s^{-1})	12.7~42.3	0.025
平均单位压力/(N·mm^{-2})	50.0~58.3	11.7
模锻工步次数	4	1

2. 液态模锻

液态模锻的实质是把金属液直接浇入金属膜内,然后在一定时间内以一定的压力作用于液态(或半液态)金属上使之成形,并在此压力下结晶和产生局部塑性变形。它是类似挤压铸造的一种先进工艺。

液态模锻实际上是铸造加锻造的组合工艺,它既有铸造工艺简单、成本低的优点,又有锻造产品性能好、品质可靠的优点。因此,在生产形状较复杂而在性能上又有一定要求的锻件时，液态模锻更能发挥其优越性。

(1) 液态模锻的工艺过程

液态模锻的工艺过程是把一定量的金属液浇入下模(凹模)形腔中，然后在金属液还处在熔融或半熔融状态(固相加液相)时便施加压力，迫使金属液充满型腔的各个部位而成形。液态模锻过程包括浇注、加压成形和脱模，如图 11－38 所示。

液态模锻工艺流程为：原材料配制→熔炼→浇铸→加压成形→脱模→放入灰坑冷却→热处理→检验→入库。

液态模锻基本上是在液压机上进行的。摩擦压力机因为压力和速度无法控制，冲击力很大，而且无法保持恒压，故很少使用。液压机的压力和速度可以控制，操作容易，施压平稳，不易产生飞溅现象，故使用较多。

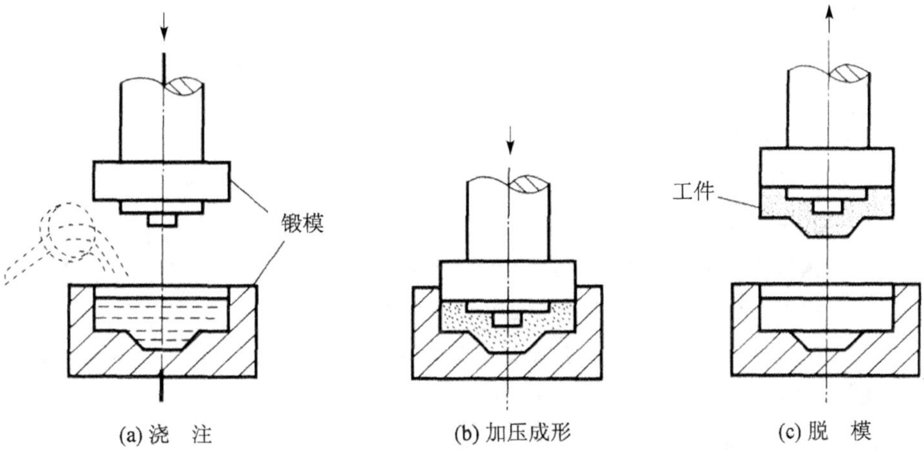

图 11－38　液态模锻示意图

(2) 液态模锻工艺的主要特点

① 在成形过程中，金属液在压力下完成结晶凝固，改善了锻件的组织和性能。

② 已凝固的金属在压力作用下，产生局部塑性变形，使锻件外侧壁紧贴模膛壁，金属液自始至终处于等静压状态。但是，由于已凝固层产生塑性变形要消耗一部分能量，因此，金属液承受的等静压不是定值，而是随着凝固层的增厚而下降的。

③ 液态模锻对材料的适应范围很宽，不仅适用于铸造合金，而且适用于变形合金，也适用于非金属材料(如塑料等)。铝、铜等非铁金属以及钢铁金属的液态模锻已大量用于实际生产中。目前，铝、镁合金的半固态模锻也逐渐进入工业应用。

3. 粉末锻造

(1) 粉末锻造的原理

粉末锻造是粉末冶金成形和锻造相结合的一种金属成形工艺。粉末锻造的原材料是金属粉末或金属与非金属粉末的混合物，将各种原料先制成很细的粉末，按一定的比例配制成所需的化学成分,经混料,用锻模压制成形,然后放在有保护气体的加热炉内进行烧结,最后将烧结体加热到锻造的温度后模锻成形。其工艺流程如图11-39所示。

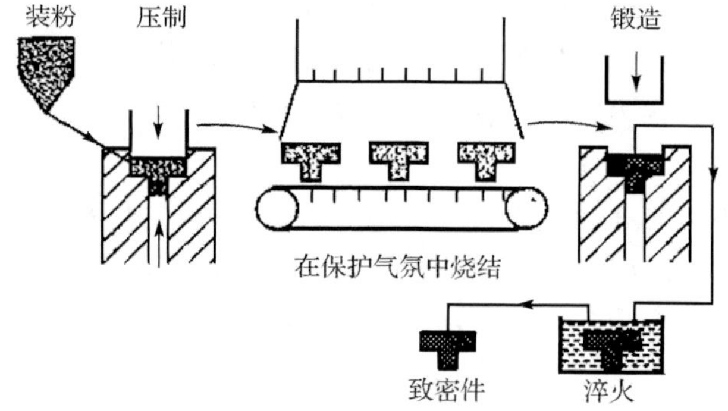

图11-39 粉末锻造

(2) 粉末锻造的优点

① 材料利用率高,可达90%,而模锻的材料利用率只有50%左右。

② 力学性能好,材质均匀,无各向异性,强度、塑性和冲击韧度都很高。

③ 锻件精度高,表面光洁,可实现无切削或少切削加工。

④ 生产率高,每小时产量可达500～1 000件。

⑤ 锻造压力小,如130汽车差速器星星齿轮,钢坯锻造需用2 500～3 000 kN的压力机,粉末锻造只需800 kN的压力机。

⑥ 可以加工热塑性差的材料,如难以变形的高温铸造合金;可以锻出形状复杂的零件,如差速器齿轮、柴油机连杆、链轮和衬套等。

总之,粉末锻造工艺流程简单,生产率高,易于实现自动化生产,目前许多工业化国家非常重视粉末锻造工艺,并制造出大量的产品,如汽车用齿轮和连杆等。

第 12 章 焊接工艺基础

12.1 焊接理论基础

焊接是通过适当的物理化学过程(加热或者加压,或者两者同时进行,用或不用填充材料)使两个分离的固态物体产生原子(分子)间结合力而形成一体的永久性连接方法。焊接是现代工业生产中一种重要的金属加工工艺,焊接作为一种降低成本、提高生产效率的有效手段,广泛用于机械制造业中所有同种金属、部分异种金属以及某些非金属材料的连接。可以说现代的工业和科学技术的发展离不开焊接技术的发展。

12.1.1 焊接工艺方法的分类

焊接方法的种类很多,按焊接过程的工艺特点和母材金属所处的表面状态,通常把焊接方法分为熔焊、压力焊和钎焊 3 大类。主要的焊接方法见表 12-1。

表 12-1 焊接方法分类

<table>
<tr><th colspan="8">焊 接</th></tr>
<tr><th>钎 焊</th><th colspan="2">压 焊</th><th colspan="5">熔 焊</th></tr>
<tr><td rowspan="2">烙铁钎焊
火焰钎焊
电阻钎焊
真空钎焊
超声波钎焊
盐浴钎焊</td><td rowspan="2">摩擦焊
气压焊
冷压焊
超声波焊
爆炸焊
扩散焊
高频焊</td><td>电阻焊</td><td rowspan="2">电子束焊
激光焊</td><td>气体保护焊</td><td rowspan="2">等离子弧焊
电渣焊
铝热焊</td><td>电弧焊</td><td rowspan="2">气 焊</td></tr>
<tr><td>点 焊
缝 焊
对 焊
凸 焊</td><td>CO_2 气体保护焊
氩弧焊</td><td>手工电弧焊
埋弧自动焊</td></tr>
</table>

12.1.2 焊接工艺的特点

1. 焊接工艺的优点

焊接与其他制造工艺相比具有一系列优点:

① 连接性能好。焊缝具有良好的力学性能,具有较高的连接强度,能耐高温和低温、耐高压,具有良好的密封性、导电性、耐腐蚀性和耐磨性等。

② 焊接工作方便、灵活、省料、省工、成本低。采用焊接方法制造的金属结构件,

一般比铆接节省金属材料10%～20%。焊接效率高,工时少,生产周期短。采用焊接方法也可以制成双金属结构,可获得优良的使用性能,又能节省大量昂贵的合金材料。

③ 质量轻。采用焊接方法制造船舶、车辆、飞机、飞船和火箭等运载工具,可以减轻自重,提高运载能力。

④ 简化工艺。可以采用焊接方法(以小拼大)制造重型、复杂的机器零、部件,简化铸造和锻造工艺,简化切削加工工艺。如万吨水压机的横梁、立柱、工作缸和塔式齿轮等机器零件,可以直接采用焊接方法,大大简化了制造工艺。

⑤ 焊接工艺一般不需要大型、贵重的设备,因而设备投资少,投产快,容易适应不同批量结构的生产,更换产品方便。此外,焊接参数的电信号易于控制,易实现自动化,焊接机械手和机器人,已广泛应用于工业部门,并出现了无人焊接自动化车间。

⑥ 可焊接材料多。

2. 焊接工艺的缺点

焊接制造工艺也有一些不足之处,需要加以解决和避免:

① 焊接结构是不可拆卸的,不便于修理和更换零、部件;

② 焊接接头的性能一般不及轧制的母材金属;

③ 焊接会产生一定的焊接残余应力和焊接变形,有可能影响零、部件与金属结构的形状、尺寸,增加结构工作时的应力,从而降低承载能力;

④ 焊接会产生焊接缺陷,如裂纹、未焊透、夹渣和气孔等,引起应力集中,降低承载能力,缩短使用寿命,甚至造成脆断。

因此,在实际生产中焊接质量成为一个突出的问题,焊接接头往往成为许多重要构件的薄弱环节。

12.1.3 焊接工艺的基本理论

1. 焊接电弧与弧焊机

(1) 焊接电弧

焊接电弧指电极与工件间强烈,持久又稳定的气体放电现象。

1) 电弧的产生

焊接引弧时,焊条和工件瞬间接触形成短路(图12-1(a)),强大的电流产生强烈电阻热使接触点熔化甚至蒸发,当焊条提起时焊条和工件分离(<5 mm,图12-1(b)),被加热的阴极有电子高速逸出,撞击空气中的中性分子和原子,使空气电离成阳离子、阴离子和自由电子。这些带电粒子在外电场作用下定向运动,阳离子奔向阴极,阴离子和自由电子奔向阳极。在它们的运动过程中,不断碰撞和复合,产生大量的光和热,形成电弧(图12-1(c))。

2）电弧的组成

焊接电弧由阴极区、弧柱区和阳极区组成(如图 12－1(c))。

① 阴极区：电子发射区，发射大量电子，消耗一定能量，因而产生热量较少，约占电弧总热的 36%，平均温度 2 400 K；

② 阳极区：受高速电子撞击区域，传入能量较多，占电弧总热的 43%，平均温度 2 600 K；

③ 弧柱区：阴、阳两极间区域，几乎等于电弧长度，产生热量占电弧总热 21%，弧柱中心温度可达 6 000～8 000 K。

由于阳极区温度高于阴极区，当用直流弧焊机时，有两种接线方法。

① 正接法：工件接阳极，焊条接阴极。这时热量集中在焊件上，工件温度高，利于焊件熔化，保证熔深，适用焊接较厚的工件。

② 反接法：焊条接阳极，工件接阴极。避免工件烧穿，适用焊接薄板和有色金属。

对于交流弧焊机，由于阳极、阴极不断变化，不存在正反接的问题。

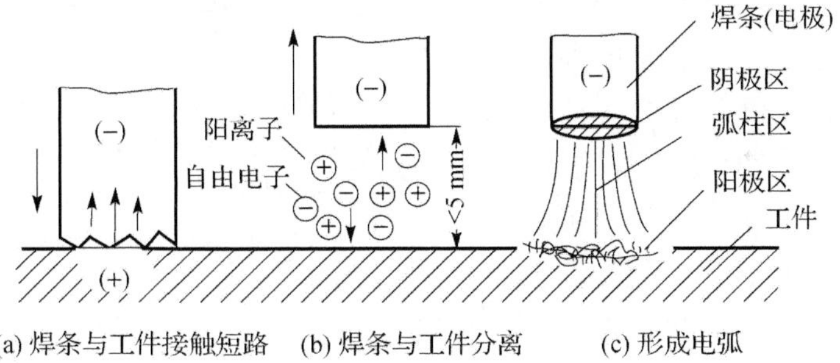

图 12－1　焊接电弧的形成

(2) 弧焊机

为了满足焊接过程的需要，各种焊接设备应具备以下基本性能要求：焊接开始时，设备能提供较高的空载电压(约 50～90 V)，以便于引燃电弧；在焊接过程中，能提供稳定的低电压和大电流；当焊条与焊件短路时，能把短路电流限制在某一个安全数值内(一般为额定电流的1.25～2 倍)；焊接电流具有可调节性，以适应不同材料及厚度的焊接需要。

常用的弧焊机主要类型有交流弧焊机、直流弧焊机及交、直流两用弧焊机。

交流弧焊机是一种特殊的降压变压器，又称为弧焊变压器。它具有结构简单、价格便宜、使用方便、噪声较小、维护简便等优点，但电弧稳定性较差。生产上用的交流弧焊机较多。直流弧焊机的电弧稳定性高，适于各种焊条，但其结构复杂，价格高，噪声大。交直流两用弧焊机常作为多用途弧焊机使用。

2. 焊接的冶金过程和焊条

(1) 焊接的冶金过程

电弧焊时,焊接区内各种物质在高温下进行着熔化、氧化、还原、造渣、精炼和渗合金等一系列物理化学反应的过程称为冶金过程,如图12-2所示。焊接的冶金过程与一般的冶炼过程相比较,有以下特点:

① 温度远高于一般冶炼温度,熔池温度在1 600 ℃以上,熔滴的平均温度在2 300 ℃左右,因此金属元素强烈蒸发,并使电弧区的气体分解成原子状态,使气体的活性大为增强,导致金属元素烧损或形成有害杂质。

② 冷却速度快,熔池体积小(2~3 cm^3),四周又是冷的金属,熔池处于液态时间很短(10 s左右),出现化学成分偏析,气体和杂质来不及浮出的现象,从而产生气孔和夹渣等缺陷。

由于上述特点,为了保证焊接质量,焊接过程中必须采取必要的工艺措施,来限制有害气体进入焊缝区,并补充一些烧损的合金元素。电弧焊焊条的药皮、埋弧焊的焊剂、气体保护焊的保护气体等均起这类保护作用。

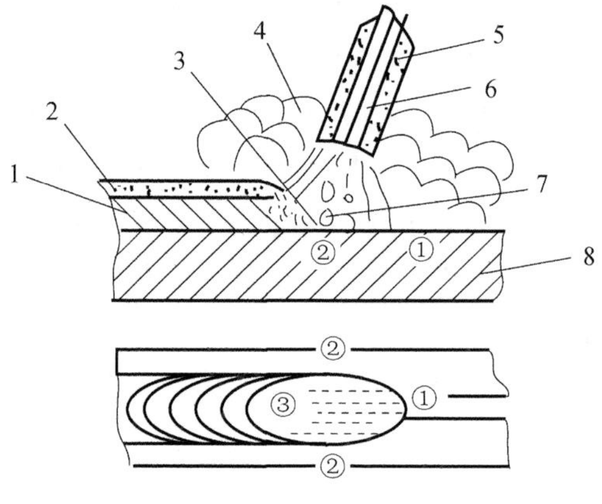

1—已凝固的焊缝金属;2—熔渣;3—熔化金属(熔池);4—焊条药皮燃烧产生的保护气体;5—焊条药皮;6—焊条芯;7—金属熔滴;8—母材

图12-2 电弧焊焊缝形成示意图

(2) 焊接接头金属的组织与性能

焊接接头包括焊缝金属和其周围的热影响区。

1) 焊缝金属

焊缝金属是从熔池底壁开始向中心长大,由于结晶时在各个方向的冷却速度不同,形成由铁素体和少量珠光体所组成的柱状铸态组织。焊缝金属的结晶过程,如图12-3所示,首先从熔池和母材的交界处开始,然后以联生结晶的方式,即依附于母材晶粒现成表面而形成共同晶粒的方式向熔池中心生长,形成柱状晶。由于结晶是从熔池底壁的半熔化区开始逐步进行,所以在焊缝中心区容易偏析硫、磷等形成的熔点杂质及氧化铁,从而导致焊缝力学性能变差,为此应慎重选择焊条或焊接材料。

另一方面,由于熔池金属受电弧吹力和保护气体吹动,熔池底壁的柱状晶体成长受到干扰,使柱状晶体呈倾斜层状,晶粒有所细化。又因焊接材料的合金化作用,使焊缝金属化学成分优于母材,所以焊缝金属的强度一般不低于母材。

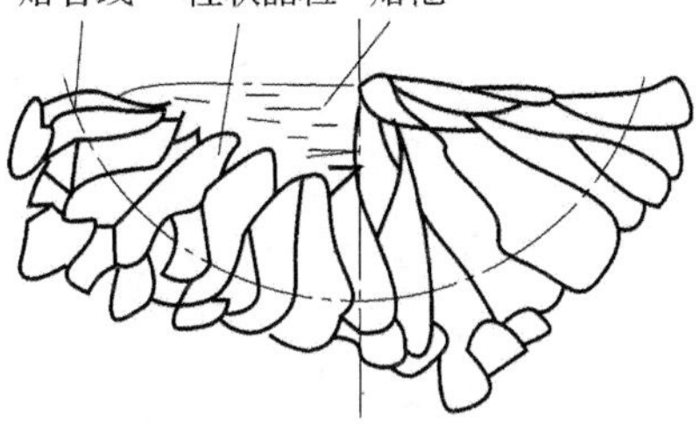

(a) 正在结晶　(b) 结晶结束

图 12－3　焊缝金属的结晶

2）热影响区

热影响区是焊接过程中材料因受热影响(但未熔化)而产生的金相组织和力学性能变化的区域。以低碳钢的热影响区为例分为以下几个部分,如图 12－4 所示。

① 熔合区:是焊缝金属与母材金属的交界区也称半熔区(温度约 1 490～1 530 ℃)。部分金属被熔化,凝固成铸态组织,而未熔化的金属因加热温度过高而成为过热粗晶体组织。这种组织状态使此区塑性、韧性极差,成为裂纹和局部脆性破坏的源头。

② 过热区:紧靠熔合区(温度约 1 100～1 490 ℃),具有过热组织或晶粒显著粗大的那一部分区域称过热区。由于温度大大超过 A_{C3},奥氏体晶粒急剧长大,冷却后得到粗晶组织,金属的塑、韧性大大降低。

③ 正火区:正火区(温度约 850～1 100 ℃)相当于受到正火热处理的一部分区域。该温度下金属发生重结晶加热,形成细小的奥氏体组织,冷却后获得细小而均匀的铁素体加珠光体组织。因此焊接热影响区内正火区的力学性能优于未经热处理的母材。

④ 部分相变区:加热温度 727～850 ℃,只有部分组织相变的那一部分区域称部分相变区。此区仅珠光体和部分铁素体转变为奥氏体,而另一部分铁素体因温度太低来不及转变,仍为原来的组织形态。因此,已相变组织和未相变组织在冷却后晶粒大小不均匀,力学性能比母材差。

从低碳钢焊接接头的组织、性能变化分析可以看出:焊接接头中的熔合区和过热区力学性能很差,对焊接接头有不利影响,应使之尽可能减小。

焊接接头各区域的大小及组织性能变化程度,决定于焊接方法、焊接规范、接头形式和焊后冷却速度等因素。同一焊接方法在不同焊接规范下也会使热影响区大小不同。一般说来,在保证焊接接头质量的前提下,增加焊接速度,减少焊接电流都能使熔合区、过热区变小。

(3) 焊　条

1) 焊条的组成和作用

焊条由焊芯和药皮两部分组成。焊芯是金属丝,其作用一是作为电极传导电流,二是熔化后作为填充金属与母材形成焊缝。焊芯的化学成分和杂质含量直接影响焊缝质量。生产中有不同用途的焊丝(焊芯),如焊条焊芯、埋弧焊焊丝、CO_2 焊焊丝、电渣焊焊丝等。

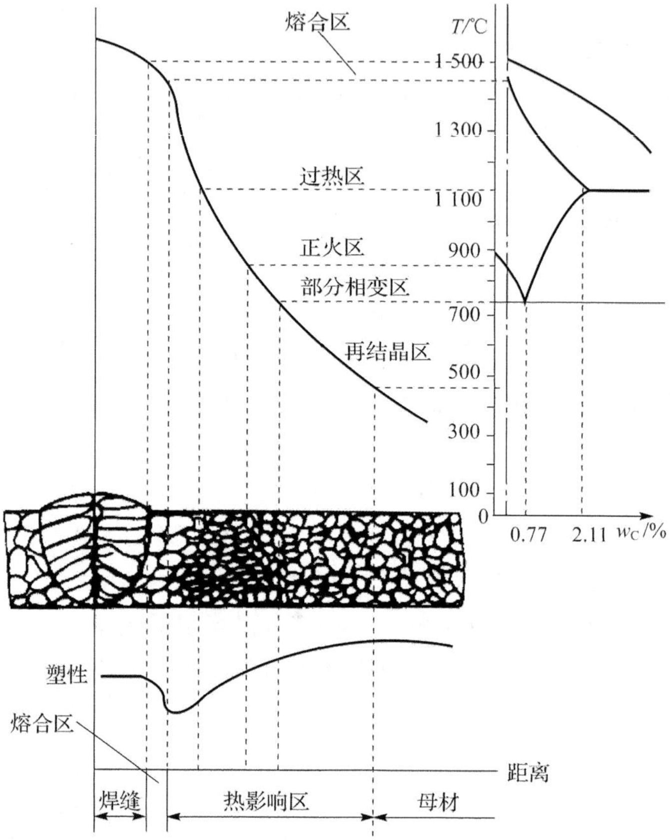

图 12-4 低碳钢焊接接头的组织与性能变化示意图

药皮压涂在焊芯表面的涂料层,其作用一是改善焊接工艺性,如药皮中含有稳弧剂,使电弧易于引燃和保持燃烧稳定。二是对焊接区起保护作用。药皮中含有造渣剂、造气剂等,造渣后熔渣与药皮中有机物燃烧产生的气体对焊缝金属起双重保护作用。三是起有益的冶金化学作用。药皮中含有脱氧剂、合金剂和稀渣剂等,使熔化金属顺利地进行脱氧、脱硫和去氢等冶金化学反应,并补充被烧损的合金元素。

2) 焊条型号与牌号

焊条按用途不同分为10大类:结构钢焊条(J),钼和铬钼耐热钢焊条(R),低温钢焊条(W),不锈钢焊条,堆焊焊条(D),铸铁焊条(Z),镍及镍合金焊条(Ni),铜及铜合金焊条(T),铝及铝合金焊条(L),特殊用途焊条等。其中结构钢焊条分为碳钢焊条和低合金钢焊条两部分。

结构钢焊条按药皮熔渣的性质不同可分为酸性焊条和碱性焊条两种。酸性焊条的药皮中含有多量酸性氧化物(如 TiO_2,SiO_2,MnO_2 等),药皮组分氧化性强,电弧稳定性好,焊缝成形较好;碱性焊条药皮中含有多量碱性氧化物(如 CaO,

Na_2O,MgO 等),药皮组分还原性强。由于碱性焊条药皮中不含有机物,药皮产生的保护气体中氢含量极少,所以又称为低氢焊条。

焊条型号是以焊条的国家标准为依据,反映焊条主要特性的一种表示方法。根据熔敷金属抗拉强度、药皮类型、焊接位置、电流种类及极性划分的。以碳钢焊条为例:标准规定,碳钢焊条型号由字母“E”和四位数字组成。字母“E”表示焊条;E 后的前两位数字表示熔敷金属抗拉强度的最小值(MPa);第三位数字表示焊条的焊接位置,若为“0”及“1”则表示焊条适用于全位置焊接,“2”表示焊条适用于平焊及平角焊,“4”表示焊条适用于向下立焊;第三位和第四位数字组合时表示药皮类型及焊接电流种类,如为“03”表示钛钙型药皮、交直流正反接,又如“15”表示低氢钠型、直流反接。例如“E4315”:“E”表示焊条,“43”抗拉强度的最小值420 MPa,“1”表示焊条适用于全位置焊接“15”表示焊条药皮为低氢钠型,可采用直流反接焊接。

焊条牌号是焊条生产行业统一的焊条代号。焊条牌号是汉字拼音首加上三位数字组成。字母表示焊条类别,前两位数字代表焊缝金属抗拉强度等级。末尾数字表示焊条的药皮类型和焊接电流种类。

表 12-2 列出了型号与牌号的对应关系,表 12-3 列举出部分常用碳钢焊条型号与对应的焊条牌号及数字含义。

表 12-2　焊条国家标准型号与统一牌号

国　标			部　标			
型号(按化学成分分类)			牌号(按用途分类)			
国家标准号	名　称	代　号	类　别	名　称	代号 字　母	代号 汉　字
GB/T 5117—1995	碳钢焊条	E	一	结构钢焊条	J	结
GB/T 5118—1995	低合金钢焊条	E	一	结构钢焊条	J	结
			二	钼及铬钼耐热钢焊条	R	热
			三	低温钢焊条	W	温
GB/T 983—1995	不锈钢焊条	E	四	不锈钢焊条	G	铬
					A	奥
GB/T 984—1995	堆焊焊条	ED	五	堆焊焊条	D	堆
GB/T 10044—1995	铸铁焊条	EZ	六	铸铁焊条	Z	铸
GB/T 13814—1992	镍及镍合金焊条		七	镍及镍合金焊条	Ni	镍
GB/T 3670—1995	铜及铜合金焊条	TCu	八	铜及铜合金焊条	T	铜
GB/T 3669—1983	铝及铝合金焊条	TAL	九	铝及铝合金焊条	L	铝
			十	特殊用途焊条	TS	特

表 12-3 部分常用碳钢焊条型号与牌号对应表

焊条型号	焊条牌号	熔敷金属抗拉强度数值(≥) /(kgf·mm^{-2})	/MPa	药皮种类	焊条类别	电流种类与极性	用途
E4301	J423	43	420	钛铁矿型	酸性焊条	交流或直流正、反接	较重要的碳钢结构
E5001	J503	50	490				
E4303	J422	43	420	钛钙型			
E5003	J502	50	490				
E4311	J425	43	420	高纤维素钾型		交流或直流反接	一般碳钢结构
E5011	J505	50	490				
E4320	J424	43	420	氧化铁型		交流或直流正接	较重要的碳钢结构
E4327	J424Fe	43	420	铁粉氧化铁型			
E4315	J427	43	420	低氢钠型	碱性焊条	直流反接	重要碳钢、低合金钢结构
E5015	J507	50	490				
E4316	J426	43	420	低氢钾型		交流或直流反接	
E5016	J506	50	490				
E5018	J506Fe	50	490	铁粉低氢钾型			

3）焊条的选用原则

① 等强度原则：焊接低碳钢和低合金钢时，一般应使焊缝金属与母材等强度，即选用与母材同强度等级的焊条。

② 同成分原则：焊接耐热钢、不锈钢等金属材料时，应使焊缝金属的化学成分与母材的化学成分相同或相近，即按母材化学成分选用相应成分的焊条。

③ 抗裂缝原则：焊接刚度大、形状复杂、要承受动载荷的焊接结构时，应选用抗裂性好的碱性焊条，以免在焊接和使用过程中接头产生裂纹。

④ 抗气孔原则：受焊接工艺条件的限制，如对焊件接头部位的油污、铁锈等清理不便，应选用抗气孔能力强的酸性焊条，以免焊接过程中气体滞留于焊缝中，形成气孔。

⑤ 低成本原则：在满足使用要求的前提下，尽量选用工艺性能好、成本低和效率高的焊条。

此外，应根据焊件的厚度、焊缝位置等条件，选用不同直径的焊条。一般焊件越厚，选用焊条的直径就越大。

3. 焊接应力与变形

金属构件在焊接以后，总要发生变形和产生焊接应力，且二者是彼此伴生的。

焊接应力的存在，对构件质量、使用性能和焊后机械加工精度都有很大影响，甚至导致整个构件断裂；焊接变形不仅给装配工作带来很大困难，还会影响构件的工作性能。变形量超过允许数值时必须进行矫正，矫正无效时只能报废。因此，在设计和制造焊接结构时，应尽量减小焊接应力和变形。

(1) 焊接应力与变形的产生原因

焊接过程中，对焊接件进行不均匀加热和冷却，是产生焊接应力和变形的根本原因。

(2) 焊接变形的基本形式

常见的焊接变形有收缩变形、角变形、弯曲变形、波浪变形和扭曲变形 5 种形式，如图 12-5 所示。

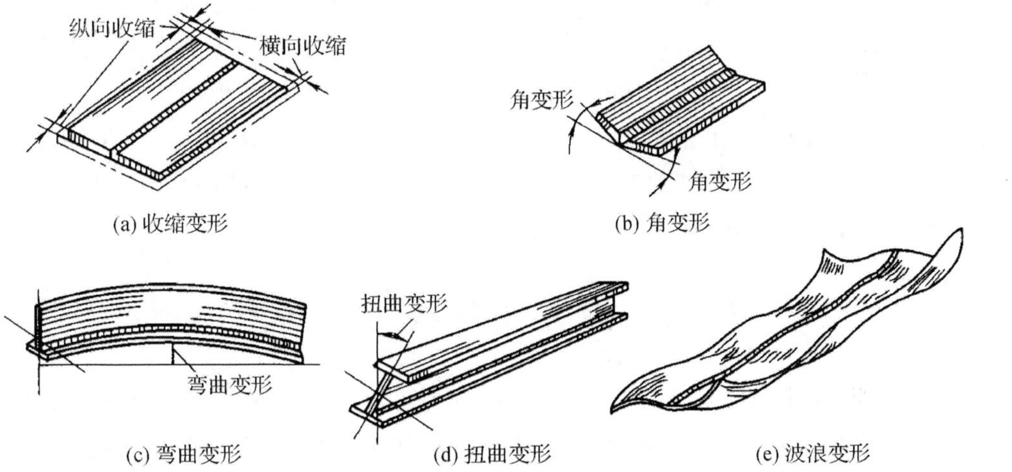

图 12-5　焊接变形的基本形式

收缩变形是由于焊缝金属沿纵向和横向的焊后收缩而引起的；角变形是由于焊缝截面上下不对称，焊后沿横向上下收缩不均匀而引起的；弯曲变形是由于焊缝布置不对称，焊缝较集中的一侧纵向收缩较大而引起的；扭曲变形常常是由于焊接顺序不合理而引起的；波浪变形则是由于薄板焊接后焊缝收缩时，产生较大的收缩应力，使焊件丧失稳定性而引起的。

(3) 减少焊接应力与变形的措施

除了设计时应考虑之外，可采取一定的工艺措施，有预留变形量、反变形法、刚性固定法、锤击焊缝法和加热“减应区”法等。重要的是，选择合理的焊接顺序，尽量使焊缝自由收缩。焊前预热和焊后缓冷也很有效。

12.1.4　焊接工艺的应用

我国的焊接制造业主要是在新中国成立之后逐步发展起来的，现在已有各种先进的焊接工艺方法,成功地焊制了多种重型机械结构件、大型冶金设备和炼油石化设备结构件、高压压力容器和锅炉、特大型舰船体、原子能反应堆和核电站设备结构件等。

最近十几年,随着航空航天和船舶工业的快速发展,特别是我国的航空航天技术已经取得了举世瞩目的成就,跨入了世界航空航天大国的行列。在航空航天的装备制造过程中,焊接技术始终处于至关重要的地位。而航空航天技术的高速发展以及对产品高质量、高可靠性的综合要求,又会对焊接技术的发展产生巨大的推动作用。焊接工艺技术水平及装备条件得到很大提高,各种新型焊接工艺不断开发和研制,焊接专用成套设备得到迅速发展和应用,焊接设备和工艺正向着自动化、低成本化和模块化生产方向发展。如精密、高可靠性激光焊等先进焊接技术,非常适合用于军用及航空航天行业应用,航天电连接器、航天用传感器、航天用刀具等的焊接。铝及铝合金的焊接技术也有了巨大的进步,尤其是一些历来被认为不可焊的硬铝及超硬铝合金,通过应用新的焊接工艺制成了新产品。与此同时,我们也应看到,与世界先进工业国家相比,我国的焊接工业在焊接质量、生产率、自动化程度以及先进焊接工艺应用的普及程度等方面还有一定的差距。

12.2 常见的焊接工艺方法

焊接主要用来制造金属结构件,如锅炉、压力容器、管道、船舶、车辆、桥梁、飞机、火箭、起重机和冶金设备等结构件及其装配,也可用来制造机器零部件和工具,以及机架轴、齿轮、锻模和刀具等。几乎所有工业部门都涉及焊接制造,目前世界上一些主要工业国家,每年生产的焊接结构件已占年钢产量的60%以上,焊接制造特别在航空航天及造船业中所占的比例则更大。

12.2.1 熔　焊

熔焊是焊接技术中应用最为广泛的一种连接方法。熔焊是利用电能或化学能使焊接接头局部熔化成熔融状态,不加压力,然后冷却结晶,连接成一体的焊接方法。从冶金的角度看,熔焊属于典型的液相连接。如焊条电弧焊、埋弧焊和气体保护焊等。

1. 焊条电弧焊

焊条电弧焊(即手工电弧焊)适于高强度钢、铸钢、铸铁、和非铁合金,其焊接接头可与工件的强度相近,是焊接生产中应用最广泛的焊接方法。图12-6所示为手工操作焊条进行焊接的焊接方法。焊接前,将电焊机输出端分别与工件和焊钳连接,然后在焊条和被焊工件之间引燃电弧,产生的电弧热使焊条和工件局部加热熔化,焊芯端部熔化后的熔滴和熔化后的工件融合在一起形成熔池。焊条药皮也随着熔化形成熔渣，覆盖在焊接区的金属上方，药皮燃烧时产生大量的二氧化碳气流，和熔渣一起围绕在电弧的周围，起保护熔化金属的作用。随着焊条的移动，焊件前方的金属不断熔化，焊条移过后的金属则随热源消失而逐渐冷却凝固成焊缝，从而完成焊接的整个过程，使分离的工件连接到一起。

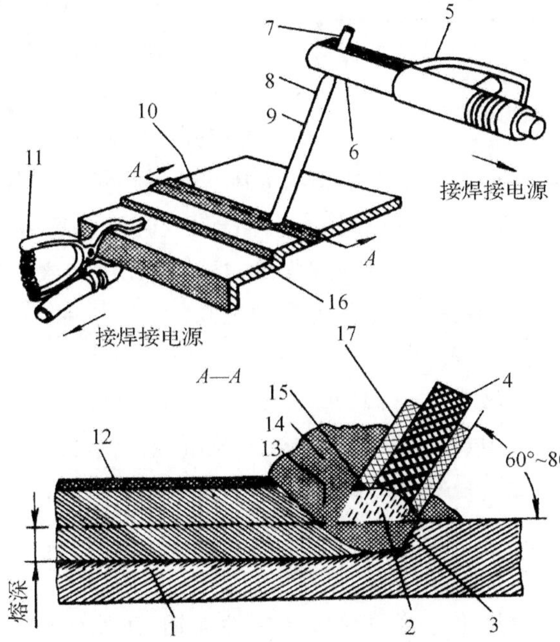

1—热影响区；2—弧坑；3—焊缝弧坑；4—焊芯；5—绝缘手把；6—焊钳；

7—用于导电的裸露部分；8—药皮部分；9—焊条；10—焊接接头；11—地线夹头；

12—渣防护层；13—焊接熔池；14—气体保护；15—焊条端部分形成的套筒；16—焊件；17—焊条药皮

图 12－6　焊条电弧焊的工作原理和典型的装置

焊条电弧焊工艺过程设备简单，操作方便、灵活，能进行全位置的焊接，能焊接不同接头和不同焊缝的焊件，能焊接各种碳钢、合金钢、不锈钢及耐热钢等金属材料，能在室内外和高空作业，是应用十分广泛、在焊接生产中占重要地位的焊接方法。

焊条电弧焊存在的缺陷，如焊缝表面高低不平、焊瘤、气孔、夹渣、烧穿、变形、未熔合和未焊透及裂纹等。

2. 埋弧焊

(1) 基本原理

埋弧焊是指电弧在焊剂层下燃烧而进行焊接的方法，用焊剂代替了焊条的药皮，用自动连续送进的焊丝代替焊条的焊芯，由自动焊机取代人工操作进行焊接。如图

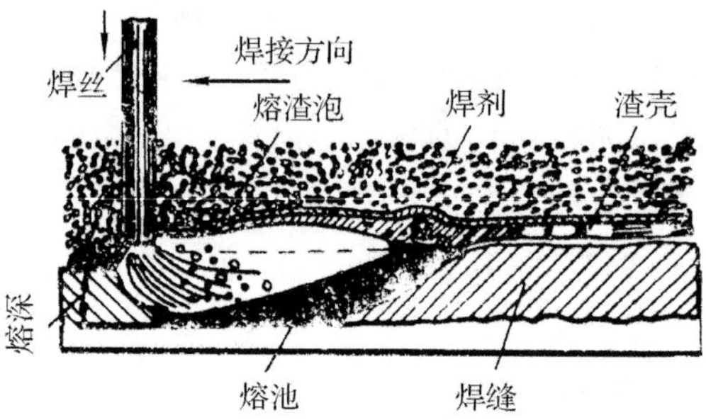

图 12-7　埋弧焊的焊接过程

12-7所示焊接时，先在焊接接头上覆盖一层焊剂，自动焊机将连续的焊丝自动送入电弧区，并保证一定的弧长。焊接开始后，引燃电弧并在焊剂层下燃烧，使焊丝、焊件接头和部分焊剂熔化，形成一个较大的熔池，并进行冶金反应。电弧周围的焊剂被熔化成熔渣，少量焊剂和金属蒸发成蒸气，将电弧周围的熔渣排开，形成一个封闭的熔渣泡。在熔渣泡的包围下，熔池金属与空气隔离，减少了电弧热量的损失，同时又阻止了金属和弧光的飞溅。随着自动焊机沿焊接方向向前移动，电弧前方金属和焊剂不断加热熔化，熔池后面的金属逐渐冷却凝固成焊缝，熔渣浮在熔池表面冷凝成渣壳。整个焊接过程全部由机械来自动完成，也称为自动埋弧焊。

(2) 埋弧焊的优点和缺点

首先，埋弧焊的生产效率高，焊接电流大，熔深大，对厚度小于 25 mm 的工件可进行不开坡口的焊接，不用更换焊丝，生产效率比电弧焊高 5～10 倍。

其次，埋弧焊的焊接质量高，焊接规范能自动控制和调整，焊接过程中优化的工艺参数能保持稳定。同时焊剂充足，电弧区保护严密，熔池的气体与杂质易于浮出，焊缝金属化学成分均匀，成形质量好、稳定。

最后，采用埋弧焊焊接工艺可以焊接特殊性能钢、耐腐蚀耐磨性好的合金钢、铜合金等，还可以节省大量的金属材料，焊接过程的劳动条件好，看不见弧光，烟雾很少，可进行自动焊接，所以广泛应用于锅炉、造船、车辆和各类容器的制造生产中。

埋弧焊的缺点：设备费用较贵，工艺装备较复杂。由于焊剂的原因一般只适于平焊位置，焊接长的直线焊缝，较大直径(＞300 mm)环形和纵向焊缝。焊接件以厚板为主，薄板焊接受到限制。

3. 气体保护焊

气体保护焊是指用外加气体作为电弧介质并保护电弧和焊接区的电弧焊。

气体保护焊是明弧焊接，焊接时便于监视焊接过程，故操作方便，可实现全位置自动焊接，焊后还不用清渣，可节省大量辅助时间，大大提高了生产率。另外，由于保护气流对电弧有冷却压缩作用，电弧热量集中，因而焊接热影响区窄，工件变形小，特别适合于薄板焊接。

常用的气体保护焊有氩弧焊和 CO_2 气体保护焊，两者的工作原理及焊接特点相似。CO_2 气体保护焊与氩弧焊相比具有焊缝含氢量低，抗裂性能好；CO_2 气体具有价格便宜、来源广泛，生产成本低等优点。

(1) 氩弧焊基本原理

如图 12－8 所示，氩弧焊是使用氩气（Ar）作为保护气体的气体保护焊。按所用电极的不同，氩弧焊可分为熔化极氩弧焊（Metal Inert Gas，MIG）和不熔化极氩弧焊即钨极惰性气体保护（Tungsten Inert Gas，TIG）焊两种。

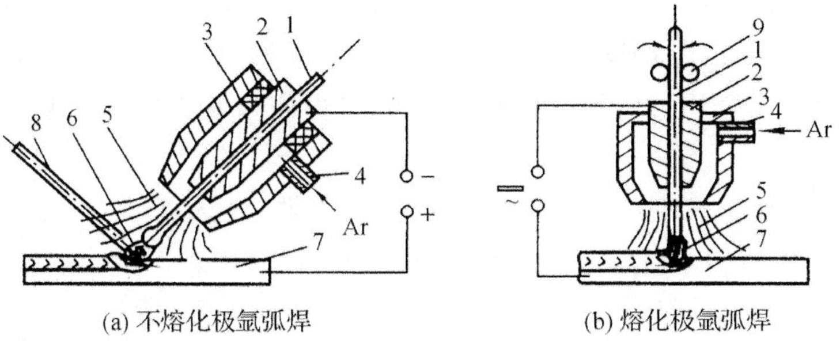

1—焊丝或电极；2—导电嘴；3—喷嘴；4—进气管；5—氩气流；6—电弧；7—工件；8—填充焊丝；9—送丝辊轮

图 12－8　氩弧焊示意图

熔化极氩弧焊是利用焊丝做电极同时做焊缝填充金属。

焊接时，在焊丝和焊件之间产生电弧，焊丝连续递进。熔滴呈雾状喷射过渡进入熔池，焊接的熔深较大。

几乎可焊接所有的金属，尤其适合于焊接铝及铝合金、铜及铜合金以及不锈钢等材料。主要用于中、厚板的焊接。

不熔化极氩弧焊是以高熔点的钨作为电极，焊接时电极不熔化，只是产生电弧，而焊丝则起填充金属的作用。为了减小钨极损耗，应采取较小的焊接电流，通常用于薄板、铝镁合金的焊接制造。

(2) 氩弧焊的特点及应用

① 焊缝质量好，成形美观。氩气是一种惰性气体，即不与金属发生化学反应，又不能熔于液态金属中，焊接过程中对金属熔池起保护作用。另外电弧稳定、飞溅少，焊缝致密，表面不易形成熔渣。

② 焊接热影响区小，变形小。电弧在气流的压缩下燃烧，热量比较集中，熔池较小，焊接速度较快。

③ 焊接过程的操作性能好。由于电弧和熔池是在气流的保护下，明弧清晰可见，便于操作和观察，易于实现机械化和自动化作业。

鉴于以上特点，氩弧焊特别适宜于焊接易氧化金属，如有色金属和锆、钽、钼等稀有金属，以及航空航天领域经常用到的不锈钢、耐热钢和低合金钢等。

4. 气　焊

(1) 基本原理

气焊是利用可燃气体和氧气的混合体燃烧后产生的热源熔化金属进行焊接的方法。气体燃烧,产生大量的 CO_2,CO,H_2 气体笼罩熔池,起到保护作用。气焊使用不带药皮的光焊丝作填充金属。可燃气体主要包括乙炔(C_2H_2)、氢气和天然气。常用的气焊是氧—乙炔焊接,如图 12-9 所示,乙炔为可燃气体,氧气为助燃气体。乙炔和氧气在焊炬中混合均匀后从焊嘴喷出燃烧,将焊件和焊丝熔化形成熔池,冷却凝固后形成焊缝。

气焊设备主要由氧气瓶、氧减压器、乙炔发生器、回火保险器、焊炬和胶管等组成。如图 12-10所示。气焊设备简单、操作灵活方便、不需电源,但气焊火焰温度较低(最高约3 150℃),且热量较分散,生产率低,工件变形大,所以应用不如电弧焊广泛。主要用于焊接厚度在3 mm以下的薄钢板,铜、铝等有色金属及其合金,低熔点材料以及铸铁焊补等。

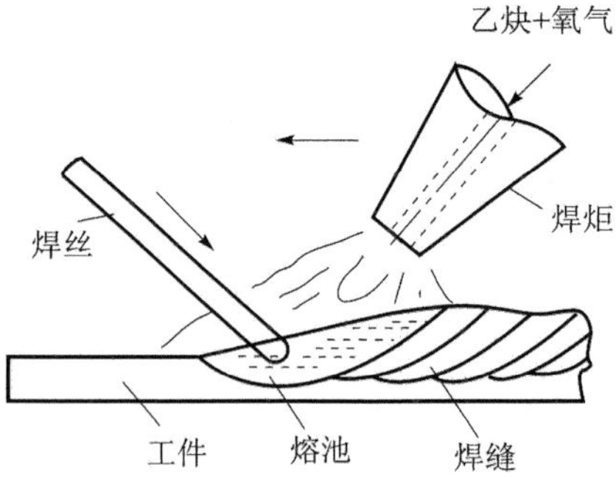

图 12-9　气焊示意图

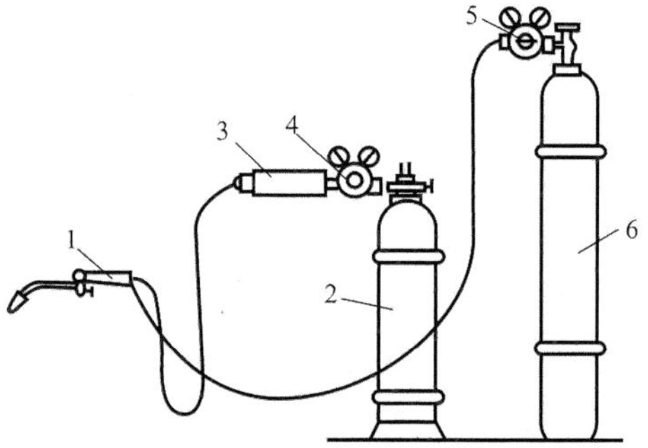

1—焊炬;2—乙炔瓶;3—回火安全器;
4—乙炔减压器;5—氧气减压器;6—氧气瓶

图 12-10　气焊设备及其连接

(2) 焊接工艺参数

1) 焊接角度

当焊嘴中心线与焊件平面夹角小于 80°时,工件受热大,焊件加热快,适用于开始焊接;当焊嘴中心线与焊件平面夹角大于 80°时,工件受热少,温度低,适用于终了焊接。

2) 焊接方向

当焊接厚度较大和熔点较高的材料时,宜采用右向焊接方法,因右向焊接时火焰指向已焊部分;反之,当焊接厚度较薄和熔点较低的材料时,宜采用左向焊接方法,因左向焊接时火焰指向未焊部分。

3）火焰种类

有色金属如黄铜和锌的薄板焊接时采用氧化焰，中低碳钢、低合金钢、不锈钢及有色金属铝合金、镁合金、黑色金属灰铸铁焊接时采用中性焰，高碳钢、高速钢、硬质合金和碳化钨及青铜焊接时采用碳化焰。

12.2.2 压 焊

压焊是指加压（或同时加热）的方法使两工件的结合面紧密接触产生一定的塑性变形，并通过再结晶和扩散等作用，使两个分离表面的原子达到形成金属键而连接的焊接方法。从冶金角度看，压焊属于典型的固相连接。根据加热加压的方式不同，压力焊可分为电阻焊、摩擦焊、超声波焊、扩散焊和爆炸焊等。

1. 电阻焊

电阻焊是工件组合后，利用电流通过接头的接触面及相邻区域产生的电阻热，将焊件局部加热到塑性或熔融状态，然后通过电极施加的压力形成焊接接头的一种焊接方法。

电阻焊按结合工艺分为点焊、缝焊和对焊 3 种。

（1）点 焊

点焊如图 12－11 所示，是利用电流通过两圆柱形电极和搭接的两焊件产生电阻热，将焊件加热并局部熔化，形成一个熔核（其周围为塑性状态），然后在压力下熔核结晶，形成组织致密的焊点。焊完一点后，工件移动一段距离，再焊下一个焊点。电极和工件接触处产生的电阻热则很快被电极和冷却水带走。

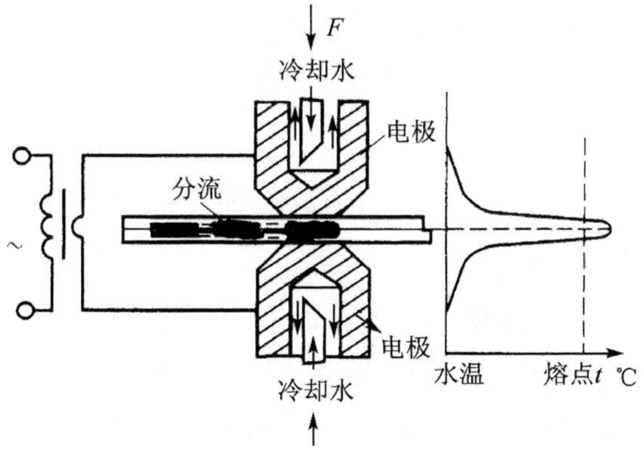

图 12－11 点焊示意图

点焊主要适于板厚一般在为 4 mm 以下的薄板、冲压结构以及线材的焊接。这种焊接方法广泛用来制造汽车车厢、飞机外壳等轻型结构。

(2) 缝　焊

缝焊过程与点焊基本相似，如图12-12所示，是将待焊件装配成搭接或对接接头，放置在两个滚轮电极之间，滚轮加压工件并连续转动，电极连续或断续给电，相互依次重叠(重叠率在50%以上)的焊点形成一条连续焊缝。由于缝焊机的电极是两个可以旋转的盘状电极，所以缝焊又称滚焊。

缝焊常用于3 mm以下薄板结构件的焊接，焊缝光滑美观，气密性好。广泛用于家用电器(如电冰箱壳体)、交通运输(如汽车、拖拉机油箱)及航空航天(如火箭燃料贮箱)等工业部门中要求密封的焊件的焊接。

(3) 对　焊

对焊是指焊件端部以对接的形式，利用电阻热加热至塑性状态，迅速施加压力完成焊接的方法。根据焊接过程不同，对焊又可分为电阻对焊和闪光对焊。如图12-13所示。

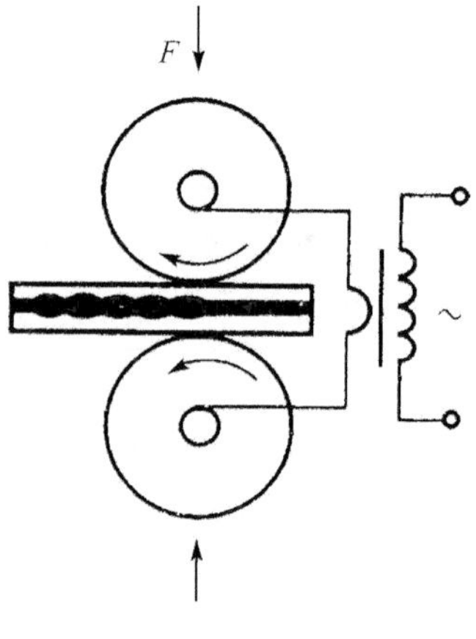

图12-12　缝焊示意图

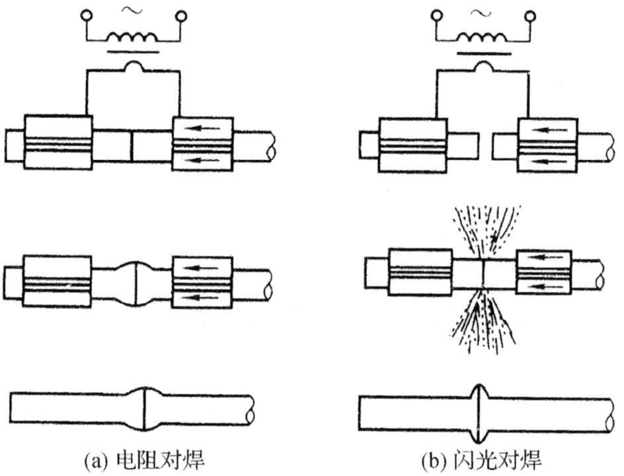

图12-13　对焊示意图

1) 电阻对焊

工件装在对焊机的两个电极夹具上对正、夹紧，并施加预压力，使两端面压紧，再通电加热，使待焊处达到塑性温度后，再断电加压顶锻，产生一定塑性变形而焊合。具有焊接接头光滑、毛刺小、焊接过程简单等优点，但接头的机械性能较低。适于截面简单、直径小于20 mm和强度要求不高的杆件。

2) 闪光对焊

两焊件不接触，先加电压，再移动焊件使之逐渐靠拢轻微接触，由于接头端面比较粗糙，接触点少，其电流密度很大，产生大量的电阻热，接触点金属迅速达到熔化、蒸发、爆破，呈高温颗粒飞射出来，产生火花四溅的闪光现象。继续推进焊件，闪光现象便在新的接触点处产生，经多次闪光加热后，端面均匀达到半熔化状态，同时多次闪光把端面的氧化物也清除干净，于是断电加压顶锻，形成焊接接头。

闪光对焊要求工件端面形状应相近，以保证端面均匀加热。对工件端面的平整度要求不高，且焊接接头质量也比电阻对焊的好，但操作复杂，对环境会造成一定污染，常用于重要零件焊接。

2. 摩擦焊

摩擦焊是利用工件焊接端面之间相互摩擦所产生的热量，使端面达到热塑性状态，同时迅速施加压力，从而完成焊接的压焊方法。

(1) 摩擦焊焊接过程

摩擦焊焊接过程如图 12－14 所示。

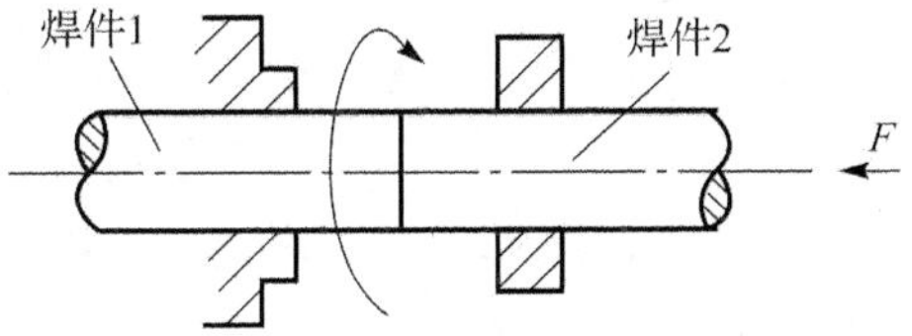

图 12－14　摩擦焊示意图

首先把两工件同轴地安装在焊机的夹紧装置中，焊件 1 夹持在回转夹具中作高速旋转，焊件 2 夹持在非回转夹具中做轴向移动，使两工件端面相互接触，并施加一定轴向压力，于是两工件接触端面强烈摩擦而发出大量的热并被加热到塑性状态，同时在轴向压力作用下逐步发生塑性变形。当达到要求的变形量后，利用刹车装置使焊件停止旋转，同时对接头施加较大的轴向压力进行顶锻，使两焊件在高温高压下焊接起来。

(2) 摩擦焊的特点及作用

1) 接头质量好尺寸精度高

摩擦焊温度一般都低于焊件金属的熔点，热影响区很小；接头在顶锻压力下产生塑性变形和再结晶，因此组织致密；同时摩擦表面层的杂质(如氧化膜、吸附层等)随变形层和高温区金属一起被破碎清除，接头不易产生气孔、夹渣等缺陷。另外，摩擦面紧密接触，能避免金属氧化，不需要外加保护措施。

2) 焊接生产率高

焊好一个接头所需时间一般不超过 1 min，操作简单，不需要添加其余焊接材料，容易实现自动控制，没有火花、弧光和尘烟，劳动条件好。

3) 可实现异种金属的焊接

摩擦焊可焊的金属范围较广，除用于焊接普通黑色金属和有色金属材料外，还能焊接在常温下力学性能和物理性能差别大、不适合熔焊的特种材料和异种材料。

4) 经济效益好

焊前不需要特殊处理焊件,焊时也不需要填充材料进行保护。电能消耗少,与闪光焊相比,可节约电能 5~10 倍以上。

12.2.3 钎 焊

钎焊是采用比母材熔点低的金属材料作为钎料,将焊件和钎料加热到温度高于钎料的熔点但比母材熔化温度低,使钎料熔化并渗入到被焊工件的间隙之中,通过原子扩散相互相溶解,冷却凝固后将两工件连接起来的焊接方法。从冶金角度看钎焊属于典型的液-固相连接。

1. 钎 料

根据钎料熔点的不同,钎焊可分为软钎焊和硬钎焊两种。

(1) 软钎料

熔点在 450 ℃以下,又称易熔钎料,常用的软钎料有锡基和铅基钎料。这种钎料的焊缝强度较低,用于接头强度一般不超过 70 MPa,工作温度在 100 ℃以下,广泛用于受力不大的电子和仪器仪表等工业部门的焊接,如电子产品和仪表中线路的焊接。

(2) 硬钎料

熔点高于 450 ℃,又称难熔钎料。常用的硬钎料有银基和铜基钎料。这种钎料,常用于接头强度高(200 MPa 以上),工作温度也高,受力较大的钢铁和铜合金结构件的焊接,如车刀上硬质合金刀头与刀杆的焊接。钎料有铜基、银基和镍基等。

2. 钎焊方法

钎焊过程中,为了清除钎料和母材表面的油污和氧化物,一般使用钎剂(松香、氯化锌溶液、硼酸或硼砂等)清洁并保护焊件和液态钎料在焊接过程中不被氧化。

钎焊接头的强度往往低于钎焊金属的强度,因此钎焊常采用搭接接头形式。依靠增大搭接面积,可以在接头强度低于钎焊金属强度的条件下,达到接头与焊件具有相等的承载能力的目的。

3. 加热方法

加热方法有烙铁加热、火焰加热、电阻加热、感应加热及炉内加热等。

钎焊的加热温度较低,焊件的应力和变形较小。对材料的组织和性能影响很小,易于保证焊件尺寸。钎焊还能实现异种金属甚至金属与非金属的连接。因此钎焊在电工、仪表、航空机械制造业中得到广泛应用。

12.3　常用材料焊接和焊接件设计

12.3.1　金属材料的焊接性

1. 焊接性概念

焊接性是指被焊材料在限定的施工条件下焊接成符合规定要求的构件，并满足预定设计要求的能力。它包括两个方面的内容：

(1) 结合性能

在一定焊接工艺条件下，金属形成完整无缺陷焊接接头的能力，即工艺焊接性。

(2) 使用性能

在一定焊接工艺条件下，金属的焊接接头适应使用要求的程度。

2. 焊接性评价

影响金属材料焊接性的因素很多，可归纳为材料、焊接工艺、构件类型及使用要求 4 个方面。焊接性的评价一般是通过估算或试验方法确定。常用的焊接性评价方法有：

(1) 碳当量法

在粗略估计碳钢和低合金结构钢的焊接性能时，把钢中的合金元素（包括碳）的含量按其对焊接性影响程度换算成碳的相当含量，其总和叫碳当量。国际焊接协会(International Institute of Welding，IIW)推荐的计算公式为

$$C_E = w_C + \frac{w_{Mn}}{6} + \frac{w_{Cr} + w_{Mo} + w_V}{5} + \frac{w_{Ni} + w_{Cu}}{15} \tag{12-1}$$

式中：各元素符号为钢中相应元素的质量百分数。

钢材焊接时，其冷裂倾向和热影响区的淬硬程度主要取决于化学成分，而碳是引起钢材淬硬、冷裂的主要元素，因此换算成碳当量后，碳当量越高，焊接性越差。一般当 $C_E<0.4\%$时，冷裂倾向不大，焊接性好，不需预热；$C_E=0.4\%\sim0.6\%$时，冷裂倾向明显，焊接性较差，需预热和采取其他工艺措施来避免裂纹；$C_E>0.6\%$时，冷裂倾向严重，焊接性差，需采用较高的预热温度和其他严格的工艺措施。

在影响金属焊接性的众多因素中，金属材料的化学成分是最主要的影响因素。而焊接结构中最常用的金属材料是钢材。因此，碳当量法是评价钢材焊接性最简便的方法。值得注意的是，钢材的焊接性还受结构刚度、焊后应力条件和环境温度的影响，故应根据具体情况进行抗裂试验及使用焊接性试验。

(2) 冷裂纹敏感系数法

碳当量法只考虑了钢材化学成分对焊接性的影响，而没有考虑板厚、焊缝含氢量等重要因素的影响。采用焊接冷裂纹敏感系数指标进行判断则可弥补这一方面的不足。通过对 200 多种钢的大量试验，得出钢材焊接时冷裂纹敏感系数 P_C 的计算公

式如下：

$$P_C = \left(w_C + \frac{w_{Si}}{30} + \frac{w_{Mn}}{20} + \frac{w_{Cu}}{20} + \frac{w_{Ni}}{60} + \frac{w_{Cr}}{20} + \frac{w_{Mo}}{15} + \frac{w_V}{10} + 5w_B + \frac{h}{600} + \frac{H}{60}\right) \times 100\%$$

式中：h——板厚，mm；

H——焊缝金属中扩散氢含量，ml/100g。

显然，冷裂纹系数越大则产生冷裂纹的可能性越大，焊接性越差。

通过Y形坡口对接裂纹试验得出防止裂纹要求的最低预热温度 T_0 的公式如下：

$$T_0 = (1\,400P_C - 392)℃$$

求出的防止裂纹的预热温度，多数情况下是比较安全的。

12.3.2　钢的焊接

1. 低碳钢的焊接

低碳钢的碳质量分数小于0.25%，焊接性能好，任何焊接方法和普通的焊接工艺都能保证焊接质量，而且焊接时一般不需要采用特殊工艺措施进行保护。常用的焊接方法有手工电弧焊、埋弧自动焊、电渣焊、二氧化碳气体保护焊和电阻焊。

但是，在低温下焊接刚性较大的低碳钢结构时，应采取焊前预热，以防止裂纹的产生。对重要构件，焊后常进行去应力退火或正火处理，以消除残余应力，改善接头组织性能。

2. 中碳钢焊接

中碳钢的碳质量分数 $0.25\% \leqslant w_C \leqslant 0.6\%$，碳当量偏高，焊接性变得较差，焊接接头易产生淬硬组织和冷裂纹，焊缝易产生气孔。为了保证中碳钢焊件的焊接质量，一般采取以下保护措施：

① 焊前预热，焊后缓冷措施。主要目的是减小焊件焊接前后的温差，降低冷却速度，减小焊接应力，从而有效防止焊接裂纹的产生。

② 尽量选用碱性低氢型焊条。该焊条药皮成分有还原性，合金元素烧蚀少，脱硫、脱磷能力强，同时含氢量低，因此具有高的抗裂性能，能有效防止焊接裂纹的产生。

③ 采用细焊丝、小电流焊接，焊件开坡口，采用多层焊等措施，尽量减少含碳量高的母材金属过多的溶入焊缝，从而使焊缝的碳当量低于母材，达到改善焊接性的目的。

④ 选用合适的焊接方法和焊接规范，降低焊件冷却速度，减少裂纹的产生。

3. 高碳钢的焊接

高碳钢的碳质量分数 $w_C > 0.6\%$，塑性差，导热性差，淬硬及冷裂倾向比中碳钢更严重，焊接性很差。因此高碳钢一般不用来制造焊接结构，主要是用来焊接一些受力不大不重要的机件或者补焊一些损坏的机件，而且焊接时应采取更高的预热温度及更严格的工艺措施。

4. 低合金高强度钢的焊接

低合金高强度钢广泛应用于制造压力容器、桥梁、船舶和其他各种金属焊接构件。低合金高强度钢的含碳量很低，但因其他元素种类和含量不同，所以性能上的差异较大，焊接性的差别也比较明显。强度级别较低的钢，合金元素含量较少，碳当量低，焊接性能接近于低碳钢，具有良好的焊接性。但强度级别高的钢，由于合金元素含量较多，碳当量较高，因此，焊接性差，焊接时应采取严格的工艺措施。

低合金高强度钢焊接性具有以下特点：

(1) 热影响区的淬硬倾向

热影响区可能形成高强度的淬硬组织，淬硬程度与钢中化学成分及钢的强度等级有关，化学成分中碳及合金元素含量越高，钢的强度等级越高，则焊后热影响区的淬硬倾向越大。淬硬组织的存在，将导致热影响区脆性增加，塑性、韧性下降。

(2) 焊接接头产生冷裂纹的倾向

冷裂纹是在焊缝及热影响区的含氢量、热影响区的淬硬程度及焊接接头的应力大小等综合作用下产生的。随着低合金高强度钢强度级别的提高，热影响区淬硬倾向增大，接头应力增大，对氢更加敏感，因此产生冷裂纹的倾向加剧。

为此，在焊接时要采取防护措施。首先要焊前预热，在焊接时调整焊接规范，控制热影响区的冷却程度。有淬硬倾向时，可适当加大焊接电流和减小焊速，以减缓冷却速度，防止冷裂纹的产生；其次在焊接后及时进行热处理，以消除焊件内应力，从而减少冷裂纹产生的可能性。

5. 高合金不锈钢的焊接

高合金不锈钢中应用最广泛的是奥氏体耐蚀钢。此类钢焊接性能良好，一般不需要采取特殊工艺措施，但应防止产生晶界腐蚀和热裂纹。

(1) 晶界腐蚀的防止

晶界腐蚀是不锈钢焊接过程中晶界处析出碳化铬，引起晶界附近铬含量下降，使焊接接头失去耐蚀能力的现象。为此，不锈钢焊接时必须合理选择母材和焊接材料，采用小电流、快速焊和强制冷却等措施来防止晶间腐蚀的产生。

(2) 热裂纹的防止

高合金不锈钢导热系数小，线膨胀系数大，焊接时会形成较大应力，同时晶界处可能形成低熔点共晶，导致焊接时容易出现热裂纹。为此需严格控制磷、硫等杂质的含量，减少热裂纹产生的可能性。

12.3.3　铸铁的补焊

铸铁的碳质量分数大于 2.11%，塑性很低，而且组织不均匀，因此属于焊接性非常差的金属材料，一般不易作为焊接构件。铸铁的焊接主要用于局部损坏、断裂和铸造缺陷的焊补修复。

1. 铸铁的焊接性特点

铸铁含碳量高,含硫、磷等杂质较多,力学性能差,焊接性差,在焊接时有以下特点:

(1) 熔合区易产生白口组织

由于硅、碳等石墨元素的烧损,再加上铸铁补焊属局部加热,焊后铸铁补焊区冷却速度比铸造时的冷却速度快得多,因此不利于石墨的析出,以致补焊熔合区极易产生硬脆的白口组织,造成焊后难以进行机械加工。

(2) 焊缝易产生裂纹、气孔

铸铁抗拉强度低,塑性差,因此焊接应力极易超过其抗拉强度极限而产生裂纹,特别是接头存在白口组织时,裂纹产生的倾向更严重,甚至可使整个焊缝沿熔合线从母材上剥落下来。

(3) 熔池金属容易流失

铸铁的流动性好,焊接时熔池金属很容易流失,因此铸铁补焊时不宜立焊,只适于平焊。

2. 铸铁的补焊方法

铸铁补焊一般采用气焊,焊条电弧焊来进行。对焊接接头强度要求不高时,也可采用钎焊。铸铁的补焊工艺根据焊前是否预热,可分为热焊与冷焊两大类。

(1) 热 焊

热焊是焊前将焊件整体或局部预热到500～700 ℃,补焊过程中温度不低于400 ℃,焊后缓冷的焊接方法。可防止工件产生白口组织和裂缝,补焊质量较好,焊后可进行机械加工。但其工艺复杂,生产率低,成本高,劳动条件差,一般仅用于形状复杂、焊后要求切削加工的重要铸件,如汽缸体、机床导轨等。另外热焊还可用气焊和专门的铸铁焊条以人工方法补焊比较方便。

(2) 冷 焊

冷焊是焊前不预热或采用较低温度(400 ℃以下)预热的补焊方法。冷焊常采用焊条电弧焊。主要依靠焊条来调整焊缝化学成分以防止或减少白口组织及避免裂缝。冷焊补焊时质量有时不易保证,且焊接处切削加工困难,因此冷焊时常采用小电流、分段焊、短弧焊,以及焊后轻捶焊缝以松弛应力等工艺措施来提高焊接质量。

12.3.4 常用非铁合金材料的焊接

1. 钛及钛合金的焊接

钛及钛合金属于难熔金属,高温下强度高、抗腐蚀性强,广泛应用于航空航天和电子工业领域。

(1) 钛及钛合金的焊接性

采用一般的焊接方法时,钛及钛合金的焊接性能较差,主要问题一是钛及其钛合金的化学性质非常活泼、极易氧化,加热时强烈吸收氧、氢和氮等气体,从而使接头变脆,塑性下降。二是出现冷裂纹。当焊接接头变脆后,在焊接应力作用下,就会出现冷裂纹;三是钛及其钛合金在焊接时,经常会产生气孔,这主要是因为工件和焊丝表面清理不干净所致。

(2) 钛及钛合金的焊接工艺

钛及钛合金等难熔金属的焊接针对上述易吸收氧、氢、氮变脆而产生裂纹的特点,通常采用氩弧焊、等离子弧焊等焊接方法和工艺,而不能采用手工电弧焊、气焊或二氧化碳气体保护焊。由于这些金属主要用于航空航天等高科技重点领域的零部件制造,随着对制造质量要求越来越高,所以许多焊接新工艺、新技术不断出现,并广泛应用于航空宇航制造业轻合金结构的低成本、高效率和高质量焊接工艺技术,如电子束焊、激光焊和搅拌摩擦焊等。

电子束焊接是所有工业钛和钛合金最理想的焊接方法。采用电子束焊接能有效地避免了有害气体的污染,而且电子束的能量密度大,焊接速度高,焊缝中不会出现粗大的片状相,因而焊接接头的有效系数可达到 100%。焊接时为了防止晶粒长大,宜采用高电压、小束流的工艺参数。

钛和钛合金在进行激光焊时,接头正反面都必须施加惰性气体保护,保护范围须扩大到 400～500 ℃。钛合金对接时,焊前必须把坡口清理干净,可先用喷砂处理,再用化学方法清洗。另外,装配要精确,接头间隙要严格控制。钛合金采用激光焊接可得到满意的结果。Ti－6A1－4V 是用量最大的钛合金,广泛用于航空航天制造。对 1 mm 厚的 Ti－6Al－4V 板材采用 4.7 kW 的 CO_2 激光输出功率,焊接速度可超过 15 m/min。检测结果表明,焊接接头致密、无裂纹、气孔和夹杂物。接头的屈服强度、抗拉强度与母材相当,塑性不降低。在适当的焊接参数下,Ti－6A1－4V 合金接头具有与母材同等的弯曲疲劳性能。钛合金激光焊时,焊接速度一般较高(80～100 m/h),焊接熔深大致为 1 mm/kW。激光焊焊接高温钛合金,也可以获得强度和塑性良好的接头。

搅拌摩擦焊在钛合金焊接中的应用也日趋广泛,采用搅拌摩擦焊技术焊接钛合金 Ti－6Al－4V,可以得到高质量的焊缝,且焊接速度快、成本低、效益好、操作简单。

2. 铜及铜合金的焊接

(1) 焊接特点

铜及铜合金是焊接性很差的材料,其焊接特点如下:

1) 难熔合

由于铜及铜合金的导热性很强,焊接时的热量很快从加热区传导出去,使焊件温度难以升高,填充金属和母材难以熔化和熔合。

2) 易变形开裂

铜及铜合金的线膨胀系数和收缩率比较大,加之导热性好,使焊接热影响区变宽,导致焊件易产生变形。另外,在高温液态下,铜及铜合金极易氧化,使焊缝的塑性和韧性显著下降,易产生热裂纹。

3）易形成气孔和氢脆现象

液态下的铜及铜合金能溶解大量氢，而凝固时溶解度急剧下降，熔池中的氢来不及析出，在焊缝中形成气孔。同时残留在固态金属中的氢与氧化亚铜发生反应形成水蒸气，导致裂缝产生氢脆现象。

(2) 焊接工艺措施

① 选择焊接热源强且集中的焊接方法，如电子束焊接或激光焊接等，并采取焊前预热措施；

② 选择适当的焊接顺序，并在焊后锤击接头，减小应力，防止变形和开裂；

③ 焊后进行退火处理，细化晶粒并减轻低熔点共晶的不利影响；

④ 焊接过程中使用熔剂对熔池脱氢，降低熔池冷却速度，以利于氢的析出。

由于铜的电阻小，不宜采用电阻焊接方法。一般在焊接紫铜和青铜时采用氩弧焊可以保证焊接质量；而焊接黄铜时一般采用气焊，火焰温度较低，利用含硅的焊丝使熔池表面形成一层致密的氧化硅薄膜，以阻止锌的蒸发和氢的溶入。

3. 铝及铝合金的焊接

(1) 焊接特点

铝及铝合金的焊接性能较差，其焊接特点有：

1）容易氧化

生成的 Al_2O_3 容易在焊缝形成夹渣，而且组织致密，易覆盖在金属表面，阻碍金属熔合。

2）易形成气孔

液态铝及铝合金能吸收大量的氢气，但在凝固点附近溶解度下降，从而形成气孔。

3）易变形和开裂

在高温时强度低，塑性差而膨胀系数大，焊接应力大，故极容易使焊件变形开裂，焊接时会使金属塌陷或下漏。

4）操作困难

铝及铝合金从固态转变为液态时，无塑性过程，焊接操作时很容易造成温度过高，焊缝塌陷和烧透等缺陷。

(2) 焊接工艺措施

1）焊前清理

主要是除去焊口表面的氧化膜和油污、水分，便于熔焊及防止气孔、夹渣等缺陷。

2）焊前预热

焊前采取预热措施可减小应力，避免裂纹，有利于氢的逸出，防止气孔的产生。

3）焊接时在焊件下方布置垫板

以保证焊件焊透而不至于烧穿或塌陷。

由于铝及其合金的导热性好，因此焊接时需要大功率加热，加热速度要快，热源能量要集中,常采用的焊接方法包括氩弧焊、气焊和钎焊等。氩弧焊电弧集中、操作简单,氩气保护效果好,且阴极的破碎作用能去除氧化膜,焊缝质量好,焊接变形小,被广泛采用。航空航天领域目前较多采用真空电子束焊接工艺。

12.3.5　焊接件设计

合理的焊接件结构设计是保证焊接产品质量的前提,也是降低生产成本、提高经济效益的必要条件。设计焊接件结构时,在首先考虑焊件的使用性能后,要根据具体的焊接方法和工艺过程,详细考虑焊接结构件的材料、焊接方法,正确选择焊接接头形式和结构工艺性,使焊接工艺达到既简单实用,又质量可靠的目的。

1. 焊接结构件材料的选择

① 含碳量低于 0.25%的碳钢和含碳量低于 0.2%的低合金高强度钢由于碳当量小,具有良好的焊接性,所以焊接结构件应尽可能选用这类材料;而含碳量大于 0.5%的碳钢和含碳量大于 0.4%的合金钢由于碳当量高,焊接性不好,焊接结构件应尽可能不选用这类材料。

② 对于部位不同、选用不同强度和性能钢材拼焊而成的复合构件,要注意不同材料焊接性能的差异。一般要求接头强度不低于被焊钢材的强度,而且焊接性能差的钢材焊前还要采取预热或焊后热处理等工艺措施。

2. 焊接方法的选择

必须根据被焊材料的焊接性能、接头类型、焊件厚度、焊缝空间位置、焊件结构特点和工作条件等方面综合考虑后选择焊接方法。基本的选用原则是,在保证产品质量的条件下,优先选择常用的焊接方法。

当工件为长直焊缝或圆周焊缝且生产批量较大时,应采用埋弧自动焊;当工件为短焊缝、焊接空间位置较为不利且批量较小时,宜采用焊条电弧焊;当工件是薄板轻型且无密封要求时,则采用点焊可提高生产效率;如果是焊接合金钢、不锈钢等贵重金属时,就需要考虑采用等离子弧焊、真空电子束焊或脉冲氩弧焊等方法,以确保焊接质量。

3. 焊接接头工艺设计

(1) 焊接接头与焊接坡口

金属材料用焊接方法连接的接头称焊接接头。常见的焊接接头有对接接头、盖板接头、T 型接头、搭接接头、十字接头、角接头和卷边接头等。如图 12－15 所示。

在焊接前将焊件的接头部位加工成具有一定几何形状或沟槽的结构,即焊接坡口,以保证焊件在全部厚度上完全焊透。

常见的坡口形状有 I 型坡口、Y 型或双 Y 型坡口、钝边 U 型坡口、钝边 V 型坡口等,如图 12－16 所示。不同厚度的金属对接时,应使两厚度差不超过 5 mm,而且要保证能有一段直线部分相接。

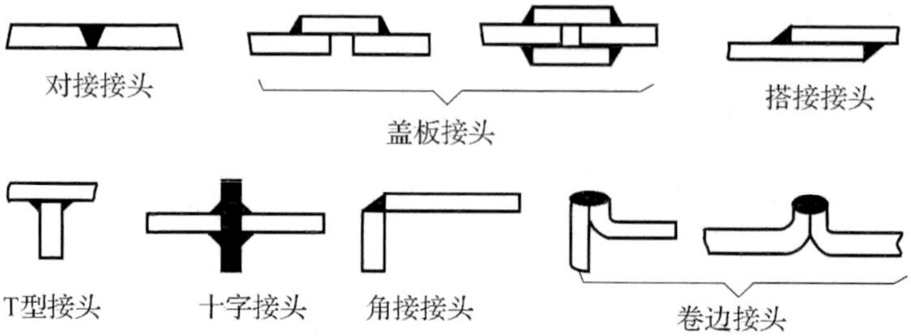

图 12-15　焊接的接头形式

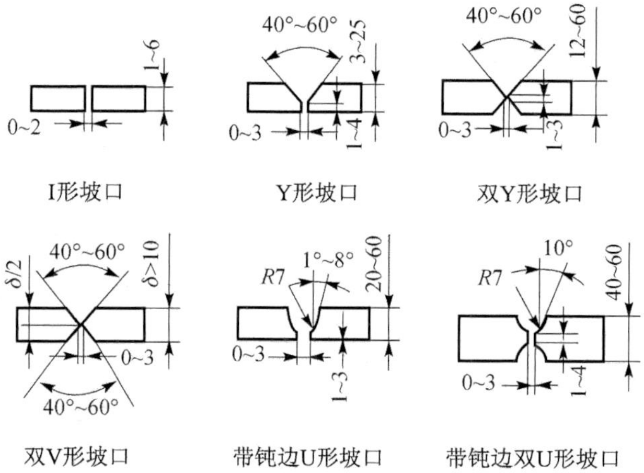

图 12-16　几种对接接头坡口形式图

1) 对接接头及坡口选择

对接接头承受外力时,内应力分布均匀,接头质量可靠,在静载和动载作用下具有较高的强度,是焊接结构件中应用最多的接头形式,常用于平板类和空间类焊件的接头。对应于对接接头,常采用的坡口形式有 I 型坡口、钝边 V 型坡口和钝边 U 型坡口等。

2) 搭接接头及坡口选择

搭接接头不需要开坡口,焊前准备和焊接装配简单,但由于两焊件不在同一平面,应力分布不均匀,受力时易产生附加弯曲应力,接头强度较低。搭接接头常用于简单的板状类焊件结构中,如桥梁、房架等。

3) 角接头及坡口选择

角接头通常只是起到连接作用,不能用来传递工作载荷,应力分布复杂,承载能力低,只是因为焊件需呈一定角度连接时必须采用的接头形式。对应于角接头选择的坡口形式有 I 型坡口、单边 V 型坡口和 K 型坡口等。

4) T 型接头及坡口选择

T 型接头广泛用于空间类焊件，具有较高的焊接强度，承载能力大。根据焊件的厚度，对应 T 型接头可选择 I 型坡口、单边 V 型坡口、钝边 U 型坡口和 K 型坡口等。

(2) 焊缝的布置

焊缝位置设计是否合理，直接影响到焊接接头的质量和生产效率，工艺设计时应主要考虑以下因素：

① 焊缝位置应方便焊接操作，要有足够的操作空间和有利的焊缝形式，可根据不同要求可分别采取平焊、横焊、立焊和仰焊，通常情况下平焊的操作最方便，易于保证焊缝质量，应多采用这样的焊缝位置；

② 焊缝应尽量分散布置，避免密集或交叉布置，防止焊接应力增大，力学性能下降；

③ 焊缝位置应尽量对称布置，使焊接变形相互约束，抵消或减轻焊接变形；

④ 焊缝位置应避开应力最大和应力集中的部位，以减小焊接变形；

⑤ 焊缝位置应避开后续机械加工表面，使加工表面的尺寸精度不受影响。

12.4　焊接新技术和发展趋势

随着航空航天工业的快速发展，越来越多的特种材料、大型、关键零部件的制造都需要焊接工艺技术，如新型火箭发射台架结构件焊接、大型导弹地面运输车体焊接、航空发动机关键零部件的焊接等，而且对焊接工艺技术和焊接质量提出了更高的要求，焊接制造成为航空航天制造业中非常重要、不可或缺的制造方法，为此产生了多种新型的焊接技术，其中应用较多的是电子束焊接、激光焊接、搅拌摩擦焊、真空电子束焊和焊接机器人技术。

12.4.1　焊接新技术

1. 电子束焊

电子束焊接(Electron Beam Welding，EBW)是一种新颖、高能束流的熔化焊方法。它是利用在真空焊室作定向高速运动的电子束，经电子透镜聚焦后撞击工件，将部分动能转化为热能，从而使被焊工件金属迅速熔化和蒸发。高压金属蒸气将熔化的金属排开，电子束继续撞击深处的固态金属，很快形成一个锁形小孔——匙孔，其周围被液体金属包围。随着电子束与工件的相对移动，液体金属沿小孔周围流向熔池后部，并逐步冷却、凝固形成焊缝。其功率密度可以提高到 10^6 W/cm^2 以上，是目前已实际应用的各种焊接热源之冠。

图 12-17 为电子束焊接焊缝成形原理图，图(a)接头局部熔化、蒸发；图(b)金属蒸气排开液体金属，电子束钻入母材；图(c)电子束穿透焊件，形成液态匙孔；图(d)停束后凝固成形。

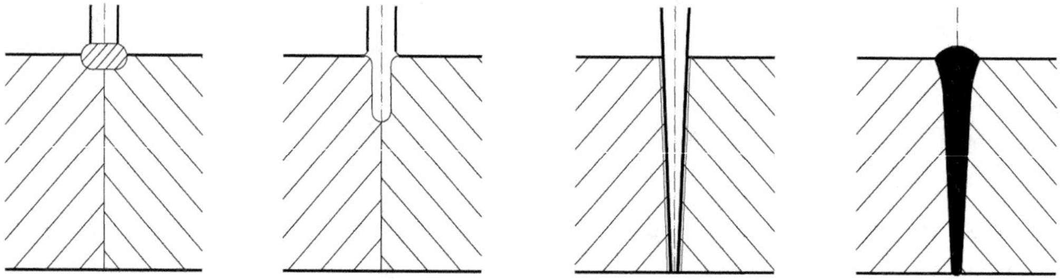

(a) 接头局部熔化、蒸发 (b) 金属蒸汽排开液体金属，电子束钻入母材 (c) 电子束穿透焊件，形成液态匙孔 (d) 停束后凝固成形

图12-17 电子束焊接焊缝成形原理

(1) 电子束焊的优点

① 电子束穿透能力强，焊缝深宽比大。通常电弧焊的深宽比很难超过2∶1，而电子束焊的深宽比可达到60∶1以上，可一次焊透0.1～300 mm厚度的不锈钢板。

② 焊接速度快，热影响区小，焊接变形小。电子束焊速度一般在1 m/min以上。电子束焊缝热影响区很小。由于热输入低，控制了焊接区晶粒长大和变形，使焊接接头性能得到改善。由于焊接变形小，对精加工的工件可用作最后连接工序，焊后工件仍保持足够高的尺寸精度。

③ 焊缝纯度高，接头质量好。真空电子束焊接不仅可以防止熔化金属受氢、氧、氮等有害气体的污染，而且有利于焊缝金属的除气和净化，因而特别适于活泼金属的焊接，也常用于焊接真空密封元件，焊后元件内部保持在真空状态。可以通过电子束扫描熔池来消除缺陷，提高接头质量。

④ 再现性好，工艺适应性强。电子束焊的焊接参数可独立地在很宽的范围内调节，易于实现机械化、自动化控制，重复性、再现性好，提高了产品质量的稳定性。通过控制电子束的偏移，可以实现复杂接缝的自动焊接；电子束在真空中可以传到较远(约500 mm)的位置上进行焊接，因而也可以焊接难以接近部位的接缝。对焊接结构具有广泛的适应性。

⑤ 可焊材料多。电子束焊不仅能焊接金属和异种金属材料的接头，也可焊非金属材料，如陶瓷、石英玻璃等。真空电子束焊的真空度一般为 5×10^{-4} Pa，尤其适合焊接钛及钛合金等活性材料。

(2) 电子束焊的缺点

① 设备比较复杂，投资大，费用较高。

② 电子束焊要求接头位置准确，间隙小而且均匀，因而，焊接前对接头加工、装配要求严格。

③ 真空电子束焊接时，被焊工件尺寸和形状常常受到工作室的限制。

④ 电子束易受杂散电磁场的干扰，影响焊接质量。

⑤ 电子束焊接时产生的X射线，操作人员需要严加防护。

由于电子束焊具有焊接深度大，焊缝性能好，焊接变形小，焊接精度高，并具有较高的生产率的特点，能够焊接难熔合金和难焊材料，因此，在航空、航天、汽车、压力容器、电力及电子等工业领域中得到了广泛的应用。

2. 激光焊接

激光焊接(Laser Beam Welding，LBW)是利用高平行度的单色光经透射或反射镜聚焦后，形成一道直径小于 0. 01 mm、功率密度高达 $10^6 \sim 10^{12}$ W/cm^2 的激光束作为能源轰击焊件所产生的热量将工件材料熔化进行焊接的方法。激光具有单色性好、方向性强、能量密度高的特点，使金属瞬间熔化，冷凝后形成焊接接头。可以用来产生激光的物质很多，例如固体的有铬、铀、红宝石等，气体的有惰性气体、二氧化碳等。

(1) 激光焊的特点

① 聚焦后的激光束功率密度高，加热速度快，热影响区窄，焊接应力和变形小，易于实现深熔焊和高速焊，特别适于精密焊接和微细焊接。

② 可获得深宽比大的焊缝，焊接厚件时可不开坡口一次成形。激光焊的深宽比目前已超过 12∶1。

③ 适宜于焊接一般焊接方法难以焊接的材料，如难熔金属、热敏感性强的金属以及热物理性能差异悬殊、尺寸和体积悬殊工件间的焊接；甚至可用于非金属材料的焊接，如陶瓷、有机玻璃等。

④ 可借助反射镜使光束达到一般焊接方法无法施焊的部位；YAG 激光和半导体激光可通过光导纤维传输，可达性好。

⑤ 可穿过透明介质对密闭容器内的工件进行焊接，如可用于置于玻璃密封容器内的铍合金等剧毒材料的焊接。

⑥ 激光束不受电磁干扰，不存在 X 射线防护问题，也不需要真空保护。

(2) 激光焊的缺点

与此同时，激光焊接也存在以下缺点：

① 激光焊难以焊接反射率较高的金属；

② 对焊件加工、组装、定位要求相对较高；

③ 设备一次性投资大；

④ 属高能量电磁波的形式之一，尤其对人体的眼睛和皮肤容易造成伤害，需特别注意防护。

目前激光焊法的应用大都是太空、国防及电子工业等。激光束尚可用在切割方面，称之为激光束切割(Laser Beam Cutting，LBC)，所切割的沟槽很窄，属精密加工，因受限于设备昂贵，大部分用于太空工业及医疗工程方面。自 20 世纪 60 年代美国采用红宝石激光器在钻石上打孔以来，激光加工技术经过几十年的发展，已成为现代工业生产中的一项常用技术。20 世纪 70 年代，高功率(数千瓦)CO_2 激光器的出现，开辟了激光应用于焊接的新纪元。近年来，激光焊在车辆制造、钢铁、能源、宇航和电子等行业得到了日益广泛的应用。实践证明，采用激光焊，不仅生产率高于传统的焊接方法，而且焊接质量也得到了显著的提高。

3. 搅拌摩擦焊

搅拌摩擦焊(Friction Stir Welding，FSW)是基于摩擦焊技术的基本原理，由英国焊接研究所(TWI)于1991年发明的一种新型固相连接技术。与常规摩擦焊相比，其不受轴类零件的限制，可进行板材的对接、搭接、角接及全位置焊接。与传统的熔化焊方法相比，搅拌摩擦焊接头不会产生与熔化有关的如裂纹、气孔及合金元素的烧损等焊接缺陷；焊接过程中不需要填充材料和保护气体，使得以往通过传统熔焊方法无法实现焊接的材料通过搅拌摩擦焊技术得以实现连接；焊接前无须进行复杂的预处理，焊接后残余应力和变形小；焊接时无弧光辐射、烟尘和飞溅，噪音低；因而，搅拌摩擦焊是一种经济、高效、高质量的"绿色"焊接技术，被誉为"继激光焊后又一次革命性的焊接技术"。

目前，搅拌摩擦焊技术已在飞机制造、机车车辆和船舶制造等领域得到广泛的应用，主要用于铝合金、铜合金、镁合金、钛合金、铅、锌等有色金属材料的焊接，黑色金属如钢材等的焊接也已成功实现。搅拌摩擦焊技术用于航空制造，可以降低制造成本、减少重量以及获得优越的接头性能等方面的优点，在飞机制造工业中的应用具有巨大的潜在性。搅拌摩擦焊技术的出现，为飞机的设计、制造提供了一种新的方法和途径。

(1) 搅拌摩擦焊焊接过程

搅拌摩擦焊是利用摩擦热作为焊接热源的一种固相连接方法，但与常规摩擦焊有所不同。搅拌摩擦焊接工作原理如图12-18所示。在进行搅拌摩擦焊接时，首先将焊件牢牢地固定在工作平台上，然后将一个耐高温硬质材料制成的一定形状的搅拌针旋转深入焊件的接缝处，直至搅拌焊头的肩部与焊件表面紧密接触，搅拌针高速旋转与其周围母材摩擦产生的热量和搅拌焊头的肩部与焊件表面摩擦产生的热量共同作用，使接缝处材料温度升高而软化，产生金属塑性软化区，同时，搅拌焊头边旋转边沿着接缝与焊件做相对运动，该塑性软化区在搅拌头的作用下受到搅拌、挤压，并随着搅拌头的旋转沿焊缝向后流动，形成塑性金属流，并在搅拌头离开后的冷却过程中，受到挤压而形成致密的固相焊接接头。

(2) 搅拌摩擦焊的特点

与传统摩擦焊及其他焊接方法相比，搅拌摩擦焊有以下优点：

① 焊接接头质量高，不易产生缺陷。焊缝是在塑性状态下受挤压完成的，属于固相焊接，因而其接头不会产生与凝固冶金有关的一些如裂纹、气孔以及合金元素的烧损等焊接缺陷和脆化现象，适于焊接铝、铜、铅、钛、锌、镁等有色金属及其合金以及钢铁材料、复合材料等，也可用于异种材料的连接。

② 不受轴类零件的限制，可进行平板的对接和搭接，可焊接直焊缝、角焊缝及环焊缝，可进行大型框架结构及大型筒体制造、大型平板对接等，扩大了应用范围。

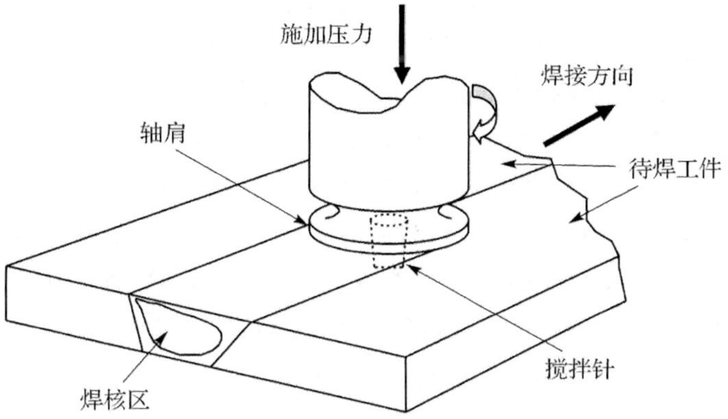

图 12－18　搅拌摩擦焊原理示意图

③ 易于实现机械化、自动化，质量比较稳定，重复性高。搅拌摩擦焊工艺参数少，焊接设备简单，容易实现自动化，从而使焊接操作十分简便，焊机运行和焊接质量的可靠性大大提高。

④ 焊接成本较低，效率高。无须填充材料、保护气体，焊前无须对焊件表面预处理，焊接过程中无须施加保护措施。厚焊接件边缘不用加工坡口。焊接铝材工件不用去氧化膜，只需去除油污即可。对接时允许留一定间隙，不苛求装配精度。

⑤ 焊接变形小，焊件尺寸精度较高。由于搅拌摩擦焊为固相焊接，其加热过程具有能量密度高、热输入速度快等特点，因而焊接变形小，焊后残余应力小。在保证焊接设备具有足够大的刚度、焊件装配定位精确以及严格控制焊接参数的条件下，焊件的尺寸精度高。

⑥ 绿色焊接。焊接过程中无弧光辐射、烟尘和飞溅，噪音低，因而搅拌摩擦焊是一种高质量、低成本的“绿色焊接方法”。

（3）搅拌摩擦焊的缺点

同时，搅拌摩擦焊也存在一些不足，主要表现在：

① 焊接工具的设计、参数及力学性能只对较小范围、一定厚度的合金适用；

② 搅拌焊头的磨损相对较高；

③ 目前焊接速度不高；

④ 需要特定的夹具，设备的灵活性差。

4. 焊接机器人技术

焊接加工要求操作技能熟练、实践经验丰富，同时焊接过程又是一种劳动条件差、烟尘多、热辐射大和危险性高的工作。另外，手工焊时要根据随时观察到的实际焊缝位置，适时调整焊枪的位置、姿态和行走速度，以适应焊缝轨迹的变化。由于电弧焊接过程中有强烈弧光、电弧噪声、烟尘、熔滴过渡不稳定引起的焊丝短路、大电流强磁场等复杂的环境因素的存在，要检测和识别提取焊缝所需要的信号特征,并不像工业制造中其他加工过程的检测那么容易。

随着机器人控制速度和精度的提高,尤其是电弧传感器的开发并在机器人焊接中得到应用,使机器人电弧焊的焊缝轨迹跟踪和控制问题在一定程度上得到很好解决,焊接机器人在机械制造中的应用,从原来较为单一的装配点焊发展为零部件和装配过程中的电弧焊。弧焊机器人可以被应用在所有电弧焊、切割技术范围及类似的工艺方法中。最常用的应用范围是结构钢和CrNi钢的熔化极活性气体保护焊(CO_2气体保护焊、MAG焊),铝及特殊合金熔化极惰性气体保护焊(MIG),CrNi钢和铝的加冷丝和不加冷丝的钨极惰性气体保护焊(TIG)以及埋弧焊。除气割,等离子弧切割及等离子弧喷涂外还实现了在激光切割上的应用。

机器人电弧焊的最大特点是柔性,弧焊用的工业机器人通常有5个自由度以上,具有6个自由度的机器人可以保证焊枪的任意空间轨迹和姿态。点至点方式移动速度可达60 m/min以上,其轨迹重复精度可达到±0.2 mm,它们可以通过示教和再现方式或通过编程方式工作。即可通过编程随时改变焊接轨迹和焊接顺序,因此最适用于被焊工件品种变化大、焊缝短而多、形状复杂的产品,如航空航天、造船、机车车辆、锅炉和重型机械等。

12.4.2 其他先进焊接方法简介

1. 电渣焊

电渣焊是利用电流通过液体熔渣所产生的电阻热进行焊接的方法,根据焊接时使用电极的形状,电渣焊可分为丝极电渣焊、板极电渣焊和熔嘴电渣焊3种。

焊接时先将部分焊剂放入焊接接头的间隙中,然后送进焊丝并与引弧板短路起弧,电弧将不断加入的焊剂熔化成熔渣并形成熔池。熔渣产生后,焊接电流从焊丝端部经过熔渣时产生大量电阻热,将连续送进的焊丝和焊件接头边缘金属迅速熔化。随着熔池的不断升高,熔池低部逐渐凝固成焊缝。

电渣焊的焊接质量好,生产效率高,成本低,被广泛应用在重型机械制造业中,如大吨位压力机、重型机床底座、水轮机转子和主轴等。

2. 等离子弧焊

等离子弧焊是借助水冷喷嘴对电弧的约束作用,获得较高能量密度的等离子弧进行焊接的方法。利用特殊装置将自由电弧的弧柱受到约束,产生压缩效应,使弧柱中气体完全电离,从而产生温度更高、能量更加集中的等离子电弧。

等离子电弧可以通过机械压缩效应、热压缩效应和电磁压缩效应3种方法获得。在压缩效应的作用下,原来的自由电弧改变为弧柱直径很小、气体高度电离、能量密度非常密集的电弧。

除了具有氩弧焊的优点外,等离子电弧还具有焊缝质量好、焊接变形小、生产效率高的特点,可焊接超薄焊件,如箔片、热电偶等。

3. 超声波焊接

超声波焊接是利用超声波的高频振动对焊件接头进行局部加热和表面氧化物清理，然后施加压力实现焊接的压焊方法。

超声波焊接时，焊件温升低，对焊点附近金属组织性能影响小，焊接应力与变形也小，焊接强度却比电阻焊高15%～20%。可焊接多种材料，如铜、银、铝等高导电性、高导热性材料；也可焊接物理性能相差很大的异种金属，如铜-铅合金、铜-钨合金等；超音波振动作用使焊道上金属晶粒变细，其强度比原材料高出甚多；属低温焊接，材料性质不受热影响而改变；焊接速度快。最大的缺点是成本太高和焊接处容易发生龟裂及黏着等。

4. 爆炸焊接

爆炸焊接是利用炸药爆炸时产生的冲击力造成焊件的迅速碰撞，实现焊件连接的一种压焊方法。适合于焊接金属轧制焊件和表面包覆有特殊物理、化学性能的合金，也适合于异种材料制成的焊接。

5. 扩散焊接

扩散焊接是焊件紧密贴合，在真空或保护气体中，在一定温度和压力下保持一段时间，使接触面之间原子相互扩散，从而完成焊接的压焊方法。

扩散焊接的接头强度高，焊接应力和变形小，可实现焊接的材料种类多，如采用加过渡合金层的真空扩散焊，可以焊接物理和化学性能差异很大、高温下很容易形成脆性化合物的异种或同种材料。

12.4.3 焊接技术的发展趋势

焊接技术发明至今已有百余年的历史，工业生产中的大量重要产品，如航空、航天及核能工业中产品的生产制造都离不开焊接技术。当前，新兴工业的发展迫使焊接技术不断创新和发展，如微电子工业的发展促进了微型连接工艺和设备的发展；陶瓷材料和复合材料的发展促进了真空钎焊、真空扩散焊、喷涂以及粘接工艺的发展。所以焊接技术将随着科学技术的进步而不断发展，主要体现在以下几个方面。

1. 能源方面

目前，焊接热源已非常丰富，如火焰、电弧、电阻、超声、摩擦、等离子、电子束、激光束、微波等，但焊接热源的研究与开发并未终止，其新的发展可概括为3个方面：

① 对现有热源的改善，使它更为有效、方便、经济适用，在这方面，电子束和激光束焊接的发展较显著；

② 开发更好、更有效的热源，采用两种热源叠加以求获得更强的能量密度，例如在电子束焊中加入激光束等；

③ 节能技术，由于焊接所消耗的能源很大，所以出现了不少以节能为目标的新技术，如太阳能焊、电阻点焊中利用电子技术的发展来提高焊机的功率因数等。

2. 多传感器信息智能融和技术

近年来，随着机器人系统中使用的传感器种类和数量越来越多，各种新型传感器不断出现。例如，超声波触觉传感器、静电电容式距离传感器、基于光纤陀螺惯性测量的三维运动传感器，以及具有焊接工件检测、识别和定位功能的视觉系统等。但是，单一传感信号难以保证输入信息的准确性和可靠性，不能满足智能机器人系统获取环境信息和系统决策能力的要求。为了有效利用这些传感器的信息，需要对不同信息进行综合处理，从多种传感器信息中获取单一传感器不具备的新功能和新特点，即多传感器智能信息融合技术。利用各种传感信息，获得对环境的正确理解，使机器人系统具有容错性，保证系统信息处理的快速性和正确性。

3. 计算机技术在焊接中的应用

弧焊设备微机控制系统，可对焊接电流、焊接速度、弧长等多项参数进行分析和控制，对焊接操作程序和参数变化等做出显示和数据保留，从而给出焊接质量的确切信息。目前以计算机为核心建立的各种控制系统包括焊接顺序控制系统、PID调节系统、最佳控制及自适应控制系统等。这些系统均在电弧焊、压焊和钎焊等不同的焊接方法中得到应用。计算机软件技术在焊接中的应用越来越得到人们的重视。在焊接领域中，CAD/CAM的应用正处于不断开发阶段，焊接的柔性制造系统也已出现。

虚拟现实(Virtual Reality, VR)技术是一种对事件的现实性从时间和空间上进行分解后重新组合的技术。包括三维计算机图形学技术、多功能传感器的交互接口技术以及高清晰度的显示技术。虚拟现实技术可以模拟焊接过程，在计算机上先完成焊接过程，实现将工艺过程转化为数字化操作，再由数字化操作指导实际生产。通过建立生产加工的仿真模型研究制造活动，使用户在设计阶段能够了解产品未来焊接过程，实现对生产系统性能的有效预测评价。目前，虚拟现实技术已用于焊接热过程、焊接冶金过程、焊接应力和变形等的模拟。

4. 焊接机器人和智能化

焊接机器人突破了焊接刚性自动化的传统方式，开拓了一种柔性自动化新方式，能实时控制焊接质量，在焊接过程中检测焊接坡口的状况，能及时调整焊接参数，保证焊接质量，即智能化焊接。智能化焊接技术首先是视觉系统技术，其关键技术是传感器技术。虽然目前还处在初级阶段，但有着广阔应用前景，是一个重要的发展方向。另外，有关焊接工程专家系统，近年来国内外已有较深入的研究，并已推出或准备推出某些商品化焊接专家系统。焊接专家系统是具有相当于专家的知识和经验水平，以及具有解决焊接专门问题能力范围的计算机软件系统。在此基础上发展起来的焊接质量计算机综合管理系统在焊接中也得到了应用，其内容包括对产品初始试验资料和数据的分析、产品质量检验和销售监督等，其软件包括数据库、专家系统等技术的具体应用。

5. 提高焊接生产率

提高焊接生产率是推动焊接技术发展的重要驱动力。其途径有两个方面：其一，提高焊接熔敷率。手弧焊中的铁粉焊、重力焊和躺焊等工艺，埋弧焊中的多丝焊、热丝焊均属此类，其效果显著；其二，减少坡口截面及熔敷金属量，近年来突出的成就是窄间隙焊接，以采用气体保护焊为基础，利用单丝、双丝或三丝进行焊接。无论接头厚度如何，均可采用对接形式，从而大大提高了生产率。电子束焊、激光束焊及等离子弧焊时，可采用对接接头，且不用开坡口，因此是理想的窄间隙焊接法。

第13章　非金属材料成形工艺

非金属材料的物理性能、化学性能与金属材料有很大的区别，因而它们的成形原理、加工所用的设备、工艺过程也与金属材料有很大的不同。本章重点讲述陶瓷件和塑料件的成形工艺。

13.1　陶瓷件成形工艺

陶瓷材料是由金属元素和非金属元素以离子键和共价键结合，具有高硬度、高熔点、良好的绝缘性和耐蚀性及其他一些优良性能的特殊材料。主要用在高温、机械、电子、宇航、医学工程等方面，成为近代尖端科学技术的重要组成部分。本节主要介绍常用特种陶瓷材料的成形工艺。

在常温下，陶瓷的硬度、熔点很高，并且由于陶瓷在室温下几乎没有塑性，所以一般的加工方法不可能使陶瓷加工成形。目前，陶瓷的生产工艺流程是：配料→成形→烧结。即先制备粉末，然后将粉末成形为坯体，最后将坯体烧结，得到高质量的陶瓷制品。陶瓷制品的组织和性能主要取决于烧结，但陶瓷制品的形状，尺寸及精度，主要取决于成形工序。

13.1.1　配　料

配料首先是粉末的制备，以人工合成的化合物为原料，通过机械或化学方法使化合物成为极细（微米甚至纳米级）的粉末。粉末制备好以后，还要进行混料、塑化和造粒等。

粉末的质量对陶瓷件的性能影响很大，高质量的粉末应具备的特征是：粒度均匀，平均粒度小；颗粒外形圆整；颗粒聚集倾向小；纯度高，成分均匀。粒度的大小基本上决定了陶瓷制品的应用范围，粉末粒度越小，陶瓷的性能越好，比如民用、建筑等行业用的粉末颗粒直径大于1 mm，冶金、军工等行业为1～40 μm。最近开发出来的纳米材料，粉末颗粒直径在几纳米到几十纳米之间。用纳米材料制成的陶瓷性能、精度大幅度提高，因此，扩大了陶瓷的应用范围。常用的粉末制备方法见表13－1。

表13－1　常用粉末制备方法简介

类　别	制备方法	原　理	特　点
机械方法	粉碎法	利用球磨机带动球磨罐中磨球高速撞击原料，使原料粉碎	颗粒形状不规则，易发生聚集成团混入杂质，粒径大于1 μm
物理方法	雾化法	利用超声速气流带动原料高速运动，原料相互撞击、摩擦而粉化	粒径在0.1～0.5 μm之间，粒度分布均匀，速度快，杂质少

续表 13-1

类　别	制备方法	原　理	特　点
化学方法	固相法	热分解法： 如[$Al_2(NH_4)_2(SO_4)_4 \cdot 24H_2O$] 在空气中加热分解可得到 Al_2O_3 粉末 还原法： 如 $SiO_2+C=SiC+CO_2$ 可得到 SiC 粉末 合成法： 如 $BaCO_3+TiO_2=BaTiO_3+CO_2$	粒度分布均匀，粒度、纯度可控，粒度在 1 μm 左右
	液相法	沉淀法：使金属盐溶液发生沉淀反应生成盐或氢氧化物，再加热分解得到氧化物粉末 蒸发法：将溶液以雾状喷射到热风中，使溶剂快速蒸发干燥而分解	粒径小于 1 μm，成分均匀，生产量大
	气相法	气相反应法：将挥发性物质加热到一定温度后分解或化合，得到单一或复合氧化物、碳化物 蒸发—凝聚法：将原料加热到高温使之气化，然后急冷，原料凝聚成细微粉末	粒度可控，粒径在 5～500 μm 之间，纯度高

13.1.2　成　形

成形是将原料加工成一定形状和尺寸的半成品，使坯料具有必要的机械强度和一定的致密度。常用的成形方法有以下几种。

1. 干压成形

干压成形又称模压成形，它是将混合均匀的粉末置于模具中，在压力机上制成一定形状的坯料。有时加少量黏结剂（一般为 7%～8%），以加强压坯强度，干压成形适合压制形状简单、尺寸较小的制品。

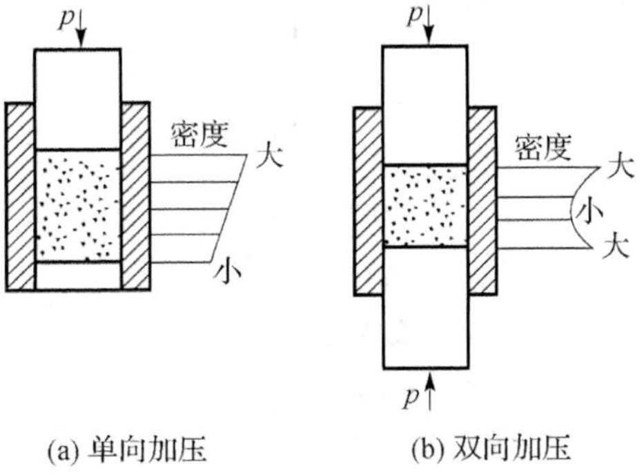

图 13-1　加压方式对坯体密度的影响

干压成形时，加压方式、加压速度和保压时间对坯体的密度有较大影响，如图 13-1 所示。单向加压时坯体上下密度差别较大，双向加压上下密度均匀，但中间密度较小。使用润滑剂可减少模具的摩擦，增加坯体密度的均匀性。加压速度不能过快，保压时间不能过短，否则坯体质量不均匀，内部气体较多。对于小型、较薄的坯料可适当增加速度，缩短保压时间来提高生产率。而对于大型、较厚的坯料开始加压速度要慢，起到预压的作用，中间速度加快，最后放慢并保压一定时间。

干压成形的特点是:黏结剂含量低,只有百分之几,坯体可不经干燥处理直接焙烧;坯体收缩率小,密度大,尺寸精确,机械强度高,电性能好;工艺简单,操作方便,周期短,效率高,便于自动化生产。因此干压成形是特种陶瓷生产中常用的工艺。

干压成形的缺点是:大型坯体不易生产,模具磨损大,加工复杂,成本高;其次,加压方向最多双向,压力分布不均,致密度不够,收缩不均,易产生开裂、分层等现象。干压成形适于成形高度为0.3～60 mm,直径为5～500 mm,形状简单的制品,并且要注意坯体的长度与直径的比值,比值越小的坯体质量越均匀。干压成形的这些缺点将被等静压成形工艺所克服。

2. 等静压成形

等静压成形又叫静水压成形。它是利用液体或橡胶在各个方向传力相等的原理对坯体进行压制,使坯料在各个方向上受到均匀的压力,从而提高坯体密度的均匀性。即处于高压容器中的试样所受到的压力如同试样处于同一深度的静水中所受到的压力一样,所以叫静水压或等静压。等静压成形就是根据这一原理而开发的成形方法。

等静压成形可分为湿式等静压(图13-2)和干式等静压(图13-3)两种。

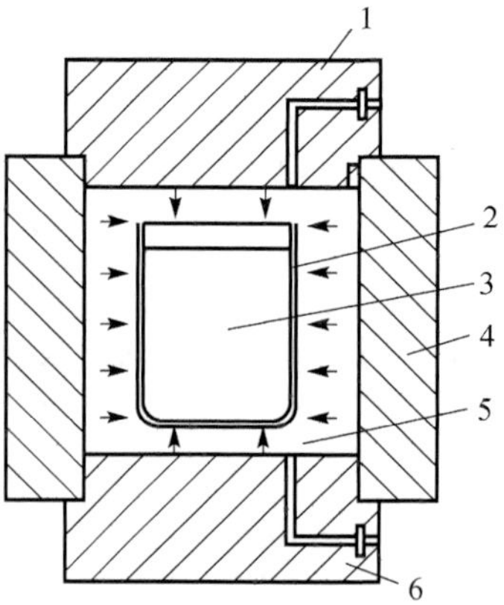

1—顶盖;2—橡胶模;3—粉料;4—高压圆筒;5—压力传递介质;6—底盖

图13-2　湿式等静压示意图

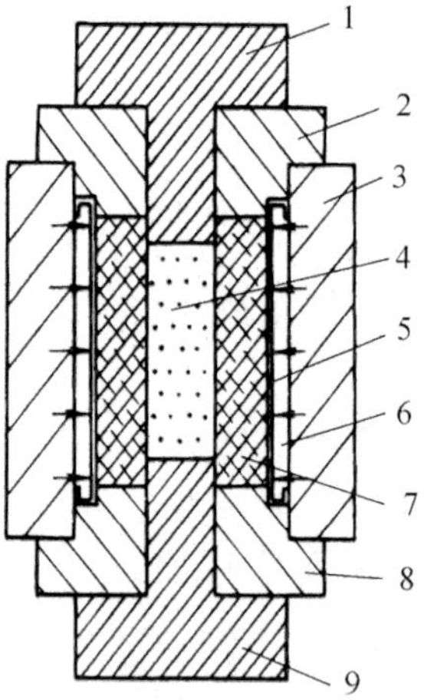

1—上活塞;2—顶盖;3—高压圆筒;4—粉料;5—加压橡皮;6—压力传递介质;7—橡胶模;8—底盖;9—下活塞

图13-3　干式等静压示意图

(1) 湿式等静压

湿式等静压是将预压好的粉末包封在弹性的橡胶模或塑料模具内,然后放入高压容器中的液体内,对液体施加压力后便可使坯料在各向均匀的压力下成形。湿式法主要适用于成形多品种、形状较复杂、产量小和大型的制品。

(2) 干式等静压

干式等静压的橡胶模是半固定的,坯料的成形在干燥状态下进行,坯体的性能不如湿式成形法，但比湿式成形法操作简单。干式等静压更适合于批量生产形状简单的长形、薄壁和管状制品，如稍作改进，就可用于连续自动化生产。

等静压成形的优点是：对模具无严格要求，压力容易调整，坯体均匀致密，烧结时收缩小，不易开裂。缺点是：设备复杂，操作烦琐，生产率低。

3. 注浆成形法

这种成形方法是将陶瓷颗粒悬浮于液体中变成浆，然后注入多孔物质制成的模具中（石膏），模具气孔把料浆中液体吸走，从而模具中留下坯体。

注浆成形的工艺过程包括料浆制备、模具制备和料浆浇注 3 个阶段。料浆制备是关键工序，其要求是：浆料流动性好，渗透性强，具有足够小的黏度，良好的悬浮性和足够的稳定性等。最常用的模具为石膏模，近年来也有用多孔塑料模的。料浆浇注入模具，并吸干其中液体后，拆开模具取件，去除多余料，在室温下自然干燥或在可调温装置中干燥。

注浆成形的优点是：可制造形状复杂、大型薄壁的制品。另外，还可应用金属铸造中的技术，如：型芯使用、离心铸造、真空铸造和压力铸造等工艺方法，形成了离心注浆、真空注浆和压力注浆等方法。离心注浆适用于制造大型环状制品，而且坯体壁厚均匀；真空注浆可有效去除料浆中的气体；压力注浆可提高坯体的致密度，减少坯体中的残留水分，缩短成形时间，减少制品缺陷，是一种较先进的成形工艺。图13-4所示为离心浇注示意图。

4. 热压成形法

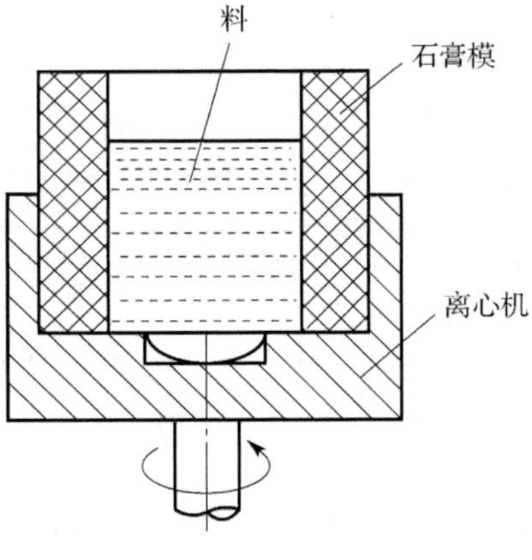

图 13-4　离心浇注示意图

热压成形法也属于注浆成形，但其不同之处在于：它是将石蜡混入浆料，利用石蜡良好的热流动性，将粉末与熔化蜡料黏合剂迅速搅动成流动性料浆，利用热压铸机的压缩空气，使浆料在一定温度和压力下充满金属模具，然后冷却成形。浆料的制备是将 12.5%～13.5%的石蜡加热熔化，并加少量表面活性剂，然后加入陶瓷粉末，在和蜡机中混合均匀。该法在特种陶瓷成形中普遍采用。

热压成形用的设备称为热压铸机，如图 13-5 所示。热压成形的工作原理是将配好的浆料置于热压铸机料筒内，加热使浆料熔化，通入压缩空气将浆料通过吸铸口压入模腔，保压一定时间后，去掉压力，浆料在模腔内冷却成形，然后脱模得到坯体。有的坯体还可进行后续加工，或车削、打孔等。坯体在烧结之前要进行排蜡处理即将坯体加热到 900～1 100 ℃，使石蜡熔化流失、扩散、燃烧，并且使坯体具有一定的强度。

排蜡后的坯体要清理表面的吸附剂,然后再进行烧结。

热压成形的优点是:设备简单,操作方便,生产率高,并且模具磨损小,寿命长。一般用于形状复杂精度要求高的中小型陶瓷制品的成批生产。缺点是:工序比较复杂,耗能大(需多次烧成),生产周期长,对于壁薄的大而长的制品,由于不易充满模腔而不太适宜。

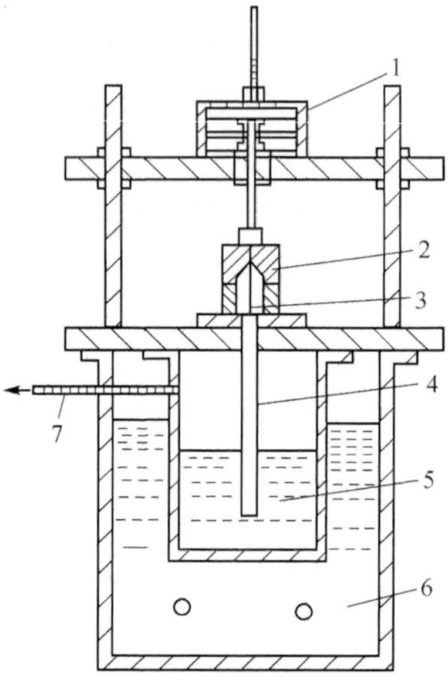

1—压紧装置;2—铸模;3—模腔;4—供料管;5—感浆桶;6—恒温器;7—压缩空气

图 13-5 热压铸机构造示意图

5. 注射成形法

注射成形法首先将粉料和有机黏结剂混合,并加热混炼,然后变成粒状粉料,再用注射机在130～300 ℃温度将混合料注射入金属模,冷却固化后,取出坯体,经脱脂后,便可烧结。

这种工艺成形简单,成本低,压坯密度均匀,适用于复杂零件的自动化大规模生产。

6. 可塑成形法

可塑法成形可分两种形式,一是挤出成形法,二是轧膜成形法。

(1) 挤出成形法

挤出成形是利用挤制机的挤嘴,将配制好的增塑剂、黏结剂的混合料于一定压力下挤出(图 13-6)。更换挤嘴便可得到不同形状的坯体。挤出的坯体,待晾干后,可以切割成所需长度的制品。

挤出成形的优点是:污染小,易于操作,生产率高。缺点是:挤嘴结构复杂,要求加工精度高,而且坯体在干燥和烧结时收缩较大。它常用于挤制直径1～30 mm的管、棒等,细管壁厚可小至0.2 mm左右。随着粉料质量和泥料可塑性的提高,也可用来挤制长100～200 mm,厚0.2～3 mm的片状坯膜,半干后再冲制成不同形状的片状制品,或用来挤制100～200 孔/cm^2 的蜂窝状或筛格式穿孔瓷制品。

(2) 轧膜成形法

轧膜成形如图 13-7 所示,将粉料中添加一定量的有机黏结剂后通过轧辊轧成片状。一般要经过多次成形,才能达到所需厚度。轧好的片料可经冲切工序得到所需的尺寸和形状。轧膜成形容易造成坯料出现各向异性,在宽度方向上易变形、开裂,适合于生产厚度0.08～1 mm的薄片。

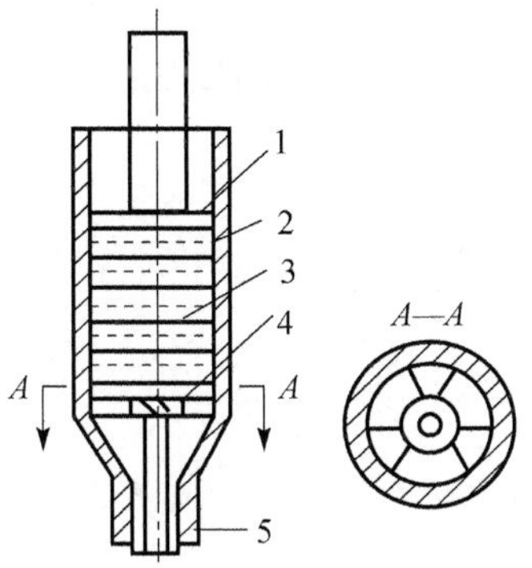

1—活塞；2—挤压筒；3—瓷料；4—型芯；5—挤嘴

图 13-6　立式挤制机结构示意图

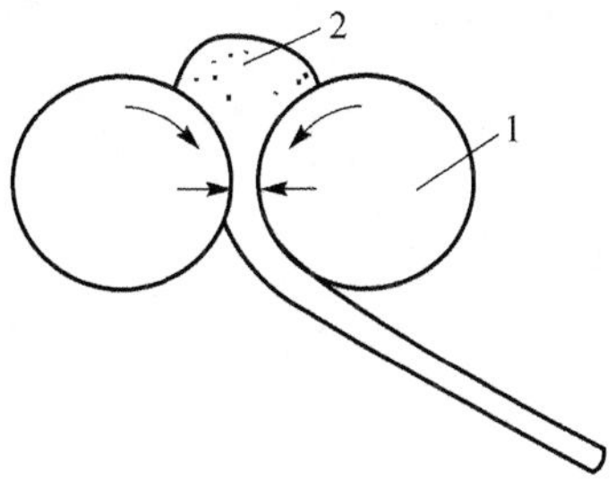

1—轧辊；2—坯料

图 13-7　轧辊轧膜成形示意图

7. 流延成形法

流延成形法如图 13-8 所示，首先将粉末中加入的黏结剂、增塑剂、溶剂等混合均匀制成浆料，然后通过流延铺展于传送带上，用刮刀控制厚度，再经加热干燥固化成形，得到的薄膜可根据需要再加工。流延成形要求粉末细小、圆滑，通常采用纳米级微粒，并且浆料需经过真空处理去除气泡。流延法设备简单，生产率高。适于成形厚度在 0.2 mm 以下的超薄薄膜，并且表面光洁。

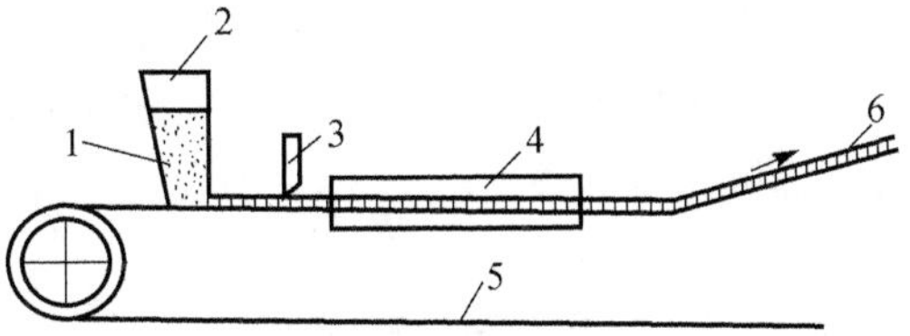

1—浆料；2—料斗；3—刮刀；4—干燥炉；5—基带；6—成品

图 13-8　流延法示意图

13.1.3　烧　结

烧结是加热已成形的坯体，坯体内的微粒在加热中扩散迁移，使之牢固地黏结在一起形成高强度、致密化的陶瓷制品的工艺过程。

未经烧结的坯体含有大量的气孔，并且颗粒之间主要是点接触，并没有形成足够的化学键连接，不具备陶瓷应有的力学性能、物理化学性能，所以必须通过烧结来改变显微组织获得预期的性能。

烧结过程如图 13-9 所示。在烧结前，颗粒之间接触少，随着温度的升高，颗粒间直接接触的部分通过原子扩散黏结在一起，形成颈缩。随着烧结过程的进行，物质向颈缩部位大量迁移，同时气孔不断缩小并且形状变得较为圆滑。当温度继续升高时，小的空隙可能消失，大的空隙变成球形，结果总体积收缩，密度增加，并且颗粒间的晶界减少,结合力增强,机械强度提高,最后成为坚硬的烧结体。从烧结过程来看,烧结后的陶瓷显微结构有晶体相、非晶相和微小的气孔,所以陶瓷的抗拉强度远低于其抗压强度,并且塑性差,韧性低。

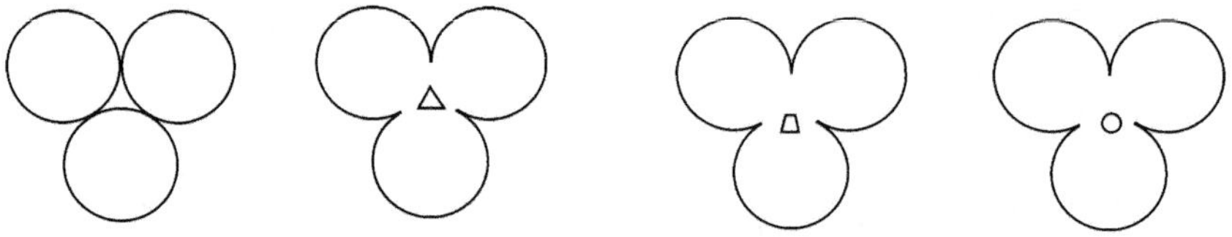

图 13-9 烧结过程示意图

烧结方法对陶瓷的显微结构及其性能有很大影响,常用的烧结方法根据烧结的环境和压力的不同分为常压烧结、热压烧结和气氛烧结。

常压烧结是在大气中进行烧结,常用于普通陶瓷的烧结,工艺简单,但制品中气孔较多,机械强度较低。

热压烧结利用耐高温模具,同时加热、加压。可在相对较低的温度下,短时间内达到致密化,晶粒细小,机械强度较高。但该方法成本高,生产率低,适合于生产形状简单的陶瓷制品,如陶瓷车刀,抗弯强度可达 700 MPa。

气氛烧结是为防止非氧化物陶瓷(如碳化硅、碳化钛等)在空气中氧化,在烧结炉内通入不致氧化的气体,达到所需气氛的条件时进行烧结。

陶瓷制品烧结后,为进一步提高使用性能和精度,还需进行机械加工、热处理等后续工序。有的陶瓷制品需要磨削、抛光。

13.2 塑料件成形工艺

塑料是以树脂为主要成分的高分子材料。塑料成形是在一定温度和压力下将塑料制成具有一定形状、尺寸的塑料制品的工艺过程。塑料制品通常包括以下生产工序:成形、机加、修配和装配等,其中主要是成形。

13.2.1 塑料的可加工性及其注意点

由线型大分子组成的热塑性塑料(无定形塑料)在恒定压力下,随着加热温度的变化,存在着 3 种聚集状态,如图 13-10 所示,随着温度的不同,无定形塑料呈现出玻璃态、高弹态和黏流态 3 种状态。塑料在玻璃态时表现为较硬的固体,应力-应变关系服从虎克定律,此时可进行机械加工。在高弹态时形变能力增强,在外力作用下的变形是可逆的,此时可进行压延、弯曲等,但成型后应迅速降低温度至玻璃态。当温度升高,到达黏流态时,弹性模量迅速降低至很小,此时塑料具有流动性,较小的外力就可使熔体变形。因此,塑料一般在黏流态进行成形。成形后,随温度的降低,塑料会冷却硬化。

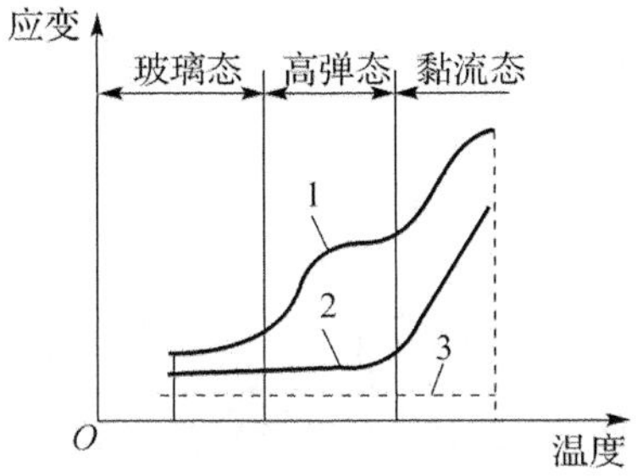

1—非结晶塑料；2—结晶塑料；3—金属

图 13-10　塑料的物理状态与温度的关系

塑料的主要成形性能指标有黏度、收缩性、吸湿性等。黏度越小，塑料越容易成形。塑料的黏度取决于塑料本身，但成形过程中温度、压力和剪切速率对黏度都有影响。升高温度，减小压力会使黏度降低，大多数塑料的黏度随剪切速率的增加而减小，在成形过程中应根据塑料种类的不同选择适当的温度与压力，成形温度也不能过高，防止塑料降解。塑料的收缩会引起产品尺寸的变化，设计模具时应考虑塑料的收缩性。塑料中因有多种添加剂，会吸收水分，使产品表面粗糙，甚至产生气泡，成形前应进行干燥处理。

13.2.2　常用塑料成形工艺

由于采用的原料、形状和用途不同，不同的塑料制品采用的成形工艺也不同。常用的塑料成形工艺有：注射成形、挤出成形、模压成形、浇铸成形、吹塑成形和压延成形等。其中注射成形应用最广，工程塑料中 80%是注射成形制品。

1. 注射成形

注射成形也称注塑成形，一般用于热塑性塑料，是用注射成形机（注塑机）将熔化的塑料快速注入模具型腔，冷却固化得到各种塑料制品的工艺过程（见图 13-11）。注射成形的制品包括机械零件、电器配件及塑料民用日用品等，占热塑性塑料制品的 20%～30%。

一个完整的注射成形工艺过程包括成形前准备、注射成形、制后处理 3 个阶段。成形前准备是指将原料造成颗粒和清理模具、料筒，试车。必要时可以对原料染色、预热和干燥。注射过程指加料、塑化、注射、冷却、脱模，从注射到冷却经历充模、补塑、保压、冷却几个阶段。制后处理指退火和调湿处理，退火是将塑料制品放在使用温度以上 10～20 ℃和低于变形温度10～20 ℃的热空气或恒温液体中，消除应力和变形。调湿处理是将制品放在较湿的环境中吸收一定的水分，使尺寸稳定，以免制品在使用过程中因吸湿发生变形。其中，关键是注射成形阶段。

注射成形的主要设备是注射成形机和注射成形模具。注射成形机的工作原理是：首先加热塑料，达到熔融状态，然后对塑料施以高压，使之射出并充满型腔。注射成形机由注射装置、模具合模装置、液压传动装置和电器控制装置组成。熔体在压力作用下充满型腔并被压实，压力需保持一定时间，随着温度的降低，塑料在模具内冷却定形，脱模后可得到制品。可见注射成形过程包括熔融塑化、注射、保压和冷却定形。合模装置完成模具的开启、闭合，并在注射过程中锁紧模具。

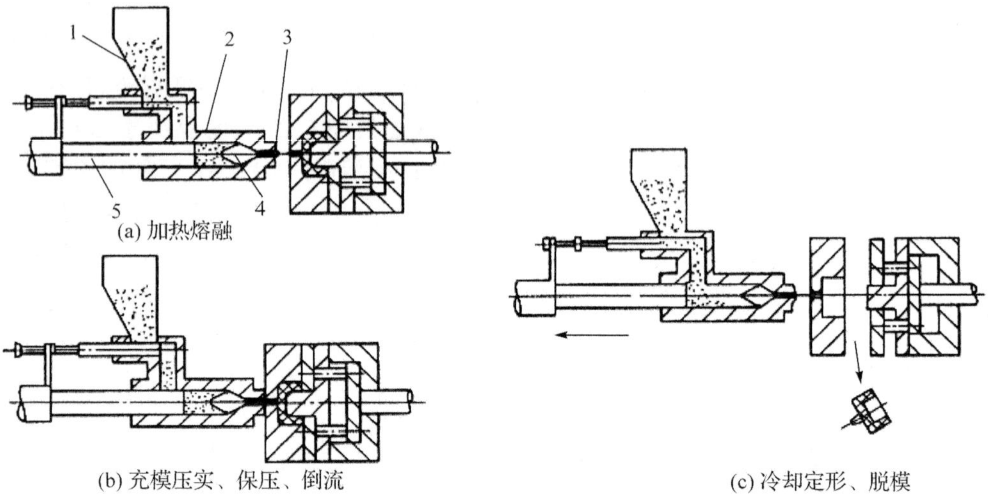

1—料斗;2—机筒;3—喷嘴;4—分流锥;5—柱塞

图 13-11　注射成形过程

在注射成形过程中,注射温度、模具温度、注射压力、保压时间等工艺参数对产品质量和生产效率有很大影响。

注射温度要保证能够使原料充分塑化,降低黏度,但温度不能过高,防止塑料降解而降低力学性能。模具温度过低会使熔体成形困难,过高则会延长冷却时间,降低生产率。注射压力在不破坏模具和设备的前提下应尽量高,保压时间不能过短。

注射成形可制造重量大到几千克小到几克的各种形状复杂的塑件,并且可以制造多种镶嵌金属的塑件。注塑时间很短,其生产效率高,制品能达到较高的精度,且容易实现自动化,故它是工程塑料加工的主要成形方法。但注射成形成本较高,不适合小批量生产。

2. 挤出成形

挤出成形也称挤塑成形,是由挤出机将热塑性塑料连续挤出,使之成形各种不同截面的塑料型材(管材、棒材、片材、板材、型材以及薄膜等)。挤出成形的制品占热塑性塑料制品的40%～50%,某些热固性塑料和一些复合材料也用挤出成形方法。

挤出成形设备包括挤出机、挤出模具、冷却定形装置、牵引装置、切割或卷取装置及控制系统。挤出机由挤压系统、传动系统、加热冷却系统组成。挤压系统包括螺杆、料筒和料斗等。螺杆是挤出机的关键部件,工作时螺杆在传动系统的驱动下转动,将料斗下来的塑料材料(颗粒或粉末)向前输送。

图13-12为塑料管挤出成形示意图。当松散的原料进入挤出机后,经过预热、搅拌、挤压等过程达到均匀的塑化状态后进入成形模具。在成形模具内,熔体进一步塑化并被挤压成形。当熔体被挤出后,立即冷却定形,由牵引装置引出,再由切割装置切割或由卷取装置卷取得到制品。挤出模具是挤塑成形的关键部件,设计时内腔

呈流线型，表面光洁。为保证被加工件截面尺寸，模具端部尺寸应符合熔体尺寸冷却后的变化。

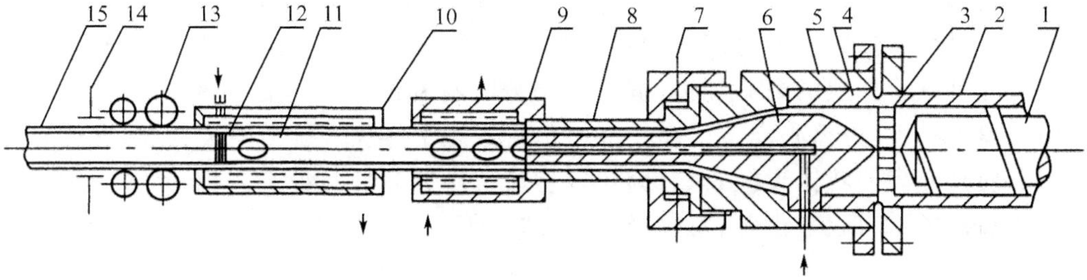

1—螺杆；2—机筒；3—多孔板；4—接口套；5—机体头；6—芯棒；7—调节螺钉；8—口模；9—定径套；10—冷却水槽；11—链子；12—塞子；13—牵引装置；14—夹紧装置；15—塑料管

图 13-12　挤管工艺示意图

挤出成形产品内部组织均匀致密，尺寸稳定，而且成形过程简单，生产率高，成本较低。

3. 模压成形

模压成形也称压塑成形或压制成形，是将称量好的粉料直接加入已加热的高温模具空腔和加料室中，然后将模具闭合并施加压力，使原料熔融流动，充满整个型腔。在模具内固化剂与树脂反应、固化、定形，脱模而得到塑料制品的过程。模压成形主要用于热固性塑料，如酚醛、脲醛、环氧和有机硅等；某些热塑性塑料如 PVC 唱片生产和聚四氟乙烯制品的预压成形也可采用模压成形。

模压成形中，压力、温度和加料量是主要的工艺参数。压力要保证压实，但要防止损坏模具。温度要适中，太高不利于塑料成型。常用的热固性塑料成形压力及温度如表 13-2 所列。

压塑成形的主要设备有液压机和模压模具，模压模具的结构与注射模具类似，但没有浇注系统，只有一段加料室。

模压成形的优点是：设备简单，技术成熟，是塑料产品最早采用的成形技术，并易于生产大型制品，适合于流动性较差的热固性塑料。缺点是：生产周期长、效率低，较难实现自动化，工人劳动强度大，难以成形厚壁制品及形状复杂的制品。

表 13-2　常用热固性塑料压塑成形压力及温度

种　类	成形压力/MPa	成形温度/℃
酚醛树脂塑料	7～42	145～180
环氧树脂塑料	0.7～14	145～200
聚氨酯塑料	14～56	140～180

4. 浇铸成形

浇铸成形又称铸塑成形,一般用于热固性塑料,是将处于流动状态的高分子材料注入特定的模具中,在一定的条件下使之反应固化,从而得到与模具型腔相一致的制品的工艺过程。浇铸成形可用于塑料制品的生产,也可用于橡胶制品的生产。在静态浇铸的基础上发展的离心浇铸、嵌铸等高分子材料的成形方法也得到日益广泛的应用。图 13-13 为离心浇铸。离心浇铸是将液态塑料浇入旋转的模具中,在离心力作用下使其充满回转体形模具,经固化定型后得到制品的一种工艺,制品多为圆柱形或近似圆柱形,如轴套、齿轮、滑轮、转子和垫圈等。

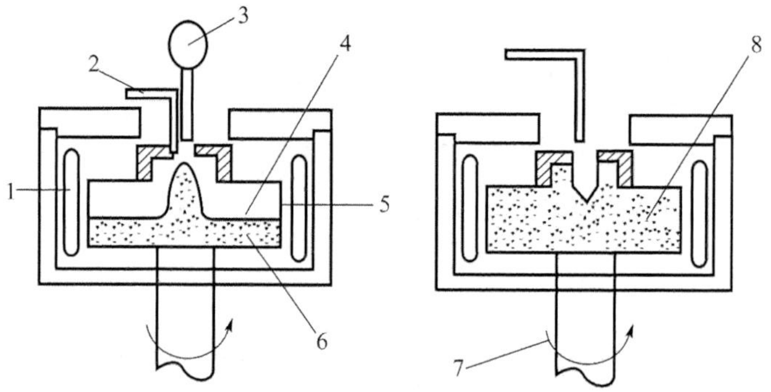

1—红外线灯或电阻丝;2—惰性气体送入管;3—挤出机;
4—贮备塑料部分;5—绝热层;6—塑料;7—转动轴;8—模具

图 13-13 立式离心浇铸示意图

5. 吹塑成形

吹塑成形也称中空成形,仅用于热塑性塑料的成形,一般用来制造中空的制品,如轿车油箱、轿车暖风通道、化学品包装容器和便携式工具提箱等。其方法是先将塑料用挤出或注射成形法制成筒状坯料,坯料软时放入打开的模具内,模具闭合后通过向坯料内通入压缩空气,将坯料吹胀并紧贴模壁,冷却后开模即形成中空制品。吹塑成形原理如图 13-14 所示。

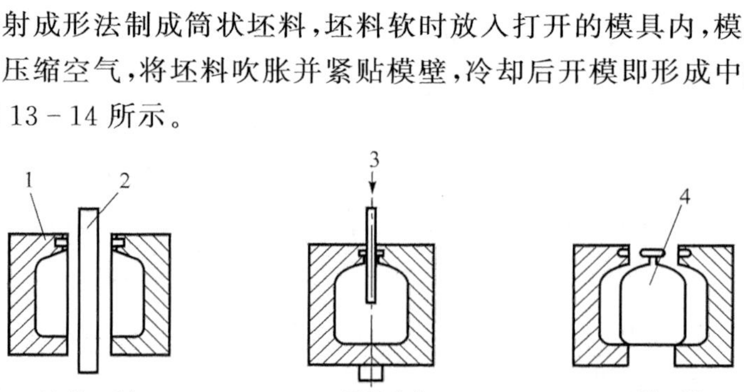

(a) 注　料　　(b) 压缩空气　　(c) 脱　模

1—模具;2—型坯;3—压缩空气;4—制品

图 13-14 吹塑成形

6. 吸塑成形

吸塑成形也称真空成形。成形时先将热塑性塑料板材或片材夹持起来,固定在成形模具上，用辐射加热器加热到一定温度使塑料软化。然后用真空泵抽去板材和模具之间的空气，在大气压力作用下，板材拉伸变形贴合到模具内腔表面，冷却定形后成为制品。在成形过程中板材厚度、性能和加热程度要均匀。塑料成形制品一般还要进行二次加工，二次加工主要有机械加工、连接和表面修饰。

吸塑成形适合于热塑性塑料，可用于成形包装制品，如药品包装、一次性餐盒和电子产品等，较厚的板材还可成形壳罩类制品如冰箱内胆、浴室镜盒等。其工艺过程如图13－15所示，真空成形常用的材料为聚乙烯、聚丙烯、聚氯乙烯、ABS和聚碳酸酯等材料。

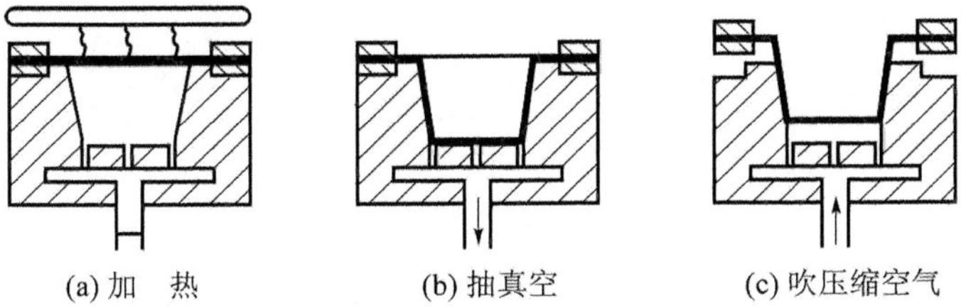

图 13－15　吸塑成形工艺过程示意图

吸塑成形的模具可使用金属和非金属材料制造。金属模具多使用铝合金模具。非金属模具可采用木材、石膏、塑料等材料，其中以石膏应用最多，石膏模强度较差，可在石膏中混入10％～30％的水泥，并以铁丝、鬃毛等增加强度。

7. 压延成形

压延成形是产生塑料薄膜和片材的成形方法，原料是聚氯乙烯、纤维素和改性聚苯乙烯。

成形时，将加热塑化的原料经过一对或几对相对旋转的滚筒，滚筒被加热且有一定间隙，塑料每通过一对滚筒，厚度就被压薄一次，最后一对滚筒间隙决定了制品厚度，常见滚筒排列方式见图 13－16。

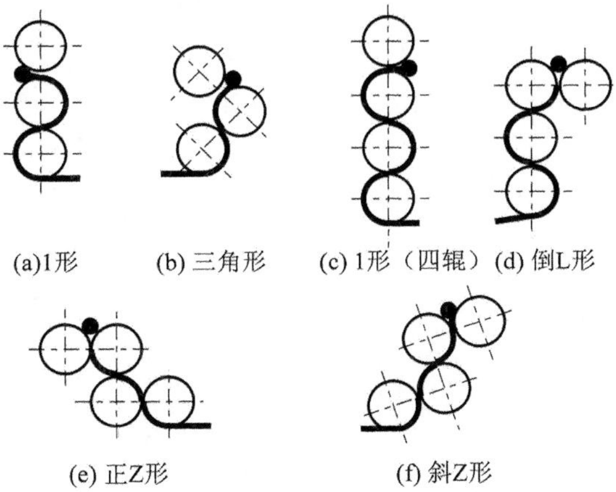

图 13－16　常见的压延机滚筒排列方式

压延完后,冷却并卷成卷,如需压花,则卷起以前趁热通过压花辊,后卷成卷。若薄塑料和纸张或织物贴合制成复合材料,则可以在最后一对滚筒将复合材料贴合后压制,常见的有人造革、地板革和壁纸等。

第 14 章　复合材料成形工艺

复合材料是由两种或多种成分不同，性质不同的材料经人工复合而成的材料。复合材料的成形工艺与基体材料和增强材料的工艺性能有密切关系，一般情况下基体材料的成形工艺方法也常常适用于以该类材料为基体的复合材料，特别是以颗粒、晶须和短纤维为增强体的复合材料。例如，金属材料的各种成形工艺多适用于颗粒、晶须及短纤维增强的金属基复合材料，包括压铸、精铸、离心铸、挤压、轧制和模锻等。而以连续纤维为增强体的复合材料的成形则往往是完全不同的，或至少是需要采取特殊工艺措施的。

14.1　复合材料通用制备方法

14.1.1　颗粒、晶须、短纤维增强复合材料

制备方法通常包括下列 3 个步骤：

(1) 混　合

先将基体材料熔化为液态，再采用搅拌方法均匀混入增强材料；或者将基体材料制成粉末，采用滚筒或球磨等方法混入增强材料，使之均匀化。

(2) 制　坯

采用铸造、液态模锻、喷射、粉末热压等方法使复合成分凝固或固化，制备出复合材料坯体或零件。

(3) 成　型

根据需要，通过挤压、轧制、锻造和机加工等二次加工，制备出性能、形状均满足要求的零件。

14.1.2　纤维增强体增强复合材料

制备方法通常包括下列两个基本步骤：

(1) 增强体预成型

按设计要求将增强纤维（或纤丝）排列成特定形状或模式，对长纤维（或纤丝），采用缠绕、织物铺层和三维编织等成型；对晶须或较短的纤维，采用磁力、静电、振荡、压延或悬浮法进行预处理，再用挤压等方法成型。

(2) 复　合

将基体材料与增强体复合，通常采用粉末冶金法、液态浸透法、化学气相沉积法

等。表14-1和表14-2分别列出了基体为分子沉积态和固态、液态时的复合材料制备工艺。

表14-1 分子沉积工艺

沉积方法	应用范围
电解法	金属基复合材料,尤其是镍基复合材料
电泳法	陶瓷基复合材料
纤维与基体同时沉积	金属须增强复合材料
化学气相沉积	以碳、碳化物、硼化物、氮化物为基体的复合材料

表14-2 固态基体和液态基体复合材料制备工艺

<table>
<tr><th colspan="2">基体材料的原始形态</th><th>纤维与基体的复合方法</th><th>复合工艺</th><th>应用范围</th></tr>
<tr><td rowspan="4">固态</td><td>预制件、板材、薄片等</td><td>纤维和板材层层堆叠</td><td>叠压延、烧结、扩散、黏结,在压力下加热使基体熔解</td><td>金属-金属复合材料</td></tr>
<tr><td>管材</td><td>将加固纤维嵌进基体管材中</td><td>拉丝、挤压、扩散、黏结</td><td>金属基复合材料</td></tr>
<tr><td>粉末、干燥粉末</td><td>将基体与纤维混合</td><td>热压法、液相烧结法、爆破式压缩法、连续性压缩法、层压法、挤压法</td><td>多种用途</td></tr>
<tr><td>粉末、干燥粉末</td><td>将粉末渗进加筋结构中</td><td>压缩法、烧结法</td><td>多种用途</td></tr>
<tr><td rowspan="5">液态</td><td rowspan="2">悬浮液稀浆</td><td>基体浇铸</td><td rowspan="2">烧结法、等静压法</td><td rowspan="2">陶瓷基复合材料</td></tr>
<tr><td>将纤维浸渍于基体稀浆中</td></tr>
<tr><td>熔融液</td><td>搅拌、液相浸渍</td><td>重力铸造、压力铸造、液态模锻、真空吸铸、液态挤压</td><td>轻金属复合材料、晶须增强金属基复合材料、颗粒增强金属基复合材料、纤维增强金属基复合材料</td></tr>
<tr><td>熔融粒子</td><td>等离子喷射</td><td>基体凝固</td><td>耐熔金属基或耐熔陶瓷基复合材料</td></tr>
<tr><td>基体前驱体材料的熔融液或溶液</td><td>浸透法、浸渍法、喷射法</td><td>基体固化与碳化,热解</td><td>碳/碳复合材料</td></tr>
</table>

14.2　树脂基复合材料的成形方法

14.2.1　热固性树脂基复合材料(RMC)的成形

要获得良好的树脂基复合材料制品，必须根据原材料的工艺特点，制品尺寸和形状，使用要求等条件，正确选择成形方法和工艺参数。树脂基复合材料成形方法有手糊成形、层压成形、热压罐成形、对模模压成形、纤维缠绕成形、拉挤成形、喷射成形、压注成形、离心浇注成形以及注射成形等。下面介绍几种常用方法。

1. 手糊成形

先在经清理并涂有脱模剂的模具上均匀刷上一层树脂，再将纤维增强织物按要求裁剪成一定形状和尺寸，直接铺设到模具上，并使其平整。多次重复以上步骤逐层铺贴，制成坯件，然后固化成形。如图 14－1 所示。

手糊成形主要用于不饱和聚酯树脂和环氧树脂为基体的复合材料。优点是：不需要专用设备，工艺简单，操作方便，可生产各种形状的制品。缺点是：劳动条件差，制品壁厚精度较差，承载能力低。一般用于使用要求不高的大型制件，如船体、储罐、大口径管道和汽车部件等。

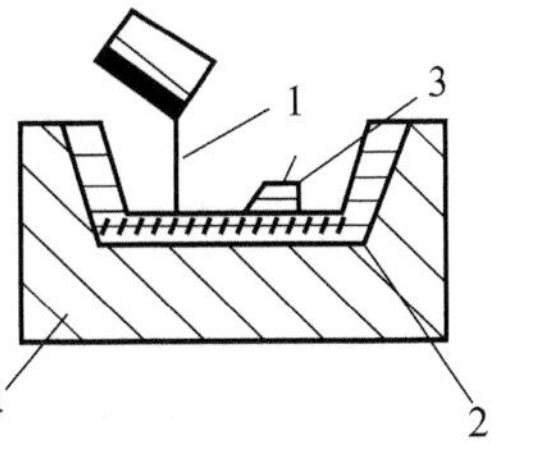

1—树脂；2—纤维；3—复合；4—模具

图 14－1　手糊成形示意图

2. 层压成形

层压成形是一种高压成形工艺，此工艺多用纸、棉布和玻璃布作为增强填料，以热固性酚醛树脂、芳烃甲醛树脂、氨基树脂和环氧树脂及有机硅树脂为黏结剂。其工艺过程如图 14－2 所示：

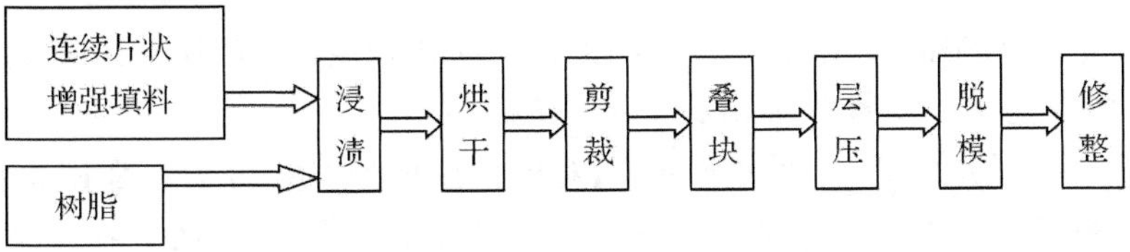

图 14－2　层压成形工艺过程

上述过程中，增强填料的浸渍和烘干是在浸胶机中进行的。增强填料浸渍后连续进入干燥室以除去树脂液中含有的溶液以及其他挥发性物质，并控制树脂的流动度。浸胶材料层压成形是在多层压机上完成的。

3. 热压罐成形

热压罐成形主要用于成形高性能复合材料制品。其工艺过程是首先将预浸材料按一定排列顺序置于涂有脱模剂的模具上，铺放分离布和带孔的脱模薄膜，在脱模薄膜的上面铺放吸胶透气毡，再包覆耐高温的真空袋，并用密封条密封周边(图14－3)。

然后,连续从真空袋内抽出空气并加热,使预浸材料的层间达到一定程度的真空度,达到要求温度后,向热压罐内充以压缩空气,给制品加压。热压罐成形工艺的主要设备是热压罐,以及加温、加压系统,抽真空系统和控制系统等。由于无法直接观察到基体树脂的流变和固化行为,生产中只能通过测定树脂在固化过程中的黏度、介电常数或反应热的变化,来确定加温和加压程序的实施。因而,该方法也被认为是一种带有“技巧性”的方法。

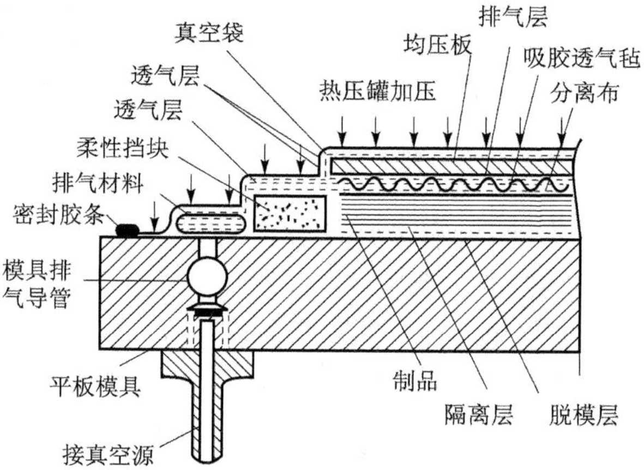

图 14-3 热压罐成形示意图

热压罐成形是利用热压罐内部的程控温度和静态气体压力,使复合材料层叠坯料在一定温度和压力下完成固化及成形过程的工艺方法。其优点是:模具简单,制件压制紧密,厚度公差范围小。缺点是:能源利用率低,辅助设备多,成本较高。

4. 对模模压成形

对模模压成形是将模压料约束在两个模具型面之间形成制品形状,并加压使之固化。模压成形的制品质量高,尺寸精度高,自动化程度高,成型速度快,适合大批量生产,产品质量基本不受操作人员技能的影响。

根据所使用模压料形式和状态不同,对模模压成形又可分为增强模压料模压、毡与预成形坯料模压、冷模压、树脂注入模压、泡沫蓄积模压等方法。在工业中占主导地位的是增强模压料模压和树脂注入(传输)模压。

增强模压料模压包括块状模压料、片状模压料,以及近年来开发的厚片状模压料(TMC)和高纤维含量模压料等模压工艺。图 14-4 所示为厚片模压料的制造流程。它是将树脂糊夹持在两个反向旋转的辊子之间,再将切断的纤维送到树脂糊中,通过反向旋辊将二者混合并通过两个辊子而沉积到图示的两个塑料薄膜之间,经过传送装置后便可得到确定厚度的模压料。

树脂注入模压是将增强材料铺放在模具中,再将模具闭合,而后将树脂注入模具中,使树脂完全浸渍于密封在模具中的增强材料并固化。为了有效地浸渍增强材料,

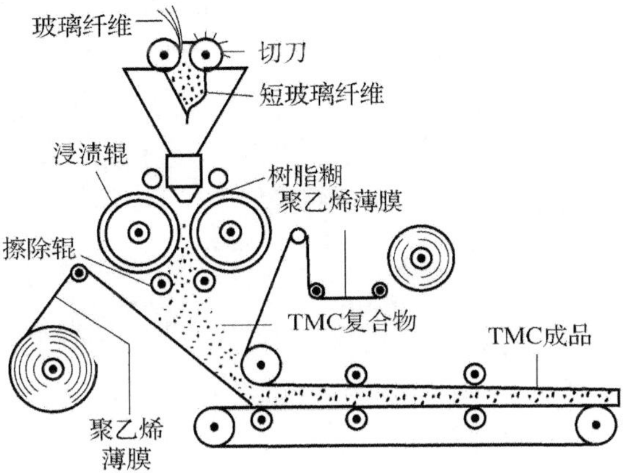

图 14-4　厚片模压料制造流程

应先对模具进行真空处理，之后在适当的压力下注入树脂，再用模内加热装置或固化炉加热至固化温度。这种成形方法与热压罐和其他压制成形工艺相比，只需较小的成形压力和轻型模具，因此可以制备大型和几何形状比较复杂的制品。

5. 热成形工艺

热成形工艺也称为预热坯料成形。与热固性树脂基复合材料的对模模压成形类似，是一种快速、大量成形热塑性复合材料制品的成形方法。通常的热成形设备均可使用。用热成形工艺制造复合材料制品与制造纯塑料制品不同，预浸料在模具内不能伸长，也不能变薄。模具闭合之前，预浸料要从夹持框架上松开，放置在下半模具上。模具闭合时，预浸料铺层边缘将向模具中滑移，并贴覆到模具型面上，预浸料厚度保持不变，如图 14-5 所示。

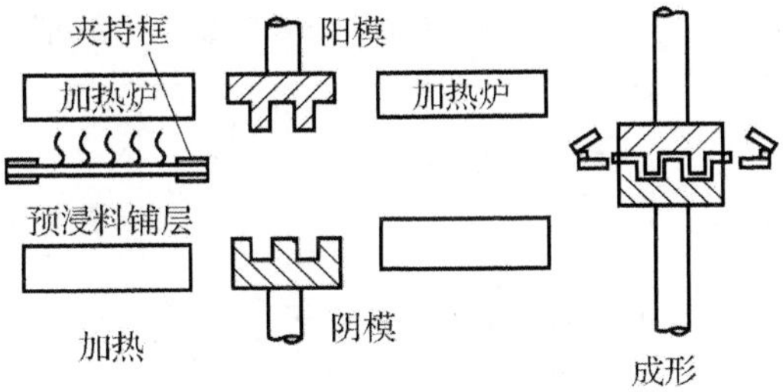

图 14-5　预热坯料成形示意图

6. 缠绕成形

缠绕成形是制造具有回转体形状的复合材料制品的基本成形方法。它是将浸渍树脂的纤维，按照要求的方向有规律、均匀地布满芯模表面，然后送入固化炉固化，脱去芯模即可得到所需制品，如图 14-6 所示。该方法的基本设备是缠绕机、固化炉和芯模。

缠绕成形可按设计要求确定缠绕方向、层数和数量,获得等强度结构,机械化、自动化程度高,产品质量好。但对于非回转体制品,缠绕规律及缠绕设备比较复杂。

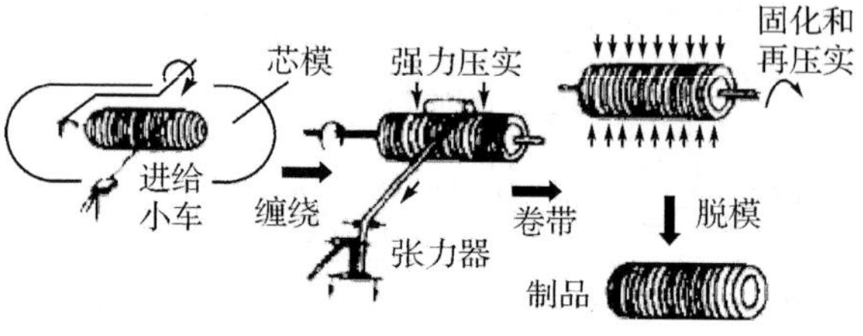

图 14-6 缠绕成形示意图

7. 拉挤成形

拉挤成形是一种可连续制造恒定截面复合材料型材的工艺方法,与铝的挤压成形或热塑性塑料的挤出成形相似,可制造实心、空心以及各种复杂截面的制品,并且可以设计型材的性能,以满足各种工程和结构要求。如可在连续拉挤过程中,埋入金属件、木材或泡沫等。

拉挤成形的基本工艺过程为:首先,将增强纤维送入树脂槽浸渍树脂,在牵引机构的牵引下,在预成形模中按照产品形状预成形;随后,进入固化模中精成形;热固性树脂基体在规定的温度下进行放热反应,固化成所需截面的型材;固化后的型材在牵引机构的牵引下,连续从热模具中出来,在空气或水中冷却。最后进入自动切割装置切成所需长度。

8. 喷射成形

喷射成形是将经过特殊处理而雾化的树脂与短纤维混合并通过喷射机的喷枪喷射到模具上,至一定厚度时,用压辊排泡压实,再继续喷射,直至完成坯件制作,然后固化成形的方法。如图 14-7 所示,主要用于不饱和聚酯树脂。

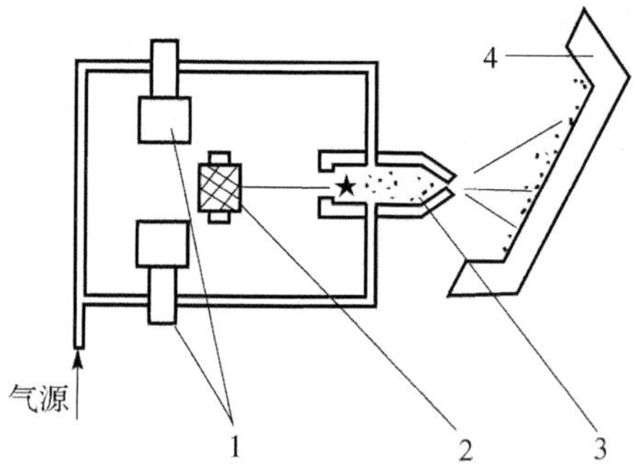

1—树脂罐与泵;2—纤维;3—喷枪;4—模具

图 14-7 喷射成形示意图

喷射成形的优点是:生产效率高,劳动强度低,节省原材料,制品形状和尺寸受限制小，产品整体性好。缺点是：场地污染大，制件承载能力低。适于制造船体、浴盆、汽车车身等大型部件。

9. 压注成形

压注成形是通过压力将树脂注入密闭的模腔，浸润其中的纤维织物坯件，然后固化成形的方法。如图 14－8 所示。

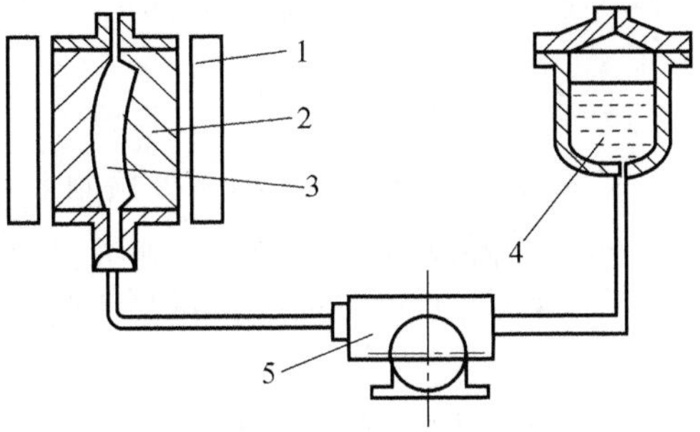

1—加热套；2—模具；3—制件；4—树脂釜；5—泵

图 14－8 压注成形示意图

压注成形的优点是：工艺环节少，制件尺寸精度高，外观质量好，一般不需要再加工。缺点是：工艺难度大，生产周期长。

10. 离心浇注成形

离心浇注成形是利用筒状模具旋转产生的离心力将短纤维连同树脂同时均匀喷洒到模具内壁形成坯件，然后再成形的方法。离心浇注成形具有制件壁厚均匀、外表光洁的特点。适于筒、管和罐类制件的成形。

14.2.2 热塑性树脂基复合材料的成形

热塑性树脂基复合材料在成形时，基体树脂不发生化学变化，而是靠其物理状态的变化来完成的。其过程主要由熔融、融合和硬化 3 个阶段组成。已成形的坯件或制品，再加热熔融后还可以二次成形。颗粒及短纤维增强的热塑性材料，最适用于注射成形，也可用模压成形；长纤维、连续纤维、织物增强的热塑性复合材料，要先制成预浸坯料，再按与热固性复合材料类似的方法（如模压）压制成形。形状简单的制品，一般先压制出层压板，再用专门方法二次成形。

由于热固性树脂基复合材料的很多成形方法均适用于热塑性复合材料的成形，故在这里不再重复介绍。

14.3 金属基复合材料的成形方法

金属基复合材料（MMC）是以金属为基体，以纤维、晶须和颗粒等为增强体的复合材料。其成形过程常常也是复合过程。

制备金属基复合材料,关键在于获得基体金属与增强材料之间良好的浸润和合适的界面结合。制造步骤主要包括:增强材料的预处理或预成型、材料复合、复合材料的二次成型和加工。下面介绍几种常用方法。

14.3.1　液态金属浸润法

液态金属浸润法的实质是使基体金属呈熔融状态时与增强材料浸润结合,然后凝固成型。常用工艺有以下 4 种。

1. 常压铸造法

将经过预处理的纤维制成整体或局部形状的零件预制坯,预热后放入浇注模,浇入液态金属,靠重力使金属渗入纤维预制坯并凝固。此法可采用常规铸模和铸造设备,降低制造成本,适应于较大规模的生产,但复合材料制品易存在宏观或微观缺陷。

2. 液体金属搅拌法

将基体金属放入坩埚中熔化,插入旋叶片,搅拌金属液,并逐步加入弥散增强材料,直至在熔体中均匀分布为止。然后进行脱气处理,注入模中凝固成型。可以采用熔模铸造直接生产零件,也可先制成铸坯,再经二次成型加工,生产板、管和各种型材。该法设备较为简单,生产成本低,主要用于陶瓷颗粒增强金属基复合材料的制造。

3. 真空加压铸造法

它是在真空(或惰性气体)的密闭容器中加热纤维预制坯和熔化金属,随后将铸模的引流管插入熔融金属中,并通入惰性气体对金属液面施以一定压力,强制液态金属渗入预制坯,冷却凝固后制成复合材料或制品(图 14-9)。该方法可防止纤维和基体金属在加热过程中氧化,有利于纤维表面净化,改善其浸润性,从而显著减少复合材料和制品中的缺陷,适应于生产小型零件,但生产率较低。

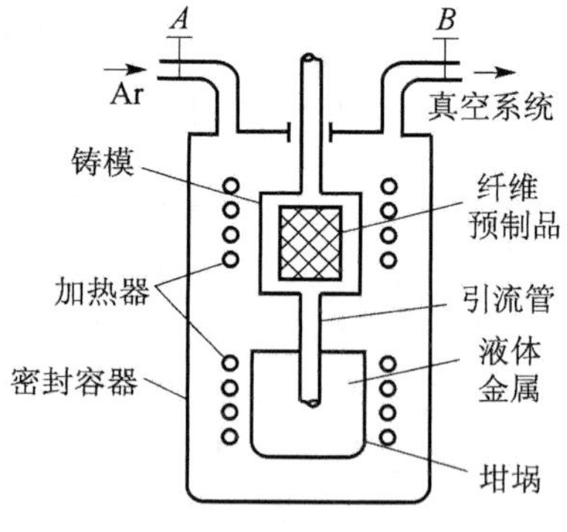

图 14-9　真空加压铸造装置示意图

4. 挤压铸造法

先将增强材料放入配有黏结剂和纤维表面改性溶质的溶液中,充分搅拌,而后压滤,干燥,烧结成具有一定强度的预制坯(图 14-10);随后将预热后的预制坯放入固定在液压机上经预热的模具中,注入液态金属,加压,使金属渗透预制坯,并在高压下凝固成形为复合材料制品(图 14-11)。该成形方法可生产材质优良、加工余量小的制品,成本低,生产率高。

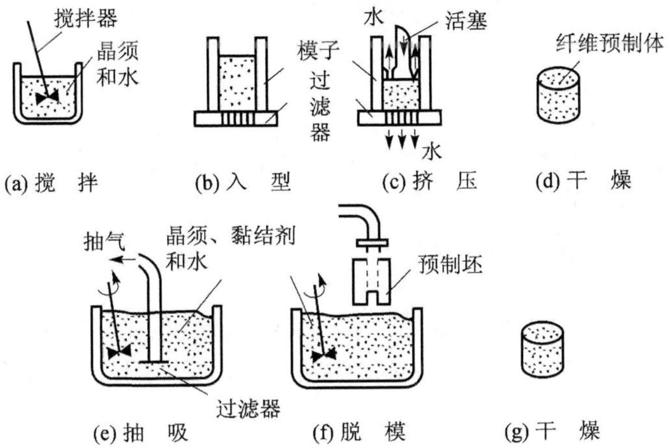

图 14-10 短纤维预制坯的两种制造过程

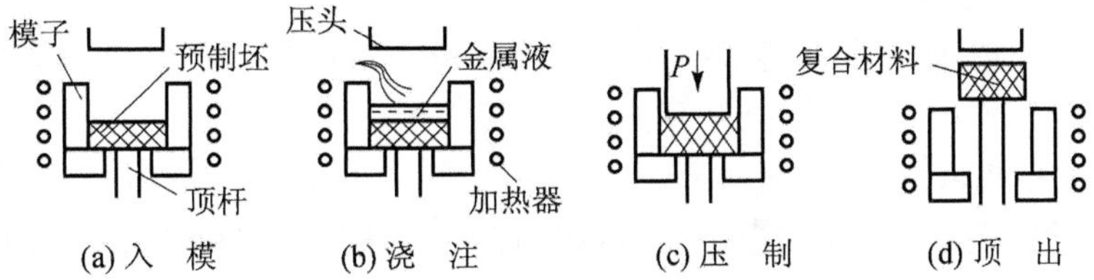

图 14-11 挤压铸造复合材料示意图

14.3.2 扩散黏结法

扩散黏结法是在较长时间、较高温度和压力下，使固态金属基体与增强材料的接触界面通过原子间相互扩散黏结而成。制造时先把增强纤维用不同的方法，如等离子喷涂法、液态金属浸渍法、化学涂敷法等制成预制坯，处理、清洗后，按一定形状、尺寸和排列形式叠层封装，加热压制。压制过程可以在真空、惰性气体或大气环境中进行。常用的压制方法有 3 种。

1. 热压法

将预制带或复合丝按要求铺在金属箔上，交替叠层，再放入金属模具中或封入真空不锈钢套内，加热、加压一定时间后取出冷却，去除封套。

2. 热等静压法

将预制坯装入金属或非金属包套中，抽真空并封焊包套。再将包套装入高压容器内，注入高压惰性气体(氦或氩)并加热。气体受热膨胀后均匀地对受压件施以高压，扩散黏结成复合材料。此法可制造形状较为复杂的零件，但设备昂贵。

3. 热轧法

经预处理的纤维、复合丝同铝箔交替排成坯料，用不锈钢薄板包裹或夹在两层不锈钢薄板之间加热和多次反复轧制,制成板材或带材。

14.3.3 粉末冶金法

粉末冶金法是将金属粉末或合金粉末和增强体均匀混合,制得复合坯料,经过不同固化技术制成锭块,再通过挤压、轧制和锻造等二次加工成形。

粉末冶金成形工艺简要介绍如下:

1. 粉料制备

粉末冶金的生产工艺是从制取原材料(粉末)开始的。这些粉末是金属,也可以是非金属,还可以是化合物。制取粉末的方法很多,它的选择主要取决于该材料的特殊性能及制取方法的成本。

粉末的生产方法很多,应用最广泛的是机械法、还原法、雾化法和电解法;而气相沉积法和液相沉淀法在特殊应用时也很重要。

2. 坯料成形方法

将处理过的粉末用普通模压法或用特殊成形方法成形。前者是将金属粉末和增强体粉末装入压模内,通过压机使其成形。

(1) 普通模压法成形

普通模压法成形是指在常温下粉料在封闭的钢模中(指刚性模),按规定的单位压力,将粉料制成压坯的方法。图14-12是压制模具示意图。

压制是按一定的单位压力,将装在型腔中的粉料,集聚成具有一定密度、形状和尺寸要求的压坯的工步。在封闭钢模中冷压成形时,其压制方式最基本的有3种,如图14-13所示。其他压制方式或是基本方式的组合或是用不同结构来实现。

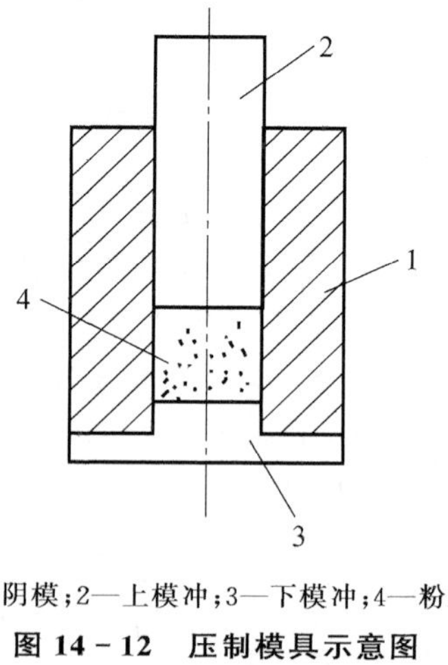

1—阴模;2—上模冲;3—下模冲;4—粉末

图14-12 压制模具示意图

(2) 特殊成形方法

粉末冶金特殊成形方法按其工作原理和特点分为等静压成形、连续成形、无压成形、注射成形和高能成形等,这些都统称为特殊成形。现简述几种成形方法。

1) 等静压成形

这种方法是借助于高压泵的作用把流体介质(气体或液体)压入耐高压的钢质密封容器内(如图14-14所示),高压流体的静压力直接作用在弹性模套内的粉末上;粉末体在同一时间内在各个方向上均衡地受压而获得密度分布均匀和强度较高的压坯。

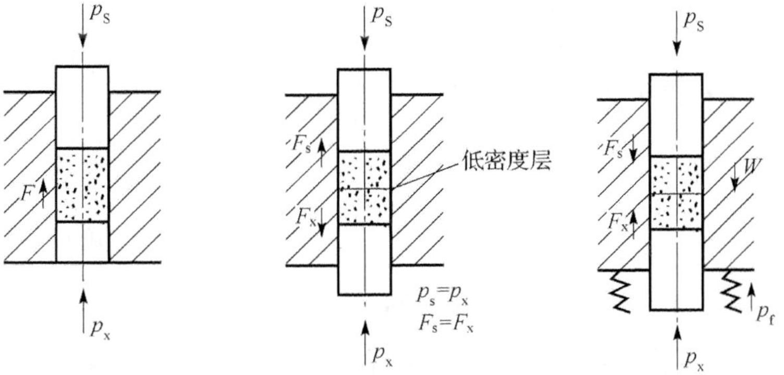

(a) 单向压制　(b) 双向压制　(c) 浮动压制

图 14－13　3 种基本压制方式

通常,等静压成形按其特性分为冷等静压和热等静压。前者常用水或油作压力介质,故有液静压、水静压或油水静压之称;后者常用气体(如氩气)作压力介质,故有气体热等静压之称。等静压制时,由于粉末体与弹性模具的相对移动很小,摩擦损耗很小,所以压坯任一断面上各点的密度将是大体上相同的。

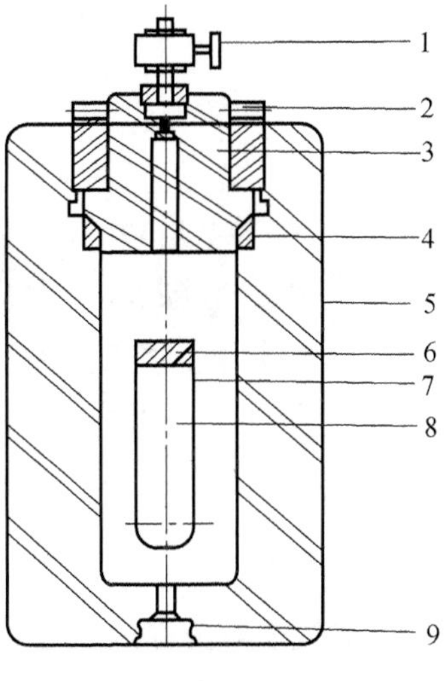

1—排气阀;2—压紧螺母;
3 —盖顶;4—密封圈;
5—高压容器;6—橡皮塞;
7—模套;8—压制料;
9—压力介质入口

图 14－14　等静压制原理图

2) 金属粉末轧制

将金属粉末通过一个特制的漏斗喂入转动的轧辊缝中,即可轧出具有一定厚度的长度连续的、并且强度适宜的板带坯料。这些坯料经预烧结、烧结,又经轧制加工以及热处理等工序,就可制成有一定孔隙度的或致密的粉末冶金板带材,如图 14－15 所示。

粉末轧制法与模压法相比,优点是:制品的长度原则上不受限制;轧制制品密度比较均匀。缺点是:粉末轧制法生产的带材厚度受轧辊直径的限制(一般不超过 10 mm),宽度也受到轧辊宽度的限制。粉末轧制法只能制取形状较简单的板带材。

3) 粉浆浇注

粉浆浇注是金属粉末在不施加外压力的情况下而实现成形的过程。其方法是将成形材料首先与水或其他液体调成悬浮液浆,并注入能够吸收液体的石膏模内;然后再从石膏模中取出干涸的坯块,并进行最后烘干(图 14－16)。这种方法是从陶瓷技术引入的。对于压制性差的脆性粉末,如碳化物、硅化铬和硅等粉末,粉浆浇注是特别有效的成形方法。同时,用粉浆浇注可以不使用压力机和钢制模具,对于制造较大而复杂的粉末冶金部件成本可以降低,而且所用设备简单。虽然粉浆浇注法具有上述优点,但是,粉浆浇注的生产周期长,生产率低。

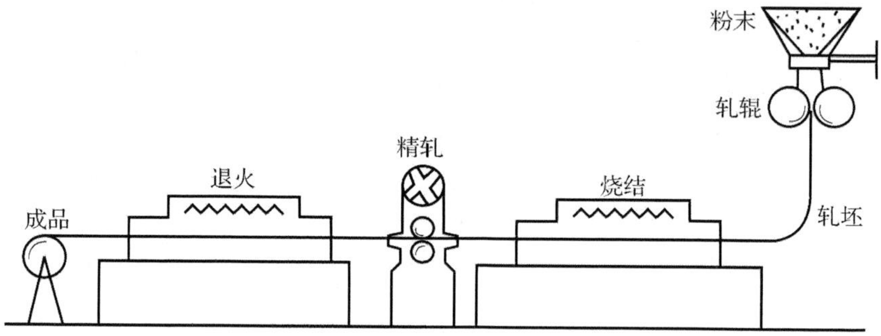

图 14-15 粉末轧制工艺示意图

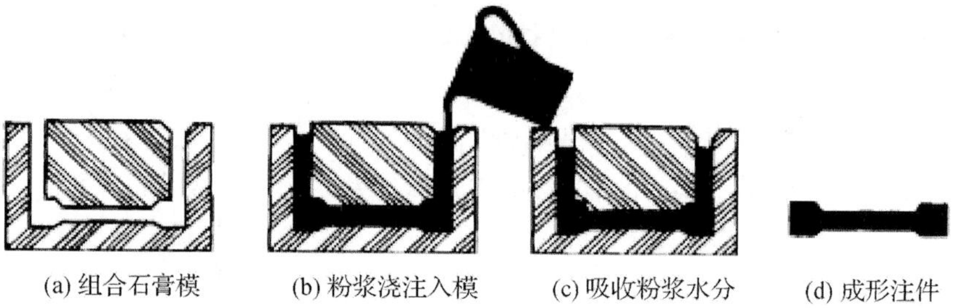

图 14-16 粉浆浇注工艺原理图

3. 烧 结

烧结是金属粉末的压坯,在低于基体金属熔点下进行加热,粉末颗粒之间产生原子扩散、固溶、化合和熔接,致使压坯收缩并强化的过程。因为粉末冶金制品都需要经过烧结,所以也叫烧结制品(或零件)。

烧结工序的主要要求是:制品的强度要高,物理、化学性能要好,尺寸、形状及材质的偏差要小,适合于大生产,烧结炉易于管理和维修等。

为了达到所要求的性能和尺寸精度,需要烧结炉能调节并控制升温速度、烧结温度与时间、冷却速度,以及炉内保护气氛等因素。

烧结炉种类较多,按照加热方式,可分为燃料加热和电加热。根据作业的连续性,可分为间歇式和连续式两类烧结炉。

4. 后处理

金属粉末压坯经烧结后的处理,称后处理。后处理种类很多,由产品要求来选择。

(1) 浸　渍

浸渍是利用烧结件的多孔性的毛细现象,浸入各种液体。为了达到润滑目的,可浸润滑油、聚四氟乙烯溶液和铅溶液等;为了提高强度和防腐能力,可浸铜溶液;为了表面保护可浸树脂或清漆等。

(2) 表面冷挤压

为了提高零件的尺寸精度和表面质量,可采用整形;为了提高零件的密度,可采用复压;为了改变零件的形状或表面形状,可采用精压。

此外,对于零件上的横槽、横孔等,精度面需进行切削加工后处理,以及为提高金属基复合材料的强度和硬度可进行热处理等。

14.3.4　喷雾共淀积法

喷雾共淀积法是用于生产陶瓷颗粒增强金属基复合材料的一种新工艺(图 14 - 17)。熔融金属从炉子底部的浇铸孔流出,经喷雾器被高速惰性气体流雾化,同时由气体携带陶瓷颗粒加入雾化流中使其混合、沉降,在金属滴尚未完全凝固前喷射在基板或特定模具上,并凝固成固态共淀积体(复合材料)。材料的致密度高,陶瓷颗粒分布均匀,生产率高。该法可直接生产不同规格的空心管、板、锻坯和挤压锭等。

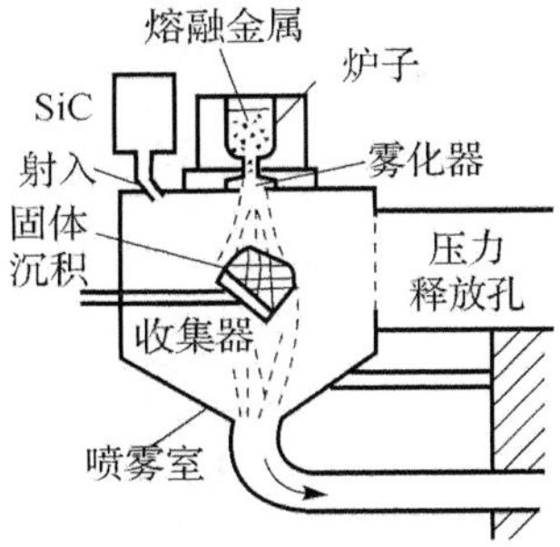

图 14 - 17　喷雾共淀积法示意图

14.4　陶瓷基复合材料的成形方法

制备陶瓷基复合材料(CMC)时,由于增强颗粒一般不需要进行特殊处理,因此颗粒增强复合材料多沿用传统陶瓷制备工艺。但纤维增强对陶瓷基复合材料的性能影响较大。下面简要介绍其主要成形方法。

14.4.1　浆体浸渗工艺

该方法是早先最常用的一种方法。其复合材料混合体采用浆体形式,具体工艺流程如图 14 - 18 所示。用该方法制造连续纤维增强玻璃陶瓷复合材料工艺如图 14 - 19 所示。纤维束(或纤维预制件)通常经过至少含有 3 种组分的泥浆混合物(基体粉末、水或乙醇、有机黏结剂)进行浸渍,再压制切断成单层薄片,按一定方式排列成层板,然后放入加热炉中烧去黏结剂,最后加压使之固化。

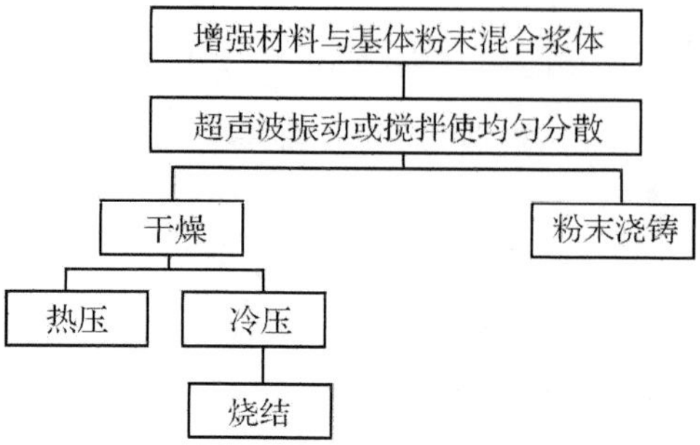

图 14－18　浆体压制烧结工艺过程

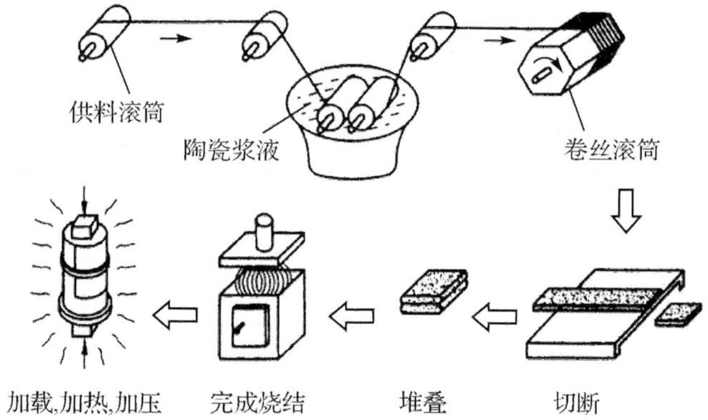

图 14－19　玻璃陶瓷复合材料的浆体浸渗——热压工艺

14.4.2　气—液反应工艺

将熔融金属直接氧化而制备 CMC 材料，商业名称为 Lanxide 工艺。它是利用金属熔体在高温下与气、液或固态氧化剂，在特定条件下发生氧化反应而生成复合材料，具有工艺简单、成本低廉、反应温度低和反应速度快等优点，且制品的形状及尺寸几乎不受限制，其性能还可由工艺调控。尽管其致命弱点是存在残余金属，使高温强度显著下降，但常温性能优越，所以已成为 CMC 材料制备中具有吸引力的方法之一。

14.4.3　化学气相渗透法

采用传统的粉末烧结或热等静压工艺制备先进陶瓷基复合材料时，纤维易受到热、机械和化学等作用而产生较大的损伤，严重影响材料的使用性能。化学气相渗透法(Chemical Vapor Infiltration，CVI)法可避免此类问题。

CVI 是将具有特定形状的纤维预制体置于沉积炉中(图 14－20)，通入的气态前驱体通过扩散、对流等方式进入预制体内部，在一定温度下由于热激活而发生复杂的化学反应，生成固态的陶瓷类物质并以涂层的形式沉积于纤维丝表面；随着沉积的继续进行，纤维表面的涂层越来越厚，纤维间的空隙越来越小，最终各涂层相互重叠，成为材料内的连续相，即陶瓷基体。

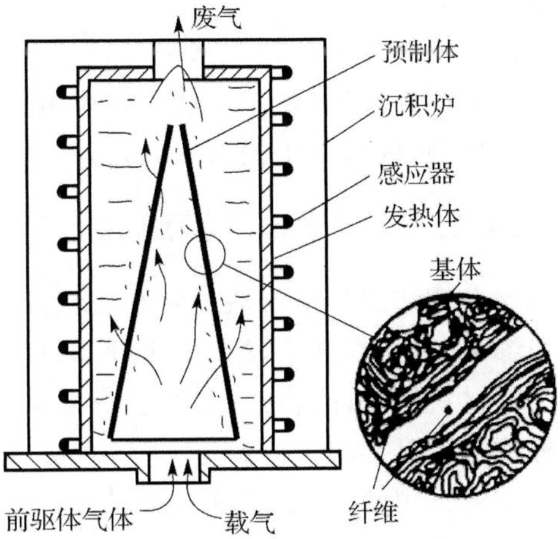

图 14-20　CVI 工艺简图

与粉末烧结和热等静压等常规工艺相比，CVI 工艺具有以下优点：

① 在无压和相对低温条件下进行，纤维类增强物的损伤较小，可制备出高性能(特别是抗断裂、高韧性)的陶瓷基复合材料；

② 通过改变气态前驱体的种类、含量、沉积顺序和沉积工艺，可方便地对陶瓷基复合材料的界面、基体的组成与微观结构进行设计；

③ 由于不需要加入烧结剂，所得到的陶瓷基体在纯度和组成结构上优于常规方法制备的复合材料；

④ 可成形形状复杂、纤维体积分数较高的陶瓷基复合材料，但成形周期长，成本高。

14.4.4　纳米复合技术

纳米复合技术是采用化学气相沉积(CVD)工艺实现的，CVD 工艺与 CVI 工艺方法相同，所不同之处在于前者是设法在材料表面生成沉积相，后者是希望沉积相渗入预制体内部。采用 CVD 方法容易获得微细异相颗粒作为第二相的纳米复合材料，但制造复杂形状及大尺寸构件有困难。据报道，日本采用常压烧结或与热等静压结合的方法已制成纳米复合材料，其性能大为改观。

14.5　碳/碳复合材料(C/C)的成形方法

C/C 复合材料即作为复合材料的基体是 C，作为增强体仍是 C。但前者是树脂或沥青，而后者是碳纤维。

C/C 复合材料的制造工艺周期长、工序多、成本高，包括：作为增强剂的碳纤维及其织物的选择；作为基体碳先驱物的选择；C/C 预成形体的成形工艺；形成碳基体的致密化工艺等。

14.5.1　增强剂碳纤维预成形工艺

由于产品的形状、尺寸大小和性能要求不同，对碳纤维选择也不同。这里主要介绍短纤维和连续纤维的预成型方法。短纤维常用压滤法、浇铸法、喷涂法和热压法将纤维体制成所需要的预成型体形状；连续纤维因为比较长，常采用铺压、层压和缠压等方法制成预成型体，甚至还可以用编织方法。预成型体只是初步成型，形状、尺寸尚不够精确，内部组织松散不致密。

14.5.2 基体碳和预成形的碳纤维的熔合致密工艺

这种工艺的具体做法是将高质量的树脂和沥青作为基体碳浸渍或以气体碳进行气相渗透，这是在真空状态下进行，然后加压固化。为防止复合材料中碳的纯度不够而影响材料性能，故再进行碳化，反复多次而成。沥青比树脂稠密，故使用前在真空状态下溶化后再用。

如果不用浸渍法，也可以用CVD方法即气相渗透工艺。

参考文献

[1] 戴枝荣,张远明.工程材料及机械制造基础(Ⅰ)——工程材料[M].北京:高等教育出版社,2007.

[2] 王隆太.先进制造技术[M].北京:机械工业出版社,2007.

[3] 齐乐华.工程材料及成形工艺基础[M].西安:西北工业大学出版社,2002.

[4] 张彦华.工程材料与成型技术[M].北京:航空航天大学出版社,2005.

[5] 邢建东,陈金德.材料成形技术基础[M].北京:机械工业出版社,2007.

[6] 孟庆森,王文先,吴志生.金属材料焊接基础[M].北京:化学工业出版社,2005.

[7] 李亚江,王娟,刘强.有色金属焊接及应用[M].北京:化学工业出版社,2006.

[8] 周万盛,姚君山.铝及铝合金的焊接[M].北京:机械工业出版社,2006.

[9] 许昌淦.高强度及超高强度钢[M].北京:机械工业出版社,1988.

[10] 陶岚琴,王道胤.机械工程材料简明教程[M].北京:北京理工大学出版社,1991.

[11] 张代东.机械工程材料应用基础[M].北京:机械工业出版社,2001.

[12] 云建军.工程材料及材料成形技术基础[M].北京:电子工业出版社,2003.

[13] 沈其文.材料成型工艺基础[M].武汉:华中理工大学出版社,1999.

[14] 严绍华.金属工艺学热加工部分[M].北京:清华大学出版社,2001.

[15] 杨瑞成,刘昌明,张方.机械工程材料[M].重庆:重庆大学出版社,2000.

[16] 贡长生,张克立.新型功能材料[M].北京:化学工业出版社,2001.

[17] 郭卫红,汪济奎.现代功能材料及其应用[M].北京:化学工业出版社,2002.

[18] 殷景华,王雅珍,鞠刚.功能材料概论[M].哈尔滨:哈尔滨工业大学出版社,1999.

[19] 李成功,傅恒志,于翘.航空航天材料[M].北京:国防工业出版社,2002.

[20] 傅恒志,朱明,杨尚勤.空天技术与材料科学[M].北京:清华大学出版社,2000.

[21] 朱张校.工程材料[M].北京:清华大学出版社,2001.

[22] 查利.R.布鲁克斯,阿肖克·考霍莱.工程材料的失效分析[M].谢斐娟,孙家骧,译.北京:机械工业出版社,2003.

[23] 钟群鹏,张峥,武淮生,等.失败(失效)是成功(安全)之母—试论机电装备失效分析预测预防[J].中国机械工程,2000,11(1~2):70-72.

[24] 何德芳,李力,虞和济.失效分析与故障预防[M].北京:冶金工业出版社,1990.

[25] 孙智,江利,应鹏展.失效分析——基础与应用[M].北京:机械工业出版社,2005.

[26] 陶春虎,钟培道,王仁智,等.航空发动机转动部件的失效与预防[M].北京:国

防工业出版社,2001.
[27] 徐自立.工程材料及应用[M].武汉:华中科技大学出版社,2006.
[28] 曾珊琪,丁毅.模具寿命与失效[M].北京:化学工业出版社,2005.
[29] 张栋,钟培道,陶春虎.机械失效的实用分析[M].北京:国防工业出版社,1997.
[30] 王国凡.材料成形与失效[M].北京:化学工业出版社,2002.
[31] 杨光松. 损失力学与复合材料损伤[M].北京:国防工业出版社,1995.
[32] 许风和,邸祥和,过梅丽.航空非金属件失效分析[M].北京:科学出版社,1993.
[33] 韩永生.工程材料性能与选用[M].北京:化学工业出版社,2004.
[34] 汪传生,刘春廷.工程材料及应用[M].西安:西安电子科技大学出版社,2008.
[35] Alban L E. Systematic Analysis of Gear Failures[M]. West Conshohcken: American Society for Metals,1985.
[36] 约瑟夫·R·戴维斯等.金属手册[M].北京:机械工业出版社,2011.
[37] 曲卫涛.铸造工艺学[M].西安:西北工业大学出版社,1994.
[38] 陈尚策.机械工程材料及工艺基础 (下册)[M].重庆:重庆大学出版社, 1989.
[39] 陈兰芬.机械工程材料与热加工工艺[M].北京:机械工业出版社,1985.
[40] 宫克强.特种铸造[M].北京:机械工业出版社,1982.
[41] 侯英玮.材料成型工艺[M].北京:中国铁道出版社,2002.
[42] 陈金德,邢建军.材料成型技术基础[M].北京:机械工业出版社,2000.
[43] 杨慧智.工程材料及成型工艺基础[M].北京:机械工业出版社,1999.
[44] 翟封祥,尹志华.材料成形工艺基础[M].哈尔滨:哈尔滨工业大学出版社,2003.
[45] 侯旭明.工程材料及成型工艺[M].北京:化学工业出版社,2003.
[46] 朱日彰等.耐热钢和高温合金[M].北京:化学工业出版社,1996.
[47] 许昌淦,周鹿宾.合金钢与高温合金[M].北京:北京航空航天大学出版社,1993.
[48] 张耀良,韩广才.航空材料学.2版[M]. 哈尔滨:哈尔滨工程大学出版社,2004.